U0178626

穿透工程价款

建设工程承包人收取工程价款实战指南

PENETRATING PROJECT PRICE

PRACTICAL GUIDE FOR CONSTRUCTION PROJECT CONTRACTORS TO COLLECT PROJECT PRICE

唐长华／著

法律出版社
LAW PRESS·CHINA

序一

认识唐长华律师是在2020年元旦举行的中山土木精英年会上。我是中山土木精英年会的常客,唐律师则是被邀请的唯一律师。在嘉宾发言环节,我得知唐律师深耕于建设工程领域法律服务已多年,但他并未透露新书即将写就的信息。我们在年会上未做深入交流,但我能明显感觉到他的务实、沉稳。

年会后,我们在微信朋友圈互有关注。我关注到唐律师书稿《穿透工程价款——建设工程承包人收取工程价款实战指南》签约法律出版社;关注到他在《民法典》公布后连续七个周末视频直播解读《民法典》,他每场全程不看稿、不落座、不喝水,以几乎"自虐"的方式宣讲《民法典》,确实不简单;关注到他写的《总有一种》系列法律随笔,得知他从事律师行业十多年来,不看稿、不落座、不喝水的讲课方式是"标配",他早已习以为常,并且严格要求他的律师团队成员都尽力做到,得知他代理案件也是如此,庭前吃透全部案卷材料,庭审时能全程做到脱离案卷发表意见,总是给对方当事人与代理律师、审判员留下深刻印象,让己方当事人感动。

随着了解的加深,我发现唐律师除了能胜任激烈对抗庭审、赢得诉讼之外,他讲的法律课也特别专业且富有激情。他能写文章,且每每有自己独到的见解。能做到这些的律师,已是不多;能独立写作建设工程领域的法律专著的律师更是少之又少。

在新书即将印刷时,唐律师才觉得不会有什么变故,才请人作序,冲着他这股认真劲,我欣然同意作序。

读完《穿透工程价款——建设工程承包人收取工程价款实战指南》一书后,我没想到建设工程类法律专著能写得如此通俗易懂:建设工程本身专业性强，建设工程领域法律事务专业性也强，但唐律师却能用最简洁的语言解读，书中有很多章节、段落因文字简洁、内容专业而精彩；没想到本书的实用性如此之强，从招投标、合同管理、建设工程施工合同效力、工程索赔到工程价款结算、建设工程价款优先受偿权、工程款纠纷解决方式与策略、建筑类企业刑事法律风险防控等章节，唐律师分享的都是自己代理诉讼与非诉业务的经验、心得，全书都是建设工程承包人收款实战"干货"，而且，这些"干货"中的一部分是唐律师多年潜心研究的成果。书中对黑白合同、质量保证金、总包配合费与管理费等疑难问题的专业意见，可能对司法裁判起到一定的借鉴作用。

我们完全有理由相信，该书出版后，将在一定程度上改变中山建设工程企业对中山律师的看法：部分中山律师代理建设工程类纠纷案件不专业，建设工程类纠纷案件的双方当事人要么请外市或外省律师代理，要么宁可安排公司员工出庭，也不委托中山律师代理。期待唐律师及其团队能有效改变这一局面，让更多的中山建设工程企业享受专业的建工法律服务，有效防范、控制法律风险，维护合法权益。

是为序。

黄照明*

二〇二〇年八月

* 黄照明先生，博士，教授级高工，中山市土木建筑学会会长。

序二

值

老唐不老,但他喜欢大家称他“老唐”。

几年前,老唐说要专为建设工程企业写一本有关收取工程价款的法律专著,我不觉奇怪,因为老唐有能力、有毅力、更有情怀,定能写出一本高质量的有关工程价款收取的法律专著。

老唐是我师傅。我大学毕业后,应聘成为老唐的助理。我通过司法考试后,老唐成了我的实习指导律师。老唐虽不是法律专业科班生,但他的专业水平之高、办案经验之丰富、对客户委托事务之高度负责、对案件代理与法律文书写作细节之关注,令我惊叹、折服。他总说客户无小事,律师要解决客户的法律问题,自身必须有过硬的专业能力,律师只有想客户之所想,急客户之所急,才能办好委托之事。他对实习律师的指导很细致,细致到为实习律师修改法律文书的标点符号。

2013 年年底,老唐设立了广东宇之律师事务所。老唐更忙了,忙于办案,忙于管理律师事务所。老唐在办案的同时,还特别注重理论研究。他独立开发了重大事项社会稳定风险评估法律服务项目,这是律师业务的新拓展。老唐在重要刊物上发表了论文,律所律师以老唐为主导,为中山市重要市政工程升级改造出具重大事项社会稳定风险评估报告,通过了专家严苛的认证。

2016 年,老唐说“万金油”律师没法真正为客户提供专业化法律服务,他要走专业化律师之路。老唐决定做建筑房地产类业务的专业律师。从此,老唐简直是着魔似的。三年多来,老唐啃了几十本建筑房地产类法律专著,研究了大量建筑房地产类纠纷案例,参加全国各地的建筑房地产业研讨会,坚持为建筑类行业协会、建筑房地产类企业、建筑类公司法律顾问单位等开设建设工程法律专题讲座,加上代理建筑类非诉、诉讼业务的丰富实战经验,他硬是将自己"逼"成了建筑房地产类业务的法律专家。

新型冠状病毒肺炎肆虐时,也是老唐对本书进行第九次修改时。他对本书的章节进行了重新的编排,逐字逐句审核、修改、润色,删除了近五分之一的文字,将书中长句化短,将复杂的法律术语用最简单、最白话的方式进行解释。

老唐的《穿透工程价款——建设工程承包人收取工程价款实战指南》一书,文字朴实无华,通俗易懂,读者能看明白,能理解。贯穿全书的收取工程价款的实战经验,实用性强,读者完全可以边学边用,学后即用,可以毫不夸张地说,本书确实堪称建设工程承包人收取工程价款的实战操作指导用书。但这又丝毫不影响该书专业的深度、广度。作为专业律师的我,从本书中获益多多。

本书紧跟法律前沿,书中引用了《全国法院民商事审判工作会议纪要》(2019年11月14日公布)、《房屋建筑和市政基础设施项目工程总承包管理办法》(2020年3月1日施行)、《最高人民法院关于民事诉讼证据的若干规定》(2020年5月1日施行)、《中华人民共和国民法典》(2020年5月28日公布)等法律、规章、司法解释的新规定,关注了《中华人民共和国招标投标法》的最新修改动态。

难能可贵的是,老唐在书中对黑白合同、质量保证金、总包管理费、总包配合费、隐蔽工程等疑难法律问题都有独到的见解。

老唐说以后要写更多更好的建筑房地产类法律专著,以回报读者和对本书给予协助的老师、朋友、同事。

龙　灏*

二〇二〇年六月一日

* 龙灏,北京市京师(中山)律师事务所律师。

前言

建设工程企业是指从事房屋和土木工程建筑、建筑安装、建筑装饰工程的勘察、设计、施工以及对建筑物进行维修、改造活动的独立生产经营单位,根据建设工程合同的约定,以劳力、智力、材料、机器设备等为建设单位进行工程建设,收取价款的企业。

建设工程项目全过程一般包括:工程项目策划、立项、可行性研究分析与评估、前期准备、勘察、设计、施工、竣工验收、结算、交付使用等程序,涉及招投标、建设工程合同的签订、履行、工期、工程质量等关联因素。

不难发现,这些程序、因素都围绕工程价款(工程造价)而展开。可以说,工程价款是建设工程项目的主线,将建设工程的每个程序、关联因素串联起来。

建设工程承包人追求的主要目的是工程价款。发包人虽然主要追求工程质量,看重建设工期,但是发包人的所有工作都离不开工程造价。建设工程合同纠纷中,承包人与发包人之争如工期顺延还是延误、工程质量争议、是否构成索赔或反索赔、索赔额的多少、违约责任的承担等,都直接关系到工程价款的数额。如今的建筑市场,因"僧多粥少"发包人仍占主导地位,拖欠工程价款仍是普遍现象。收取工程价款成了建设工程承包人的老大难问题。建设工程承包人迫切需要这方面的专业指导。

招投标、工程造价管理、建筑类法律、法规、规章、司法解释解读以及建设工程合同纠纷实务、索赔等方面的法律专著不胜枚举,但专为建设工程承包人收取工程价款而写的作品少之又少。《穿透工程价款——建设工程承包人收取工程价款实战指南》一书应运而生,针对建设工程承包人收款难的痛点,多角度剖析建设工程价款收取老大难问题,分析问题原因,探索解决办法。

全书共分十二章，分别从工程招投标、合同的签订与解除、无效建设工程施工合同、工期、工程质量、索赔、工程价款结算、建设工程价款优先受偿权、工程总承包的新变化、收取工程价款关键点、工程价款纠纷实务操作策略、建筑类企业刑事法律风险防范和控制等角度，剖析建筑业与建设工程企业的现状，分析工程价款收取难问题产生的原因，探索解决办法，为建设工程承包人收取工程价款支实招。

本书的特点：一是用最通俗易懂的文字、结合真实的案例，解读最复杂的建设工程法律问题；二是每章都为独立的单元，各章之间不存在明显的先后顺序，读者朋友可以从前面章节往后读，也可从后面章节往前读，还可从中间任意一章往前或往后读；三是每章内容都以讲稿形式写作，读者可以直接将各章内容按自己的需求制成 PPT，可以自用，可以用于公司内部培训，法律专业人士可以直接拿来当课件用，可以按照讲课时间长短、客户需求将各个讲稿（各章内容）自由组合，用于授课；四是本书及时吸收了与工程价款有关的法律、法规、规章、司法解释等最新规定的精髓，比如，《招标投标法（修订草案公开征求意见稿）》《民法典》《全国法院民商事审判工作会议纪要》《房屋建筑和市政基础设施项目工程总承包管理办法》《最高人民法院关于民事诉讼证据的若干规定》《保障农民工工资支付条例》等。《民法典》施行之日，《合同法》等九部法律同时废止。因此，本书在引用《合同法》规定的同时，引用了《民法典》的相关规定，有助于读者朋友全面了解相关知识点。

本书中的“建设工程承包人”包括：建设工程勘察人、建设工程设计人、建设工程施工人、建设工程装修人等。书中如果未特别指出是建设工程施工人或建筑施工企业，有关“建设工程承包人”的文字内容都适用于建设工程勘察人、建设工程设计人、建设工程装修人等。

凡例

1.法律文件名称中的“中华人民共和国”省略,例如,《中华人民共和国民法典》简称为《民法典》。

2.《最高人民法院关于审理建设工程施工合同纠纷案件适用法律问题的解释》简称为《建设工程司法解释(一)》。

3.《最高人民法院关于审理建设工程施工合同纠纷案件适用法律问题的解释(二)》简称为《建设工程司法解释(二)》。

4.《最高人民法院关于建设工程价款优先受偿权问题的批复》简称为《优先受偿权批复》。

5.《最高人民法院关于适用〈中华人民共和国民事诉讼法〉的解释》简称为《民事诉讼法解释》。

6.《第八次全国法院民事商事审判工作会议(民事部分)纪要》简称为《八民纪要》。

7.《全国法院民商事审判工作会议纪要》简称为《九民纪要》。

8.《房屋建筑和市政基础设施项目工程总承包管理办法》简称为《工程总承包管理办法》。

9.《最高人民法院关于民事诉讼证据的若干规定》简称为《证据规定》。

10.《建设工程施工合同(示范文本)》(GF-2017-0201)简称为《建设工程施工合同(2017文本)》。

目录

上篇　工程价款之基础篇

下篇　工程价款之实战篇

上篇

工程价款之基础篇

第一章

工程招投标操作要点

建设工程企业表面看上去风风光光，但实则大部分企业经营困难，特别是在国家调控房地产业的大环境下，建设工程企业如履薄冰，稍有不慎，就有破产倒闭的风险。

如果建设工程企业自身实力不符合投标的条件，就不要勉为其难，硬撑投标，也不要寻求挂靠符合条件的建设工程企业参与招投标。一旦中标被认定为无效，建设工程合同也会被认定无效，建设工程企业参与招投标的前期投入有可能无法收回，将造成巨大的经济损失。

如果建设工程企业不能顺利收回承包的一个工程项目的款项，有可能承包几个乃至十几个工程，其利润之和也弥补不了一个工程项目未收回工程价款的损失，轻则将致该建设工程企业负债经营，重则令其破产倒闭或重整。此类教训，不胜枚举。

建设工程企业明白了建筑业、建设工程企业的现状、前景、趋势，重视资质，从合同管理中见效益，从严抓工程质量中求保障，就不会迷失方向，不致为了蝇头小利，钻法律空子，打法律“擦边球”，甚至不惜铤而走险，付出惨重的代价。

一、招标发包的建设工程

（一）建设工程

建设工程，是指土木工程、建筑工程、线路管道和设备安装工程及装修工程，为人类生活、生产提供物质技术基础的各类建筑物和工程设施的统称。建设工程按照自然属性可分为建筑工程、土木工程和机电工程三类。

我国现阶段部分建筑工程依法实行招标发包，对不适于招标发包的可以直接发包。《招标投标法》第三条规定了必须强制进行招标的三类建设工程。

在中华人民共和国境内进行下列工程建设项目包括项目的勘察、设计、施工、监理以及与工程建设有关的重要设备、材料等的采购,必须进行招标:(1)大型基础设施、公用事业等关系社会公共利益、公众安全的项目;(2)全部或者部分使用国有资金投资或者国家融资的项目;(3)使用国际组织或者外国政府贷款、援助资金的项目。

《工程总承包管理办法》(建市规〔2019〕12号,自2020年3月1日起施行)第八条规定了依法采用招标或直接发包等方式选择工程总承包单位的情形。工程总承包项目范围内的设计、采购或者施工中,有任一项属于依法必须进行招标的项目范围且达到国家规定规模标准的,应当采用招标的方式选择工程总承包单位。

(二)建设工程企业

建设工程企业,是指从事房屋和土木工程建设、建筑安装、建筑装饰工程的勘察、设计、施工等以及对建筑物进行维修、改造活动的独立生产经营单位,根据建设工程合同的约定,以劳力、智力、材料、机器设备等为建设单位进行工程建设,收取价款的企业。

建设工程企业应当持有依法取得的资质证书,并在其资质等级许可的业务范围内承揽工程。禁止建设工程企业超越本企业资质等级许可的业务范围或者以任何形式用其他建设工程企业的名义承揽工程。禁止建设工程企业以任何方式允许其他单位或个人使用本企业的资质证书、营业执照,以本企业的名义承揽工程。

工程项目的建设工期长,有的长达数年、十数年甚至几十年,建筑工程标的额大,有的多达几亿元、几十亿元甚至更多。现实情况是,各地拖欠工程价款的现象很普遍,拖欠数额巨大,拖欠时间长,已经成了制约建筑业健康发展的最主要因素,严重影响了承担施工任务的建设工程企业的正常运营,严重影响了奉献在各个工地上的千千万万进城务工的农民工的合法权益,给社会稳定造成了极大的隐患。

(三)建设工程承包

建设工程承包,是指从事勘察、设计、施工、安装、装修等工作的建设工程企业通过一定的方式获得建设工程合同的活动。

本书中的“建设工程承包人”包括:建设工程勘察企业、建设工程设计企业、建设工程施工企业、建设工程装修企业等。书中如果未特指建筑施工企业,有关“建设工程承包人”的文字内容适用于建设工程勘察企业、建设工程设计企业、建设工程施工企业、建设工程装修企业等。

二、违法招投标导致建设工程施工合同无效

违法招投标导致建设工程施工合同无效的情形:

1. 必须进行强制招投标的建设工程,没有通过招投标程序而是通过自选方式确定承包人,或将必须进行招标的项目化整为零或者以其他任何方式规避招标,承包人与发包人因此而签订的建设工程施工合同无效,合同即使在有关政府部门备案同样无效。

2. 招标代理机构在代理招投标过程中违背“独立、科学、公正”的原则,违规操作,泄露应当保密的与招标投标活动有关的情况和资料,或者与招标人、投标人串通损害国家利益、社会公共利益或者他人合法权益,影响中标结果的,中标无效。

3. 依法必须进行招标的项目的招标人向他人透露已获取招标文件的潜在投标人的名称、数量或者可能影响公平竞争的有关招标投标的其他情况,或者泄露标底,影响中标结果的,中标无效。

4. 投标人相互串通投标或者与招标人串通投标的,投标人以向招标人或者评标委员会成员行贿的手段谋取中标的,中标无效。

5. 投标人以他人名义投标或者以其他方式弄虚作假,骗取中标的,中标无效。

6. 依法必须进行招标的项目,招标人违规操作,与投标人就投标价格、投标方案等实质性内容进行谈判,影响中标结果的,中标无效。

7. 在评标委员会依法推荐的中标候选人以外确定中标人的,依法必须进行招标的项目在所有投标被评标委员会否决后自行确定中标人的,中标无效。

典型案例　招投标无效,投标书不作为结算依据

1. 案例来源

辽宁省高级人民法院(2014)辽民一终字第00053号民事判决书。

2. 案情摘要

上诉人某三建集团有限公司(以下简称三建公司)与被上诉人B房地产开发有限公司(以下简称B公司)建设工程施工合同纠纷案。

三建公司向一审法院诉称:2008年3月28日,三建公司与B公司签订建设工程施工合同,合同约定承包方式为综合单位及措施费包干;合同价款暂定,合同最终造价由双方另行协商并签订补充协议。施工中B公司没有解决拆迁遗留问题,对甲供材料确认迟缓,工程进度款多次逾期支付,影响了三建公司正常的施工进度,给三建公司造成人员、机械等窝工损失。故诉请依法判令B公司结算并支付工程欠款人民币40646058.18元,三建公司对承包工程拍卖或折抵的价款优先受偿,B公司自2009年11月23日起至判决生效日止,以工程欠款为基数,按银行同期贷款利率的1.2倍计算向三建公司支付工程欠款利息。

B公司答辩称:(1)三建公司陈述与事实不符,证据不足,B公司无任何违约行为;(2)评估报告的实体工程款结论不是对工程造价的真实反映;(3)三建公司要求1.2倍利息无依据。

B公司针对三建公司的起诉提出反诉,主要反诉请求:(1)三建公司承担逾期竣工违约金人民币5640620.64元;(2)请求判令三建公司移交全部工程竣工资料。

一审法院经审理认为,从本案事实看,2008年3月三建公司与B公司签订了建设工程施工合同,2008年4月三建公司即进场施工,而从三建公司的投标书看,其投标时间为2008年6月26日,当日开标,下发中标通知书,此过程严重违反《招标投标法》。三建公司、B公司签订建工合同在前,招投标手续在后,系后补做的招投标手续,属虚假招投标,违反《招标投标法》规定,故三建公司的投标书不具可信性。现三建公司、B公司没有共同确认的清单计价,故B公司申请按照定额重新进行鉴定符合客观实际及双方约定,应予准许。一审法院认为,鉴定机构按照2008年定额作出的鉴定结论及对人工费按信息价进行调差更符合客观实际,故争议工程造价应为101306492.47元,已付款数额为85108166元,剩余16198326.47元尚未支付。判决要点如下:(1)B公司于本判决生效之日起10日内给付三建公司11133002元工程款及利息;(2)B公司于本判决生效之日起10日内返还三建公司质保金2532662元及利息。

三建公司主要的上诉理由和请求:(1)一审法院认定招投标无效属适用法律不当;(2)一审法院重新委托工程造价鉴定涉嫌程序违法;(3)一审法院故意违反司法解释规定,作出错误判决。故请求二审法院撤销一审判决,依法判决被上诉人在一审判决支付工程欠款数额上增加支付工程欠款15428765.49元。

B公司答辩称:请求二审法院除维持一审判决外,改判被上诉人不支付另外增加的人工费340余万元。

3. 二审法院裁判结果

本院经审理认为,诉讼双方签订施工合同及补充协议在前,办理招投标手续在后。在施工合同及补充协议与招投标文件不一致的情况下,双方未依据《招标投标法》第六十四条之规定另行签订合同,故一审认定招投标手续为补办,招投标文件不能作为确认工程造价的依据并无不当。故判决:驳回上诉,维持原判。

4. 律师点评

(1)本案中的招投标程序存在下列明显的违法行为:

①存在如压缩工期、压低价格等违反保障工程建设质量规定的行为;

②有非公开招标、隐瞒建设工程真实情况等违反维护建筑市场公平竞争秩序规定的行为,属于违反法律、行政法规的强制性规定的行为,双方因此签订的《建设工程施工合同》依法当属无效。

《招标投标法》第四十三条规定:"在确定中标人前,招标人不得与投标人就投标价格、投标方案等实质性内容进行谈判。"第五十五条规定:"依法必须进行招标的项目,招标人违反本法规定,与投标人就投标价格、投标方案等实质性内容进行谈判的,给予警告,对单位直接负责的主管人员和其他直接责任人员依法给予处分。前款所列行为影响中标结果的,中标无效。"

(2)根据上述规定认定招投标无效,必须同时符合以下条件:

①双方进行了实质性议价;

②双方实质性议价的行为发生在招投标过程中,即招标文件发出之后,中标通知书发出之前;

③实质性议价影响了中标结果。

三、串通招标投标行为

串通招标投标行为,是指招标者与投标者之间或者投标者与投标者之间采用不正当手段,串通进行招投标,损害其他投标人或者招标者利益的行为。

（一）投标者串通投标行为

1. 投标者之间相互约定，一致抬高或者压低投标报价；

2. 投标者之间相互约定，在招标项目中轮流以高价位或者低价位中标；

3. 投标者之间先进行内部竞价，内定中标人，然后再参加投标；

4. 投标者之间其他串通投标的行为。

（二）招标者与投标者串通投标的行为

1. 招标者在公开开标前，开启标书，并将投标情况告知其他投标者，或者协助投标者撤换标书，更改报价；

2. 招标者向投标者泄露标底；

3. 投标者与招标者商定，在招标投标时压低或者抬高标价，中标后再给投标者或者招标者额外补偿；

4. 招标者预先内定中标者，在确定中标者时以此决定取舍；

5. 招标者和投标者之间其他串通招标投标的行为。

《招标投标法》自 2000 年 1 月正式实施已整整二十年，在规范工程发包、保障工程质量、遏制腐败现象等方面发挥了重要作用。但是，招投标市场也出现了如串通招投标、低质低价中标、明招暗定、先施工后招标等恶性问题，招标人往往无法选择资质高、信誉好、造价合理且能保障建设工程质量与建设工期的承包人，严重影响了建筑市场的正常发展和其他投标人的利益。《招标投标法》的一些内容已不适应当前的实践需求，需要进行必要的修改、补充、完善，得以解决招投标市场长期存在的突出问题。2019 年 12 月 3 日，国家发展和改革委员会发布《中华人民共和国招标投标法（修订草案公开征求意见稿）》。此次对《招标投标法》的拟修改，重点针对排斥限制潜在投标人、围标串标、低质低价中标、评标质量不高、随意废标等突出问题。修订内容主要涉及以下八个方面：一是推进招投标领域简政放权；二是提高招投标公开透明度和规范化水平；三是落实招标人自主权；四是提高招投标效率；五是解决低质低价中标问题；六是充分发挥招投标促进高质量发展的政策功能；七是为招投标实践发展提供法治保障；八是加强和创新招投标监管。

今后，建设工程企业依靠低价中标先拿下工程，再凭公关或其他不正当手段提高合同价款，保证一定的利润空间，越来越行不通；建设工程企业通过串通招投标或其他违法行为中标建设工程，付出的代价将会越来越大。

四、建设工程企业投标须知

（一）投标前知晓招投标基本常识

1. 招标人的公开招标行为是要约邀请

要约邀请，又称要约引诱，是指一方当事人希望他人向自己提出订立合同的意思表示。要约邀请是当事人订立合同的预备行为，在发出要约邀请时，当事人仍然处于订约的准备阶段。

拍卖公告、招标公告、招股说明书、债券募集说明书、基金招募说明书、商业广告和宣传、寄送的价目表等为要约邀请。招标人向不特定的人发出以吸引投标人参与投标的招标公告或者招标通知等，一般都属于要约邀请。招标文件是对要约邀请内容的具体化。

大部分要约邀请没有法律效力。不过，作为要约邀请的招标公告或者招标通知等招标文件具有法律效力，对招标人和中标人具有法律约束力。

2. 投标人的投标行为是要约

要约，是指当事人自己主动愿意订立合同的意思表示，以订立合同为直接的目的。

投标文件应当对招标文件中的实质性要求和条件作出响应，投标文件与招标文件的实质性要求必须相符，没有显著差异或保留。投标文件是对要约内容的具体化。

3. 中标行为是承诺

承诺，是指受要约人同意要约的意思表示，即受约人同意接受要约的全部条件而与要约人成立合同。承诺作出并送达要约人后，合同即告成立，要约人不得加以拒绝。非口头承诺生效的时间应以承诺的通知到达要约人时为准。口头承诺，要约人了解时即发生效力。

招标人向投标人发出的中标通知书，是招标人向中标人发出的承诺，依法对招标人和中标人具有法律效力。

4. 中标后及时签订合同

在建设工程招投标过程中，招标文件要求投标单位提供参加投标所需要的一切材料。招标文件是招标工程建设的大纲，是建设单位实施工程建设的工作依据。投标文件，是指投标人应招标文件的要求所编制的响应性文件，一般由商务标函、技术标函、报价标函和其他部分组成。投标文件是中标人得以打败其他投标人、取得中标的核心文件。

招投标文件是建设工程施工合同订立的主要依据，招投标文件也是建设工程施工合同的内容，承包人与发包人签订的建设工程施工合同的实质性内容应当与招投标文件的内容一致。

招标人与投标人应当及时依照招标文件、投标文件、中标通知书等文件的要求签订建设工程合同，明确约定双方的权利义务，特别是有关建设工期、合同价款、工程质量等实质性内容，避免日后产生争议。招标人和中标人不得再行订立背离合同实质性内容的其他协议。

建设工程施工合同的内容包括工程范围、建设工期、开工和竣工时间、工程质量、工程造价、技术资料交付时间、材料和设备供应责任、拨款和结算、竣工验收、质量保修范围和质量保证期、双方相互协作等条款。

建设工程施工合同需要向政府有关部门办理备案手续的，按照要求备案。建设工程施工合同的双方当事人在备案的中标合同之外，另行签订与备案的中标合同实质性内容不一致的合同，并按照其他合同的约定行使权利、履行义务，实际上是建设工程施工合同的双方当事人以行为否定中标，扰乱了正常的招投标秩序，对于其他投标人明显不公平。

(二)按照自身条件作出投标文件

对于通过招投标方式确定承包人的建设工程，建设工程企业在参与投标前，要认真研究招标人公布的招标文件，审核招标文件中提出的各项要求、条件，特别是有关建设质量、建设工期、合同价款等实质性内容。建设工程企业应当按照自身实力、条件作出投标文件，对招标文件中的实质性要求和条件作出响应，投标文件与招标文件的实质性要求必须相符，没有显著差异或保留，中标后按照招投标文件的要求开展工作，获取应得的利益。

“没有金刚钻别揽瓷器活。”

建设工程企业自身实力不符合投标的条件，不要勉为其难，硬撑投标，也不要寻求挂靠符合条件的建设工程企业参与招投标。一旦中标被认定为无效，建设工程合同也会被认定无效，建设工程企业参与招投标的前期投入很可能无法收回，将会造成巨大的损失。

《工程总承包管理办法》第九条规定了工程总承包项目招标文件的要求：主要列明项目的目标、范围、设计和其他技术标准，包括对项目的内容、范围、规模、标准、功能、质量、安全、节约能源、生态环境保护、工期、验收等的明确要求；建设单位提供的资料和条件，包括发包前完成的水文地质、工程地质、地形等勘察资料,以及可行性研究报告、方案设计文件或者初步设计文件等;建设单位可以在招标文件中提出对履约担保的要求,依法要求投标文件载明拟分包的内容;对于设有最高投标限价的,应当明确最高投标限价或者最高投标限价的计算方法。

建设工程总承包单位对工程总承包项目作出准确的判断、准确报价的前提是:发包人在招标文件中提出明确具体的报价基础资料。报价基础资料越详尽、准确,承包人与发包人今后因项目变更要求调整合同价款的争议越少,即使出现争议,解决争议时也有资料可查。正是基于此,《工程总承包管理办法》作出了以上规定。

建设工程企业参与工程总承包项目的投标,要清楚《工程总承包管理办法》有关工程总承包项目招标文件的以上特殊规定。

(三)缔约过失责任与违约责任的区别

1. 缔约过失责任

(1)缔约过失责任的含义

缔约过失责任,是指在合同订立过程中,一方当事人违反基于诚实信用原则负有的先合同义务,导致合同不成立,或者合同虽然成立,但被认定无效或被撤销,给对方造成损失时所应承担的民事责任。

先合同义务,是指从双方接触、磋商至合同有效成立之前,双方当事人基于诚实信用原则负有的协助、通知、告知、保护、照管、保密、忠实等义务。

《合同法》第四十二条规定了缔约过失责任:"当事人在订立合同过程中有下列情形之一,给对方造成损失的,应当承担损害赔偿责任:(一)假借订立合同,恶意进行磋商;(二)故意隐瞒与订立合同有关的重要事实或者提供虚假情况;(三)有其他违背诚实信用原则的行为。"

《民法典》第五百条有同样的规定。

(2)缔约过失行为的类型

①假借订立合同,恶意进行磋商。假借,是指一方当事人没有与对方订立合同的真实意思,与对方进行接触、磋商、谈判只是借口,损害对方当事人利益是其目的;恶意,是指故意给对方造成利益损害的主观心理状态。恶意是该类缔约过失行为最核心的构成要件。

②故意隐瞒与订立合同有关的重要事实或者提供虚假情况。这是缔约过程中的欺诈行为。欺诈是指一方当事人故意实施某种欺骗他人的行为,并使

他人产生错误认识而订立合同。

③泄露或不正当地使用商业秘密。泄露商业秘密，是指未经同意擅自将商业秘密透露给他人；不正当使用商业秘密，是指未经授权而使用该秘密或将该秘密转让给他人。

④有其他违背诚实信用原则的行为。

2. 违约责任

(1)违约责任的含义

违约责任，是指当事人不履行合同义务或者履行合同义务不符合合同约定而依法应当承担的民事责任。追究违约责任的前提是合同已生效。

《民法典》第三编第八章详述了违约责任，足以说明违约责任在合同中的分量。

(2)违约责任的表现形态

①不能履行。这是指债务人已经没有履行合同义务的能力，或者法律禁止债务的履行。

②迟延履行。这是指债务人能够履行合同义务，但在履行期限届满时却不履行。是否构成迟延履行，履行期限则具有重要意义。

③不完全履行。这是指债务人虽然履行了合同义务，但其履行不符合合同的约定。

④拒绝履行。这是指债务人明确表示或者以自己的行为表明不履行合同义务。

⑤债权人延迟。这是指债权人延迟受领或者延迟完成协助债务人履行义务的工作。

3. 缔约过失责任与违约责任的区别

(1)发生的时间不同

缔约过失责任发生在缔结合同过程中。

违约责任发生在合同成立且已生效后，如合同已成立但不生效，此时并没有产生合同义务，因而不产生违约责任，只能产生缔约过失责任。

(2)产生的依据不同

缔约过失责任是在缔结合同过程中，因合同不成立、合同无效或被撤销的情形而产生的责任，缔约一方当事人违背基于诚实信用原则所应负的协助、通知、告知、保护、照管、保密、忠实等先合同义务，缔约过失责任产生的依据是先合同义务。

违约责任则产生于已生效的合同,债务人应按合同约定履行义务,但债务人不履行合同义务或者履行合同义务不符合合同约定,因此,违约责任产生的根据是合同义务。

(3)性质不同

缔约过失责任是法定的损害赔偿责任,基于法律的直接规定而产生,不是因当事人之间的约定产生,目的是解决因一方在缔约过程中的过错而造成另一方信赖利益损失的问题。

违约责任具有约定性,当事人可以在合同中约定违约责任的形式,约定违约金及赔偿损失的数额、计算办法等;违约责任也具有一定的法定性,比如,定金罚则,约定的违约金不得过分高于实际损失赔偿额等规定,都属于法律规定的违约责任。

(4)保护的利益不同

缔约过失责任保护缔约双方基于特殊的信赖关系、期望通过合同的订立所产生的信赖利益。信赖利益指当事人信赖其与对方签订有效合同而产生的利益。

违约责任保护合同当事人的履行利益。履行利益指合同当事人履行生效合同后所获得的利益。

(5)归责原则不同

缔约过失责任的归责原则是过错责任原则,即一方或双方当事人在订立合同过程中有过错,导致合同不成立、合同无效或合同被撤销,造成对方信赖利益损失。

违约责任主要适用无过错责任原则,特殊的情况下适用过错推定原则。

(6)赔偿范围不同

缔约过失责任赔偿对方当事人的信赖利益损失。信赖利益损失包括直接损失和间接损失。

直接损失主要包括:①缔约费用,如为了缔约而实地考察所支付的合理费用;②准备履约和实际履约所支付的费用;③因缔约过失导致合同无效或被撤销所造成的实际损失;④因身体受到伤害所支付的医疗费等合理费用;⑤因支出缔约费用或准备履约和实际履行支出费用所失去的利息等。

间接损失主要包括:①因信赖合同有效成立而放弃的获利机会所造成的损失,即丧失与第三人签订合同机会所受的损失;②利润损失,即无过错方在现有条件下从事正常经营活动所获得的利润损失;③因身体受到伤害而减少的误工收入;④其他可得利益损失。

违约责任赔偿当事人的期待利益损失,保护合同当事人履行合同义务的利益。《民法典》规定了三类财产损害赔偿范围:

①约定赔偿范围。当事人可以约定一方违约时应当根据违约情况向对方支付一定数额的违约金,也可以约定因违约产生的损失赔偿额的计算方法。

②一般法定赔偿范围。双方当事人在合同中没有约定损害赔偿时,则适用一般法定赔偿:当事人一方不履行合同义务或者履行合同义务不符合约定,给对方造成损失的,损失赔偿额应当相当于因违约所造成的损失,包括合同履行后可以获得的利益,但不得超过违约方订立合同时预见到或者应当预见到的因违反合同可能造成的损失。

③特别法定赔偿范围。比如,经营者对消费者提供商品或者服务有欺诈行为的,依照《消费者权益保护法》的规定承担损害赔偿责任。

在本书的写作过程中,笔者代理了一个建设工程设计合同纠纷案件。该案件的基本案情如下:

2017 年 2 月,某大型设计公司通过合法的招投标程序,中标某大学的新建工程的设计工作,中标价为 520 万元。双方未在中标通知书约定的时间内签订书面建设工程设计合同。某设计公司按约定的工期完成了设计工作,向某大学交付了设计成果,但某大学未支付一分钱的设计费。

某设计公司委托笔者代理前,已通过其他律师写好了起诉状,要求某大学支付因缔约过失责任造成的损失 60 万元,其理由是双方未签订正式书面合同、某大学的新建工程因地质问题而取消。笔者认真细致研究了委托人提交的全部材料后,书面建议委托人追究对方的违约责任,要求对方支付设计费 520 万元及逾期付款利息。

笔者建议追究对方违约责任而不是缔约过失责任的主要理由为:

1. 依据《民法典》《招标投标法》等法律的规定,招投标方式是订立合同的一种方式。《招标投标法》就其主要内容来说,不是行政法性质,更具民事法律性质。依据《民法典》的规定,承诺通知到达要约人时生效,承诺生效时合同成立。中标通知书是招标人向投标人发出的承诺,中标通知书到达中标人时承诺即生效,建设工程合同已成立,对双方当事人产生法律约束力。对方当事人某大学一直未以任何名义、任何形式对某设计公司本次中标作废标处理。

2. 法律不排斥合同双方当事人实际履行合同的行为。《民法典》第四百九十条第二款规定:"法律、行政法规规定或者当事人约定合同应当采用书面形式订立，当事人未采用书面形式但是一方已经履行主要义务，对方接受时，该合同成立。”

某设计公司中标该建设工程的设计承包工作后，立即按照招标文件、投标文件、中标通知书等文件的要求安排设计师加班加点，积极按要求开展该项目的初步设计和深化设计等工作，并安排项目组人员与某大学洽谈与碰头，全面深化图纸设计内容，2017 年 6 月底完成了绝大部分设计工作，并及时向某大学提交了设计方案。某设计公司完成的设计方案，是对招标文件、投标文件的细化、深化，完全符合约定的要求。

建设工程设计合同是招标投标文件的承续，应当根据招标投标文件来签订。《招标投标法实施条例》第五十七条中规定，合同的标的、价款、质量、履行期限等主要条款应当与招标文件和中标人的投标文件的内容一致。某设计公司与某大学虽未签订书面建设工程设计合同，但某大学发布的招标文件与某设计公司提交的投标文件都包括双方拟签订合同的主要条款。某设计公司已按招标文件、投标文件、中标通知书的要求与条件实际履行合同的实质性内容，已按约定完成了设计任务，向某大学提交了设计成果，履行了合同的主要义务，某大学表示接受，并且多次与某设计公司协商赔偿事宜，因此，某设计公司与某大学之间的建设工程设计合同已成立，且已实际履行。

某设计公司接受了笔者的建议并委托笔者代理，起诉要求对方支付设计费 520 万元及逾期付款利息，相关法院已受理此案。

第二章

工程合同管理实务要点

合同管理专业性强，极为复杂，是一项关系企业全局的重要工作，建设工程企业应当高度重视。

建设工程合同管理主要涉及合同的签订、变更、补充、解除、终止等方面的内容。本章重点介绍合同的签订与解除，帮助建设工程承包人合理、合法规避合同签订、解除的各种风险，为顺利收取工程价款做必要的准备。

一、合同的签订

（一）签订合同前的准备工作

1. 了解是否办理建设工程规划审批手续

任何单位或者个人在城市、镇规划区内进行工程建设，工程项目开工前，建设单位应当先行办理建设用地规划许可证、建设工程规划许可证、建设工程施工许可证等规划审批手续。这是建设单位的法定义务。

承包人在与发包人签订建设工程合同前，要先审查建设单位是否办理了建设用地规划许可证、建设工程规划许可证等规划审批手续。经审查发现建设单位符合办理规划审批手续的条件而拖延办理，承包人应当催促发包人办理，并保留相关证据；经审查确定发包人不符合办理规划审批手续的条件，承包人应及时终止与发包人的合作，防止损失的扩大，对于已经产生的损失，承包人有权要求发包人赔偿。

建设工程承包人有权以发包人未取得建设用地规划许可证等规划审批手续为由，请求确认建设工程施工合同无效。

（1）建设用地规划许可证

①建设用地规划许可证的含义。建设用地规划许可证，是指经城乡规划主管部门依法审核，建设用地符合城乡规划要求的法律凭证。

②建设用地规划许可证的重要性。办理建设用地规划许可证是办理建设工程规划许可证的前提,建设工程规划许可应在城乡规划确定的建设用地范围内进行。

建设用地规划许可证是取得国有土地使用权的基础,建设单位申请用地应在取得建设用地规划许可证后,未依程序办理建设用地规划许可手续,就无法取得建设用地,建设工程施工合同无履行的基础,建设工程就无从开展。

(2)建设工程规划许可证

①建设工程规划许可证的含义。建设工程规划许可证,是指经城乡规划主管部门依法审核,是对建设工程项目的具体方案办理的规划审批手续,是建设工程符合城乡规划要求的法律凭证。

申请办理建设工程规划许可证,应当提交使用土地的有关证明文件、建设工程设计方案等材料。

②申请办理建设工程规划许可证的一般程序。凡在城市规划区内新建、扩建和改建建筑物、构筑物、道路、管线和其他工程设施的单位与个人,必须持有关批准文件向城市规划行政主管部门提出建设申请;城市规划行政主管部门根据城市规划提出建设工程规划设计要求;城市规划行政主管部门征求并综合协调有关行政主管部门对建设工程设计方案的意见,审定建设工程初步设计方案;城市规划行政主管部门审核建设单位或个人提供的工程施工图后,核发建设工程规划许可证。

(3)发包人未办理规划审批手续先行开工的法律后果

①承担行政责任。建设单位未取得建设工程规划许可证或者未按照建设工程规划许可证的规定进行建设的,由县级以上地方人民政府城乡规划主管部门责令停止建设;尚可采取改正措施消除对规划实施影响的,限期改正,处建设工程造价5%以上10%以下的罚款;无法采取改正措施消除影响的,限期拆除,不能拆除的,没收实物或者违法收入,可以并处建设工程造价10%以下的罚款。

②承担民事责任。承包人可以建设单位未办理建设用地规划许可证、建设工程规划许可证为由,主张建设工程施工合同无效。

建设用地规划与建设工程规划都关系到国计民生,影响到社会公共利益。在建设工程开工前,建设单位未依法办理建设用地规划许可证、建设工程规划许可证,既损害社会公共利益,又违反法律、行政法规的强制性规定,因此签订的建设工程施工合同将被认定为无效。[1]

(4)建设工程施工许可证

建设工程施工许可证,是指建筑施工企业符合各种施工条件、允许开工的许可证,是建设单位进行工程施工的法律凭证。

《建筑法》第七条规定:"建筑工程开工前,建设单位应当按照国家有关规定向工程所在地县级以上人民政府建设行政主管部门申请领取施工许可证;……"

建设单位申请建设工程施工许可证前,必须先确定建设工程的施工单位,已与建筑施工企业签订建设工程施工合同。申领工程施工许可证是建设单位单方的义务,是建设单位履行建设工程施工合同约定义务的前提条件,而不是建设工程施工合同生效的要素。建设单位未办理建设工程施工许可证,不影响建设工程施工合同的效力。因此,建筑施工企业没有审查建设单位是否办理工程施工许可证的义务。

(5)办理规划审批手续是发包人的法定义务

①未办理规划审批手续致合同无效的过错方是发包人。根据《建筑法》《城乡规划法》《建设工程司法解释(二)》等法律、司法解释的规定,办理建设用地规划许可证、建设工程规划许可证等规划审批手续是发包人的法定义务。

因未办理建设用地规划许可证、建设工程规划许可证等规划审批手续而导致建设工程施工合同无效,无论主张建设工程施工合同无效的当事人是承包人还是发包人,承担合同无效责任的过错方都是发包人。

②承包人有权要求发包人赔偿因合同无效所致的损失。合同无效或者被撤销后,因该合同取得的财产,应当予以返还;不能返还或者没有必要返还的,应当折价补偿。有过错的一方应当赔偿对方因此所受到的损失,双方都有过错的,应当各自承担相应的责任。

因发包人的原因导致建设工程施工合同无效,发包人应当承担因此给承包人造成的损失。承包人有权要求发包人赔偿以下损失:

承包人因办理招标投标手续支出的费用、合同备案支出的费用、订立合同支出的费用、除工程价款之外的因履行合同支出的费用等实际损失和费用;停工、窝工损失。

---

① 《建设工程司法解释(二)》第二条第一款规定:"当事人以发包人未取得建设工程规划许可证等规划审批手续为由,请求确认建设工程施工合同无效的,人民法院应予支持,但发包人在起诉前取得建设工程规划许可证等规划审批手续的除外。"

承包人请求发包人赔偿损失的，按照《证据规定》《建设工程司法解释（二）》的规定，承包人应当就对方过错、损失大小、过错与损失之间的因果关系承担举证责任。损失大小无法确定，承包人有权请求参照建设工程施工合同约定的质量标准、建设工期、工程价款支付时间等内容确定损失大小。

（6）发包人能办理规划审批手续未办理，承包人的应对策略。作为建设工程的发包人，在建设工程项目开工前，办理各种规划审批手续是其法定义务。发包人符合办理规划审批手续的条件，但因各种原因未办理或拖延办理，发包人能否"以未取得建设工程规划许可证等规划审批手续为由，请求确认建设工程施工合同无效"呢？

《建设工程司法解释（二）》第二条第二款对此明确规定："发包人能够办理审批手续而未办理，并以未办理审批手续为由请求确认建设工程施工合同无效的，人民法院不予支持。"

《建设工程司法解释（二）》不支持发包人恶意主张建设工程施工合同无效的请求，直接断绝了发包人恶意请求合同无效之路，对因发包人故意拖延办理规划审批手续造成承包人损失的，发包人应当承担赔偿责任。如果人民法院支持发包人这一恶意请求，无异于鼓励当事人违反法律规定、合同约定的义务，不履行法定、约定义务还能掌握合同履行的主动权。

发包人能办理建设用地规划许可证、建设工程规划许可证等规划审批手续而不办理，导致建设工程施工合同无效，承包人有权要求发包人承担过错致损的赔偿责任。

按照《证据规定》的规定，承包人应当举证证明"发包人能够办理规划审批手续而未办理"的事实。这就要求承包人在与发包人签约前，审查建设单位是否办理了建设用地规划许可证、建设工程规划许可证等规划审批手续。经审查，发现建设单位符合办理规划审批手续的条件而拖延办理，承包人应当催促发包人及时办理，并保留相关证据，以防事后发包人"以未取得建设工程规划许可证等规划审批手续为由，请求确认建设工程施工合同无效"，而致承包人措手不及，拿不出发包人能办理而未办理规划审批手续的证据，最后因举证不能而承担不利的法律后果；经审查，确定发包人不符合办理规划审批手续的条件，承包人应当及时终止与发包人的合作，防止损失的扩大，对于已经产生的损失，承包人有权要求发包人赔偿。

2. 了解发包人财务状况、诚信度

建设工程企业在与建设单位签订建设工程合同前，要先了解发包人的建设资金有没有到位，有没有可能因资金短缺而导致工程中途停工、缓建，发包人之前有无恶意违约情形，社会信誉度、信用度怎样？

典型案例　未取得建设工程规划许可证签订的合同无效

1. 案例来源

湖南省高级人民法院(2019)湘民终305号民事判决书。

2. 案情摘要

某工程局集团有限公司(以下简称工程局公司)、某工程局集团建筑工程有限公司(以下简称工程局建筑公司)诉T实业有限公司(以下简称T公司)、刘某建设工程施工合同纠纷案，长沙市中级人民法院于2019年3月18日作出(2018)湘01民初1029号民事判决。T公司、工程局公司不服，向湖南省高级人民法院提起上诉。

T公司上诉请求：撤销一审判决，改判驳回工程局公司全部诉讼请求，或者发回一审法院重审。事实和理由：一审判决认定涉案合同的主体事实不清。工程局公司与工程局建筑公司虽系关联公司，但在法律上是独立承担责任的法人。两者分别提交了涉案工程的施工合同及补充协议，并主张合同主体发生了变更。之后是工程局建筑公司在履行合同，T公司也是按照补充协议将8036027元退还给工程局建筑公司。因此，原判决确认工程局公司与T公司签订的两份施工合同无效错误。

工程局公司、工程局建筑公司答辩否认T公司的上诉理由和请求。

工程局公司上诉请求：撤销一审判决第二项、第三项，改判支持上诉人一审诉讼请求中的第二项、第三项、第四项。事实与理由：T公司一直谎称施工许可手续正在办理，致使上诉人投入大量人力、物力做好施工准备。事实上被上诉人于2018年5月4日才取得T医院初步设计文件审查书，2019年1月22日才取得工程规划审批。

T公司答辩称：工程局公司上诉理由不能成立，上诉请求应予驳回。

3. 二审法院裁判结果

根据当事人的诉辩意见，湖南省高级人民法院评析如下：

(1)合同主体

根据已查明的事实，工程局公司、工程局建筑公司虽系母公司与子公司的关联公司，但均系独立法人，均与T公司就涉案项目签订了内容相同的《T四期中组团商品房项目建安工程施工承包合同书》《T医院项目建安工程施工承包合同书》,工程局公司与T公司签订的两份合同在前,双方协商同意将原合同主体变更后,工程局建筑公司与T公司重新签订了内容相同的两份合同。一审判决对工程局建筑公司与T公司重新签订了内容相同的两份合同之事实没有认定,应予纠正。本案两原告第一项诉讼请求是"判令原告与被告签订的《T四期中组团商品房项目建安工程施工承包合同书》和《T医院项目建安工程施工承包合同书》无效",但一审判决只判决确认"工程局公司与T公司签订的《T四期中组团商品房项目建安工程施工承包合同书》《T医院项目建安工程施工承包合同书》无效",而对工程局建筑公司与T公司重新签订的两份合同的效力没有作出确认,显属不当,应予纠正。

(2)合同效力

《建设工程司法解释(二)》第二条规定,当事人以发包人未取得建设工程规划许可证等规划审批手续为由,请求确认建设工程施工合同无效的,人民法院应予支持,但发包人在起诉前取得建设工程规划许可证等规划审批手续的除外。涉案工程在本案起诉前没办理建设工程规划许可手续,在本案二审期间T公司陈述因未能缴纳相关费用尚未取得正式的规划许可证。规划许可证是办理规划许可手续的最终证明文件,T公司在二审期间仍然没有向本院提交案涉工程的建设工程规划许可证,依据《建设工程司法解释(二)》第二条规定,本案所涉的所有施工合同均应当认定无效。工程局公司、工程局建筑公司主张合同无效的请求成立,T公司主张合同有效的请求不成立。一审判决虽认定合同无效的裁判结论正确,但其以《工程建设项目招标范围和规模标准规定》作为认定合同无效的依据错误,应予纠正。湖南省高级人民法院作出(2019)湘民终305号判决:①驳回工程局公司的上诉;②维持长沙市中级人民法院于(2018)湘01民初1029号民事判决第一项、第二项;③撤销长沙市中级人民法院(2018)湘01民初1029号民事判决第四项;④变更长沙市中级人民法院(2018)湘01民初1029号民事判决第三项为:T公司在本判决生效之日起10日内赔偿工程局建筑公司前期工作相关费用1000000元;⑤确认工程局建筑公司与T公司签订的《T四期中组团商品房项目建安工程施工承包合同书》《T医院项目建安工程施工承包合同书》无效;⑥驳回工程局公司、工程局建筑公司的其他诉讼请求。

4. 律师点评

建设工程动工前，建设单位有办理建设用地规划许可证、建设工程规划许可证等规划审批手续的法定义务。建设工程承包人以发包人未取得建设工程规划许可证等规划审批手续为由，请求确认建设工程施工合同无效的，人民法院应予支持，但发包人在起诉前取得建设工程规划许可证等规划审批手续的除外。

承包人在主张合同无效的同时，可要求发包人承担因合同无效所致的损失。发包人也可以建设工程未取得规划许可证等规划审批手续为由，请求确认建设工程施工合同无效，承包人有权要求发包人承担因合同无效所致的损失。发包人能够办理审批手续而未办理，并以未办理审批手续为由请求确认建设工程施工合同无效的，人民法院不予支持。否则，有可能助长建设单位故意不办理规划审批手续又主张合同无效的歪风，有损建设工程承包人的合法权益。

（二）签订、履行建设工程合同遵循的原则

平等原则、合同自由原则、公平原则、诚实信用原则、遵纪守法原则等原则，建设工程合同的双方当事人在签订、履行合同的过程中都必须遵循。

1. 平等原则

平等原则，是指民事主体在民事活动中法律地位一律平等的准则。

2. 合同自由原则

合同自由原则，是指合同主体在签订、履行合同时，根据自己的真实意愿，设立、变更和终止民事权利义务关系的原则。

3. 诚实信用原则

诚实信用原则，是指民事主体在从事民事活动时，应诚实守信，以善意的方式全面履行己方的义务，不得滥用权利及规避法律规定或合同约定的义务。

承包人与发包人在建设工程合同的签订、履行过程中，法律地位本是平等，但因为如今的建筑市场仍是发包人主导，发包人往往利用这种优势，在与承包人签订合同时，限制承包人的权益，规避己方的义务，而承包人只能无奈接受，无法提出异议，因此签订的合同往往有违承包人的真实意愿。在合同的履行过程中，承包人与发包人都应当全面、积极、及时地履行己方的义务，但是双方当事人往往出于追求己方利益最大化的目的，规避法律规定或合同约定

的义务,违背诚实信用原则。

(三)签订书面建设工程合同

1. 签订书面建设工程合同

通过招投标方式确定承包人的建设工程,承包人与发包人应当自中标通知书发出之日起30日内,按照招标文件、投标文件、中标通知书等文件的要求订立书面合同。

对于不是必须通过招投标方式确定承包人的建设工程,法律并未规定应当采用书面形式签订合同。但为避免不必要的争议,更好地维护承包人的合法权益,笔者建议承包人以书面形式与发包人签订建设工程合同。

建筑施工企业与建设单位采用书面形式签订合同,并非必须使用建设工程施工合同示范文本,双方可结合自身的实际情况与建设工程的实际需要,确定是否采用建设工程施工合同示范文本签订合同。

如果承包人与发包人采用现行通用的《建设工程施工合同(2017文本)》签订建设工程施工合同,双方当事人要依照本建设工程的实际情况与承包人及发包人的具体情况,作出一些有针对性的调整:对于不适合的通用条款予以删除或修改,增加诸如索赔或反索赔的条款;对于专用条款部分,要有特别的约定;通过补充条款约定承包人与发包人的权利义务细则,切不可照搬照抄示范文本。

2. 注意合同的主要条款

(1)注意合同的工期、工程质量、工程价款、违约责任条款

建设工期的长短直接关系到建筑施工企业能否如期完成工程项目,关系建筑施工企业承包工程项目的经济效益,影响建筑施工企业的良性发展。在保证建设工程质量安全的前提下,合理加快建设工程施工进度,缩短建设工程施工工期,是承包人与发包人共同的需求,是承包人提高经济效益和企业竞争力的有效途径,也是满足发包人尽快使用建筑物并获益要求的必要条件。

建设工程质量,是指法律、法规、技术规范、标准所规定或设计文件要求或合同约定,对工程的安全、适用、经济、环保、美观等特性的综合要求。建设工程质量合格,是建设工程承包人收取工程价款的前提,承包人要特别注意合同中有关工程质量的特殊要求。

工程价款是承包人追求的最主要目的。通过招标投标方式确定承包人的建设工程,由发包人、承包人依据中标通知书中的中标价格在合同中约定工程

价款,非招标投标工程合同价款由发包人、承包人依据工程预算在合同中约定。合同价款计付方式有固定总价、调整总价、固定工程量总价、估计工程量单价、纯单价、单价与包干混合式、成本加固定百分比酬金、成本加固定酬金、成本加奖罚等。承包人要充分了解以上各种价款计付方式,如果能选择,承包人最好与发包人约定采取可调价方式结算工程价款,并明确调整合同价款及索赔的依据和方法,为竣工结算和工程索赔提前做好必要的准备。

承包人与发包人在合同中应明确约定发包人逾期支付工程预付款、工程进度款、竣工结算余款应当承担的违约责任;违约金与赔偿金应当约定具体数额和计算方法,要具有可操作性,以防事后产生争议。双方当事人在建设工程施工合同关于工期和质量等奖惩办法的约定,视为违约金条款。约定的违约金低于造成的损失的,当事人可以请求人民法院或者仲裁机构予以增加;约定的违约金过分高于造成的损失的,当事人可以请求人民法院或者仲裁机构予以适当减少。当事人一方认为约定的违约金过高,请求予以适当减少的,人民法院应当以实际损失为基础,兼顾合同的履行情况、当事人的过错程度以及预期利益等综合因素,根据公平原则和诚实信用原则予以衡量,并作出裁决。

(2)注意合同的涉税条款

税务部门推出金税三期系统后,承包人与发包人签订建设工程合同时,要特别注意合同的涉税条款。

金税三期系统,采用大数据与云计算技术,可以对企业的资金流、票据流等进行全面跟踪,给企业安装了无形的监控与电子眼,企业账务风险、发票风险、预警等风险越来越大,提高了企业的违规被查风险水平。五证合一后,税务、市场监督、社保、统计、银行等接口,个税社保、公积金、残保金、银行账户等,都可以在金税三期系统内清楚地了解到有关情况。因此,承包人与发包人应当在建设工程施工合同中,明确约定纳税主体信息、应税行为种类及范围、适用税率等涉税条款,明确约定工程价款是否包含税金,避免在履行合同过程中因涉税问题发生争议。如果双方约定的是含税价款,一定要明确发票类型(增值税专用发票或增值税普通发票)和税率,否则有可能增加建筑施工企业的成本。双方在合同中如无特别约定,合同价款均指含税价格,包含增值税税款及其他所有税费。

建设工程企业掌握必要的涉税知识后,才可合理合法省税。

(3)注意合同的格式条款

格式条款,是指当事人为了重复使用而预先拟定,并在订立合同时未与对方协商的条款，不允许相对人对其内容作任何变更的合同条款。

采用格式条款订立合同的，提供格式条款的一方应当遵循公平原则确定当事人之间的权利和义务，并采取合理的方式提示对方注意免除或者减轻其责任等与对方有重大利害关系的条款，按照对方的要求，对该条款予以说明。提供格式条款的一方未履行提示或者说明义务，致使对方没有注意或者理解与其有重大利害关系的条款的，对方可以主张该条款不成为合同的内容。

承包人与发包人采用格式条款订立合同的，提供格式条款的一方一般是处于优势地位的发包人，承包人要注意免除或者限制发包人责任、扩大承包人义务、限制承包人权利的条款，必要时可要求发包人对该条款予以说明。

(4)特别注意合同的争议处理方式条款

争议的处理方式主要有：协商、和解、调解、诉讼、仲裁等。

在代理建设工程合同纠纷案件时，笔者发现一些建设工程合同约定争议处理方式为仲裁，这很正常，无可厚非，但是问题来了：合同由发包人提供，建设工程所在地是A省，约定的仲裁委员会却在遥远的B省。提供这类合同的发包人有些是政府机关，有些是大型国有企业甚至央企，他们都有专业律师担任法律顾问，定会严把合同关。这里不排除一种可能：他们利用承包人不懂法的劣势，为己方事后有可能出现的违约行为先行准备条件，如果承包人要追究发包人逾期付款等行为的违约责任，需要跑到遥远的B省申请仲裁，需要增加大量的维权成本，需要面临B省仲裁诸多不确定因素，让承包人知难而退。所以，承包人对此要慎之又慎。

(5)注意合同的垫资施工条款

建设工程企业垫资施工是目前建筑市场的一种常见现象，有些工程项目甚至需要承包人全额垫资。几乎可以说，建设工程企业不垫资施工，工程项目拿不下，拿下后无法施工，施工后无法继续。垫资施工成了建设工程企业的一大风险。

我国之前法律明令禁止垫资施工。随着建筑市场的逐步开放，垫资施工逐渐被认可。《建设工程司法解释(一)》认可垫资施工行为，第六条规定："当事人对垫资和垫资利息有约定，承包人请求按照约定返还垫资及其利息的，应予支持，但是约定的利息计算标准高于中国人民银行发布的同期同类贷款利率的部分除外。当事人对垫资没有约定的，按照工程欠款处理。当事人对垫资利息没有约定，承包人请求支付利息的，不予支持。"因此，建设工程承包人需要垫资施工时，要与发包人明确约定垫资金额、垫资期限、利息等细节。如果承包人与发包人不明确约定，垫资将被视为工程欠款。

对政府投资的项目，《政府投资条例》（国务院令第712号，2019年7月1日起施行）明确规定政府投资项目不得由施工单位垫资建设。《工程总承包管理办法》明确规定政府投资项目所需资金应当按照国家有关规定确保落实到位，不得由工程总承包单位或者分包单位垫资建设。政府投资项目建设投资原则上不得超过经核定的投资概算。《保障农民工工资支付条例》（国务院令第724号，2020年5月1日起施行）第二十三条规定："建设单位应当有满足施工所需要的资金安排……"该条规定未对工程项目的投资主体进行区分，即所有建设项目均禁止垫资施工。因此，《保障农民工工资支付条例》实施后，如工程项目约定由施工单位垫资施工，项目有可能无法获取施工许可证，无法开工建设。建筑施工企业要注意这些有利于己方的新规定。

（6）工程总承包单位尤其要注意风险分担条款

工程总承包项目通常为交钥匙工程，发包人往往利用自身的优势地位，将自身风险转嫁给工程总承包单位，要求工程总承包单位承担项目实施过程中的本应由发包人承担的风险，加重了工程总承包单位的风险责任，造成承包人与发包人风险责任承担失衡，导致承包人与发包人在结算过程中发生诸多争议。

《工程总承包管理办法》第十五条规定："建设单位和工程总承包单位应当加强风险管理，合理分担风险。建设单位承担的风险主要包括：（一）主要工程材料、设备、人工价格与招标时基期价相比，波动幅度超过合同约定幅度的部分；（二）因国家法律法规政策变化引起的合同价格的变化；（三）不可预见的地质条件造成的工程费用和工期的变化；（四）因建设单位原因产生的工程费用和工期的变化；（五）不可抗力造成的工程费用和工期的变化。具体风险分担内容由双方在合同中约定。鼓励建设单位和工程总承包单位运用保险手段增强防范风险能力。"

不过，工程总承包单位要特别注意：《工程总承包管理办法》是由住房和城乡建设部、国家发展和改革委员会联合作出的部门规章，而法律规定只有违反法律、行政法规的效力性强制性规定的条款或合同，才会被认定为无效条款或无效合同。如果工程总承包合同的发包人、承包人约定将《工程总承包管理办法》规定的建设单位承担的风险由承包人承担，该约定不违反法律、行政法规的规定，就在发包人、承包人之间产生法律效力，对双方当事人有法律约束力。因此，工程总承包单位在与发包人签约时，要明确约定双方的风险责任承担，以免日后产生争议。如果双方当事人未在工程总承包合同中约定风险的承担或约定不明确，笔者建议双方当事人及时就此签订补充协议，明确约定风险责任的承担。但补充协议不得违背《招标投标法》有关合同实质性内容变更的规定。

《工程总承包管理办法》第十六条规定："企业投资项目的工程总承包宜采用总价合同，政府投资项目的工程总承包应当合理确定合同价格形式。采用总价合同的，除合同约定可以调整的情形外，合同总价一般不予调整。建设单位和工程总承包单位可以在合同中约定工程总承包计量规则和计价方法。依法必须进行招标的项目，合同价格应当在充分竞争的基础上合理确定。"作出这条规定的主要目的是：限制企业投资项目的发包人强令工程总承包单位以不合理低价承包工程，转嫁己方的风险。

(7) 承包人在签约时可力争对己方有利的支付比例

相对建设工程发包人，承包人处于不利的弱势地位，很难争取签约主动权。但是，在协商支付工程预付款、进度款、工程竣工结算余款的时间、比例时，建设工程承包人从保质、保量、按期完成建设工程的角度据理力争，完全有可能争取一个对己方相对有利的支付时间、比例。

发包人在工程项目建设过程中，如果不按合同约定支付工程预付款、进度款，承包人可以依照法律规定、合同约定合理停工，通过顺延工期的方式施压发包人，要求其按约定支付工程价款。

典型案例 全额垫资施工令承包人很被动

1. 案例来源

天津市高级人民法院(2019)津民终235号民事判决书。

2. 案情摘要

上诉人Z安装工程有限公司（以下简称Z安装公司）与被上诉人T电子科技有限公司（以下简称T公司）、H科技有限公司（以下简称H公司）、一审第三人中国建筑E工程局有限公司（以下简称E公司）建设工程施工合同纠纷案。

Z安装公司上诉请求：(1)维持(2018)津02民初850号民事判决第一项至第六项及第八项至第十项；(2)撤销判决第七项、第十一项；(3)改判T公司赔偿Z安装公司塔吊撤场费23000元，周转材料转移费60000元，塔吊租赁费损失253000元，留守人员工资损失411868.03元，周转材料损失费1357583.46元，合理利润损失1494053.64元；(4)改判T公司赔偿Z安装公司未发出复工指示的违约金 240000 元和未付款暂停施工违约金 3640000 元。

T 公司辩称:一审判决认定事实清楚,适用法律正确。Z 安装公司的上诉请求不能成立,请求二审法院予以驳回。H 公司辩称,一审判决认定事实清楚,适用法律正确,请求二审法院予以维持。

Z 安装公司向一审起诉请求:(1)确认双方签订的《施工合同》已于 2018 年 6 月 22 日解除;(2)判令 T 公司支付工程款 17314963.12 元;(3)判令 T 公司支付垫资利息 726793.60 元…… (7)判令 T 公司支付无正当理由未发出复工指示的违约金 3880000 元。

一审法院认为,因双方约定由 Z 安装公司垫资施工,且 Z 安装公司所提供的证据不能证明 T 公司在合同履行中存在恶意违约之情形,同时,在施工过程中工期延误的责任不能归责于双方当事人,故 Z 安装公司要求 T 公司承担未发出复工指示违约金 240000 元、承担未付款暂停施工违约金 3640000 元的诉讼请求,理由不足,不予支持。判决如下:(1)确认第三人 E 公司与被告 T 公司签订的《T 市建设工程施工合同》《补充合同》及原告 Z 安装工程有限公司与 T 公司签订的《垫资补充协议》于 2018 年 6 月 22 日解除;(2)本判决生效之日起 10 日内,被告 T 公司给付原告 Z 安装工程有限公司已完工程部分的工程款 15888696.52 元;……(11)驳回原告 Z 安装工程有限公司其他诉讼请求。

3. 二审法院裁判结果

关于未发出复工指示违约金 240000 元及未付工程款暂停施工违约金 3640000 元是否应当得到支持的问题。本案中,双方并未约定发出复工通知的时间,而 T 公司在政府发出复工通知后的一个星期内即组织 Z 安装公司及监理单位等相关单位和部门召开现场复工动员会,并不存在故意拖延作出复工指示的情形。Z 安装公司主张 T 公司支付该 240000 元违约金,依据不足,本院不予支持。Z 安装公司认为工期顺延是因 T 公司不向其支付工程款导致其无资金能力继续施工所致,但是按照《垫资补充协议》的约定,整个工程是应由 Z 安装公司垫资完成的,故 Z 安装公司适用上述条款主张未付工程款暂停施工违约金 3640000 元,依据不足,本院不予支持。判决如下:(1)维持天津市第二中级人民法院(2018)津 02 民初 850 号民事判决第一项、第二项、第三项、第四项、第五项、第六项、第八项、第九项及第十项……(4)本判决生效之日起 10 日内,T 公司给付 Z 安装公司工程款利息

（自2018年8月1日至实际给付之日止，以1526911.88元为基数，按照中国人民银行同期同类贷款基准利率）；（5）驳回Z安装工程有限公司其他诉讼请求。

4. 律师点评

上述案例中上诉人（建设工程承包人）一审、二审都败诉，未能实现诉讼目的的主要原因是：合同约定整个工程由上诉人垫资完成。双方未约定垫资施工的具体细节，也未约定在施工过程中承包人如无力继续垫资双方当事人如何承担责任，导致本应由发包人承担的责任全部转嫁给承包人。因此，建设工程企业在与发包人签订合同时，如确需承包人垫资施工，双方要明确约定垫资金额、垫资期限、利息、违约责任等细节。

二、合同的解除

（一）合同解除的含义

合同解除，是指合同当事人一方或者双方依照法律规定或者当事人的约定，解除合同法律效力的行为。

解除是合同之债终止的事由之一，它也是一种法律制度。在适用情势变更原则时，合同解除是指履行合同实在困难，若履行即显失公平，法院裁决合同消灭的现象。这种解除与一般意义上的解除相比，有一个重要的特点，就是法院直接基于情势变更原则加以认定，而不是通过当事人的解除行为。①

解除针对的是已生效合同，提前终止合同的法律效力。合同有效成立后，对合同当事人即产生法律效力，当事人必须全面履行合同的义务，不得擅自变更或解除。只有主客观情况发生变化，致使合同无法履行或没必要履行的情况下，一方或双方当事人依据法律规定或合同约定方可解除合同。否则，就是违法解除，不发生解除合同的法律效力，应当向对方当事人承担违约责任。

因此，当事人解除合同必须符合解除的条件。当事人行使解除权，不需要对方当事人同意，只需解除权人单方的意思表示，就可以解除合同，前提是行使解除权的当事人享有解除权。解除权人主张解除合同，应当通知对方。合

---

① 侯丽艳：《经济法概论》，中国政法大学出版社2012年版。

同自通知到达对方时解除。对方有异议的,可以请求人民法院或者仲裁机构确认解除合同的效力。

主客观情况发生变化导致合同无法履行或没必要履行,此时解除合同的条件已具备,但合同不能自然解除,要解除合同的法律效力,一般还需要有解除行为,需要解除权人行使解除权。解除权人不行使解除权,构成滥用权利,如果对另一方当事人显失公平,人民法院或者仲裁机构可以根据对方当事人的请求解除合同,但是不妨碍解除权人追究对方当事人的违约责任。

(二)合同解除的分类

1. 合意解除和法定解除

按照合同解除依据的不同的标准划分,合同解除可分为合意解除和法定解除。

(1)合意解除

合意解除,又称约定解除,是指当事人以合同约定的形式,赋予一方或双方当事人解除合同的法律效力。合同解除权可以约定给一方当事人,也可以约定给双方当事人。赋予当事人合同解除权,可以在当事人订立合同时约定,也可以在合同履行过程中,双方当事人另行签订补充协议赋予当事人解除合同的权利。

《合同法》规定了合同约定解除的情形,即该法第九十三条规定:“当事人协商一致,可以解除合同。当事人可以约定一方解除合同的条件。解除合同的条件成就时,解除权人可以解除合同。”

《民法典》也规定了合同约定解除的情形,第五百六十二条规定:“当事人协商一致,可以解除合同。当事人可以约定一方解除合同的事由。解除合同的事由发生时,解除权人可以解除合同。”表述与《合同法》略有不同。

(2)法定解除

法定解除,是指当事人一方或双方依据法律的明确规定解除合同的法律效力。

《合同法》规定了合同法定解除的五种情形,该法第九十四条规定:“有下列情形之一的,当事人可以解除合同:(一)因不可抗力致使不能实现合同目的;(二)在履行期限届满之前,当事人一方明确表示或者以自己的行为表明不履行主要债务;(三)当事人一方迟延履行主要债务,经催告后在合理期限内仍未履行;(四)当事人一方迟延履行债务或者有其他违约行为致使不能实现合同目的;(五)法律规定的其他情形。"

《民法典》第五百六十三条在《合同法》第九十四条规定的五种法定解除的情形外,增加了一款规定,以持续履行的债务为内容的不定期合同,当事人可以随时解除合同,但是应当在合理期限之前通知对方,即增加了不定期合同的解除。

《民法典》规定了情势变更情形下的法定解除,该法第五百三十三条规定:"合同成立后,合同的基础条件发生了当事人在订立合同时无法预见的、不属于商业风险的重大变化,继续履行合同对于当事人一方明显不公平的,受不利影响的当事人可以与对方重新协商;在合理期限内协商不成的,当事人可以请求人民法院或者仲裁机构变更或者解除合同。人民法院或者仲裁机构应当结合案件的实际情况,根据公平原则变更或者解除合同。"

在法定解除中,又分为一般法定解除与特别法定解除。

一般法定解除适用于所有合同的解除,特别法定解除仅适用于特定合同的解除。我国法律普遍承认法定解除,有关于一般法定解除的规定,也有关于特别法定解除的规定。

《合同法》第九十四条、《民法典》第五百六十三条的规定适用于一切合同的法定解除,法学界称为一般法定解除条件。

《合同法》第二百六十八条规定了定作人单方行使合同解除权,定作人可以随时解除承揽合同,造成承揽人损失的,应当赔偿损失。这是关于特别法定解除的规定。这条规定于承揽人很不公平,大大加重了承揽人的责任与风险。因此,《民法典》取消了定作人这方面的单方解除合同权。

2. 单方解除和双方解除

按照合同解除的当事人是一方还是双方的标准划分,合同解除可分为单方解除和双方解除。

(1)建设工程承包人单方解除合同的情形

《建设工程司法解释(一)》第九条规定了承包人单方请求解除建设工程施工合同的三种情形:

①发包人未按约定支付工程价款。建设工程施工合同的承包人的最主要的目的是收取工程价款。发包人未按约定及时足额向承包人支付工程预付款、工程进度款,致使承包人无法实现合同的主要目的,使承包人无法支付劳动者工资、无法购买原材料、租赁机器设备。在这种情形下,承包人实际上无法正常施工,经承包人催告发包人付款,发包人在合理期限内仍拒绝支付工程

价款，承包人享有单方解除建设工程施工合同的权利。

发包人未按约定及时足额支付工程价款，并不必然导致承包人单方解除合同的权利，承包人单方解除建设工程施工合同，还需要同时满足三个条件：一是发包人拖欠工程价款的数额使承包人无法正常施工；二是承包人已尽到告知、催告义务；三是发包人在催告后的合理期限内仍拒绝支付工程价款。

②发包人提供的主要建筑材料、建筑构配件和设备不符合强制性标准。这种解除合同的情形是针对“甲供料”。承包人与发包人约定由发包人提供主要建筑材料、建筑构配件和设备，发包人应当按照设计文件和合同约定的要求提供，且必须符合强制性标准。如果双方合同并无此约定，提供主要建筑材料、建筑构配件和设备既是承包人的权利，也是承包人的义务，发包人不得明示或暗示承包人使用不合格的建筑材料、建筑构配件和设备。

发包人提供的辅助建筑材料、建筑构配件和设备不符合强制性标准，不属于承包人单方解除建设工程施工合同的情形。

③发包人不履行合同约定的协助义务。为使建设工程施工合同能顺利履行，施工正常进行，发包人须履行的协助义务主要包括：一是办理建设用地规划许可证、建设工程规划许可证、建设工程施工许可证及其他相关手续；二是提供符合施工要求的场地及其他条件；三是提供符合设计要求的施工图及其他关系建设工程质量与安全的资料等；四是其他协助义务。

这些协助义务是发包人的法定义务。发包人拒绝履行或无理拖延履行，经承包人催告后，发包人在合理期限内仍不及时履行，导致建设工程无法正常施工的，承包人即可行使单方解除建设工程施工合同的权利。

《民法典》第八百零六条第二款规定了承包人单方解除建设工程施工合同的情形。发包人提供的主要建筑材料、建筑构配件和设备不符合强制性标准或者不履行协助义务，致使承包人无法施工，经催告后在合理期限内仍未履行相应义务的，承包人可以解除合同。承包人按照该条规定行使单方解除合同的权利，需要同时符合三个条件：一是发包人的行为使承包人无法正常施工；二是承包人催告发包人在合理期限内履行义务；三是经催告后发包人仍拒绝履行相应义务。

（2）发包人单方解除合同的情形

双方当事人合同解除权是对等的。法律规定承包人有单方解除合同的权利，发包人同样依法享有单方解除合同的权利。

《建设工程司法解释(一)》第八条规定了发包人单方请求解除建设工程施工合同的四种情形:①承包人明确表示或者以行为表明不履行合同主要义务的;②承包人在合同约定的期限内没有完工,且在发包人催告的合理期限内仍未完工的;③已经完成的建设工程质量不合格,承包人拒绝修复的;④承包人将承包的建设工程非法转包、违法分包的。

(三)合同解除的法律效力

1. 合同解除效力的法律规定

(1)《合同法》第九十七条规定了合同解除的效力:①合同解除后,尚未履行的,终止履行;②已经履行的,根据履行情况和合同性质,当事人可以要求恢复原状、采取其他补救措施,并有权要求赔偿损失。

(2)《民法典》第五百六十六条规定了合同解除的效力:①合同解除后,尚未履行的,终止履行;②已经履行的,根据履行情况和合同性质,当事人可以请求恢复原状或者采取其他补救措施,并有权请求赔偿损失;③合同因违约解除的,解除权人可以请求违约方承担违约责任,但是当事人另有约定的除外;④主合同解除后,担保人对债务人应当承担的民事责任仍应当承担担保责任,但是担保合同另有约定的除外。

以上法律条款是针对一般合同解除法律效力的通用规定,规定了合同解除的四个方面的法律效力:一是对将来发生法律效力,即终止履行。二是合同解除具有溯及力,当事人可以要求恢复原状。恢复原状,是指恢复到双方签订合同前的状态。当事人要求恢复原状时,原物存在的,应当返还原物;原物不存在的,如果原物是种类物,可以用同一种类物返还。恢复原状还包括:返还财产所产生的孳息;支付一方在财产占有期间为维护该财产所花费的必要费用;因返还财产所支出的必要费用。三是合同解除后,解除权人可以要求违约方赔偿损失。四是担保人对债务人应当承担的民事责任一般不因主合同的解除而终止。

2. 建设工程施工合同解除的法律效力

建设工程施工合同是特殊的有名合同。

(1)承包人解除合同,可以实现的目的

①合同解除后,承包人不再承担合同约定的垫资施工的义务;②未到合同约定付款时间的工程价款,在合同解除后,承包人可以要求发包人清偿;③合同解除后,承包人可以要求发包人返还预留的质量保证金;④合同解除后,承

包人可以及时行使建设工程价款优先受偿权。

(2)承包人解除合同的法律效力

①承包人可以要求发包人支付工程价款。建设工程施工合同解除前,承包人已将智力、劳力、机器设备、建筑材料、构配件等物化到建设工程中,如果适用恢复原状,对承包人与发包人都是巨大的损失。因此,在建设工程施工合同解除时,一般不适用恢复原状,除非承包人已完成的建设工程质量不合格且通过修复后仍验收不合格,发包人无法从已建的建设工程项目中获取利益,只能毁掉已建工程部分恢复原状,而后重建。

建设工程施工合同被解除后,已建的部分工程质量合格的前提下,承包人可以按照建设工程施工合同的约定,要求发包人支付工程价款。

合同约定采用固定总价的方式结算工程价款的,在工程无重大变更的情形下,应当支付给承包人的工程价款为合同约定的固定总价减去未完工程造价,或以固定总价乘以已完工程量占全部工程量的比例计算;已完成的工程量中出现了重大的工程变更,在前面计算的基础上应增减相应的工程价款。

当承包人与发包人对已完工程量的工程价款的数额无法达成一致意见时,发包人、承包人都可要求人民法院对工程价款进行鉴定,法院将支持当事人的这一请求。

②合同解除后,承包人可向发包人主张违约责任。《合同法》第九十七条规定:"合同解除后,尚未履行的,终止履行;已经履行的,根据履行情况和合同性质,当事人可以要求恢复原状、采取其他补救措施,并有权要求赔偿损失。"在建设工程合同纠纷案件中,因发包人的原因导致承包人行使单方解除合同权,承包人要求发包人"采取其他补救措施""赔偿损失",实则是追究发包人的违约责任,因此承包人行使单方解除权的同时,可向发包人主张违约责任。《民法典》对合同解除后,解除权人追究违约方的违约责任的规定更直接明确,第五百六十六条第二款规定:"合同因违约解除的,解除权人可以请求违约方承担违约责任,但是当事人另有约定的除外。"

(3)发包人违法单方解除合同承包人的应对策略

对发包人违法单方解除合同的行为,承包人可视该工程的实际情况、双方的合作现状与己方需求,作出合理的选择:一是要求发包人继续履行合同;二是同意解除合同,要求发包人承担承包人因合同解除所造成的损失。

典型案例　承包人解除建设工程施工合同

1.案例来源

最高人民法院(2019)最高法民终1163号民事判决书。

2.案情摘要

上诉人Y矿业开发有限责任公司(以下简称Y公司)与被上诉人某第十四工程局有限公司(以下简称十四局公司)建设工程施工合同纠纷案。

Y公司上诉请求:(1)撤销一审判决第二项,改判Y公司支付十四局公司工程款38239421.5元;(2)撤销一审判决第四项,改判Y公司支付十四局公司迟延支付工程款利息1497074.35元;(3)撤销一审判决第六项,改判十四局公司支付Y公司返工费10028800元、北排土场安全隐患治理费用9241600元;(4)一审、二审诉讼费用由十四局公司承担。事实与理由:第一,一审法院以十四局公司完成的工程量乘以综合单价确认应付工程款,与双方合同约定及结算不符。第二,应付工程款为38239421.5元,利息应相应减少为1497074.35元。十四局公司对工程质量不合格及工程存在重大安全隐患应承担相应过错责任,Y公司酌情要求十四局公司承担50%过错责任。

十四局公司辩称:一审法院认定事实清楚,适用法律正确,请求驳回上诉,维持原判。

十四局公司向一审法院起诉请求:(1)解除《Y矿业开发有限责任公司后峡煤田黑山矿区通盖煤矿矿建剥离工程施工合同》;(2)Y公司支付工程结算款5359万元;(3)Y公司支付合同外补偿费1160万元;(4)Y公司赔偿停工损失300万元;(5)Y公司承担迟延支付利息619万元;(6)Y公司承担本案诉讼费及其他费用。

Y公司向一审法院反诉请求:(1)十四局公司支付质量达标的返工费用2005.76万元;(2)十四局公司支付采坑西北角超挖工程量费用79.36万元;(3)十四局公司支付北排土场安全隐患治理费用1848.32万元;(4)反诉费、鉴定费和因诉讼发生的费用由十四局公司承担。

一审法院认为:关于合同的解除。合同约定工期5年,履行期间自2013年11月16日至2018年11月16日。现合同实际履行1年,十四局公司于2014年11月底停工,Y公司对该事实无异议,并答辩称合同已实际解除,对十四局公司解除合同的诉讼请求未提出异议。另外,合同约定双方应每月确认工程量并按月支付工程进度款,发包人每月应支付工程进度款的95%;

发包人不按约支付工程款,导致停工的,构成违约;停工超过56天,发包人仍不支付工程款,承包人有权解除合同。根据2016年1月25日的三份结算报表,Y公司未按合同约定及时确认工程量并支付工程进度款,并由此导致工程停工,且停工时间超过56天的事实客观存在。Y公司的行为构成违约,十四局公司按约亦有权要求解除合同。故对十四局公司解除合同的诉讼请求予以支持。

一审法院判决:(1)解除Y公司与十四局公司分别于2013年11月16日及2014年1月20日签订的编号YFKY-SSJ20131116和编号YFKY-SSJ20141116《Y矿业开发有限责任公司后峡煤田黑山矿区通盖煤矿矿建剥离工程施工合同》;(2)Y公司于本判决生效后15日内向十四局公司有限公司支付工程款53580585.09元;(3)Y公司于本判决生效后15日内向十四局公司支付合同外补偿费用6727731.83元;(4)Y公司于本判决生效后15日内向十四局公司支付迟延支付工程款的利息2097679.91元;(5)驳回十四局公司的其他诉讼请求;(6)驳回Y公司的反诉请求。

3.二审法院裁判结果

本院认定本案工程造价为135132726元,Y公司已向十四局公司支付9609万元,尚余39042726元未付,相应欠付利息为1528522.73元。上诉人未提交任何证据证明十四局公司存在过错,请求判令十四局公司承担一半的过错责任,不具有事实和法律依据,本院不予支持。判决如下:(1)维持新疆维吾尔自治区高级人民法院(2016)新民初102号民事判决第一项、第三项、第六项;(2)撤销新疆维吾尔自治区高级人民法院(2016)新民初102号民事判决第二项、第四项、第五项;(3)Y公司于本判决生效后15日内向十四局公司支付工程款39042726元及利息1528522.73元;(4)驳回十四局公司的其他诉讼请求。

4.律师点评

本案中十四局公司要求解除与Y公司的施工合同,行使的是单方解除合同权,依照双方合同的约定解除。Y公司未按合同约定及时确认工程量并支付工程进度款的95%以上,构成违约,且导致十四局公司停工超过56天,Y公司仍不支付工程款,十四局公司由此按照合同的约定单方解除合同,其主张得到了法院的支持。十四局公司解除合同的同时,要求对方支付拖欠的工程款及逾期利息,也获得支持。

因此,承包人要想成功行使单方解除合同的权利,应当提供充足的证据证明发包人有违反法律规定或合同约定的行为，发包人的行为符合承包人单方解除合同的条件；承包人在行使单方解除合同权的同时，要求发包人赔偿损失或追究发包人的其他违约责任，同样需要承包人充分举证，证明发包人的行为令承包人产生了损失、损失的具体数额，否则，承包人的主张无法得到法院的支持。

（四）承包人解除建设工程施工合同的程序

1. 及时行使解除权

法律规定或者双方当事人约定解除权行使期限，期限届满当事人不行使的，该权利消灭。法律没有规定或者当事人没有约定解除权行使期限，经对方催告后在合理期限内不行使的，该权利消灭。

建设工程施工合同的双方当事人如采用现行通用的《建设工程施工合同（2017 文本）》签订合同，其中有关于合同解除及行使期限的约定。

建设工程合同的当事人超过合同约定的期限行使解除权，解除权消灭。当事人只能依照合同的约定，继续履行合同的义务，否则，将因违法解除合同而承担相应的法律后果。

2. 通知发包人解除合同

承包人依照法律的规定或合同的约定解除合同的，应当通知发包人。合同自通知到达发包人时解除。笔者建议承包人以书面形式通知对方解除合同。发包人有异议的，有权请求人民法院或者仲裁机构确认解除合同的效力。法律、行政法规规定解除合同应当办理批准、登记等手续的，依照其规定。

第三章

建设工程施工合同效力认定

合同无效或者被撤销后,因该合同取得的财产,应当予以返还;不能返还或者没有必要返还的,应当折价补偿。有过错的一方应当赔偿对方因此所受到的损失,双方都有过错的,应当各自承担相应的责任。无效合同过错方所致的损失只限于实际损失,不包括可得利益损失,而且,无过错方主张违约金的请求无法获得支持。

建设工程施工合同无效,一方当事人请求对方赔偿损失的,应当就对方过错、损失大小、过错与损失之间的因果关系承担举证责任。损失大小无法确定,一方当事人请求参照合同约定的质量标准、建设工期、工程价款支付时间等内容确定损失大小的,人民法院可以结合双方过错程度、过错与损失之间的因果关系等因素作出裁判。

一、建设工程施工合同的无效认定

(一)合同的无效认定

1. 无效合同

(1)无效合同的含义

无效合同,是指双方当事人已经签订合同,但不符合合同的生效要件,不符合法律的规定,不能够产生合同当事人预期法律效果的合同。

(2)无效合同的特征

①具有违法性。违法性,是指无效合同违反了法律和行政法规的强制性规定和社会公共利益。

②具有不履行性。不履行性,是指双方当事人在订立无效合同后,无须依据合同的约定履行各自的义务,而且不履行或不全面履行约定的义务,也无须向对方承担违约责任。违约责任只针对有效合同。

③无效合同自始无效。无效合同因违反了法律、行政法规的强制性规定，无法得到法律的认可与支持。

合同被确认无效，将自始无效，从合同订立之时起就不具有法律约束力，以后即使情况发生变化，一般也不能转化为有效合同。

2. 无效合同转化为有效合同的特殊情况

(1)出卖人未取得商品房预售许可证明，与买受人订立的商品房预售合同，依法应当认定无效，但在起诉前出卖人取得商品房预售许可证明的，可以认定有效。

商品房买受人在与未取得预售许可证明的出卖人订立商品房预售合同后反悔，要求出卖人返还购房款或预售款未果后，请求法院判决双方之间的商品房预售合同无效，判决出卖人返还全部购房款或预售款，买受人的主张如想得到法院的支持，必须掌握一个时间节点：尽快起诉，在出卖人取得预售许可证明前必须起诉。否则，法院将不支持买受人提出的商品房预售合同无效主张，也不支持买受人要求出卖人返还全部购房款或预售款的诉讼请求。

(2)承包人超越资质等级许可的业务范围签订建设工程施工合同，在建设工程竣工前取得相应资质等级，当事人请求按照无效合同处理的，不予支持。

也就是说，承包人只要在建设工程竣工前取得相应资质等级，之前承包人超越资质等级许可的业务范围与发包人签订的建设工程施工合同转化为有效合同，不论哪方主张该合同为无效合同，都得不到法院的支持。

(3)当事人以发包人未取得建设工程规划许可证等规划审批手续为由，请求确认建设工程施工合同无效的，人民法院应予支持，但发包人在起诉前取得建设工程规划许可证等规划审批手续的除外。

承包人的这一维权请求得到法院支持的时间节点也是“起诉前”，建设工程施工合同的承包人应在发包人取得建设工程规划许可证等规划审批手续前向法院起诉，请求法院确认建设工程施工合同无效，否则，请求无法获得法院的支持。

3. 认定无效合同的依据

《最高人民法院关于适用〈中华人民共和国合同法〉若干问题的解释(一)》第四条规定：“合同法实施以后，人民法院确认合同无效，应当以全国人大及其常委会制定的法律和国务院制定的行政法规为依据，不得以地方性法规、行政规章为依据。”

因此，只有法律、行政法规才是认定无效合同的依据。地方性法规、行政规章、地方规章等不能作为认定无效合同的依据。合同违反地方性法规、行政规章、地方规章的规定,并不因此被认定为无效。

典型案例 承包人在建设工程竣工前取得相应资质,合同有效

1. 案例来源

贵州省高级人民法院(2019)黔民终12号民事判决书。

2. 案情摘要

上诉人D县城市公交客运有限公司(以下简称公交公司)与被上诉人Z建设工程有限公司(以下简称Z公司)建设工程施工合同纠纷案。

公交公司向本院上诉请求:(1)请求撤销(2017)黔06民初91号民事判决,驳回Z公司的全部诉讼请求;(2)一、二审诉讼费由Z公司承担。事实与理由:(1)一审程序违法。一审中,公交公司向法庭申请追加D建筑公司和冉某为本案当事人,而一审法院没有追加,遗漏当事人,属于程序违法。该工程的实施主体系D建筑公司和冉某,而非Z公司。(2)Z公司主体资格不适格。(3)Z公司与公交公司签订的《建设工程施工合同》和《补充协议》无效。施工人不具有施工资质,且该工程至今没有取得施工许可证和经审验备案的施工图纸。Z公司2016年1月27日才取得建筑业企业资质证书。(4)鉴定意见违法,不能作为本案证据采信。(5)因该建设工程没有取得施工许可证、无施工图纸、无验收合格证等相关手续和资料,故该建设工程属于违法建筑,其价格处于不确定状态,依法不能认定其工程价格。(6)如果二审法院一定要认定Z公司的工程价格,那么,Z公司应当同时向公交公司交付涉案工程的相关手续和工程合格的资料。

Z公司辩称:一审判决所作出的支持Z公司请求的部分,证据确实充分,程序合法,适用法律正确。

Z公司向一审法院起诉请求:(1)解除公交公司、Z公司签订的《建设工程施工合同》及《补充协议》;(2)公交公司支付Z公司工程款77770357.65元……(6)公交公司承担本案受理费、评估费。

一审法院认为:(1)案涉工程为Z公司承建。认定Z公司为《建设工程施工合同》的合同相对方。(2)公交公司与Z公司签订的《建设工程施工合同》及《补充协议》为有效合同。该合同及补充协议,系双方的真实意思表示,且未违反国家禁止性、效力性规定,应为有效合同。Z公司至起诉时,已具备案涉工程的修建资质。未取得建筑工程施工许可证不违反法律强制性规定,不属于导致施工合同无效的原因。(3)公交公司与Z公司签订的《建设工程施工合同》及《补充协议》应予解除。一审判决如下:(1)解除公交公司与Z公司签订的《建设工程施工合同》及《补充协议》;(2)由公交公司在本判决生效后30日内向Z公司支付工程款49266958.07元……(4)驳回Z公司的其他诉讼请求。

本院对一审查明的事实予以确认。

3. 二审法院裁判结果

关于涉案《建设工程施工合同》及《补充协议》是否有效的问题。本院认为,涉案《建设工程施工合同》及《补充协议》有效,如前所述,冉某并非挂靠Z公司施工,依照《建设工程司法解释(一)》第五条"承包人超越资质等级许可的业务范围签订建设工程施工合同,在建设工程竣工前取得相应资质等级,当事人请求按照无效合同处理的,不予支持"之规定,现涉案工程尚未竣工验收,且Z公司已经取得相应施工资质。因此,Z公司与公交公司签订的《建设工程施工合同》及《补充协议》应当认定为有效。综上,公交公司的上诉请求不能成立,应予驳回;一审判决认定事实清楚,适用法律正确,应予维持。判决如下:驳回上诉,维持原判。

4. 律师点评

这是无效合同因符合特定条件转化为有效合同的案例。承包人超越资质等级许可的业务范围,与发包人签订建设工程施工合同,承包人在建设工程竣工前取得相应资质等级,双方当事人之间的建设工程施工合同合法有效。承包人与发包人一方请求按照无效合同处理的,不予支持。

(二)建设工程施工合同无效的相关规定

1. 建设工程施工合同的分类

建设工程施工合同从法律效力上划分,可以分为有效的建设工程施工合同和无效的建设工程施工合同两种。

建筑市场至今仍是供不应求、供需严重失衡的局面,建设单位(发包人)明显占据主导地位,建筑施工企业(承包人)明显居于弱势地位。两者地位不对等,导致大量的串通招投标、明招标暗定标、"黑白合同"等违法违规行为存在,导致大量的无效建设工程施工合同出现,严重扰乱了建筑市场秩序,严重影响建设工程质量。

2. 建设工程施工合同无效的法律规定

建设工程施工合同作为一种特殊的承揽合同,法律规定了哪些具体的无效合同情形呢?

首先有必要了解《合同法》《民法典》《建筑法》《招标投标法》《建设工程司法解释(一)》《建设工程司法解释(二)》等法律、司法解释关于建设工程施工合同无效的规定。

(1)《合同法》与《民法典》的规定

《合同法》第二百七十二条中规定:“承包人不得将其承包的全部建设工程转包给第三人或者将其承包的全部建设工程肢解以后以分包的名义分别转包给第三人。禁止承包人将工程分包给不具备相应资质条件的单位。禁止分包单位将其承包的工程再分包。建设工程主体结构的施工必须由承包人自行完成。”

《民法典》第七百九十一条有同样的规定。

解读:承包人、分包人违反以上任何一点规定而签订的建设工程施工合同都是无效的合同,且自始无效,无转化为有效合同的可能。

(2)《建筑法》的规定

《建筑法》第二十四条规定:“提倡对建筑工程实行总承包,禁止将建筑工程肢解发包。建筑工程的发包单位可以将建筑工程的勘察、设计、施工、设备采购一并发包给一个工程总承包单位,也可以将建筑工程勘察、设计、施工、设备采购的一项或者多项发包给一个工程总承包单位;但是,不得将应当由一个承包单位完成的建筑工程肢解成若干部分发包给几个承包单位。”

解读:建筑工程肢解发包的合同无效。

《建筑法》第二十六条规定:“承包建筑工程的单位应当持有依法取得的资质证书,并在其资质等级许可的业务范围内承揽工程。禁止建筑施工企业超越本企业资质等级许可的业务范围或者以任何形式用其他建筑施工企业的名义承揽工程。禁止建筑施工企业以任何形式允许其他单位或者个人使用本企业的资质证书、营业执照,以本企业的名义承揽工程。”

解读:违反建筑领域资质管理规定而签订的合同无效。

《建筑法》第二十八条规定:“禁止承包单位将其承包的全部建筑工程转包给他人,禁止承包单位将其承包的全部建筑工程肢解以后以分包的名义分别转包给他人。”

解读:转包、肢解分包的合同无效。

《建筑法》第二十九条规定:“建筑工程总承包单位可以将承包工程中的

部分工程发包给具有相应资质条件的分包单位;但是,除总承包合同中约定的分包外,必须经建设单位认可。施工总承包的,建筑工程主体结构的施工必须由总承包单位自行完成……禁止总承包单位将工程分包给不具备相应资质条件的单位。禁止分包单位将其承包的工程再分包。”

解读:违法分包的合同无效。

(3)《招标投标法》的规定

《招标投标法》第四十八条规定:“中标人应当按照合同约定履行义务,完成中标项目。中标人不得向他人转让中标项目,也不得将中标项目肢解后分别向他人转让。中标人按照合同约定或者经招标人同意,可以将中标项目的部分非主体、非关键性工作分包给他人完成。接受分包的人应当具备相应的资格条件,并不得再次分包……”

解读:中标项目转让的合同无效、违法分包的合同无效。

(4)《建设工程司法解释(一)》的规定

《建设工程司法解释(一)》第一条规定:“建设工程施工合同具有下列情形之一的,应当根据合同法第五十二条第(五)项的规定,认定无效:(一)承包人未取得建筑施工企业资质或者超越资质等级的;(二)没有资质的实际施工人借用有资质的建筑施工企业名义的;(三)建设工程必须进行招标而未招标或者中标无效的。”

《建设工程司法解释(一)》第四条规定:“承包人非法转包、违法分包建设工程或者没有资质的实际施工人借用有资质的建筑施工企业名义与他人签订建设工程施工合同的行为无效……”

解读:非法转包、违法分包、借用资质的合同无效。

(5)《建设工程司法解释(二)》的规定

《建设工程司法解释(二)》第一条规定:“招标人和中标人另行签订的建设工程施工合同约定的工程范围、建设工期、工程质量、工程价款等实质性内容,与中标合同不一致,一方当事人请求按照中标合同确定权利义务的,人民法院应予支持。招标人和中标人在中标合同之外就明显高于市场价格购买承建房产、无偿建设住房配套设施、让利、向建设单位捐赠财物等另行签订合同,变相降低工程价款,一方当事人以该合同背离中标合同实质性内容为由请求确认无效的,人民法院应予支持。”

解读:本条是关于《招标投标法》第四十六条第二款中的“合同实质性内容”的具体细化,建设工程施工合同的双方当事人在中标合同外另行签订变更工程范围、建设工期、工程质量、工程价款等实质性内容的合同,都是无效的合同;规定了明显高于市场价格购买承建房产、无偿建设住房配套设施、让利、向建设单位捐赠财物四种变相降低工程价款的行为,只要招标人与中标人的行为符合四种情形之一,因此而另行签订的建设工程施工合同无效。

《建设工程司法解释(二)》第二条规定:"当事人以发包人未取得建设工程规划许可证等规划审批手续为由,请求确认建设工程施工合同无效的,人民法院应予支持,但发包人在起诉前取得建设工程规划许可证等规划审批手续的除外。发包人能够办理审批手续而未办理,并以未办理审批手续为由请求确认建设工程施工合同无效的,人民法院不予支持。"

解读:起诉前发包人未取得建设工程规划许可证等规划审批手续,因此而签订的建设工程施工合同无效。

(6)《合同法》的规定

《合同法》第五十二条规定:"有下列情形之一的,合同无效:(一)一方以欺诈、胁迫的手段订立合同,损害国家利益;(二)恶意串通,损害国家、集体或者第三人利益;(三)以合法形式掩盖非法目的;(四)损害社会公共利益;(五)违反法律、行政法规的强制性规定。"

解读:该条规定同样适用于建设工程施工合同的无效,该条往往最容易被忽略。

3. 建设工程施工合同无效的情形

概括以上法律、司法解释的规定,无效的建设工程施工合同归纳为以下情形:

(1)因违反招标投标规定导致建设工程施工合同无效的情形

①建设工程属于依法必须进行招标投标的项目,未进行招标的,承包人与发包人签订的建设工程施工合同无效;必须进行招标而中标无效的,承包人与发包人签订的建设工程施工合同无效。

②低于成本价中标。承包人以低于成本的价格投标或竞标,承包人与发包人据此签订的建设工程施工合同无效。

③依法必须进行招标的项目,招标人向他人透露已获取招标文件的潜在投标人的名称、数量或者可能影响公平竞争的有关招标投标的其他情况,或者泄露标底,影响中标结果的,中标无效,因此签订的建设工程施工合同无效。

④投标人相互串通投标或者与招标人串通投标的,投标人以向招标人或者评标委员会成员行贿的手段谋取中标的,中标无效,因此签订的建设工程施工合同无效。

⑤投标人以他人名义投标或者以其他方式弄虚作假，骗取中标的，中标无效，因此签订的建设工程施工合同无效。

⑥依法必须进行招标的项目，招标人违规操作，与投标人就投标价格、投标方案等实质性内容进行谈判，影响中标结果的，中标无效，因此签订的建设工程施工合同无效。

⑦在评标委员会依法推荐的中标候选人以外确定中标人的，依法必须进行招标的项目，在所有投标被评标委员会否决后自行确定中标人的，中标无效，因此签订的建设工程施工合同无效。

⑧招标人和中标人另行签订的与中标合同约定的工程范围、建设工期、工程质量、工程价款等实质性内容不一致的建设工程施工合同无效。

(2)因违反建筑领域资质管理规定而无效的情形

①承包人未取得建筑施工企业资质或者超越资质等级承揽建设工程，据此签订的建设工程施工合同无效。

②没有资质的实际施工人借用有资质的建筑施工企业名义，即"挂靠"情形下签订的建设工程施工合同无效。

(3)因非法转包、违法分包而无效的情形

①转包合同无效。承包人承揽建设工程后非法转包工程，因此签订的建设工程施工合同无效。

②违法分包无效。承包人承揽建设工程后违法分包工程，因此签订的建设工程施工合同无效。

(4)因违反工程建设规划审批手续而无效的情形

对于未取得建设工程规划审批手续签订的建设工程施工合同应当认定无效。但是在起诉前，发包人取得建设工程规划许可证等规划审批手续的除外。

(5)违反工程质量标准和压缩合理工期的情形

根据《八民纪要》第三十条的规定，当事人违反工程建设强制性标准，任意压缩合理工期、降低工程质量标准的，应当认定无效。

(6)违反《合同法》第五十二条规定的合同无效的五种情形

①承包人与发包人一方以欺诈、胁迫的手段订立合同，损害国家利益而签订的建设工程施工合同无效；

②承包人与发包人恶意串通，损害国家、集体或者第三人利益而签订的建设工程施工合同无效；

③承包人与发包人以合法形式掩盖非法目的而签订的建设工程施工合同

无效；

④承包人与发包人损害社会公共利益而签订的建设工程施工合同无效；

⑤承包人与发包人违反法律、行政法规的强制性规定而签订的建设工程施工合同无效。

在无效的建设工程施工合同中，最普遍的是黑白合同、挂靠合同、转包合同、违法分包合同。对建设工程承包人、发包人影响最大的也是这四类合同。本章将重点阐述这四类无效合同。

二、黑白合同问题

建设工程的发包人通过招标投标方式确定承包人，承包人与发包人以备案的中标合同约定权利义务，在施工过程中双方又按照另行签订的合同实际履行，承包人拿下的建设工程往往得不到保障。

备案的中标合同被行内称为“白合同”，另行订立的与经过备案的中标合同实质性内容不一致的建设工程施工合同被行内称为“黑合同”。

建设工程施工合同的双方当事人在经过备案的中标合同之外，另行签订的合同实质性内容如果与招标投标文件一致，而经过备案的中标合同的实质性内容却与招标投标文件不一致，笔者认为，中标合同即“白合同”，应当认定为无效合同，另行签订的与中标合同实质性内容不一致的合同即“黑合同”，应当认定为有效合同。

（一）黑白合同的含义

“黑白合同”是建筑业的一个通俗称呼，并非法律术语，仍未出现在法律、法规、司法解释的规定中。

“黑白合同”又称“阴阳合同”，是指承包人与发包人就同一个建设工程项目订立两份或多份实质性内容不一致的合同，其中一份是投标人中标后，与招标人签订的通常用于备案的中标合同，俗称“白合同”，或称“阳合同”，另一份或多份是双方在施工过程中另行签订的合同，是双方实际履行的合同，俗称“黑合同”，或称“阴合同”。

因此，“白合同”应当满足招标投标行为合法、订立书面中标合同、依法备案三个条件。“黑合同”必须是在订立中标合同后另行订立，合同实质性内容背离中标合同，而不是背离招标文件、投标文件、中标通知书的内容。

《招标投标法》第四十六条规定：“招标人和中标人应当自中标通知书发

出之日起三十日内，按照招标文件和中标人的投标文件订立书面合同。招标人和中标人不得再行订立背离合同实质性内容的其他协议。招标文件要求中标人提交履约保证金的，中标人应当提交。”《招标投标法》明确要求建设工程合同的双方当事人应当按照招标文件和中标人的投标文件订立书面合同（即白合同），反对另行订立背离合同实质性内容的其他协议（即黑合同）。

通常认为，“黑合同”是“阴合同”，是无效合同，“白合同”是“阳合同”，是有效合同，但实则未必，下文将详述此观点。

（二）“黑白合同”产生的主要原因

1. 招标发包建设工程是诱因

《招标投标法》第三条规定了必须进行招标的勘察、设计、施工、监理以及与工程建设有关的重要设备、材料的采购等工程建设项目，包括：（1）大型基础设施、公用事业等关系社会公共利益、公众安全的项目；（2）全部或者部分使用国有资金投资或者国家融资的项目；（3）使用国际组织或者外国政府贷款、援助资金的项目。前款所列项目的具体范围和规模标准，由国务院发展计划部门会同国务院有关部门制订，报国务院批准。法律或者国务院对必须进行招标的其他项目的范围有规定的，依照其规定。

建设工程通过招标投标的方式确定承包人，是“黑白合同”产生的诱因。工程招标人（建设单位）往往因未落实建设资金或其他原因，要求中标人（施工单位）在中标合同之外，另签一份由其垫资施工或其他背离实质性内容的合同。如果建设工程无须通过招标投标的方式确定承包人，“黑合同”没有出现的必要，没有生存的土壤，更不会泛滥成灾。

2. 发包人转嫁风险

在如今的建筑市场环境下，招标人仍占优势地位，招标人利用自己在建设工程发包中的主导地位，将自身的一些风险转移到投标人身上。投标人为了能顺利中标，往往被迫承诺工程价款在结算价的基础上下浮较高的比例，或者以明显高于市场价格购买承建房产、无偿建设住房配套设施、让利、向建设单位捐赠财物等方式变相降低工程价款。于是，“黑白合同”产生。

“黑白合同”所带来的法律风险极大，建设工程企业利益无法得到保障，还有可能被政府有关部门处以巨额罚款。

（三）法院依据备案的中标合同结算工程价款

如果建设工程施工合同的承包人通过招标投标的方式中标建设工程，双方当事人通过签订“白合同”约定权利义务，又按照中标后另行签订的合同实际履行，拿下的建设工程往往得不到保障。

备案的中标合同被行内称为“白合同”，另行订立的与经过备案的中标合同实质性内容不一致的建设工程施工合同被行内称为“黑合同”。

最高人民法院有关建设工程施工合同纠纷案件的两个司法解释，都只认可经过备案的中标合同的法律效力，而不认可双方当事人另行签订的与经过备案的中标合同实质性内容不一致的建设工程施工合同的法律效力。

《建设工程司法解释（一）》第二十一条规定：“当事人就同一建设工程另行订立的建设工程施工合同与经过备案的中标合同实质性内容不一致的，应当以备案的中标合同作为结算工程价款的根据。”明确规定建设工程合同的双方当事人应当以备案的中标合同（即白合同）作为结算工程价款的依据，人民法院也以备案的中标合同（即白合同）作为裁判工程价款的依据。

《建设工程司法解释（二）》对此作了进一步的规定。《建设工程司法解释（二）》对《建设工程司法解释（一）》中有关经过备案的中标合同的实质性内容进行了细化的规定，更具有实际操作性，明确规定人民法院支持当事人按照中标合同（白合同）确定权利义务的请求。

《建设工程司法解释（二）》第一条规定：“招标人和中标人另行签订的建设工程施工合同约定的工程范围、建设工期、工程质量、工程价款等实质性内容，与中标合同不一致，一方当事人请求按照中标合同确定权利义务的，人民法院应予支持。招标人和中标人在中标合同之外就明显高于市场价格购买承建房产、无偿建设住房配套设施、让利、向建设单位捐赠财物等另行签订合同，变相降低工程价款，一方当事人以该合同背离中标合同实质性内容为由请求确认无效的，人民法院应予支持。”

（四）区分“黑合同”与合同合理变更

1. 合同的实质性内容

《合同法》第三十条规定：“……受要约人对要约的内容作出实质性变更的，为新要约。有关合同标的、数量、质量、价款或者报酬、履行期限、履行地点和方式、违约责任和解决争议方法等的变更是对要约内容的实质性变更。”

《民法典》第四百八十八条有同样的规定。

从以上规定分析，建设工程施工合同的实质性内容包括：工程项目的名称（合同标的）、工程范围（数量）、工程质量（质量）、工程价款数额（价款或者报酬)、工程期限(履行期限)、履行地点和方式、违约责任和解决争议方法等。

《建设工程司法解释(二)》对建设工程施工合同的实质性内容表述为"工程范围、建设工期、工程质量、工程价款等"。

《八民纪要》第三十一条对建设工程施工合同的实质性内容表述为:"招标人和中标人另行签订改变工期、工程价款、工程项目性质等影响中标结果实质性内容的协议,导致合同双方当事人就实质性内容享有的权利义务发生较大变化的,应认定为变更中标合同实质性内容。"

法律、法规、司法解释不支持发包人、承包人擅自改变工程范围、建设工期、工程质量、工程价款等实质性内容的行为。

工程范围,是指建设工程包括哪些东西,如包括基础工程、主体结构、土建工程、内外装修等。工程范围的变更,直接关系到工程价款数额的增减,关系到承包人的利益的多少,关系到发包人的工程造价额。

建设工期,是指建设项目或单项工程在建设过程中所耗用的时间,即承包人完成建设工程的时间或期限,包括从工程正式动工开始,到全部建成投产或交付使用为止所经历的时间,工程范围直接影响建设工期。

建设工程质量,是指法律、法规、技术规范、标准所规定或设计文件要求或合同约定,对工程的安全、适用、经济、环保、美观等特性的综合要求。

工程价款是发包人按照合同约定应当支付给承包人的款项,是建设工程施工合同中双方当事人最主要的权利或义务:于发包人而言,向承包人支付工程价款是其最主要的义务;于承包人而言,从发包人处获得工程价款是其最主要的权利。

2. 合同的实质性内容并非合同的主要内容

《合同法》第十二条第一款规定:"合同的内容由当事人约定,一般包括以下条款:(一)当事人的名称或者姓名和住所;(二)标的;(三)数量;(四)质量;(五)价款或者报酬;(六)履行期限、地点和方式;(七)违约责任;(八)解决争议的方法。"

《民法典》第四百七十条有同样的规定。

当事人可以参照各类合同的示范文本订立合同。

至今,《建设工程施工合同(示范文本)》一共经历了四个版本,分别是1991年版(GF-91-0201)、1999年版(GF-1999-0201)、2013年版(GF-2013-0201)、2017年版(GF-2017-0201)。

现行通用的《建设工程施工合同(2017文本)》,适用于房屋建筑工程、土木工程、线路管道和设备安装工程、装修工程等建设工程的施工承发包活动。建设工程施工合同的双方当事人可结合建设工程具体情况,确定是否采用《建设工程施工合同(2017 文本)》订立合同。

《建设工程施工合同(2017 文本)》为非强制性使用文本,由合同协议书、通用合同条款和专用合同条款三部分组成。

合同协议书共计 13 条,主要包括:工程概况、合同工期、质量标准、签约合同价和合同价格形式、项目经理、合同文件构成、承诺以及合同生效条件等重要内容,约定了合同当事人基本的合同权利义务。

通用合同条款共计 20 条,具体条款分别为:一般约定、发包人、承包人、监理人、工程质量、安全文明施工与环境保护、工期和进度、材料与设备、试验与检验、变更、价格调整、合同价格、计量与支付、验收和工程试车、竣工结算、缺陷责任与保修、违约、不可抗力、保险、索赔和争议解决。

专用合同条款是对通用合同条款原则性约定的细化、完善、补充、修改或另行约定的条款。

双方当事人可以依照承包人与发包人的具体情况、本工程项目的实际需要,作出一些有针对性的调整,对于不适合的通用条款予以删除或修改,增加诸如索赔或反索赔的条款;对于专用条款部分,要有特别的约定,通过补充条款约定承包人与发包人的权利义务细则,切不可照搬照抄示范文本。

因此,合同的实质性内容并非指合同的主要内容。

3. 区分"黑合同"与合同合理变更

在建设工程施工合同签订、履行过程中,建设工程承包人应能区分合同合理变更情形与"黑合同"。建设工程施工专业性较强,法律关系复杂,建设工程施工合同的双方当事人在签约前、签约时,不可能预见有可能出现的一切情形,不可能将所有可能出现的情形特别是有可能产生巨大变化的情形都在合同中明确约定。双方当事人另行签订补充协议或协商修改原合同中的部分条款以适应新情况、新变化很正常,此种情形属于合同的合理变更。如果将此类补充或修改协议"一刀切"定性为"黑合同",是对"黑合同"的无限扩大,无益于双方合同目的的实现,相反还会影响双方当事人权益的保障。

双方另行签订的补充协议是属于"黑合同"还是合同的合理变更,判断的标准是:与原建设工程施工合同约定的工程范围、建设工期、工程质量、工程价款等实质性内容是否存在不一致的地方,如果只是对实质性内容进行细化、具体,则是合同的合理变更,并非"黑合同";如果是对合同的非工程范围、建设工期、工程质量、工程价款等作出变更、细化，则是必要的也是允许的，是合同双方当事人自由意志的体现，由此产生的合同并不是俗称的“黑合同”，是对合同的合理变更；如果对合同的实质性内容进行了变更，则往往摇身一变成了“黑合同”。

典型案例 合同合理变更获得支持

1. 案例来源

云南省高级人民法院(2017)云民初79号民事判决书。

2. 案情摘要

原告(反诉被告)四川省D建筑工程公司(以下简称D公司)与被告(反诉原告)昭通市T房地产开发经营有限公司(以下简称T公司)建设工程施工合同纠纷案。

经审理，本院查明以下事实:2013年1月23日，D公司与T公司通过招投标方式签订了关于泰平·盛世荷苑10－07#地块一标段地下室及二标段的《建设工程施工合同》。合同主要内容为:T公司将泰平·盛世荷苑10－07#地块一标段地下室及二标段(1～5号楼)工程发包给D公司；金额共计暂定约2亿元整，以实际竣工结算为准。2013年1月28日，双方就该《建设工程施工合同》办理了备案。2015年7月29日，T公司和D公司签订《泰平·盛世荷苑项目补充协议》(以下简称《7月29日补充协议》)，载明“工程建设过程中甲方(T公司)工程进度款支付不到位、甲供混凝土不能满足现场施工进度需要等情况，工程进展不够顺利”。T公司承诺不追究D公司本工程的工期违约责任。2016年12月6日，D公司提交了《建设工程竣工验收申报书》,2016年12月9日，泰平·盛世荷苑07#地块1号楼竣工验收合格。后双方因工程价款问题发生纠纷，起诉至本院。

3. 法院裁判结果

关于《7月29日补充协议》是否有效的问题。合同当事人有依法变更合同的权利。T公司与D公司通过招标投标程序签订《建设工程施工合同》，并依法办理了合同备案，该合同系双方真实意思表示，不违反法律强制性规定，合法有效。后双方分别于2015年5月28日和2015年7月29日签订两份补充协议。补充协议均载明在施工过程中存在T公司工程进度款支付不到位、所提供的混凝土不能满足现场施工进度需要等情况而导致工程进展不够顺利，并明确了T公司欠付D公司泰平·盛世荷苑工程进度款及利息的具体金额。上述协议内容及T公司陈述综合证明:《7月29日补充协议》是在案涉工程因T公司工程进度款支付不及时等原因而长期停工的背景下所签订。在此情况下,D公司作为施工方必然会产生一定的停工、窝工等损失。《7月29日补充协议》取消《建设工程施工合同》中工程总价款下浮5.5%的约定可视为T公司对D公司停工、窝工等损失的补偿,T公司承诺不追究D公司工程违约责任,亦符合工程停工并非完全可归责于D公司原因的事实。《建设工程司法解释(二)》第二十一条规定:"当事人就同一建设工程另行订立的建设工程施工合同与经过备案的中标合同实质性内容不一致的,应当以备案的中标合同作为结算工程价款的根据。"上述规定的目的在于禁止招投标当事人串通投标、损害其他竞争者利益、破坏竞争秩序的行为,并不限制当事人在合同履行过程中,根据实际情况而协商一致补充、调整原合同条款的权利。《7月29日补充协议》相关约定系双方当事人根据案涉工程进展情况的变化而对价款结算方式的调整和项目停工责任的清理,该变更内容与合同履行状况的变化基本对等,符合公平原则,并不违反法律、行政法规强制性规定。

民事活动应遵循诚实信用原则。《7月29日补充协议》签订后,T公司于2015年8月6日召开会议,与D公司协商落实该补充协议的具体事宜。直至本案起诉前,T公司在与D公司的交涉过程中从未提出《7月29日补充协议》系无效合同的主张。在本案中T公司主张补充协议无效与其在先行为及允诺相冲突,亦不符合合同无效法律制度的立法精神和适用条件,违背诚实信用原则。判决如下:(1)T公司于本判决生效后10日内向D公司支付工程款128082606.43元及利息;(2)T公司于本判决生效后10日内向D公司支付索赔费用12272868元……(5)驳回T公司的反诉请求。

后双方当事人均上诉,二审法院维持原判。

4. 律师点评

笔者认为,建设工程在施工过程中,因发包人提出设计变更、政府建设工程规划调整等主客观因素,承包人与发包人通过签订补充协议、工程签证、会谈纪要等形式,变更工程项目范围、工期、合同价款等,虽然变更了原合同的实质性内容,但这是合同的合理变更,不应认定为《招标投标法》第四十六条规定的"招标人和中标人不得再行订立背离合同实质性内容的其他协议",不能据此认定其为"黑合同"。

(五)中标合同不一定是有效的"白合同"

司法裁判大多认定备案的中标合同是"白合同",是有效合同,认定双方当事人另行签订的与备案的中标合同实质性内容不一致的建设工程施工合同是"黑合同",是无效合同。

笔者认为,中标合同即"白合同",不一定是"阳合同",不一定有效,另行签订的与中标合同实质性内容不一致的合同即"黑合同",不一定是"阴合同",不一定无效。

本书前面内容已经陈述过,招标投标文件是建设工程施工合同订立的主要依据,招标投标文件也是建设工程施工合同的内容,承包人与发包人签订的建设工程施工合同的实质性内容应当与招标投标文件的内容一致。

但是,中标人与招标人签订的中标合同,其实质性内容往往只与投标文件的内容一致,而与招标文件的要求不一致。当事人带着这样的中标合同办理备案手续,尽管相关部门有审查招标投标文件的义务与责任,但他们往往走形式而疏于审查,致使备案的中标合同的实质性内容并非与招标投标文件一致。而各地各级的法院审判此类案件时,大多认定备案的中标合同是"白合同",是有效合同,而对双方当事人另行签订的与中标合同实质性内容不一致的合同,一概认定为无效合同,由此出现了一些错误裁判的案件。

建设工程施工合同的双方当事人在备案的中标合同之外,另行签订的合同实质性内容如果与招标投标文件一致,而备案的中标合同的实质性内容却与招标投标文件不一致,笔者认为,此时的中标合同应为"阴合同""黑合同",另行签订的合同是"阳合同""白合同";备案的中标合同应当认定为无效合同,而另行签订的与招标投标文件内容一致的合同应当认定为有效合同。

(六)"黑白合同"工程价款结算

"黑白合同"形象早已是建设工程领域公开的秘密。同一个建设工程项目,相同的发包人、承包人,却订立了数份内容不同的建设工程合同或补充协议,当双方当事人产生争议,无法达成共识时,应当如何结算工程价款呢?

1. 以中标合同结算

双方当事人就同一个建设工程另行订立的合同与中标合同实质性内容不一致的,无论该中标合同是否经过备案登记,都应当以中标合同作为工程价款的结算依据。[①]

2. 参照实际履行的合同或最后签订的合同结算

招标人、投标人违法进行招投标活动，在中标合同之外，双方又另行签订建设工程施工合同，无论中标合同是否办理备案登记手续，数份合同均为无效。在此种情形下，应当将符合承包人与发包人的真实意思且实际履行的建设工程施工合同或最后签订的合同，作为工程价款的结算依据。[②]

典型案例　以实际履行的合同结算工程价款

1. 案例来源

北京市高级人民法院（2016）京民终42号民事判决书。

2. 案情摘要

上诉人北京L建设发展有限公司（以下简称L公司）与被上诉人北京C建设工程有限责任公司（以下简称C公司）建设工程施工合同纠纷案。

2014年10月，L公司向原审法院起诉称：2009年3月25日，我公司与C公司签订《建设工程施工合同》（以下简称《合同》），约定我公司将位于北京市昌平区沙河高教园区住宅及配套设施三期C区1#、3#、6#、7#住宅楼，9#商业服务楼及1#地下车库发包给C公司。《合同》中第三条约定了各栋楼的竣工日期，然而，C公司却未如期竣工交房，起诉至法院。

诉讼请求：(1)判令C公司赔偿L公司逾期竣工损失人民币132981308元；(2)判令C公司于判决生效之日起30日内将北京沙河高教园区住宅及配套设施三期C区中的1#地下车库施工完毕，并将竣工验收合格后的地下车库交付L公司。

C公司辩称：我公司不同意L公司的诉讼请求，L公司要求我公司赔偿逾期竣工违约金的事实不存在，要求我公司交付三期C区1#地下车库的请求条件不成就，请求法院依法驳回L公司的全部诉讼请求。

---

① 《建设工程司法解释（一）》第二十一条规定："当事人就同一建设工程另行订立的建设工程施工合同与经过备案的中标合同实质性内容不一致的，应当以备案的中标合同作为结算工程价款的根据。"第一条第一款规定："招标人和中标人另行签订的建设工程施工合同约定的工程范围、建设工期、工程质量、工程价款等实质性内容，与中标合同不一致，一方当事人请求按照中标合同确定权利义务的，人民法院应予支持。"

② 《建设工程司法解释（二）》第十一条规定："当事人就同一建设工程订立的数份建设工程施工合同均无效，但建设工程质量合格，一方当事人请求参照实际履行的合同结算建设工程价款的，人民法院应予支持。实际履行的合同难以确定，当事人请求参照最后签订的合同结算建设工程价款的，人民法院应予支持。"

原审法院经审理认为:L 公司与 C 公司于 2009 年 3 月 25 日未经招投标程序签订的《合同》无效。L 公司与 C 公司于 2009 年 5 月 27 日签订的《备案合同》亦无效。且双方对于合同无效均需承担一定的责任。但诉争工程按合同已实际履行施工并大部分已竣工完成,因此应当依据双方真实意思并实际履行的合同约定来认定双方的过错。从本案事实来看,可以认定双方实际履行的合同应为《备案合同》。L 公司称其因 C 公司违反合同约定逾期竣工导致其向业主迟延交付上述房屋,并产生违约金,该损失应由 C 公司承担,无事实与法律依据,法院不予支持。原审法院判决:驳回 L 公司的全部诉讼请求。

L 公司上诉至本院,请求:(1)撤销原审判决,改判 C 公司 30 日内向 L 公司交付已经完工并验收合格的 1#地下车库工程;(2)判令 C 公司赔偿逾期竣工损失 2000 万元。

C 公司同意原判。

3. 二审法院裁判结果

本院认为,L 公司与 C 公司在签订《备案合同》之前即已签订《合同》,双方就工程的价款、工期等事项进行了约定,C 公司亦已实际进场施工。双方又以串标的方式签订了《备案合同》。上述行为均违反法律规定。原审法院确认双方之间签订的《合同》《备案合同》均属无效合同的判决并无不当,本院予以维持。《合同》《备案合同》被认定为无效合同,L 公司与 C 公司对此均有一定责任,双方各自承担应负责任。考虑到《备案合同》签订在《合同》之后,且该《备案合同》已经在相关部门备案,原审法院确定双方之间应当依照该《备案合同》作为双方履行义务的依据并无不当。据此,原审法院关于 3#、5#、6#、7#住宅楼、9#商业服务楼的施工并未违反《备案合同》的约定,C 公司是按期交付完工,不存在违约的认定正确,本院予以维持。L 公司要求 C 公司支付该部分房屋逾期竣工损失的上诉请求,缺乏依据,本院不予支持。L 公司已经履行了大部分付款义务,其有权要求 C 公司履行完成并交付 1#地下车库的义务。原审法院仅以《合同》《备案合同》均为无效合同,L 公司无法律依据要求 C 公司交付 1#地下车库的义务为由,判决驳回 L 公司要求 C 公司履行交付 1#地下车库义务的诉讼请求,缺乏事实及法律依据,本院予以适当调整。判决如下:(1)撤销北京市第一中级人民法院(2015)一中民初字第 01079 号民事判决;(2)C 公司于本判决生效后 30 日内,向 L 公司现状交付尚未完成的 1#地下车库,L 公司自行委托施工单位完成后续1#地下车库的施工,所发生的费用从施工款中扣除,C公司配合L公司完成1#地下车库竣工验收及手续;(3)驳回L公司其他上诉请求。

4. 律师点评

承包人与发包人就同一个建设工程订立了数份建设工程施工合同,如果数份合同均认定无效,但建设工程质量合格,一方当事人请求参照实际履行的合同结算建设工程价款的,人民法院应予支持。但当事人应当举证证明实际履行的是哪份合同或哪几份合同,另一方当事人不认可实际履行的合同,同样需要举证证明本方认为实际履行的是哪份合同或哪几份合同。实际履行的合同难以确定,当事人请求参照最后签订的合同结算建设工程价款的,人民法院应予支持。

三、挂靠合同问题

一些建筑施工企业因条件不具备或者觉得办理建筑资质麻烦、又要花费一定的费用,而选择挂靠有资质的建筑施工企业承揽工程,省事又不需要花费太多。于是,很多有资源但没资质或没合格资质的建筑施工企业、个人,借用建筑施工企业的资质,以出借资质的建筑施工企业名义对外洽谈建设工程业务,以出借资质的建筑施工企业名义签订、履行合同,出借资质的建筑施工企业收取一定比例的管理费,蔚然成风,成为建筑行业内外众所周知的惯例。

挂靠行为的认定,不以被挂靠人收取管理费或其他任何费用为要件。只要存在有建筑施工企业将资质出借给没有资质或资质等级低的企业或个人的行为,且挂靠人与被挂靠人之间是平等的民事主体关系,没有劳动或隶属关系,挂靠行为即已成立。

缺乏资质的单位或者个人借用有资质的建筑施工企业名义签订建设工程施工合同,发包人请求出借方与借用方对建设工程质量不合格等因出借资质造成的损失承担连带赔偿责任的,人民法院应予支持。

(一)建筑资质

1. 建筑资质的相关规定及标准

我国建筑业实行严格的资质管理规定,实行严格的建筑市场准入制度。《建筑法》《建筑业企业资质管理规定》《建筑业企业资质管理规定和资质标准实施意见》等对建筑施工企业的资质进行了明确严格的规定。

依法取得企业法人营业执照的企业，在我国境内从事土木工程、建筑工程、线路管道设备安装工程、装修工程的新建、扩建、改建等活动，应当申请建筑业企业资质。

我国现行的建筑业企业资质标准是建市〔2014〕159号《建筑业企业资质标准》（住房和城乡建设部2014年11月6日通过，2015年1月1日起实施）。该标准规定：建筑施工企业资质分为施工总承包资质、专业承包资质、施工劳务资质三个序列。各序列资质只授予具备法人资格的企业，个人（含个体工商户和其他个人）、合伙企业、个人独资企业等非法人主体不在建筑资质的授予范围之内，上述民事主体不得从事具备资质要求的建筑活动。

施工总承包企业资质等级标准包括12个类别，一般分为四个等级（特级、一级、二级、三级）；专业承包企业资质等级标准包括36个类别，一般分为三个等级（一级、二级、三级）、劳务分包企业资质不分类别与等级。

2. 建筑资质的作用

建筑资质是建筑施工企业享有建筑施工资格的一个门槛，建筑施工企业只有在取得相应等级的资质证书后，才允许在这个资质的范围内从事建筑活动。建筑资质对建筑施工企业起着重要的作用。

（1）是建筑施工企业资格的证明

建筑施工企业具备了一定等级的建筑资质，说明建筑施工企业从资产、专业技术人员、技术装备和已完成的工程业绩，具备了承接相应资质要求的工程项目的资格。

（2）是提高建筑施工企业竞争力的重要因素

必须招标投标的建设工程招标文件中都有对建筑施工企业资质的明确要求。建筑施工企业如果没有合格的资质，连参加投标的资格都不具备，中标更无从谈起。

即使依法不需要招标投标的建设工程，一些建设单位为免除不必要的麻烦或防止腐败，也会要求建筑施工企业具备相应的资质。如果建筑施工企业没有一定等级的资质，建设单位一般也不会将建设工程承包给这类建筑施工企业。

（3）是建筑施工企业生存、发展的必要条件

建筑施工企业没有相应等级的建筑资质，很难在供不应求、竞争激烈的建筑市场环境中生存，更不可能与有资质的建筑施工企业竞争市场。

（二）禁止出借、借用建筑资质

建筑施工企业出借资质给没资质或资质级别低的单位或个人，没资质或资质级别低的单位或个人以出借资质的建筑施工企业的名义对外承揽建设工程，规避法律法规与建设行政管理部门的监管，谋取不正当的利益，如今仍是建筑业一个普遍存在的现象。

目前建筑市场竞争激烈，建筑施工企业利润空间狭小，而出借资质后不用干多少活，不用派几个人，甚至无须监管，就可收取一定数额的管理费，有利可图，于是，挂靠行为屡禁不止。

《建筑法》第二十六条规定，禁止出借、借用、转让或以其他形式允许其他建筑施工企业或个人使用本公司的资质承揽工程，明确反对出借、借用资质的行为。政府部门对建筑资质严格监管，一些建设单位也发现了出借资质的危害性，开始拒绝出借、借用资质的行为，于是出借、借用资质的风险变得越来越大。

（三）挂靠的情形

1. 出借、借用资质的行为俗称为“挂靠”

出借、借用资质的行为俗称为“挂靠”。“挂靠”目前还不是一个出现在法律、法规中的法律术语，只是建筑业约定俗成的一个称呼。法律、法规未见“挂靠”这一说法。

《民事诉讼法解释》第五十四条笼统的规定了所有民事活动中的“挂靠”形式。①

《建筑工程施工转包违法分包等违法行为认定查处管理办法（试行）》（建市〔2014〕118 号）用“挂靠”这一概念表示借用建筑资质的行为，其中第十条规定对“挂靠”定义为：“本办法所称挂靠，是指单位或个人以其他有资质的施工单位的名义，承揽工程的行为。”转让、出借资质证书或者以其他方式允许他人使用本单位名义承揽建设工程的，均属借用资质（即挂靠）行为。

《建设工程司法解释（一）》《建设工程司法解释（二）》对此行为表述为“出借”“借用”。借用资质或使用其他建筑施工企业资质的一方称为“挂靠人”，出借资质或允许他人使用资质的一方称为“被挂靠人”。

---

① 《民事诉讼法解释》第五十四条规定：“以挂靠形式从事民事活动，当事人请求由挂靠人和被挂靠人依法承担民事责任的，该挂靠人和被挂靠人为共同诉讼人。”

2. 挂靠的情形

《建筑工程施工转包违法分包等违法行为认定查处管理办法(试行)》第十一条列举了挂靠的八种情形:

(1)没有资质的单位或个人借用其他施工单位的资质承揽工程的;

(2)有资质的施工单位相互借用资质承揽工程的,包括资质等级低的借用资质等级高的,资质等级高的借用资质等级低的,相同资质等级相互借用的;

(3)专业分包的发包单位不是该工程的施工总承包或专业承包单位的,但建设单位依约作为发包单位的除外;

(4)劳务分包的发包单位不是该工程的施工总承包、专业承包单位或专业分包单位的;

(5)施工单位在施工现场派驻的项目负责人、技术负责人、质量管理负责人、安全管理负责人中一人以上与施工单位没有订立劳动合同,或没有建立劳动工资或社会养老保险关系的;

(6)实际施工总承包单位或专业承包单位与建设单位之间没有工程款收付关系,或者工程款支付凭证上载明的单位与施工合同中载明的承包单位不一致,又不能进行合理解释并提供材料证明的;

(7)合同约定由施工总承包单位或专业承包单位负责采购或租赁的主要建筑材料、构配件及工程设备或租赁的施工机械设备,由其他单位或个人采购、租赁,或者施工单位不能提供有关采购、租赁合同及发票等证明,又不能进行合理解释并提供材料证明的;

(8)法律法规规定的其他挂靠行为。

3. 区分挂靠与内部承包

挂靠,是指转让、出借资质证书或者以其他方式允许他人使用本单位的资质证书、营业执照、银行账户等承揽建设工程,并以被挂靠人名义对外开展业务,被挂靠人不对工程施工活动进行管理,工程项目由挂靠人自负盈亏。

挂靠行为的认定,不以被挂靠人收取管理费或其他任何费用为要件。只要存在建筑施工企业将资质出借给没有资质或资质等级低的企业或个人的行为,且挂靠人与被挂靠人之间是平等的民事主体关系,没有劳动或隶属关系,挂靠行为即已成立。

内部承包,是指建筑施工企业向内部承包人除提供资质证书、营业执照、银行账户等外,还对建设工程项目进行必要的技术管理、技术服务、安全与质量管理。二者之间存在管理被管理的关系,是隶属关系。

建设工程的承包人将其承包的全部或部分工程交由其下属的分支机构或在册的项目经理等企业职工个人承包施工，承包人对工程项目进行必要的管理，对外承担建设工程施工合同约定的权利义务的，属于企业内部承包行为。

发包人以内部承包人不具备合格的施工资质为由，主张建设工程施工合同无效的，不予支持。

（四）挂靠的危害性

1. 挂靠协议无效

挂靠人与被挂靠人之间的关系不受法律保护，因为挂靠行为本身违法。

承包人未取得建筑施工企业资质或者资质等级不符合条件，以其他有合格资质的建筑施工企业的名义承揽工程，因此签订的建设工程施工合同（俗称为挂靠协议），无论是以何种形式表现，都应当认定为无效，依法不受法律的保护。

2. 挂靠人与被挂靠人对工程质量缺陷承担连带赔偿责任

因挂靠而承建的建设工程质量无法保障，质量安全事故层出不穷。挂靠人与被挂靠人应当如何对发包人承担建设工程质量问题责任？挂靠人与被挂靠人对工程质量缺陷承担连带赔偿责任。①

《建设工程司法解释（二）》出台后，直接将刀精准砍向违法的挂靠行为，并对因挂靠行为导致的质量不合格问题，规定由挂靠人与被挂靠人承担连带责任。②

对因建设工程质量不合格造成的损失，发包人请求挂靠人与被挂靠人承担连带赔偿责任的的前提是：发包人对挂靠行为不知情。

发包人在订立合同时或订立合同后，已知实际施工人存在"挂靠"行为，借用资质进行施工，发包人应当对因合同无效产生的损失包括质量缺陷所致的损失承担相应的过错责任；发包人未采取必要的措施防止因无效合同所致的损失扩大，如采取措施终止履行或及时清算，发包人应就扩大的损失承担相应

---

① 《建筑法》第六十六条规定："建筑施工企业转让、出借资质证书或者以其他方式允许他人以本企业的名义承揽工程的，责令改正，没收违法所得，并处罚款，可以责令停业整顿，降低资质等级；情节严重的，吊销资质证书。对因该项承揽工程不符合规定的质量标准造成的损失，建筑施工企业与使用本企业名义的单位或者个人承担连带赔偿责任。"

② 《建设工程司法解释（二）》第四条规定："缺乏资质的单位或者个人借用有资质的建筑施工企业名义签订建设工程施工合同，发包人请求出借方与借用方对建设工程质量不合格等因出借资质造成的损失承担连带赔偿责任的，人民法院应予支持。"

的责任。

典型案例　挂靠人与被挂靠人承担连带责任

1. 案例来源

山东省威海市中级人民法院(2019)鲁10民终2975号民事判决书。

2. 案情摘要

上诉人江苏省S建设集团股份有限公司(以下简称S公司)因与被上诉人肖某、原审被告海安县H建筑安装工程有限责任公司(以下简称H公司)建设工程施工合同纠纷案,不服乳山市人民法院(2018)鲁1083民初3144号民事判决,提起上诉。

S公司上诉请求:(1)撤销原判决第二项;(2)依法改判驳回肖某要求S公司支付承揽款1102000元及利息的诉讼请求;(3)上诉费用由肖某承担。事实和理由:(1)原判决以S公司与H公司存在挂靠关系为由判令S公司对H公司的债务承担连带责任没有法律依据。本案中没有S公司与肖某之间关于S公司承担连带责任的合同约定,而现行法律并无被挂靠人、转包人、违法分包人应对施工人工程款承担连带责任的法律规定,原判决依据S公司违反相关行政法律规定判决S公司承担连带责任,于法无据。(2)依据合同相对性原则,S公司对肖某的工程款不应当承担民事责任。(3)肖某没有提供基础法律关系存在的充分证据,其主张的基础法律事实不具有真实性。(4)肖某提供的欠条系伪造,不具有真实性,不能作为有效证据使用。

肖某辩称:原判决认定事实清楚,适用法律正确,应予维持。

3. 二审法院裁判结果

根据已查明事实,S公司与H公司系挂靠关系,H公司以S公司名义承包X公司开发的海洋国际产权式度假小区1#、2#楼工程;H公司将上述工程中的部分劳务分包给肖某施工;蒋某系H公司的工作人员,代表H公司履行案涉工程相关职责。

关于S公司是否需基于挂靠关系承担责任问题。

《建筑法》第六十六条规定,建筑施工企业转让、出借资质证书或者以其他方式允许他人以本企业的名义承揽工程的,责令改正,没收违法所得,并处罚款,可以责令停业整顿,降低资质等级;情节严重的,吊销资质证书。对因该项承揽工程不符合规定的质量标准造成的损失,建筑施工企业与使用本企业名义的单位或者个人承担连带赔偿责任。《建设工程司法解释(二)》

第四条规定,缺乏资质的单位或者个人借用有资质的建筑施工企业名义签订建设工程施工合同,发包人请求出借方与借用方对建设工程质量不合格等因出借资质造成的损失承担连带赔偿责任的,人民法院应予支持。另外,最高人民法院关于其他纠纷的司法解释亦认定了挂靠情形下的挂靠人与被挂靠人承担连带责任。因此,依据上述法律规定及法律原则精神,建筑工程领域挂靠人与被挂靠人以承担连带责任为宜。本案中,并无充足证据证实肖某明确知晓H公司、S公司之间挂靠行为,因此,原判决判令被挂靠人S公司对挂靠人H公司上述债务承担连带清偿责任正确。

2019年12月31日,山东省威海市中级人民法院依法作出(2019)鲁10民终2975号民事判决:驳回上诉,维持原判。

4. 律师点评

《民事诉讼法解释》第五十四条规定:"以挂靠形式从事民事活动,当事人请求由挂靠人和被挂靠人依法承担民事责任的,该挂靠人和被挂靠人为共同诉讼人。"

缺乏资质的单位或者个人借用有资质的建筑施工企业名义签订建设工程施工合同,一旦建设工程质量不合格造成发包人损失,发包人有权请求挂靠人与被挂靠人就建设工程质量不合格所致的损失承担连带责任。发包人请求出借方与借用方承担连带赔偿责任的的前提是:发包人对挂靠行为不知情。

《建设工程司法解释(二)》出台后,因挂靠违法成本增大,建筑施工企业出借建筑资质前,定会想想自己收取小小的管理费甚至为了朋友义气而不收取任何费用,而要与挂靠人对建设工程质量不合格等因出借资质造成的损失向发包人承担连带赔偿责任,定会想想出借资质行为的风险、代价。回报与风险,孰大孰小,会掂量掂量。

四、转包合同问题

转包人向转承包人转让全部建设工程任务后,转承包人与原合同发包人建立了新的事实合同关系,转承包人应就建设工程的质量、工期、安全等对原合同发包人承担责任。因转包人只是表面退出该建设工程,而并未真正完全退出,转包人仍应按照原合同的约定对建设工程的质量、工期、安全等向原合同发包人承担责任。

（一）转包

1. 转包的含义

转包，是指建设工程企业在承包建设工程项目后，将其承包的全部工程建设任务转让给其他人承包。转让全部工程建设任务的一方称为“转包人”，受让全部工程建设任务的一方称为“转承包人”。转让完成后，转包人表面上退出承包关系，转承包人成为建设工程合同事实上的承包人。

转包行为容易使不具有相应建筑资质的建设工程企业或个人变成承包者进行工程建设，助长出借、借用建筑资质的违法行为，容易造成建设工程质量低劣、建筑市场管理混乱局面，所以我国现行法律、行政法规、司法解释均作出了禁止转包的规定。

2. 禁止转包的规定

（1）《合同法》《民法典》的规定

《合同法》第二百七十二条规定：“……承包人不得将其承包的全部建设工程转包给第三人或者将其承包的全部建设工程肢解以后以分包的名义分别转包给第三人……”

《民法典》第七百九十一条有同样的规定。

（2）《建筑法》的规定

《建筑法》第二十八条规定：“禁止承包单位将其承包的全部建筑工程转包给他人，禁止承包单位将其承包的全部建筑工程肢解以后以分包的名义分别转包给他人。”

（3）《招标投标法》的规定

《招标投标法》第四十八条第一款规定：“中标人应当按照合同约定履行义务，完成中标项目。中标人不得向他人转让中标项目，也不得将中标项目肢解后分别向他人转让。”

（4）《建设工程质量管理条例》的规定

《建设工程质量管理条例》（国务院令第279号）第二十五条第三款规定：“施工单位不得转包或者违法分包工程。”

（5）《建设工程司法解释（一）》的规定

《建设工程司法解释（一）》第四条规定：“承包人非法转包、违法分包建设工程或者没有资质的实际施工人借用有资质的建筑施工企业名义与他人签订建设工程施工合同的行为无效……”

(6)《中共中央、国务院关于进一步加强城市规划建设管理工作的若干意见》的规定

2016 年,《中共中央、国务院关于进一步加强城市规划建设管理工作的若干意见》中提出:"深化建设项目组织实施方式改革,推广工程总承包制,加强建筑市场监管,严厉查处转包和违法分包等行为,推进建筑市场诚信体系建设。"

3. 转包的法律特征

(1)转包人不再履行施工、管理、技术指导等责任

转包人转让全部工程建设任务后,不在施工现场成立项目经理部,也不委派技术人员和管理人员对该工程进行管理和技术方面的指导,而由转承包人承担全部施工、管理、技术等责任,由转承包人履行建设工程施工合同中应由承包人(转包人)履行的全部义务。

(2)转承包人与原合同发包人建立新的事实施工合同关系

转让全部工程建设任务后,转包人不再履行原合同约定的全部建设工程任务,全部的建设工程均由转承包人完成,在转承包人与原合同发包人之间建立了新的事实施工合同关系。

(3)转包人对转承包人的行为承担连带责任

全部建设工程任务转让后,转承包人与原合同发包人建立了新的事实合同关系,转承包人应当就建设工程的质量、工期、安全等对原合同发包人承担责任。因转包人只是表面退出该建设工程,而并未真正完全退出,转包人仍应按照原合同的约定对建设工程的质量、工期、安全等向原合同发包人承担责任。

典型案例　转包人与转承包人承担连带责任

1. 案例来源

最高人民法院(2019)最高法民申 5769 号民事裁定书。

2. 案情摘要

再审申请人大连 S 修建有限公司(以下简称 S 公司)与再审申请人北方 H 化学工业股份有限公司(以下简称 H 公司)、原审被告大连 F 开挖施工有限公司(以下简称 F 公司)建设工程施工合同纠纷案,不服辽宁省高级人民法院(2019)辽民终 294 号民事判决,向最高人民法院申请再审。

S公司申请再审的事实与理由：(1)本案系发回重审案件，但辽宁省高级人民法院在完全相同的证据面前作出了截然相反的结论。(2)案涉整体工程已经正式通过竣工验收，手续齐全。H公司无权在4年后再主张施工不符合设计要求，其主张不应得到支持。(3)本案存在多因一果的事实，但原审法院却不同意对本案事故发生是否有其他可能原因进行鉴定和排除。2012年8月3日强台风“达维”的影响是导致大清河南支管道漂浮的主要原因，由此导致的任何损失都不应当由S公司承担。(4)北京市建筑工程研究院建设工程质量司法鉴定中心的《司法鉴定意见书》，是对管线漂浮后的工程现状进行鉴定，不能证明2008年的施工质量与管线漂浮之间存在因果关系，更不能排除多因一果的可能性。(5)关于大连理工大学司法鉴定中心出具的《司法鉴定意见书》，施工质量与事故发生是否存在因果关系尚未确定，不应直接开始损失数额的鉴定程序。(6)H公司明知S公司将工程转包给F公司的事实，其无权主张S公司承担连带赔偿责任。

H公司提交意见称：(1)终审判决是对一审判决的上诉审理，重审一审判决对发回重审的事项已经全面核查并清晰地论述，有理有据。终审判决维持重审一审判决关于事故责任认定结论并无不当。(2)案涉工程的验收报告不仅违法无效，而且不真实。北京市建筑工程研究院建设工程质量司法鉴定中心作出的《司法鉴定意见书》合法有效，S公司提出的多因一果等问题，在该司法鉴定意见中已有解答。S公司将工程非法转包给F公司，其应承担赔偿责任。

3. 再审法院裁判结果

工程验收合格不等于工程真正合格，因施工人的原因发生质量事故的，其依法仍应承担民事责任。S公司以案涉工程已经正式通过竣工验收为由主张其不应承担责任，理由不能成立。

根据原审已经查明的事实，S公司在中标后未按工程设计及施工要求完成施工，且未经发包方H公司同意，擅自将案涉工程转包给F公司施工，S公司显然存在过错。事实上，亦因实际施工人F公司所施工的大清河南北支石油管线埋深严重背离设计及规范要求，给H公司造成损失，故原审判决判令S公司与F公司连带承担赔偿责任，有事实和法律依据，并无不当。S公司申请再审以H公司明知工程转包为由主张其无须承担连带赔偿责任，理由不能成立。2020年1月8日，最高人民法院作出(2019)最高法民申5769号民事裁定书，裁定：驳回大连S公司、H公司的再审申请。

4. 律师点评

对因转包工程或者违法分包的工程不符合规定的质量标准造成发包人损失的,承包单位与接受转包或者分包的单位向发包人承担连带赔偿责任。发包人是否明知转包行为存在,并不是转包人无须承担连带赔偿责任的抗辩理由。

建设工程即使经竣工验收合格交付发包人使用,在建设工程合理使用年限内,因施工原因出现质量问题造成发包人损失的,转包人与转承包人仍应向发包人承担连带赔偿责任。此种责任不同于承包人在质量缺陷期内对建设工程的维修保养责任。

(二)转包的分类

1. 一次转包与层层转包

根据转包的次数划分,转包可分为:一次转包与层层转包。

一次转包,是指建设工程施工合同的承包人承揽建设工程后,不履行合同约定的全部责任和义务,将其承包的全部工程建设任务转让给第三人,或者将其承包的全部工程建设任务进行肢解,以分包的名义分别转让给他人承包,转包完成后,转承包人不再将建设工程施工任务转让给他人的行为。

层层转包,是指建设工程施工合同的承包人承揽建设工程后,不履行合同约定的全部责任和义务,将其承包的全部工程建设任务转让给第三人,或者将其承包的全部工程建设任务进行肢解,以分包的名义分别转让给他人承包,转包完成后,转承包人又将建设工程施工任务再次或多次转让给他人的行为。

2. 直接转包与变相转包

根据转包的方式及转承包人的人数划分,转包可分为:直接转包与变相转包。

直接转包,是指建设工程施工合同的承包人直接将其承包的全部工程建设任务转让给第三人。

变相转包,是指建设工程施工合同的承包人将其承包的全部工程建设任务通过肢解的方式,划分成多个分项或单项,以分包的名义分别转包给其他人。

直接转包与变相转包两者只是形式不同,并无实质区别,其本质均是转包人不履行原建设工程施工合同中全部的建设工程任务，而由转承包人实际完成全部的建设工程任务。

（三）转包的情形

1. 转包的情形

《建筑工程施工发包与承包违法行为认定查处管理办法》（建市规〔2019〕1号）对转包行为作出了明确的规定。

本办法所称转包，是指承包单位承包工程后，不履行合同约定的责任和义务，将其承包的全部工程或者将其承包的全部工程肢解后以分包的名义分别转给其他单位或个人施工的行为。

存在下列情形之一的，应当认定为转包，但有证据证明属于挂靠或者其他违法行为的除外：

（1）承包单位将其承包的全部工程转给其他单位（包括母公司承接建筑工程后将所承接工程交由具有独立法人资格的子公司施工的情形）或个人施工的；

（2）承包单位将其承包的全部工程肢解以后，以分包的名义分别转给其他单位或个人施工的；

（3）施工总承包单位或专业承包单位未派驻项目负责人、技术负责人、质量管理负责人、安全管理负责人等主要管理人员，或派驻的项目负责人、技术负责人、质量管理负责人、安全管理负责人中一人及以上与施工单位没有订立劳动合同且没有建立劳动工资和社会养老保险关系，或派驻的项目负责人未对该工程的施工活动进行组织管理，又不能进行合理解释并提供相应证明的；

（4）合同约定由承包单位负责采购的主要建筑材料、构配件及工程设备或租赁的施工机械设备，由其他单位或个人采购、租赁，或施工单位不能提供有关采购、租赁合同及发票等证明，又不能进行合理解释并提供相应证明的；

（5）专业作业承包人承包的范围是承包单位承包的全部工程，专业作业承包人计取的是除上缴给承包单位“管理费”之外的全部工程价款的；

（6）承包单位通过采取合作、联营、个人承包等形式或名义，直接或变相将其承包的全部工程转给其他单位或个人施工的；

（7）专业工程的发包单位不是该工程的施工总承包或专业承包单位的，但建设单位依约作为发包单位的除外；

（8）专业作业的发包单位不是该工程承包单位的；

(9)施工合同主体之间没有工程款收付关系,或者承包单位收到款项后又将款项转拨给其他单位和个人,又不能进行合理解释并提供材料证明的。

两个以上的单位组成联合体承包工程,在联合体分工协议中约定或者在项目实际实施过程中,联合体一方不进行施工也未对施工活动进行组织管理的,并且向联合体其他方收取管理费或者其他类似费用的,视为联合体一方将承包的工程转包给联合体其他方。

2. 肢解发包是转包的特殊形式

肢解发包,是指建设单位将应当由一个承包单位完成的建设工程分解成若干部分,分别发包给不同的承包单位的行为。

肢解发包是转包的一种特殊形式。

肢解发包行为会导致缺乏一个统揽全局协调各方的总包管理的单位,从而使各承包单位各自为政、各行其是,势必会导致整个工程管理上的混乱,容易造成建设工期延长,工程造价增加,更为严重的是不能保证建筑工程的质量与安全。因此,法律不仅禁止发包人肢解发包,而且禁止总承包人肢解发包。①

五、违法分包合同问题

建设工程总承包单位按照总承包合同的约定对建设单位负责;分包单位按照分包合同的约定对总承包单位负责。总承包单位和分包单位就分包工程对建设单位承担连带责任。禁止总承包单位将工程分包给不具备相应资质条件的单位。禁止分包单位将其承包的工程再分包。

(一)工程分包

1. 工程分包的含义

工程分包,是指建筑施工企业在承包建设工程项目后,按照建设工程的性质、部位,将工程分解成多个单项或分项工程,分别发包给其他施工单位。

2. 工程分包的法律规定

(1)《合同法》《民法典》的规定

《合同法》第二百七十二条规定:"发包人可以与总承包人订立建设工程合同,也可以分别与勘察人、设计人、施工人订立勘察、设计、施工承包合同。发包人不得将应当由一个承包人完成的建设工程肢解成若干部分发包给几个

---

① 张正勤:《建设工程造价相关法律条款解读》,中国建筑工业出版社2009年版,第19页。

承包人。总承包人或者勘察、设计、施工承包人经发包人同意,可以将自己承包的部分工作交由第三人完成。第三人就其完成的工作成果与总承包人或者勘察、设计、施工承包人向发包人承担连带责任。承包人不得将其承包的全部建设工程转包给第三人或者将其承包的全部建设工程肢解以后以分包的名义分别转包给第三人。禁止承包人将工程分包给不具备相应资质条件的单位。禁止分包单位将其承包的工程再分包。建设工程主体结构的施工必须由承包人自行完成。"

《民法典》第七百九十一条有同样的规定。

(2)《建筑法》的规定

《建筑法》第二十四条规定:"提倡对建筑工程实行总承包,禁止将建筑工程肢解发包。建筑工程的发包单位可以将建筑工程的勘察、设计、施工、设备采购一并发包给一个工程总承包单位,也可以将建筑工程勘察、设计、施工、设备采购的一项或者多项发包给一个工程总承包单位;但是,不得将应当由一个承包单位完成的建筑工程肢解成若干部分发包给几个承包单位。"

建筑工程总承包单位可以将承包工程中的部分工程发包给具有相应资质条件的分包单位;但是,除总承包合同中约定的分包外,必须经建设单位认可。施工总承包的,建筑工程主体结构的施工必须由总承包单位自行完成。

(二)工程分包的分类

1. 一般分包与指定分包

根据工程分包的主体是总承包单位还是建设单位划分,工程分包可以分为一般分包、指定分包,总承包单位负责一般分包,建设单位负责指定分包。

一般分包,是指建设工程总承包单位将其承包工程中的部分工程,发包给具有相应资质的其他施工单位。除总承包合同中已约定的分包外,其他分包都必须经建设单位认可,而且,建筑工程主体结构的施工必须由总承包单位自行完成。

指定分包,是指由建设单位或其委托、委派的人将建设工程的某项特定工作,指定、选定给其他承包人完成。指定分包单位不与建设单位签订合同,而是与建设工程施工合同的承包人签订分包合同,由承包人对其施工过程进行监督、协调、配合。

2. 合法分包与违法分包

工程分包根据是否符合法律、法规的规定,可以分为合法分包与违法分包。

(1)合法分包

合法分包必须满足几个条件:①分包必须取得发包人的同意或在建设工程施工合同中约定;②分包单位不得再将其承包的工程分包给他人;③必须是分包给具备相应资质条件的单位;④总承包人可以将承包工程中的部分工程发包给具有相应资质的分包单位,但不得将主体工程分包出去。

同时符合下列条件的劳务分包合同有效:①劳务作业承包人取得相应的劳务分包企业资质;②分包的范围是工程中的劳务作业;③承包方式为提供劳务及小型机具和辅料。

双方当事人约定劳务作业承包人负责主要建筑材料、设备采购、大型机械、周转性材料租赁等内容,不属于劳务分包,因此签订的合同也不属于劳务分包合同。

在合法分包下,总承包人为了维护己方的利益,可以与分包人合法约定以下情况:

①签证方面。可以约定:"若在施工中发生设计变更且影响工程造价时,分包人可办理签证,以总承包人名义报发包人审批。经发包人同意的签证纳入结算,执行总承包合同有关计价和本合同管理费的规定。如发包人拒绝分包人签证要求,总承包人对分包人不用补偿。"

②支付方面。可约定总承包人依据发包人的付款情况对分包人付款。可以约定:"总承包人收到发包人支付的工程款之后,按约定向分包人支付应得工程款。如发包人延迟付款给总承包人,总承包人可延迟付款给分包人;如总承包人向发包人追索成功延迟付款赔偿,分包人有权按比例获得相应的补偿;如总承包人未能获得延迟付款赔偿,总承包人对分包人不用补偿。"

③结算方面。可以约定:"经发包人确认的工程竣工结算价款,扣除本合同约定的总承包人收取的管理协调费、税金以及约定应由分包人承担的其他费用和违约罚款,为分包人应得工程款。由于发包人原因使审价延迟,发包人如对总承包人不补偿,总承包人对分包人不用补偿。"

因总承包人拖延结算工程价款或怠于行使其到期债权,致使分包人不能及时取得工程价款,分包人要求总承包人支付欠付工程价款的,应予支持。发包人与总承包人之间的工程价款结算、支付情况,由总承包人承担举证责任。

(2)违法分包

违法分包,是指承包人承揽建设工程后,违反法律、法规的规定,把单位工程或分部分项工程分包给其他单位或个人施工的行为。

《建设工程质量管理条例》规定了四种违法分包的情形:①总承包单位将建设工程分包给不具备相应资质条件的单位的;②建设工程总承包合同中未有约定,又未经建设单位认可,承包单位将其承包的部分建设工程交由其他单位完成的;③施工总承包单位将建设工程主体结构的施工分包给其他单位的;④分包单位将其承包的建设工程再分包的。

《建筑工程施工发包与承包违法行为认定查处管理办法》(建市规〔2019〕1号)规定了六种违法分包的情形:①承包单位将其承包的工程分包给个人的;②施工总承包单位或专业承包单位将工程分包给不具备相应资质单位的;③施工总承包单位将施工总承包合同范围内工程主体结构的施工分包给其他单位的,钢结构工程除外;④专业分包单位将其承包的专业工程中非劳务作业部分再分包的;⑤专业作业承包人将其承包的劳务再分包的;⑥专业作业承包人除计取劳务作业费用外,还计取主要建筑材料款和大中型施工机械设备、主要周转材料费用的。

典型案例　专业作业承包人违法分包

1. 案例来源

内蒙古自治区乌兰浩特市人民法院(2019)内2201民初585号民事判决书。

2. 案情摘要

原告兴安盟Y建筑劳务分包有限公司(以下简称Y公司)诉被告安徽省J建设有限责任公司(以下简称J公司)、第三人Z集团第六工程有限公司(以下简称六公司)建设工程施工合同纠纷案。

原告提出诉讼请求:(1)要求被告给付工程款102708.9元、误工损失665340元;(2)诉讼费由被告负担。事实与理由:2017年4月,被告承包了六公司施工建设的乌兰浩特西广场土建工程。被告将其中木工劳务项目发包给原告施工。时至2017年6月,被告因整体设计变更等因素导致原告施工受阻,窝工给原告造成损失665340元。另外,双方结算中被告遗漏喷涂双排脚手架款项102708.9元。

被告辩称:原告诉讼请求缺乏事实和法律依据,应予驳回。理由有二:(1)案涉《木工工程承包合同》是原告与J公司于2017年7月26日签订的,原告主张的2017年6月3日至28日误工与事实不符。原告也承认自己的误工是因火车站子站房整体设计变更等因素造成的,工程设计变更不是J

公司造成的。(2)根据案涉《木工工程承包合同》原告包工包料约定,喷涂脚手架款项计入了原告总工程款项,原告不能重复主张。

3. 法院裁判结果

《建筑工程施工发包与承包违法行为认定查处管理办法》第十二条规定:“存在下列情形之一的,属于违法分包:…… (四)专业分包单位将其承包的专业工程中非劳务作业部分再分包的;(五)专业作业承包人将其承包的劳务再分包的……”本案中,六公司与J公司签订劳务分包合同,将其总承包的工程劳务分包给J公司,J公司又与Y公司签订木工工程承包合同,将涉案工程以包工包料的形式分包给Y公司。符合“专业分包单位将其承包的专业工程中非劳务作业部分再分包的”的规定,依法应属违法分包。按照《建设工程司法解释(一)》第四条的规定:“承包人非法转包、违法分包建设工程或者没有资质的实际施工人借用有资质的建筑施工企业名义与他人签订建设工程施工合同的行为无效……”涉案工程Y公司进行施工的大部分工程已经六公司确认付款。Y公司要求J公司给付的双排脚手架款102708.9元,由史某、王某代表J公司作出确认,故给付脚手架工程款的主张,本院予以支持。涉案工程在Y公司施工过程中,非因Y公司意志而中止施工,J公司出具证明对误工日进行了确认,并由史某出具证明证实误工日及对应误工损失金额,双方对误工损失的确认意思表示明确,Y公司该项诉请,本院予以支持。Y公司提供的由史某代表J公司出具的结算单中,明确表示后期模板款不在Y公司工程款中扣除。

判决结果:被告(反诉原告)安徽省J建设有限责任公司于本判决生效后10日内给付原告(反诉被告)兴安盟Y建筑劳务分包有限公司工程款102708.9元、误工损失665340元。

4. 律师点评

违法分包行为比挂靠行为、转包行为更复杂,违法分包情形更难辨别。

工程总承包单位、施工总承包单位、分包单位、专业分包单位、专业作业承包人等都有可能因不符合法律规定的行为成为违法分包的主体。承包人违法分包建设工程的行为无效,当事人可以主张建设工程施工合同无效。但此种情形下的无效建设工程施工合同的过错方是承包人,发包人可以要求承包人承担因无效合同所致的损失。

六、建设工程施工合同无效的法律后果

(一)合同无效的法律后果

1. 无效的合同或者被撤销的合同,自始至终都没有法律约束力。

2. 合同部分无效,不影响其他部分效力的,其他部分仍然有效。

3. 合同无效或者被撤销后,因该合同取得的财产,应当予以返还;不能返还或者没有必要返还的,应当折价补偿。有过错的一方应当赔偿对方因此所受到的损失,双方都有过错的,应当各自承担相应的责任。

有关合同的效力问题,可由当事人请求法院判决,当事人如未请求法院判决,不管是出于疏忽、有意还是不明白而未提出,人民法院都有主动审查合同是否有效的义务,并有认定合同是否有效的义务,因为这关系到当事人的合同目的能否实现,也关系到法律的权威能否在司法实践中体现。①

(二)建设工程施工合同无效的法律后果

建设工程施工合同被法院或仲裁机构认定为无效后,承包人与发包人往往无法实现合同的目的。

1. 无效的建设工程施工合同的法律后果

(1)无效的建设工程施工合同或者被撤销的建设工程施工合同,自始至终都没有法律约束力。

(2)建设工程施工合同部分无效,不影响其他部分效力的,其他部分仍然有效。

(3)建设工程施工合同无效或者被撤销后,因该合同取得的财产,应当予以返还;不能返还或者没有必要返还的,应当折价补偿。有过错的一方应当赔偿对方因此所受到的损失,双方都有过错的,应当各自承担相应的责任。

合同无效的救济方式是返还原物、恢复原状或者赔偿损失,不存在赔偿违约金。因此,建设工程施工合同被认定为无效后,当事人主张违约金的请求,一般得不到支持。

2. 过错方应当向无过错方承担损失赔偿责任

损失赔偿责任的认定:

---

① 《九民纪要》三(一)关于合同效力:"人民法院在审理合同纠纷案件过程中,要依职权审查合同是否存在无效的情形,注意无效与可撤销、未生效、效力待定等合同效力形态之间的区别,准确认定合同效力,并根据效力的不同情形,结合当事人的诉讼请求,确定相应的民事责任。"

《合同法》第五十八条规定了无效合同的三种救济手段：返还财产、折价补偿、赔偿损失。但对合同无效时如何返还财产、折价补偿的标准、损失如何赔偿，未作出明确的规定。《民法典》删除了《合同法》第五十八条的规定。

《建设工程司法解释(一)》第二条规定了建设工程施工合同无效情况下应当如何折价补偿，但未规定建设工程施工合同无效下过错方应当如何赔偿无过错方因建设质量问题、工期延误、停工、窝工等因素造成的损失。[①] 第三条只规定了建设工程施工合同无效并且建设工程经竣工验收不合格情形的处理：对竣工验收不合格的部分由承包人负责修复，修复费用由承包人承担，因此造成工期延误，承包人应向发包人承担违约责任；修复后的建设工程经验收仍不合格，修复费由承包人承担，承包人无权向发包人主张工程款，由此造成发包人损失的，承包人应向发包人承担造成的损失；如果工程质量不合格是承包人与发包人的责任造成，由承包人与发包人共同承担民事责任。

《建设工程司法解释(二)》第三条对无效合同损失赔偿作出了明确的规定："建设工程施工合同无效，一方当事人请求对方赔偿损失的，应当就对方过错、损失大小、过错与损失之间的因果关系承担举证责任。损失大小无法确定，一方当事人请求参照合同约定的质量标准、建设工期、工程价款支付时间等内容确定损失大小的，人民法院可以结合双方过错程度、过错与损失之间的因果关系等因素作出裁判。"

因此，确定建设工程施工合同的哪方当事人是导致合同无效的过错方，显得尤为重要。比如，必须招标的建设工程未招标而导致建设工程施工合同无效，过错方在发包人；未办理建设用地规划许可证、建设工程规划许可证而导致建设工程施工合同无效，过错方在发包人；没有资质或超越资质而承包工程项目导致建设工程施工合同无效，过错方在承包人；转包、违法分包导致建设工程施工合同无效，过错方一般在承包人，等等。这里需要建设工程施工合同的当事人承担相应的举证责任，证明对方的过错导致建设工程施工合同无效。《民事诉讼法》第六十四条规定了"谁主张，谁举证"的民事诉讼规则。《证据规定》细化了各类纠纷案件当事人的举证责任分配规则及举证不能的法律后果。

同时，权利主张方应当举证证明因对方的过错导致己方损失的多少。法

---

① 《建设工程司法解释(一)》第二条规定："建设工程施工合同无效，但建设工程经竣工验收合格，承包人请求参照合同约定支付工程价款的，应予支持。"

理上通常认为，无效合同过错方所致的损失只限于实际损失，不包括可得利益损失。司法实践倾向于，如果承包人与发包人之间的建设工程施工合同被认定为无效，而双方未约定逾期支付工程价款利息、违约金，承包人主张利息、违约金的请求一般难以获得支持；如果双方当事人达成协议，发包人同意向承包人支付逾期付款利息、违约金的，按约定处理。

3. 发包人与承包人共同承担责任的情形

建设工程施工合同被认定为无效且工程质量不合格，发包人如对工程质量不合格也有过错的，应当承担与过错相适应的责任。

在这种情形下，发包人可以不按照建设工程合同的约定向承包人支付工程价款，但是因发包人对工程质量不合格也有过错，发包人应当按照过错责任比例，对承包人无法获得工程价款的损失承担赔偿责任。

4. 无效的建设工程施工合同法律后果的特殊规定

承包人非法转包、违法分包或借用资质所致合同无效，法院可作出民事裁定书，收缴有关当事人已经取得的非法所得。[1]

典型案例　无效合同工程价款利息请求获得支持

1. 案例来源

最高人民法院（2019）最高法民终1865号民事判决书。

2. 案情摘要

上诉人K客运总站因与被上诉人广州市D建筑工程有限公司（以下简称D公司）建设工程施工合同纠纷案，不服新疆维吾尔自治区高级人民法院作出的（2018）新民初52号民事判决，向本院提起上诉。

K客运总站上诉请求：（1）依法改判K客运总站支付欠付D公司工程款40257159.65元；（2）依法驳回D公司要求支付欠款利息2698595.06元

① 《建设工程司法解释（一）》第四条规定："承包人非法转包、违法分包建设工程或者没有资质的实际施工人借用有资质的建筑施工企业名义与他人签订建设工程施工合同的行为无效。人民法院可以根据民法通则第一百三十四条规定，收缴当事人已经取得的非法所得。"《民法典》第一百七十九条规定："承担民事责任的方式主要有：（一）停止侵害；（二）排除妨碍；（三）消除危险；（四）返还财产；（五）恢复原状；（六）修理、重作、更换；（七）继续履行；（八）赔偿损失；（九）支付违约金；（十）消除影响、恢复名誉；（十一）赔礼道歉。以上承担民事责任的方式，可以单独适用，也可以合并适用。人民法院审理民事案件，除适用上述规定外，还可以予以训诫、责令具结悔过、收缴进行非法活动的财物和非法所得，并可以依照法律规定处以罚款、拘留。"

的诉讼请求;(3)本案一、二审案件受理费由双方按照法律规定承担。事实和理由:第一,一审法院认定合同无效,因此D公司基于无效合同所主张的利息损失,法院不应当予以支持。(1)合同无效,应当只支持经核实确认的欠付工程款数额,而对于具有收益性的利息损失的主张及具有违约金性质的复利主张均不应支持。(2)K客运总站仅对实际欠付工程款本金40257159.65元予以认可,对利息等损失均不予认可。第二,一审判决K客运总站承担利息的计算方式属于法律所禁止的方式,请求予以改判。第三,一审判决适用相关司法解释的条款支持具有收益性的欠款利息,适用法律错误。

D公司辩称:K客运总站的上诉理由不能成立。

一审法院认定事实:K客运总站将K国际(汽车)客运中心站站房和附属用房工程发包给D公司。后经双方审定,出具《工程结算书》认定工程造价为86833663.27元。双方就K客运总站欠付工程款及延付利息的数额和计算方式进行了核对,K客运总站对其欠付工程款52204398.35元及利息2698595.06元予以认可。一审法院判决:K客运总站向D公司支付欠付工程款52204398.35元及利息2698595.06元(该利息暂计算至2018年5月14日止,2018年5月15日至清偿之日止的利息以52204398.35元为基数,按照中国人民银行同期同类贷款利率上浮30%计算)。上述给付义务,K客运总站应当自判决生效后15日内履行。

二审查明的事实与一审判决认定的事实一致。

3.二审法院裁判意见

本院认为,K客运总站就案涉工程出具《建设工程竣工验收报告》后与D公司补签了穗建三(2015)年合字(75)号《建设工程施工合同》,虽然案涉工程属于必须进行招标的工程而未进行招标,双方签订的《建设工程施工合同》无效,但根据《建设工程司法解释(一)》第二条"建设工程施工合同无效,但建设工程经竣工验收合格,承包人请求参照合同约定支付工程价款的,应予支持"的规定,对于无效合同的工程款结算,原则上应当参照合同约定的计算方式计算工程价款。一审中,双方对工程款的数额和延付利息进行了核对,对欠付工程款52204398.35元及利息2698595.06元均予以认可,K客运总站的该行为属于对案件事实的自认及对自己民事权利的处分,现K客运总站上诉主张工程款计算有误,并且不同意支付利息,有违民事诉讼的诚实信用原则,故其上诉理由不能成立。

对于以52204398.35元为基数,按照中国人民银行同期同类贷款利率上浮30%计算2018年5月15日至清偿之日止的利息问题。根据《建设工程司法解释(一)》第十七条,即"当事人对欠付工程价款利息计付标准有约定的,按照约定处理"的规定,因双方认可的利息仅暂计算至2018年5月14日,对于2018年5月15日至清偿之日止的利息,K客运总站亦应当予以支付,故K客运总站的该上诉理由不能成立。

综上所述,K客运总站的上诉理由不能成立,应予驳回。一审判决认定事实清楚,适用法律正确,应予维持。依照《民事诉讼法》第一百七十条第一款第一项规定,判决如下:驳回上诉,维持原判。

4.律师点评

案涉工程属于必须进行招标的工程而未进行招标,双方当事人因此签订的建设工程施工合同无效。承包人承建的建设工程质量合格,有权要求参照合同的约定支付工程价款。工程竣工后,双方当事人对工程价款进行了结算,发包人同意支付欠款利息后反悔,有违诚实信用原则,而且发包人系无效合同的过错方,依法应当承担承包人的损失,其拒绝支付欠付工程款利息的抗辩理由不成立。

(三)承包人向发包人主张损失赔偿的范围

1.实际支出损失

因发包人的原因导致建设工程施工合同被认定无效,发包人应当赔偿承包人因办理招标投标手续支出的费用、合同备案支出的费用、订立合同支出的费用、除工程价款之外的因履行合同支出的费用等实际损失和费用。

2.停工、窝工损失

因发包人的原因导致承包人停工、窝工,承包人可举证证明己方存在的停工、窝工损失,并有权要求发包人承担。具体包括以下情形:

(1)因发包人未按照约定提供原材料、设备、场地、资金、技术资料的,隐蔽工程在隐蔽之前,承包人已通知发包人检查,发包人未及时检查等原因致使工程中途停、缓建,发包人应当赔偿因此给承包人造成的停(窝)工损失,包括停(窝)工人员人工费、机械设备窝工费和因窝工造成设备租赁费用等停(窝)工损失。

(2)发包人不履行告知变更后的施工方案、施工技术交底、完善施工条件等协作义务,致使承包人停(窝)工,以致难以完成工程项目建设的,承包人催告发包人在合理期限内履行,发包人逾期仍不履行的,人民法院视违约情节,可以裁判顺延工期,裁判发包人赔偿承包人的停(窝)工损失。

3. 防止停工、窝工损失扩大

在建设工程施工合同履行过程中,如果发包人违反合同约定,未提供原材料、设备、场地、资金、技术资料,或隐蔽工程在隐蔽之前,未及时检查等原因,致使工程中途停、缓建,承包人有义务采取适当措施,防止停工、窝工损失扩大。比如,可以采取适当措施自行做好人员、机械的撤离等工作,以减少自身的损失。

(四)发包人向承包人主张损失赔偿的范围

1. 因承包人的过错导致建设工程施工合同无效,发包人可举证证明己方因工期延误所致的损失,损失只限于实际损失,对于尚未产生的损失,发包人暂不能主张。发包人可要求承包人承担的损失包括:发包人参加招标投标活动所支出的费用、向有关部门备案中标合同产生的费用、建设工程施工合同签订、履行过程中支出的费用及其他实际损失。

2. 因承包人的过错导致建设工程施工合同无效,而且建设工程出现的质量问题因承包人的过错所致,发包人有权要求承包人在合理的期限内无偿修理或者返工、改建,经过修理或者返工、改建,造成逾期交付的,还可要求承包人承担相应的责任。

(五)混合过错责任承担

建设工程施工合同无效是承包人和(或)发包人的过错所致,有过错的一方应当赔偿对方因此所受到的损失,双方都有过错的,应当各自承担相应的责任。

典型案例　因混合过错导致合同无效的责任承担

1. 案例来源

最高人民法院(2019)最高法民终1335号民事判决书。

2. 案情摘要

上诉人H建设集团有限公司(以下简称H公司)与上诉人西安Y置业有限公司(以下简称Y公司)建设工程施工合同纠纷案,均不服陕西省高级人民法院(2017)陕民初29号民事判决,向本院提起上诉。

H公司上诉请求:(1)撤销一审判决第二项,改判Y公司向H公司立即支付工程款16581427.1元及利息(自2014年7月15日至实际给付之日,按年息24%计算);(2)撤销一审判决第三项,改判H公司对长安紫翰庭院建设工程折价或者拍卖的价款享有优先受偿权;(3)撤销一审判决第四项,改判Y公司承担停工、窝工损失4897244.37元;(4)撤销一审判决第五项,改判驳回Y公司该项诉讼请求;(5)判决本案一审案件受理费、反诉案件受理费、保全费、工程造价鉴定费、质量修复鉴定费、二审案件受理费由Y公司承担。事实和理由:(1)Y公司应支付H公司工程款16581409.1元,一审法院在计算工程款中遗漏了四项保险费151750.45元。(2)H公司享有工程价款优先受偿权。H公司行使工程价款优先受偿权的期限应自工程总价款可确定之日或起诉之日,H公司主张工程价款优先受偿权并未超过法定期限。(3)本案一审法院关于Y公司应承担的停工窝工损失认定错误,Y公司应赔偿H公司停工窝工期间的全部损失。本案中H公司停工期间的所有损失与合同效力无直接因果关系,一审法院已经认定是Y公司的过错行为导致案涉工程两次停工。

Y公司答辩称:请求驳回H公司的上诉请求。

Y公司上诉请求:(1)撤销一审判决;(2)驳回H公司关于工程欠款利息的诉讼请求,改判Y公司不承担工程欠款利息;(3)驳回H公司关于停工、窝工损失的诉讼请求,Y公司不承担一审判决所谓的3917795.5元窝工损失;(4)本案诉讼费用由H公司承担。事实和理由:(1)合同对于Y公司未按照约定及时足额支付工程款时的利息计算实质上属于违约条款,系在Y公司违约情况下的金钱罚则,而非结算条款。一审法院认定双方未进行招投标签订的案涉施工合同无效后,采纳无效合同中的违约条款判决由Y公司承担违约责任是错误的。(2)本案系建设工程施工合同纠纷,不是借款合同纠纷,一审法院适用法律错误。(3)H公司将案涉工程违法分包是导致建工合同无效的法定情形之一,H公司具有严重过错。(4)案涉工程不存在所谓的停工、窝工损失,一审法院认定事实错误。

H公司答辩称:Y公司的上诉请求缺乏事实和法律依据,请求驳回其上诉请求。

3.二审法院裁判结果

关于本案一审对停工、窝工损失费用的认定及承担是否正确的问题。

H公司认为，本案所有停窝工损失与合同效力无直接因果关系，与Y公司履行过程中的过错行为有关，Y公司应承担全部停窝工损失费。Y公司主张因治理雾霾导致案涉工程第一次停工，以及对停工期间的窝工人数有异议，未能提供充分证据予以证明，本院不予采信。案涉鉴定意见认定停工期间的停工损失为4764145.8元，一审法院依照鉴定意见书的鉴定标准，根据设备实际拆除的时间，认定塔吊和脚手架、扣件等材料的停工损失分别为104772.8元和28325.77元，本案停工、窝工损失共计4897244.37元，该认定并无不当，本院予以维持。一审法院基于前述生效判决及案涉合同系无效合同，双方均存在过错等本案事实，认定Y公司对停窝工损失承担主要责任，承担停窝工损失3917795.5元，H公司对停窝工损失承担次要责任，自行承担停窝工损失979448.87元，该认定并无不当，本院予以维持。判决如下：(1)维持一审判决第一项、第四项、第五项；(2)撤销一审判决第二项、第三项、第六项、第七项；(3)Y公司于本判决生效之日起10日内支付H公司工程款16429658.6元及利息(自2017年3月17日至实际给付之日，按年息24%计算)；(4)H公司在Y公司欠付其工程款16429658.6元范围内对本案长安紫翰庭院工程就其承建工程部分折价或者拍卖的价款享有优先受偿权；(5)驳回H公司的其他诉讼请求；(6)驳回Y公司的其他反诉请求。

4. 律师点评

本案例是无效合同因双方当事人的混合过错所致责任承担的典型案例。两审法院作出裁决的依据主要是：双方当事人过错责任的大小。法院认定Y公司是导致无效合同的主要过错方，Y公司也应当承担H公司停窝工所致的主要损失；H公司是导致无效合同的次要过错方，应当对自身停窝工所致的损失承担次要责任。

(六)证明己方的损失与对方的过错有因果关系

1. 证明其损失因建设工程施工合同无效所致

承包人要求发包人赔偿损失，首先要证明其损失因无效的建设工程合同引起，过错方是发包人。如果因其他原因所产生的损失，基于公平公正、诚实信用原则，“谁造成，谁埋单”，不能全由导致建设工程施工合同无效的过错方承担。

2.证明其损失与对方的过错之间存在因果关系

因果关系是一个事件和另一个事件之间的作用关系,其中后一事件被认为是前一事件的结果,两者之间存在必然的内在联系。建设工程施工合同的承包人或发包人,要举证证明己方的损失是因对方的过错所致,损失与过错之间存在必然的内在联系,对方的过错是因、己方的损失是果。

(七)实际施工人的权利保障

建设工程合同不只是关系到承包人与发包人双方的权利义务,还往往影响到转承包人、分包人、挂靠人等主体的利益,还有可能涉及社会公共利益。因此,《建设工程司法解释(一)》创设了"实际施工人"的法律概念。

"实际施工人"包括:无效合同中实际承建工程的转承包人、违法分包合同的分包人、承包人、借用资质的挂靠人等主体。可以说,"实际施工人"是无效建设工程施工合同的产物。

实际施工人有可能是个人,也可能是借用较高级别资质实则是资质较低的建筑施工企业,其中大部分是没办营业执照但聘请了几个建筑工人的施工队。要成为法律认可的"实际施工人",必须符合下列条件:(1)存在实际施工行为(在施工过程中存在组织人员施工、购买材料、支付工人工资等行为);(2)参与转包合同或分包合同的签订与履行;(3)存在投资或收款行为。

违法分包中的分包人、承包人都是实际施工人:分包人仅是将部分工程或劳务违法分包给其他人,分包人、承包人在施工过程中都存在组织人员施工、购买材料、支付工人工资等行为。

在工程项目中实际投入资金、少量设备材料和劳力的包工头或班组长,如果又是违法分包合同的当事人,符合劳务分包的特征,可以认定为实际施工人。

《建设工程司法解释(一)》第二十六条规定:"实际施工人以转包人、违法分包人为被告起诉的,人民法院应当依法受理。实际施工人以发包人为被告主张权利的,人民法院可以追加转包人或者违法分包人为本案第三人。发包人只在欠付工程价款范围内对实际施工人承担责任。"该条规定赋予实际施工人直接向发包人主张工程价款的权利,并非基于双方存在直接的施工合同关系,而是为了保护实际施工人的合法权益,因为实际施工人已将其智力、人力、建筑材料、机器设备等物化到其承建的工程中。但是,发包人仅在欠付工程价款的范围内对实际施工人承担责任,并非与转包人、违法分包人等导致实际施工人产生的主体对实际施工人承担连带责任。

法律在保护实际施工人权益的同时,加大了对导致实际施工人产生的主体的法律责任,增加挂靠、转包、违法分包的风险。比如,《保障农民工工资支付条例》第三十条规定:“分包单位对所招用农民工的实名制管理和工资支付负直接责任。施工总承包单位对分包单位劳动用工和工资发放等情况进行监督。分包单位拖欠农民工工资的,由施工总承包单位先行清偿,再依法进行追偿。工程建设项目转包,拖欠农民工工资的,由施工总承包单位先行清偿,再依法进行追偿。”

第四章

建设工期实务认定

发包人未办理建设用地规划许可证、建设工程规划许可证、建设工程施工许可证等规划审批手续,建设工程本不具备开工条件,但发包人片面追求利益、利润最大化,要求承包人尽快入场施工。承包人本可拒绝发包人此类无理、非法的要求,同样受利益的驱使而违规施工。承包人本占理,但因没有证据意识,本应保存的证据没保存或遗失,在双方出现争议诉诸法律时,本应胜诉的案件有可能败诉,本应完胜的案件只可部分胜诉。

建设工程经竣工验收合格后,承包人应当及时提交竣工结算文件,发包人应当及时审核竣工结算文件,及时足额向承包人支付工程竣工结算余款。

竣工验收备案是建设工程经竣工验收合格后,建设单位应当履行的一项法定义务。但是,建设工程是否取得竣工验收备案表,并非认定建设工程是否竣工验收合格的依据。竣工验收备案日期与工程验收合格日期不一致的,以建设单位组织竣工验收并出具竣工验收合格证明的日期为竣工日期。

一、建设工期

建设工期,是指一个建设工程项目或一个单项工程从正式开工建设到完成建设、竣工验收合格的全过程。

工期从开工日期起计算至竣工日期止,按全部日历天数计算,不扣除停工日数,称为"日历工期"。从全部日历天数中扣除节假日未施工的天数及因设计、材料、气候等原因停工的天数,称为"实际工期"。一般的建设工程施工合同约定采用日历工期。

《建设工程施工合同(2017 文本)》1.1.4.3 规定工期:是指在合同协议书约定的承包人完成工程所需的期限,包括按照合同约定所作的期限变更。

建设工期包括总工期与节点工期。

总工期主要保证承包人能按时完成承建的建设工程，节点工期主要保证承包人能保质完成承建的建设工程。因此，要求承包人提供详细的形象进度表及施工组织设计等技术资料。①

建设工期是建筑施工企业重要的核算指标之一。建设工期的长短直接关系到建筑施工企业承包某个工程项目的经济效益，影响建筑施工企业的良性发展。无论是发包人，还是承包人，对于工程的建设都追求高质量和短工期。在保证建设工程质量安全的前提下，合理加快建设工程施工进度，缩短建设工程施工工期，是承包人提高经济效益和社会效益的有效途径，是竞争激烈的建筑市场对承包人的必然要求，也是满足发包人尽快使用建筑物并获益要求的必要条件。承包人合理缩短建设工程施工工期，应从科学安排计划着手，通过有效的投入和加强管理来实现。

二、开工日期

（一）开工日期的含义及认定的重要性

开工日期，是指建设工程开始施工之日，是建设工程工期的起算日。

开工日期直接关系到建设工期的长短，关系到承包人是否依照建设工程施工合同的约定完成施工任务，是否需要向发包人承担工期延误的违约责任，也直接关系到工程价款的数额。

法律、法规、司法解释至今对开工日期的界定仍然不明确，导致承包人与发包人因开工日期争议产生的纠纷不断。

《建设工程施工合同（2017 文本）》1.1.4.1 约定：开工日期包括计划开工日期和实际开工日期。计划开工日期是指合同协议书约定的开工日期；实际开工日期是指监理人按照第 7.3.2 项〔开工通知〕约定发出的符合法律规定的开工通知中载明的开工日期。

（二）开工日期界定

在建设工程施工合同的履行过程中，建设工程施工合同、建设工程施工许可证、开工通知和开工报告、竣工验收报告、竣工验收备案表等文件，一般都会载明建设工程的开工日期。但是，这些文件所载明的开工日期往往不一致，与承包人开始实际进场施工的日期往往又不相同，导致建设工程施工合同的双

① 张正勤：《建设工程造价相关法律条款解读》，中国建筑工业出版社 2009 年版，第 113 页。

方当事人经常对开工日期的具体时间产生争议。

在《建设工程司法解释(二)》公布前,法律、法规、司法解释对开工日期无权威的规定,于是各地人民法院、仲裁机构对开工日期各有自己的判断标准,各个法官、仲裁员对开工日期有各自的裁量尺寸。

《建设工程司法解释(二)》第五条规定了建设工程的开工日期的确定方式。当事人对建设工程开工日期有争议的,人民法院应当分别按照以下情形予以认定:

1. 开工日期为发包人或者监理人发出的开工通知载明的开工日期;开工通知发出后,尚不具备开工条件的,以开工条件具备的时间为开工日期;因承包人原因导致开工时间推迟的,以开工通知载明的时间为开工日期。

2. 承包人经发包人同意已经实际进场施工的,以实际进场施工时间为开工日期。

3. 发包人或者监理人未发出开工通知,亦无相关证据证明实际开工日期的,应当综合考虑开工报告、合同、施工许可证、竣工验收报告或者竣工验收备案表等载明的时间,并结合是否具备开工条件的事实,认定开工日期。

典型案例　以合同约定认定开工日期

1. 案例来源

江苏省南通市中级人民法院(2019)苏06民终4709号民事判决书。

2. 案情摘要

上诉人南通S创业园有限公司(以下简称S公司)与被上诉人江苏D电气有限公司(以下简称D公司)建设工程施工合同纠纷案。

S公司上诉请求:(1)撤销一审判决,依法改判按照评估价格下浮12%结算电缆价款并驳回被上诉人对上诉人利息的诉讼请求;(2)诉讼费用由被上诉人承担。事实和理由:(1)被上诉人存在恶意欺骗上诉人、以次充好、有违诚信的行为,无权根据固定利润率要求结算。一审认定更换后的河北德昊品牌也应当有65.59%的利润率没有事实依据。一审法院应当按照双方合同约定价格下浮12%计算。(2)因被上诉人违背诚信更换品牌,双方无法按照合同约定价格进行结算,不存在逾期支付的问题,没有必要支付逾期违约金。

D公司辩称:一审法院以固定利润率结算电缆价格,符合民法的公平原则,具有法律依据。上诉人在上诉状中认为应将更换后的河北德昊电缆按评估价下浮12%进行结算,不符合合同的约定。上诉人接到被上诉人的竣工结算材料以后,未及时完成结算审计,一直拖欠工程款,违反了合同约定。一审法院判决上诉人支付逾期付款违约金具有事实和法律依据。综上请求二审法院驳回上诉人的上诉请求。

D公司向一审法院提出诉讼请求:判令S公司立即支付工程款2085996.75元,支付逾期付款违约金199100元(支付至实际付清时止)。

一审法院认定事实:2015年6月8日,D公司、S公司签订《南通S创业园一期专变设备采购及专用变电所出线安装工程合同》一份,S公司将上述工程发包给D公司施工,包工、包料、包机械、包管理、包质量、包工期、包验收等。合同暂定总价805万元;采用固定单价合同,分部分项的工程量按照竣工图纸并结合现场施工情况按实计算,分部分项综合单价按照附件1工程量清单报价书的单价执行。工程变更的计价原则材料价格为《南通市工程造价信息》开工令当月材料指导价格,下浮12%作为结算单价。开工日期2015年6月10日(以开工令为准),竣工日期2015年7月30日,工期50天。2015年7月10日,D公司向S公司发出工作联系函,建议将世德合金电缆更换成河北德昊电缆。2015年7月12日,S公司在联系函中签字同意。2015年9月29日,涉案工程经竣工验收合格。2015年10月22日,D公司、S公司签订增补项目汇总表,增补项目合计294875.5元。S公司已支付6258878.75元。2018年3月15日,D公司向S公司发出催款函,载明工程经验收于2015年9月30日送电,结算资料于2016年10月送达。按合同应付款为2085996.75元。要求S公司核对账目后,于2018年3月底前落实付款计划,于2018年4月15日前兑现。S公司认可已收到结算资料电子件。

一审法院认为,双方对于如何扣减差价不能达成一致,法院认为以固定利润率进行结算较为公平。一审法院确认工程量结算总价为7132944.16元。S公司已支付6258878.75元,尚欠874065.41元。合同约定的开工日期为2015年6月10日,竣工日期为7月30日。D公司自行提供的开工报审表申请的开工日期为2015年5月8日,早于合同约定的开工日期,可以认定此时已具备开工条件。在双方均未提供相反证据的情况下,法院以合同约定认定开工日期为2015年6月10日,至2015年9月29日竣工验收合格,延期59天。D公司应当支付工期延误违约金118000元。一审判决:

(1)S公司于判决发生法律效力之日起10日内支付D公司工程款874065.41元;(2)D公司于判决发生法律效力之日起10日内支付S公司工期延误违约金118000元;(3)驳回D公司的其他诉讼请求。

本院对一审查明的事实予以确认。

3. 二审法院裁判意见

本院认为,一审法院参照D公司使用世德合金电缆的利润率计算其使用河北德昊电缆后S公司应当支付的价格,更符合双方合同约定,亦符合公平原则。S公司在工程竣工验收后未及时完成结算审计,则付款节点应根据合同确定,一审对此认定并无不当。判决如下:驳回上诉,维持原判。

4. 律师点评

开工日期的确定,直接关系建设工期的长短,关系建设工程是否延期竣工,也直接关系承包人是否需要向发包人承担工期延误违约责任。对于有争议的开工日期,双方当事人都有举证的义务。如果发包人或者监理人未发出开工通知,双方当事人又无相关证据证明实际开工日期的,应当综合考虑开工报告、合同、施工许可证、竣工验收报告或者竣工验收备案表等载明的时间,并结合是否具备开工条件的事实,认定开工日期。因此,建设工程承包人要有保存开工日期证据的意识。

(三)承包人有证明开工日期的义务

1. 承包人在施工过程中应有证据意识

大部分建设工程承包人与发包人存在千丝万缕的关系,剪不断理还乱。双方合作愉快时,什么都好说。双方当事人往往认为,合同防小人不防君子,签不签订都无所谓,需要签订时就随便应付一下,想改就改,想变就变,其奈我何?结果,什么时候开工?什么时候竣工?谁也说不清。没有争议时,你好,我好,大家好。一旦出现纠纷,双方撕破脸皮,无奈走上法庭或仲裁庭时,什么有利的证据也拿不出,等着对方宰割。

就开工日期来说,大部分工地早已形成惯例:择一吉日良辰,承包人入场施工,机器、人员、材料入场,热火朝天先干起来再说。干了一段时间后,有些工地可能会补签一个签证,但补签的日期已远远晚于实际入场施工的日期。那么,早于补签日期的那段时间,只能算是承包人擅自入场施工的日期,一旦双方闹起纠纷,叫天天不应,叫地地不灵。真是比窦娥还冤。

在建设工程施工合同的签订、履行过程中,发包人本占优势,承包人明显处于弱势地位。双方产生纠纷时,相对来说,承包人更多的是主张权利方,依法应当承担更多的举证责任。发包人即使证据意识差些,大多能应付庭审需求。这就要求承包人在平时施工过程中加强合同管理意识、证据意识,注意、注重收集、保存证据。

2. 实际开工日期的认定

《建设工程司法解释(二)》第五条有关建设工程开工日期的确定方式的规定,对各种可能出现的开工日期情形都作了准确的预判、清晰的规定。该司法解释出台后,各地法院、仲裁机构对开工日期的认定有了统一的裁判标准,建设工程施工合同的当事人因开工日期之争定会逐渐减少。但是该规定实际操作有一定的难度,因为开工日期的确定仍可能有以下五种情形发生:

(1)发包人或监理人发出的开工通知上如载明开工日期,以开工通知上载明的开工日期为准;

(2)发包人或监理人发出的开工通知上所载的开工日期,如不符合开工条件,以开工条件具备的时间为开工日期;

(3)本已具备开工条件但承包人故意推迟开工,以发包人或监理人发出的开工通知上所载的日期为开工日期;

(4)取得发包人同意后,承包人已实际入场施工的,以实际入场施工的日期为开工日期;

(5)发包人或监理人未发出开工通知或发出的开工通知上未载明开工日期,实际开工日期又无任何证据证明,将综合考虑开工报告、合同、施工许可证、竣工验收报告或者竣工验收备案表等载明的时间,并结合是否具备开工条件的事实,认定开工日期。

以上情形中(1)、(4)情形,建设工程合同的双方当事人较易举证证明,而(2)、(3)、(5)情形举证难度大,特别是需要承包人举证时。

情形(2)是对情形(1)的补充说明。开工通知上所载的开工日期,并不一定符合开工条件,如因发包人的原因,导致人员、材料、机器设备不能到场,承包人无法入场施工,如以开工通知上所载的日期为开工日期,绝大部分情况下于承包人不利。如果已具备开工条件,但承包人推迟开工,则以发包人或监理人发出的开工通知上所载的日期为开工日期,这是出于公平、公正原则,平衡承包人与发包人的利益,防止承包人不诚信拖延施工。

开工报告、建设工程施工合同或补充协议、施工许可证、竣工验收报告或者竣工验收备案表等文件一般都会有关于开工日期的记录。如果这些文件载明的开工日期不一致,应当如何认定实际的开工日期呢?

《建设工程司法解释(二)》对此只作出了笼统规定,发包人或监理人未发出开工通知或发出的开工通知上未载明开工日期,实际开工日期又无任何证据证明,将综合考虑开工报告、合同、施工许可证、竣工验收报告或者竣工验收备案表等载明的时间,并结合是否具备开工条件的事实,认定开工日期。

开工报告、建设工程施工合同、施工许可证、竣工验收报告或者竣工验收备案表等材料中,建设工程施工合同、施工许可证较易理解,但开工报告、竣工验收报告、工程竣工验收备案表相对难以理解,开工条件更难理解。

(1)开工报告

开工报告,是指由建设工程承包人申请,经发包人或其委托的监理人批准而正式开始拟建工程项目施工的报告。

建设工程开工前,承包人应当按照合同的约定,向监理工程师提交开工报告,主要内容包括:施工机构、质检体系、安全体系的建立;劳力安排;材料、机械及检测仪器设备进场情况;水电供应;临时设施的修建;施工方案的准备情况;开工时间等。

开工报告记载了承包人对建设工程未来施工的预期计划的时间,也表明发包人或监理人同意承包人在开工报告中所载的开工日期入场施工,因此,开工报告是确定建设工程开工日期的一项重要的依据。如果没有其他证据证明建设工程的开工日期,开工报告所载的开工时间即是开工日期。

(2)工程竣工验收报告

工程竣工验收报告,是指建设工程竣工后,由专门验收机构组织专家进行质量评估验收而形成的书面报告。

竣工验收报告的主要内容有:建设依据;工程概况;初验与试运行情况;工程技术档案的整理情况;竣工结算概况;经济技术分析;投产准备工作情况;收尾工程的处理意见;对工程投产的初步意见;工程建设的经验、教训及对今后工作的建议。

在工程概况部分,工程竣工验收报告应当写明:①工程前期工作及实施情况;②设计、施工、总承包、建设监理、设备供应商、质量监督机构等单位;③各单项工程的开工及完工日期;④完成工作量及形成的生产能力。

如果没有其他更有力的证据证明建设工程的开工日期,工程竣工验收报告所载的开工时间即是开工日期。

(3)建设工程竣工验收备案

建设工程竣工验收备案,是指发包人在建设工程竣工验收后,将建设工程竣工验收报告和规划、公安消防、环保等部门出具的认可文件或者准许使用文件报建设行政主管部门审核的行为。

竣工验收备案表通常包括以下内容:①工程的基本情况,包括项目名称、地址、规划许可证号、施工许可证号、工程面积、开工时间、竣工时间、建设、勘察、设计、施工、监理、质量监督等单位名称;②勘察、设计、施工、监理单位意见;③竣工验收备案文件清单,包括工程竣工验收报告;④规划许可证和规划验收认可文件;⑤工程质量监督注册登记表;⑥工程施工许可证或开工报告;⑦消防部门出具的建筑工程消防验收意见书;⑧建设工程档案预验收意见;⑨工程质量保修书、住宅质量保证书、住宅使用说明书;⑩法规、规章规定必须提供的其他文件。

竣工验收备案表因经过发包人、承包人、监理人共同签名确认,其所载的开工日期更有证明力。如果没有其他材料证明建设工程的开工日期,或者其他材料所载开工日期都难以准确证明开工日期,司法实践上更倾向于将竣工验收备案表所载的开工时间认定为开工日期。

笔者认为,《建设工程司法解释(二)》第五条规定看似很明确,但实际操作仍有难度,司法实践中还需要法院制定具体的细则规定。正因如此,建筑施工企业在建设工程施工合同的签订、履行过程中,要多个心眼,平时注意收集、保留、整理各种证据,有备无患。

3. 开工条件的具备

开工条件,是指施工图经过会审,图纸会审纪录已经有关单位会签、盖章,并发给有关单位。

建设工程是否具备开工条件,举证有一定的难度。承包人与发包人证明建设工程具备或不具备开工条件,可以从以下几个方面入手:

(1)双方是否签订建设工程施工合同或补充协议;

(2)建设单位是否办理建筑工程施工许可证;

(3)是否已经落实主要建筑材料实物或指标;

(4)施工方案是否编制且经审批通过;

(5)是否编制和审定施工图预算;

(6)工程定位测量是否已具备条件;

(7)临时设施、工棚、施工道路、用水、用电,是否已基本完成;

(8)其他。

比如,劳动力能否满足施工需要;材料、施工机械、设备等能否满足施工要求;临时设施能否满足施工和生活的需要;安全消防设备是否已经备齐等。

证明建设工程是否具备开工条件,视具体情况分别由承包人与发包人承担举证责任,哪方当事人未尽到完全的举证责任,则由哪方当事人承担举证不能所致的法律后果。

建筑实践中,存在大量的不具备开工条件但因为利益的驱使而提前入场施工的情况,例如,发包人未办理建设用地规划许可证、建设工程规划许可证、建设工程施工许可证等规划审批手续,建设工程本不具备开工条件,但发包人不管不顾,片面追求利益、利润最大化,从时间上要效益,从工期上抢利润,要求承包人尽快入场施工。承包人本可拒绝发包人此类无理、非法的要求,同样受利益的驱使,承包人不管不顾而违规提前施工。承包人本占理,但因没有证据意识,本应保存的证据没保存或遗失,当双方出现争议诉诸法律时,本应胜诉的案件有可能败诉,本应完胜的案件只可部分胜诉。

三、竣工日期

(一)竣工日期的含义

竣工日期,是指建设工程施工合同约定的工程项目完成建设之日,是承包人完成承包范围内建设工程的绝对或相对的日期。

建设工程施工合同的当事人对建设工程竣工日期的争议,相比开工日期的争议少些。因为,双方当事人的会议纪要、往来函件、监理记录、补充协议、验收登记表、竣工验收报告、竣工验收合格证明、竣工验收备案等文件,双方当事人或委托的代表都有可能签名确认竣工日期、实际竣工日期。

(二)竣工日期的意义

确定竣工日期,对建设工程施工合同的承包人与发包人主张后续权利很重要。

1. 竣工日期对于承包人的意义

(1)竣工日期是工程竣工结算余款利息的起算点;

(2)竣工日期是承包人对建设工程进行保修的起算点;

(3)竣工日期是承包人是否存在工期延误行为、是否需要向发包人承担工期延误违约责任的主要判断标准;

(4)建设工程经竣工验收合格并交付给发包人使用后,建设工程毁损、灭失的风险责任由承包人转移到发包人。

2.竣工日期对工程价款结算的直接意义

建设工程经竣工验收合格后,承包人应当及时提交竣工结算文件,发包人应当及时审核竣工结算文件,及时足额向承包人支付工程竣工结算余款。

建设工程如没实际交付给发包人,发包人支付工程竣工结算余款的时间应为承包人提交竣工结算文件之日。这样就能有效防止发包人恶意拖延审核竣工结算文件,以拖延支付工程竣工结算余款的时间。

建设工程已实际交付给发包人,工程竣工结算余款的时间应为建设工程实际交付之日。建设工程经竣工验收合格交付给发包人后,建设工程已由发包人占有、使用、收益、处分,发包人已实现建设工程施工合同的目的。建设工程实际交付给发包人后,承包人已履行最主要的义务,有权要求发包人及时足额支付工程竣工结算余款,发包人也有义务及时足额向承包人支付工程竣工结算余款。而且,承包人有权要求发包人自建设工程实际交付之日的次日起,支付工程竣工结算余款的利息。

《建筑工程施工发包与承包计价管理办法》(住房和城乡建设部令第16号,自2014年2月1日起施行)第十九条规定:“工程竣工结算文件经发承包双方签字确认的,应当作为工程决算的依据,未经对方同意,另一方不得就已生效的竣工结算文件委托工程造价咨询企业重复审核。发包方应当按照竣工结算文件及时支付竣工结算款。竣工结算文件应当由发包方报工程所在地县级以上地方人民政府住房城乡建设主管部门备案。”

《建设工程价款结算暂行办法》(财建〔2004〕369号)第十四条第四项规定了工程竣工价款结算,“发包人收到承包人递交的竣工结算报告及完整的结算资料后,应按本办法规定的期限(合同约定有期限的,从其约定)进行核实,给予确认或者提出修改意见。发包人根据确认的竣工结算报告向承包人支付工程竣工结算价款,保留5%左右的质量保证(保修)金,待工程交付使用一年质保期到期后清算(合同另有约定的,从其约定),质保期内如有返修,发生费用应在质量保证(保修)金内扣除”。第十六条进一步规定,“发包人收到竣工结算报告及完整的结算资料后,在本办法规定或合同约定期限内,对结算报告及资料没有提出意见,则视同认可……根据确认的竣工结算报告,承包人向发包人申请支付工程竣工结算款。发包人应在收到申请后15天内支付结算款,到期没有支付的应承担违约责任。承包人可以催告发包人支付结算价款,如达成延期支付协议，发包人应按同期银行贷款利率支付拖欠工程价款的利息。如未达成延期支付协议，承包人可以与发包人协商将该工程折价，或申请人民法院将该工程依法拍卖，承包人就该工程折价或者拍卖的价款优先受偿”。

以上这些规定，都说明建设工程竣工日期对工程价款结算的直接意义。

（三）实际竣工日期的确定方式

1.《建设工程施工合同（2017 文本）》的确定方式

《建设工程施工合同（2017 文本）》1.1.4.2 约定了竣工日期：包括计划竣工日期和实际竣工日期。计划竣工日期是指合同协议书约定的竣工日期；实际竣工日期按照第 13.2.3 项〔竣工日期〕的约定确定。13.2.3 约定竣工日期：工程经竣工验收合格的，以承包人提交竣工验收申请报告之日为实际竣工日期，并在工程接收证书中载明；因发包人原因，未在监理人收到承包人提交的竣工验收申请报告 42 天内完成竣工验收，或完成竣工验收不予签发工程接收证书的，以提交竣工验收申请报告的日期为实际竣工日期；工程未经竣工验收，发包人擅自使用的，以转移占有工程之日为实际竣工日期。

2.《建设工程司法解释（一）》的确定方式

《建设工程司法解释（一）》未规定开工日期的确定方式，其中的第十四条却规定了实际竣工日期的确定方式，当事人对建设工程实际竣工日期有争议的，按照以下情形分别处理：

（1）建设工程经竣工验收合格的，以竣工验收合格之日为竣工日期；

（2）承包人已经提交竣工验收报告，发包人拖延验收的，以承包人提交验收报告之日为竣工日期；

（3）建设工程未经竣工验收，发包人擅自使用的，以转移占有建设工程之日为竣工日期。

为防止发包人故意拖延验收，损害承包人的合法权益，《建设工程司法解释（一）》规定承包人已经提交竣工验收报告，发包人拖延验收的，以承包人提交验收报告之日为竣工日期。这与《民法典》规定吻合，《民法典》第一百五十九条规定：“附条件的民事法律行为，当事人为自己的利益不正当地阻止条件成就的，视为条件已成就；不正当地促成条件成就的，视为条件不成就。”

《建筑工程施工发包与承包计价管理办法》第十八条对此有类似的规定，承包方应当在工程完工后的约定期限内提交竣工结算文件。国有资金投资建筑工程的发包方，应当委托具有相应资质的工程造价咨询企业对竣工结算文件进行审核,并在收到竣工结算文件后的约定期限内向承包方提出由工程造价咨询企业出具的竣工结算文件审核意见;逾期未答复的,按照合同约定处理,合同没有约定的,竣工结算文件视为已被认可。非国有资金投资的建筑工程发包方,应当在收到竣工结算文件后的约定期限内予以答复,逾期未答复的,按照合同约定处理,合同没有约定的,竣工结算文件视为已被认可。

不过,这些规定指向的都是发包人恶意拖延工程验收。如果是因承包人完成的工程项目存在质量问题,或者竣工验收报告不符合法定或约定的要求,建设工程本不符合验收的条件,发包人有权拒绝验收,有权要求承包人按照规定履行相应的义务,重新对建设工程组织验收。

建设工程一般都以竣工验收合格之日为竣工日期。如果工程项目经验收不合格,建设工程还谈不上竣工,发包人可要求承包人在合理期限内承担无偿修理或者返工、返修的责任,如果因此导致工期延误,承包人还应当向发包人承担工期延误的违约责任。因此,建设工程竣工日期的确定,对建设工程施工合同双方当事人的权利义务影响很大。

建设工程经验收合格的,方可交付使用,否则,不得交付使用。但一些发包人片面追求经济利益,在建设工程未经竣工验收或者未完全竣工验收的情况下,已提前占有、使用该建设工程。在此情形下,发包人占有、使用建设工程之日即为工程竣工之日。《建设工程司法解释(一)》封堵了发包人在此类情形下因质量问题诉诸法律之路。①

3. 建设单位出具竣工验收合格证明的日期为竣工日期

这里有一点,承包人与发包人需清楚:建设单位收到承包人提交的建设工程竣工报告后,组织设计方、施工方、监理方等单位对建设工程进行验收,验收合格后,建设单位应当将竣工验收报告和规划、公安消防、环保等部门出具的认可文件或者准许使用文件报住房和城乡建设部门备案。竣工验收备案是建设工程经竣工验收合格后,建设单位应当履行的一项法定义务。但是,建设工程是否取得竣工验收备案表,并非认定建设工程是否竣工验收合格的依据。竣工验收备案日期与工程验收合格日期不一致的,以建设单位组织竣工验收并出具竣工验收合格证明的日期为竣工日期。

---

① 《建设工程司法解释(一)》第十三条规定:"建设工程未经竣工验收,发包人擅自使用后,又以使用部分质量不符合约定为由主张权利的,不予支持;但是承包人应当在建设工程的合理使用寿命内对地基基础工程和主体结构质量承担民事责任。"

典型案例 承包人向发包人赔偿逾期竣工损失

1. 案例来源

最高人民法院(2019)最高法民终523号民事判决书。

2. 案情摘要

上诉人H建工集团有限责任公司(以下简称H建工公司)与上诉人阜阳J房地产开发有限公司(以下简称J公司)建设工程施工合同纠纷案。

H建工公司上诉请求:(1)撤销(2018)皖民初9号民事判决第三项、第四项判决,并改判驳回J公司关于工期违约金的请求,支持J公司向H建工公司支付停工补偿费1692086.6元及资金占用损失1075888.9元;不服一审判决金额为3231975.5元。(2)本案一、二审诉讼费用由J公司承担。事实与理由:(1)H建工公司不存在工期违约的情形,不应支付工期违约金。(2)J公司应当再支付H建工公司停工补偿费1692086.6元及相应的资金占用损失1075888.9元。

J公司辩称:H建工公司延期竣工一年多,应当承担相应的赔偿责任。一审法院以竣工验收报告日期为完工日期,有事实与法律依据。H建工公司不仅延期竣工,还拒不配合办理相关备案手续,致使J公司承担了巨额逾期交房违约金及逾期办证违约金,前述损失应由H建工公司承担赔偿责任。H建工公司主张J公司应当另行支付停工补偿费1692086.6元及相应的资金占用损失,无事实与法律依据。

J公司上诉请求:(1)撤销安徽省高级人民法院(2018)皖民初9号民事判决;(2)改判驳回H建工公司的全部诉讼请求;(3)改判支持J公司的全部反诉请求;(4)本案一、二审诉讼费用均由H建工公司承担。

H建工公司辩称:(1)一审判决依据《工程结算书》认定案涉工程造价,具有事实与法律依据。(2)J公司自收到该份《工程结算书》后,至今未举证证明《工程结算书》含有前述分包工程价款,应承担举证不能的责任。(3)H建工公司已提前完成了施工任务,不应承担延期施工的违约责任。(4)一审判决对800万元购房款抵付问题不予处理,并无不当。

H建工公司向一审法院起诉请求:(1)J公司支付工程款85004051.81元及资金占用损失6630316.04元;(2)J公司支付停工补偿费4692086.6元及资金占用损失4537247.74元;(3)H建工公司对案涉工程享有工程价款优先受偿权,就该工程折价或者拍卖的价款优先受偿。

J公司向一审法院反诉请求:(1)H建工公司返还工程款1500万元及资

金占用损失500万元;(2)H建工公司支付合同违约金572万元;(3)H建工公司支付购房款800万元及资金占用损失300万元。

一审法院认为,关于H建工公司应否支付工期违约金572万元的问题。J公司认为H建工公司逾期完工13个月,一审法院认定H建工公司逾期竣工的时间应为232天,H建工公司应支付的逾期竣工违约金为464000元。判决:(1)J公司于判决生效之日起30日内向H建工公司支付工程款50881602.76元及逾期付款利息……(3)H建工公司于判决生效之日起30日内向J公司支付工期违约金464000元;(4)驳回H建工公司的其他诉讼请求;(5)驳回J公司的其他反诉请求。

3. 二审法院裁判结果

关于H建工公司是否应当向J公司承担违约金和赔偿损失责任的问题。

一审判决依据《建设工程施工补充协议》的约定、根据工期延误情况,计算H建工公司应承担逾期竣工违约金为46.4万元。涉案建设工程施工合同无效,当事人不应当再承担违约责任。故一审判决H建工公司承担逾期竣工违约金责任不当,应予纠正。由于违约金具有填补损失的功能,本案确实存在逾期竣工的事实,双方当事人均未提交充分有效的证据,证明按照46.4万元标准计算H建工公司逾期竣工造成的损失明显不当。故本院认定H建工公司应当赔偿J公司逾期竣工造成的损失46.4万元。H建工公司的上诉请求不能成立,J公司的上诉请求部分成立。判决:(1)撤销安徽省高级人民法院(2018)皖民初9号民事判决;(2)变更安徽省高级人民法院(2018)皖民初9号民事判决第一项为阜阳J房地产开发有限公司于本判决生效之日起15日内向H建工集团有限责任公司支付工程款42881602.76元及逾期付款利息……(4)变更安徽省高级人民法院(2018)皖民初9号民事判决第三项为H建工集团有限责任公司于本判决生效之日起15日内赔偿阜阳J房地产开发有限公司逾期竣工造成的损失46.4万元;(5)驳回H建工集团有限责任公司的其他诉讼请求;(6)驳回阜阳J房地产开发有限公司的其他反诉请求。

4. 律师点评

竣工日期是承包人是否存在工期延误行为、是否需要向发包人承担工期延误违约责任的主要判断标准,因为建设工程施工合同或补充协议一般会约定建设工期及逾期完工的违约责任。

承包人完成建设工程施工任务的日期（实际竣工日期）如果与约定的竣工日期不一致，除去工期顺延日期，即可计算出建设工程是否逾期竣工、逾期竣工日数、承包人需要赔偿发包人工期延误违约金数额。

承包人赔偿发包人工期延误违约金的前提是：双方签订的建设工程施工合同有效，承包人承建的建设工程经竣工验收合格。如果建设工程施工合同无效或建设工程质量不合格，不存在赔偿工期延误违约金，而是赔偿实际损失。

四、工期顺延

工期顺延是建设工程施工合同履行过程中常见的情形，也是承包人与发包人容易产生纠纷的争议点，同时还是司法实践中较难处理的法律问题。

承包人应当收集、保留、提交因发包人或第三人或自然条件等因素导致工程中途停建、缓建的证据，收集、保留、提交己方因工程中途停建、缓建而产生的损失与实际费用的证据，否则，工期顺延可能变为工期延误，承包人不但不能要求发包人承担法律责任，反而有可能要对发包人承担工期延误的违约责任。

（一）工期顺延的含义

工期顺延，是指承包人与发包人根据法律、法规、司法解释的规定、建设工程施工合同的约定，对因自然条件、社会事件等因素导致工期延误这一事实状态的变更。

（二）承包人主张工期顺延的原因

工期延误不是因承包人自身的原因引起，引发的原因是发包人或第三人或不可抗力因素，因此产生的法律责任由发包人承担，发包人应当向承包人承担因工期顺延所致的损失和实际费用。

（三）承包人主张工期顺延的主要情形

1. 发包人未按照约定的时间和要求提供原材料、设备、场地、资金、图纸与其他技术资料；

2. 发包人提供的测量基准点、基准线和水准点及其书面资料存在错误或疏漏；

3. 发包人未能在计划开工日期之日起约定的日期内同意下达开工通知；

4. 发包人未按期足额支付工程预付款、工程进度款；

5. 在施工过程中，发包人变更设计方案、施工条件、进度计划等而导致工期顺延；

6. 施工过程中，发包人要求承包人增加工程量而导致工期顺延；

7. 发包人将部分工程如钢结构工程、消防工程、水电工程、空调工程等直接分包给他人施工，或者要求承包人分包给指定的单位施工，承包人与分包人之间因施工衔接不当导致工期顺延；

8. 隐蔽工程在隐蔽以前，承包人通知发包人检查但发包人没有及时检查的，承包人可以顺延工程日期；

9. 建设工程竣工前，当事人对工程质量发生争议，工程质量经鉴定合格的，鉴定期间为顺延工期期间；

10. 监理人未按合同约定的时间节点发出指示、指令、批准等文件；

11. 在施工过程中发生不可抗力因素导致工期顺延；

12. 法律的重大修订。如法律规定的工作时间缩短，导致承包人出现工期延误的风险。

典型案例　因不可抗力因素导致工期顺延

1. 案例来源

浙江省高级人民法院(2011)浙民终字第34号民事判决书。

2. 案情摘要

上诉人浙江省E建设集团有限公司(以下简称E公司)与上诉人S房地产建设集团有限公司(以下简称S公司)建设工程施工合同纠纷案，现已审理终结。

关于工程工期是否存在延误，E公司应否承担工期迟延违约金的问题。

E公司认为，监理签字的工程延期签证有效，工期应予顺延。另外还有“非典”期间停工一个月，台州市主管部门安全整顿停工两个星期都应该顺延工期。S公司增加工程量达到了总工程量的13.62%，也应顺延工期113天。S公司认为，监理签字的工程延期签证无效。合同约定，监理签注的工程延期签证必须经S公司批准，没有批准的工期顺延无效。

一审法院认为，施工合同中对于监理单位委派的工程师，其职权的行使明确区分为两种类型:一类是发包人委托的职权;另一类是需要取得发包人批准方能行使的职权。对于发包人委托的职权,工程师可以在授权范围内独立行使,对于需经发包人批准才能行使的职权,则必须履行相应的批准手续。由于监理签注顺延工期的签证需要取得发包人的批准,因此仅有监理的签字而无发包人相应的批准手续,不足以认定监理有权行使该职权。E公司未能举证证明监理签注工期顺延已取得发包人批准,且S公司对此也不予认可,故E公司主张的监理签字的工程延期签证,不符合合同约定,应为无效。根据施工合同通用条款第13.1款的规定,因不可抗力造成工期延误,可以顺延工期。考虑到2003年“非典”疫情严重,属于众所周知的事实,E公司为避免“非典”疫情在建设工地爆发而暂停施工,并及时向监理报告了该情况,故对属于不可抗力范畴的“非典”疫情期间停工,应予顺延工期30天。对于E公司主张的因S公司设计变更增加工程量而顺延工期的问题,因施工合同专用条款第13.1款明确约定“重大设计变更而影响乙方连续施工的”才能顺延工期,而E公司未能举证证明本案工程存在重大设计变更影响E公司连续施工的事实,故E公司该主张不能成立。

综上,E公司一标段工期延误208天,扣除S公司认可的签证工期顺延50天、“非典”工期顺延30天,实际工期延误128天,按合同约定的工期每延误一天罚5000元计算,一标段工期逾期违约金为64万元;E公司二标段工期延误270天,扣除S公司认可的签证工期顺延52天、“非典”工期顺延30天,实际工期延误188天,按合同约定的工期每延误一天罚5000元计算,二标段工期逾期违约金为94万元;E公司五标段工期延误257天,扣除S公司认可的签证工期顺延37天、“非典”工期顺延30天,实际工期延误190天,按合同约定的工期每延误一天罚5000元计算,五标段工期逾期违约金为95万元。因此,E公司应承担三个标段工期逾期违约金总计253万元,该款应从工程款中扣除。

3. 二审法院裁判结果

由于无证据表明工期顺延申请已提交给S公司,故S公司并未对停水、停电是否属实、是否系连续停电、停水且达8小时以上影响正常施工等事实进行过确认,因此,并不能以工期临时延期申请表记载的停水、停电事由符合合同关于工期顺延的约定为由认定工期应予顺延。另外,本案工程实际造价虽然较约定造价有所增加,但E公司并未举证证明造价的增加符合合同约定的“重大设计变更而影响E公司连续施工”的条件。综上,E公司就

工期顺延所提出的上诉理由均不能成立。一审判决认定E公司存在工期延误,应承担违约金253万元,并无不当。故判决:

(1)维持台州市中级人民法院(2010)浙台民初字第9号民事判决第二、三、四项。(2)变更台州市中级人民法院(2010)浙台民初字第9号民事判决第一项为S公司应于本判决送达之日起30日内支付E公司16658442.32元,并自2008年11月26日起按中国人民银行发布的同期同类贷款利率计算利息至实际付款之日止。

4. 律师点评

不可抗力,是指合同订立时不能预见、不能避免并不能克服的客观情况。《民法典》第一百八十条定义不可抗力为:不可抗力是不能预见、不能避免且不能克服的客观情况。《建设工程施工合同(2017文本)》定义不可抗力为:不可抗力是指合同当事人在签订合同时不可预见,在合同履行过程中不可避免且不能克服的自然灾害和社会性突发事件,如地震、海啸、瘟疫、骚乱、戒严、暴动、战争和专用合同条款中约定的其他情形。

2003年爆发的"非典"、2020年爆发的新型冠状病毒肺炎疫情都被相关部门认定为不可抗力因素,按照原合同履行对一方当事人的权益有重大影响的合同纠纷案件,可以根据具体情况,适用公平原则处理。因政府及有关部门为防治疫情而采取行政措施直接导致合同不能履行,或者由于疫情的影响致使合同当事人根本不能履行而引起的纠纷,按照法律关于不可抗力的规定妥善处理。

不可抗力发生后,承包人应当履行的义务:

(1)及时通知发包人

《合同法》第一百一十八条规定:"当事人一方因不可抗力不能履行合同的,应当及时通知对方,以减轻可能给对方造成的损失,并应当在合理期限内提供证明。"

《民法典》第五百九十条规定:"当事人一方因不可抗力不能履行合同的,根据不可抗力的影响,部分或者全部免除责任,但是法律另有规定的除外。因不可抗力不能履行合同的,应当及时通知对方,以减轻可能给对方造成的损失,并应当在合理期限内提供证明。当事人迟延履行后发生不可抗力的,不免除其违约责任。"

承包人应当立即通知发包人和监理人,书面说明不可抗力和受阻碍的详细情况,并提供必要的证明。不可抗力持续发生的,承包人应及时向发包人和监理人提交中间报告,说明不可抗力和履行合同受阻的情况,并于不可抗力事件结束后28天内提交最终报告及有关资料。

(2)及时减损

不可抗力发生后,承包人应当依据《民法典》等法律、法规的规定,及时采取措施,避免损失的扩大。没有采取适当措施致使损失扩大的,不得就扩大的损失要求赔偿。

(3)及时固定保存证据

承包人应及时收集证明不可抗力发生及不可抗力造成损失的证据,并及时统计所造成的损失。

承包人以不可抗力为由主张部分或者全部免除责任的,应当提供证据证明其已尽到通知义务,以减轻可能给发包人造成的损失。

不可抗力发生后,承包人可以根据不可抗力的影响,依照法律规定、合同约定行使相应的权利。

依照法律规定行使的权利:

(1)要求部分或全部免除责任。因不可抗力不能履行合同的,根据不可抗力的影响,部分或者全部免除责任,但法律另有规定的除外。这里要注意:因建设工程合同一方迟延履行合同义务,在迟延履行期间遭遇不可抗力的,不免除其违约责任。

(2)要求顺延工期。

(3)要求解除合同。有关合同的解除,《建设工程施工合同(2017文本)》有约定:因不可抗力导致合同无法履行连续超过84天或累计超过140天的,发包人和承包人均有权解除合同。合同解除后,由双方当事人按照第4.4款商定或确定发包人应支付的款项,该款项包括:①合同解除前承包人已完成工作的价款;②承包人为工程订购的并已交付给承包人,或承包人有责任接受交付的材料、工程设备和其他物品的价款;③发包人要求承包人退货或解除订货合同而产生的费用,或因不能退货或解除合同而产生的损失;④承包人撤离施工现场以及遣散承包人人员的费用;⑤按照合同约定在合同解除前应支付给承包人的其他款项;⑥扣减承包人按照合同约定应向发包人支付的款项;⑦双方商定或确定的其他款项。

如果承包人与发包人采用《建设工程施工合同(2017文本)》签订建设工程施工合同,合同中约定了不可抗力后果的承担:

(1)不可抗力引起的后果及造成的损失由合同当事人按照法律规定及

合同约定各自承担。不可抗力发生前已完成的工程应当按照合同约定进行计量支付。

(2)不可抗力导致的人员伤亡、财产损失、费用增加和(或)工期延误等后果,由合同当事人按以下原则承担:①永久工程、已运至施工现场的材料和工程设备的损坏,以及因工程损坏造成的第三人人员伤亡和财产损失由发包人承担;②承包人施工设备的损坏由承包人承担;③发包人和承包人承担各自人员伤亡和财产的损失;④因不可抗力影响承包人履行合同约定的义务,已经引起或将引起工期延误的,应当顺延工期,由此导致承包人停工的费用损失由发包人和承包人合理分担,停工期间必须支付的工人工资由发包人承担;⑤因不可抗力引起或将引起工期延误,发包人要求赶工的,由此增加的赶工费用由发包人承担;⑥承包人在停工期间按照发包人要求照管、清理和修复工程的费用由发包人承担。

(四)承包人及时、恰当主张工期顺延

1. 逾期主张工期顺延不获支持

工期顺延事由出现后,承包人应当在约定的期限内向发包人提出申请,要求顺延工期,赔偿承包人因此增加的费用,支付承包人合理的利润。

承包人与发包人一般会在建设工程施工合同中约定建设工期,也会明确约定工期顺延的情形,并要求承包人在工期顺延情形出现时,应当在一定的期限内向发包人申请工期顺延并索赔,及时行使权利。如果超过约定的期限主张,则视为放弃权利或工期不顺延。承包人及时向发包人要求工期顺延并提出索赔,对于承包人与发包人都有利,能避免双方事后出现争议,影响建设工程的后续施工。

2. 及时、恰当地主张工期顺延

因工期顺延情形复杂,实际操作有一定的难度。而且,承包人往往未及时申请工期顺延,确有合理抗辩的理由。《建设工程司法解释(二)》施行前,法律、法规、司法解释对工期顺延未作出明确的规定,让各地人民法院、仲裁委员会很难裁判工期顺延所致的纠纷案件。

《建设工程司法解释(二)》第六条对工期顺延作出了明确的规定,即"当事人约定顺延工期应当经发包人或者监理人签证等方式确认,承包人虽未取得工期顺延的确认,但能够证明在合同约定的期限内向发包人或者监理人申

请过工期顺延且顺延事由符合合同约定，承包人以此为由主张工期顺延的，人民法院应予支持。当事人约定承包人未在约定期限内提出工期顺延申请视为工期不顺延的，按照约定处理，但发包人在约定期限后同意工期顺延或者承包人提出合理抗辩的除外。”

以上有关工期顺延的规定包含以下四种含义：

(1)约定工期顺延应当经发包人或者监理人签证等方式确认的，发包人或者监理人已签证确认，工期顺延事实成立。

(2)发包人或者监理人不签证确认工期顺延事实，承包人证明在合同约定的期限内向发包人或者监理人申请过工期顺延且顺延事由符合合同约定，人民法院或仲裁机构将支持承包人的工期顺延的主张。

承包人按照约定提出工期顺延申请后，发包人或者监理人不签证确认，陷承包人于不利的地位。在发包人或者监理人不讲诚信的情况下，人民法院、仲裁机构不能生搬硬套合同约定，以发包人或者监理人未确认为由认定工期不顺延，否则对承包人很不公平。只要承包人能举证证明其在约定的期间内申请，且申请的事由符合合同约定，不管发包人或监理人是否签证确认，人民法院或仲裁机构就应当支持承包人提出的工期顺延的主张。

(3)建设工程施工合同约定承包人未在约定期限内提出工期顺延申请视为工期不顺延的，约定有效，承包人超期提出工期顺延申请，视为工期不顺延。

(4)承包人未在约定期限内提出工期顺延申请，承包人有合理的抗辩理由或发包人事后同意工期顺延，则工期顺延事实成立。

(五)承包人主张工期顺延的程序

现行《建设工程施工合同(2017文本)》第19.1条规定：根据合同约定，承包人认为有权得到追加付款和(或)延长工期的，应按以下程序向发包人提出索赔：

(1)承包人应在知道或应当知道索赔事件发生后28天内，向监理人递交索赔意向通知书，并说明发生索赔事件的事由；承包人未在前述28天内发出索赔意向通知书的，丧失要求追加付款和(或)延长工期的权利。

(2)承包人应在发出索赔意向通知书后28天内，向监理人正式递交索赔报告；索赔报告应详细说明索赔理由以及要求追加的付款金额和(或)延长的工期，并附必要的记录和证明材料。

(3)索赔事件具有持续影响的，承包人应按合理时间间隔继续递交延续索赔通知,说明持续影响的实际情况和记录,列出累计的追加付款金额和(或)工期延长天数。

(4)在索赔事件影响结束后28天内,承包人应向监理人递交最终索赔报告,说明最终要求索赔的追加付款金额和(或)延长的工期,并附必要的记录和证明材料。

(六)工程中途停建、缓建,发包人承担的责任

1.工程停建、缓建,发包人承担的法律责任

《合同法》第二百八十四条规定了因发包人的原因致使工程停建、缓建的法律责任,即"因发包人的原因致使工程中途停建、缓建的,发包人应当采取措施弥补或者减少损失,赔偿承包人因此造成的停工、窝工、倒运、机械设备调迁、材料和构件积压等损失和实际费用"。

《民法典》第八百零四条作出了同样的规定。

2.发包人赔偿的损失

建设工程因发包人的原因中途停建、缓建,发包人应当及时通知承包人,并采取措施防止损失进一步扩大,并赔偿承包人因工程中途停建、缓建而产生的以下损失和实际费用。

(1)工程停工或窝工引起的损失和实际费用:①停工或窝工产生的人工费用;②材料、构配件积压的费用;③机械租赁费或折旧费;④其他的损失与费用。

(2)工程停工或窝工而增加的费用:①因工期顺延而增加的人工工资;②因工期顺延造成材料价格增加;③因工期顺延增加机械台班租赁费等费用;④因工期顺延而增加的其他费用。

3.承包人如何主张工期顺延、赔偿损失

(1)承包人向发包人主张工期顺延并要求发包人赔偿因工程停建、缓建所致的损失与实际费用,承包人应当按照约定及时以书面形式向发包人提出。

(2)承包人应当收集、保留、提交因发包人或第三人或自然条件等因素导致工程中途停建、缓建的证据,也应当收集、保留、提交己方因工程中途停建、缓建而产生的损失与实际费用的证据,有备无患。

承包人如果无法达到以上要求,则工期顺延可能变为工期延误,承包人不但不能要求发包人承担法律责任,反而有可能要对发包人承担工期延误的违约责任。

典型案例 支持承包人工期顺延主张

1. 案例来源

广东省高级人民法院(2018)粤民终1505号民事判决书。

2. 案情摘要

上诉人茂名市M建安集团有限公司(以下简称M公司)与上诉人H房地产有限公司(以下简称H公司)建设工程施工合同纠纷案。

M公司上诉请求:(1)判决变更一审判决第一项内容为"限H公司于本判决生效之日起10日内向M公司支付工程款107458087元及利息"。(2)判决变更一审判决第二项内容为"M公司对5~19号楼工程折价或者拍卖的价款在107458087元及利息范围内享有工程款优先权"。事实和理由:一审判决认定H公司现金支付工程款97820000元错误,应予更正为94820000元。

H公司上诉请求:撤销一审判决,发回重审或依法改判。

M公司辩称:一审判决根据两份会议纪要认定涉案工程造价为235200000元,认定事实清楚,证据确实、充分,请求驳回H公司的上诉请求。

M公司向一审法院起诉请求:(1)判令H公司向M公司支付工程款105246445元;(2)判令H公司向M公司支付逾期付款违约金,暂计至起诉之日止的逾期违约金共计1060800元;(3)确认M公司对工程折价或者拍卖的价款在105246445元范围内享有工程款的优先受偿权;(4)本案保全费、诉讼费由H公司承担。

H公司向一审法院提出反诉请求:要求M公司支付逾期竣工所造成的租金损失,至2018年1月19日暂算为33768488.1元。

一审法院认为,涉案工程的签证单等资料,均证实涉案工程因H公司未按时提交施工图纸致开工时间延期,增加和变更工程量使工期顺延,未按时支付工程进度款使供应商停止供应施工材料。拖欠工人工资等,也是导致整个工程施工中途停工、M公司退场的主要原因。因此,H公司要求M公司承担因逾期完工造成的经济损失,没有事实和法律依据,予以驳回。一审法院判决如下:(1)限H公司于本判决生效之日起10日内向M公司支付工程款104258087元及利息;(2)M公司对5~19号楼工程折价或者拍卖的价款在104258087元及利息范围内享有工程款的优先受偿权;(3)驳回M公司其他诉讼请求;(4)驳回H公司的全部反诉请求。

3. 二审法院裁判结果

两份会议纪要明确了M公司施工范围、工程量、单价、增加工程量等，确认总价款为235200000元，还约定了具体工程款支付时间及金额，故双方应当按照两份会议纪要的约定结算工程价款，故H公司申请对工程造价进行鉴定没有事实和法律依据，不予准许。H公司应向M公司支付工程款102160307.28元，利息按会议纪要2约定的时间和计付标准计算。承包人就逾期支付建设工程价款的利息、违约金、损害赔偿金等主张优先受偿的，人民法院不予支持。据此，M公司就逾期支付建设工程价款的利息主张优先受偿，本院不予支持。故判决：(1)维持广东省清远市中级人民法院(2017)粤18民初16号民事判决第四项；(2)撤销广东省清远市中级人民法院(2017)粤18民初16号民事判决第三项；(3)变更广东省清远市中级人民法院(2017)粤18民初16号民事判决第一项为：H公司于本判决生效之日起10日内向M公司支付工程款102160307.28元及相应利息；(4)变更广东省清远市中级人民法院(2017)粤18民初16号民事判决第二项为：M公司对H公司位于广东省清远市清城区××街道办事处清××(庙田)的商品房项目飞来湖壹号的5~19号楼工程折价或者拍卖的价款在102160307.28元范围内享有工程款的优先受偿权；(5)驳回茂名市M建安集团有限公司其他诉讼请求。

4. 律师点评

本案中M公司主张工期顺延获得两审法院的支持，因为H公司存在令工期顺延的行为：(1)未按时提交施工图纸致开工时间延期；(2)增加和变更工程量使工期顺延；(3)未按时支付工程进度款使供应商停止供应施工材料致工期顺延。

H公司存在令工期顺延的行为被法院采信，缘于M公司向法院提供了充足的证据证明其主张。因此，建设工程承包人在平时的施工过程中，要有证据意识，对于发包人违反法律规定或合同约定的行为，应当及时固定证据，必要时可以通过公证的方式保存。

(七)建设工期延误，承包人的应对

建设工程因参与主体多、周期长、法律关系复杂、流程复杂多变等特性，在建设工程施工合同的履行中，很容易因承包人与发包人甚至第三方的原因，需要对原拟定的建设工期、工程质量、工程价款等实质性内容进行变更。这三者中,工程质量是发包人追求的主要目标,而工程价款是承包人追求的主要目标。

从某种意义上说,建设工期是承包人与发包人共同追求的目标,相对工程造价、工程质量而言,承包人与发包人相互沟通的空间更大,因此,承包人与发包人均可以通过建设工期来调整工程造价、工程质量和建设工期三者的关系,达到双方的权利和义务的总体平衡。①

垫资施工与发包人不按照合同的约定支付工程价款,是承包人的主要风险。当发包人没按期支付约定的工程价款或故意放慢施工进度时,承包人应有必要的警惕性,需要及时了解发包人的经营状况、资产状况是否出现严重的问题,了解发包人的履约偿债能力,根据掌握的具体情况,及时采取下列合理措施,防止损失的扩大:(1)主动解除建设工程施工合同。(2)及时停工。当发包人的经营状况、资产状况已经出现严重的问题时,承包人应当及时行使不安抗辩权,停止施工,及时止损。② (3)要求发包人提供担保或资产处置方案。当发包人的经营状况、资产状况已经出现严重的问题,不能按照约定支付工程价款时,承包人可要求发包人提供不动产抵押、商业保函、第三方担保等担保方式,对其履行付款义务进行担保。承包人与发包人可以另行签订协议书,约定承包人对发包人资产的处置方案,当发包人无力支付工程价款时,承包人可以通过处置发包人资产的方式收取工程价款。

---

① 张正勤:《建设工程造价相关法律条款解读》,中国建筑工业出版社2009年版,第112页。

② 《合同法》第六十八条规定:"应当先履行债务的当事人,有确切证据证明对方有下列情形之一的,可以中止履行:(一)经营状况严重恶化;(二)转移财产、抽逃资金,以逃避债务;(三)丧失商业信誉;(四)有丧失或者可能丧失履行债务能力的其他情形。当事人没有确切证据中止履行的,应当承担违约责任。……"

《民法典》第五百二十七条规定:"应当先履行债务的当事人,有确切证据证明对方有下列情形之一的,可以中止履行:(一)经营状况严重恶化;(二)转移财产、抽逃资金,以逃避债务;(三)丧失商业信誉;(四)有丧失或者可能丧失履行债务能力的其他情形。当事人没有证据中止履行的,应当承担违约责任。"

第五章

建设工程质量实务问题

建设工程质量关系人民群众生命财产安全，关系城市未来和传承，关系新型城镇化发展水平。近年来，我国不断加强建筑工程质量管理，品质总体水平稳步提升，但建筑工程量大面广，违法招标投标、挂靠、转包、违法分包、偷工减料、赶工期、不严格执行国家建设工程强制标准等行为盛行，导致工程质量、安全无法得到保障，大小安全事故不断，危及社会公共安全。

保证建设工程质量与安全，是《建筑法》的主要目的之一，也是承包人与发包人的主要义务之一。

建设工程承包人必须树立“质量至上”“质量是生命”“质量就是工程价款”的理念，从严抓质量中要效益。建设工程经验收合格，是建设工程承包人收取工程价款的必要前提条件。质量没问题，验收能通过，建设工程承包人才有要求发包人支付工程价款的底气。建设工程验收不合格，发包人不但有权拒绝支付工程价款，而且还有可能要求承包人承担赔偿损失的责任。

一、保证建设工程质量合格

（一）建设工程质量合格

1. 建设工程质量的含义

建设工程质量，是指依照法律、法规、技术规范与标准的规定或者设计文件或合同的约定，对工程的安全、适用、经济、环保、美观等特性的综合要求，通过工程建设满足建设单位的需要。

建设工程质量的内涵包括工程实体的质量、功能、使用价值的质量及工作质量。

2. 建设工程质量合格的标准

(1)建设工程经验收符合国家有关标准而合格

对于何为建设工程质量合格,现行法律、法规的规定较含糊。法理上对建设工程质量合格的通常解释为:有关部门对建设工程组织竣工验收、进行工程质量检测后,认为建设工程符合国家有关质量要求。

《房屋建筑和市政基础设施工程竣工验收规定》(建质〔2013〕171号)对建设工程的验收进行了规定。工程竣工验收由建设单位负责组织实施。工程完工后,施工单位向建设单位提交工程竣工报告,申请工程竣工验收。实行监理的工程,工程竣工报告须经总监理工程师签署意见。建设单位收到工程竣工报告后,对符合竣工验收要求的工程,组织勘察、设计、施工、监理等单位组成验收组,制订验收方案。对于重大工程和技术复杂工程,根据需要可邀请有关专家参加验收组。建设单位应当在工程竣工验收7个工作日前将验收的时间、地点及验收组名单书面通知负责监督该工程的工程质量监督机构。建设单位组织工程竣工验收。建设、勘察、设计、施工、监理单位分别汇报工程合同履约情况和在工程建设各个环节执行法律、法规和工程建设强制性标准的情况;审阅建设、勘察、设计、施工、监理单位的工程档案资料;实地查验工程质量;对工程勘察、设计、施工、设备安装质量和各管理环节等方面作出全面评价,形成经验收组人员签署的工程竣工验收意见。参与工程竣工验收的建设、勘察、设计、施工、监理等各方不能形成一致意见时,应当协商提出解决的方法,待意见一致后,重新组织工程竣工验收。工程竣工验收合格后,建设单位应当及时提出工程竣工验收报告。工程竣工验收报告主要包括工程概况,建设单位执行基本建设程序情况,对工程勘察、设计、施工、监理等方面的评价,工程竣工验收时间、程序、内容和组织形式,工程竣工验收意见等内容。

(2)建设工程推定为质量合格

《建筑法》规定建设工程验收合格后才可交付使用。

《建设工程司法解释(一)》第十三条规定:"建设工程未经竣工验收,发包人擅自使用后,又以使用部分质量不符合约定为由主张权利的,不予支持;但是承包人应当在建设工程的合理使用寿命内对地基基础工程和主体结构质量承担民事责任。"该条规定确定了工程质量推定为合格的一种情形:建设工程未经验收,但建设单位已经使用,推定工程质量合格。

但是,这里的"使用"不能作扩大解释,只限定为建设单位已经使用的部分,对于建设单位未使用的工程,不得推定为工程质量合格,否则降低了承包人对工程质量应当承担的责任。而且,即使发包人提前使用的建设工程被推定为质量合格,承包人仍应当在建设工程的合理使用寿命内对地基基础工程和主体结构质量承担民事责任。

(3)工程质量经鉴定合格

建设工程竣工前,当事人对工程质量发生争议,可以通过鉴定方式确定工程质量是否合格。

工程质量经鉴定合格的,鉴定期间为顺延工期期间。承包人与发包人对建设工程的质量存在争议,经鉴定建设工程无质量问题或存在非承包人原因所致的质量问题,鉴定费、修复费用及其他相关费用由发包人承担,承包人还可要求发包人承担顺延工期期间的损失。

承包人需要特别注意:不要随意申请工程质量鉴定。如果发包人以工程质量不合格为由拒付工程价款的,发包人应当对工程质量不合格承担举证责任。

建设工程质量重于泰山!根据《建筑法》和《建设工程质量管理条例》等法律、法规的规定,保证建设工程质量合格,是建设单位、勘察单位、设计单位、施工单位、监理单位和建设行政管理机关的共同责任和义务。

(二)承包人负责工程的施工质量

1. 全面加强质量管理

(1)施工单位应完善质量管理体系,建立质量责任制、岗位责任制度,设置质量管理机构,确定工程项目的项目经理、技术负责人和施工管理负责人,加强全面质量管理。

(2)推行工程质量安全手册制度,推进工程质量管理标准化,将质量管理要求落实到每个项目和员工。

(3)建立质量责任标识制度,对关键工序、关键部位隐蔽工程实施举牌验收,加强施工记录和验收资料管理,实现质量责任可追溯。

(4)施工单位对建筑工程的施工质量负责,不得转包、违法分包工程。建设工程实行总承包的,总承包单位应当对全部建设工程质量负责;建设工程勘察、设计、施工、设备采购的一项或者多项实行总承包的,总承包单位应当对其承包的建设工程或者采购的设备的质量负责。总承包单位依法将建设工程分包给其他单位的,分包单位应当接受总承包单位的质量管理,分包单位应当按照分包合同的约定对其分包工程的质量向总承包单位负责,总承包单位与分包单位对分包工程的质量承担连带责任。

2. 及时认真检验

按照合同约定，由建设单位采购建筑材料、建筑构配件和设备的，建设单位应当保证建筑材料、建筑构配件和设备符合设计文件和合同要求。建设单位不得明示或者暗示施工单位使用不合格的建筑材料、建筑构配件和设备。

对发包人提供或者指定购买的建筑材料、建筑构配件、设备，承包人有进行检验的义务。发包人提供或者指定购买的建筑材料、建筑构配件、设备存在质量问题，但承包人未检验，因此导致建设工程出现质量问题，承包人与发包人因混合过错而承担相应的法律责任；如果承包人履行了检验义务但无法发现问题，因此出现的质量缺陷由发包人承担，与承包人无关。

3. 按照工程设计图纸和施工技术标准施工

施工单位不得擅自修改工程设计，不得偷工减料。发包人提供的设计资料、勘察文件、施工图以及说明书等文件存在瑕疵，而建筑施工企业完全按图施工，没有擅自修改，因此出现的质量问题由发包人承担。

承包人对设计方案没有审核瑕疵的义务。在施工过程中，承包人发现设计方案有缺陷，应及时向发包人提出意见和建议。如果承包人已发现设计方案存在瑕疵但未及时向发包人提出意见和建议，而是继续施工，导致建设工程出现质量问题或存在质量瑕疵，由承包人与发包人共同承担责任。

4. 严格工序管理

施工质量检验，通常是指工程施工过程中工序质量检验，包括预检、自检、交接检、专职检、分部工程中间检验以及隐蔽工程检验等。任何一项建设工程的施工，都是通过一个由许多工序组成的工序网络来实现的。网络上的每一个关键工序都有可能对工程最终的施工质量产生决定性的影响。因此，施工单位要加强对施工工序的质量控制。

隐蔽工程在隐蔽前，施工单位应当通知建设单位和建设工程质量监督机构。

隐蔽工程，是指在施工过程中某一道工序所完成的工程实物，被后一道工序形成的工程实物所隐蔽，而且不可以逆向作业的工程。隐蔽工程被后续工序隐蔽后，其施工质量很难检验及认定。如果不及时检查、验收隐蔽工程，很容易造成工程质量隐患。因此，隐蔽工程在隐蔽前，施工单位除了要做好检查、检验并按要求做好记录外，还应当及时通知建设单位和建设工程质量监督机构，以接受政府监督和向建设单位提供质量保证。

5.负责返修

(1)建设工程实行质量保修制度

交付竣工验收的建筑工程,必须符合规定的建筑工程质量标准。建设工程承包单位在向建设单位提交工程竣工报告时,有完整的工程技术经济资料和经签署的工程质量保修书,并具备国家规定的其他竣工条件。建筑工程竣工经验收合格后,方可交付使用;未经验收或者验收不合格的,不得交付使用。

质量保修书中应当明确建设工程的保修范围、保修期限和保修责任等。建设工程在保修范围和保修期限内发生质量问题的,施工单位应当履行保修义务,并对造成的损失承担赔偿责任。

因施工单位的原因致使建设工程质量不符合约定的,发包人有权请求施工单位在合理期限内无偿修理或者返工、改建。经过修理或者返工、改建后,造成逾期交付的,施工单位应当承担违约责任。

建筑物在合理使用寿命内,必须确保地基基础工程和主体结构的质量。建筑工程竣工时,屋顶、墙面不得留有渗漏、开裂等质量缺陷;对已发现的质量缺陷,施工单位应当修复。

(2)承包人对建设工程的保修责任并非无限,承包人仅须依法承担保修责任

在保修范围、保修期限、保修责任内,承包人对建设工程承担保修责任是法定的义务。如果质量缺陷出现在承包人提交的质量保修书中所承诺的保修范围、保修期限、保修责任内,且因承包人的施工所致,承包人应当负责保修,且自行承担保修费用;如果质量缺陷并非因承包人的施工所致,而是因建设单位或勘察单位或设计单位原因所致,或他们两家或三家单位共同原因所致,应当由责任方承担质量缺陷责任,但仍由施工单位负责保修,责任方承担保修费用。

发包人擅自使用未经验收或验收不合格的建设工程,因此造成的质量缺陷由发包人承担责任,承包人只需承担地基基础工程和主体结构所致的质量问题。在发包人擅自使用未经验收或验收不合格的建设工程过程中,发包人如发现使用的部分工程存在质量问题要求承包人承担责任,法院不予支持,因为发包人擅自使用未经验收或验收不合格的建设工程,实际上是免除了承包人对该使用部分工程的修复义务和保修义务。但是承包人应当在建设工程的

合理使用寿命内对地基基础工程和主体结构质量承担民事责任。[1]

因不可抗力或建设单位及其他使用者对建设工程使用不当所致的质量缺陷,不属于承包人的保修范围。

6. 拒绝低价竞标等违法行为

对于发包人迫使承包人以低于成本的价格竞标、任意压缩合理工期、明示或者暗示施工单位违反工程建设强制性标准降低工程质量等行为,施工单位应当坚决拒绝。

7. 承包人的责任

因承包人的原因致使建设工程在合理使用期限内造成人身和财产损害的,承包人应当承担损害赔偿责任。[2]

建筑施工企业必须树立"质量至上""质量是生命""质量就是工程价款"的理念,从严抓质量中要效益。哪怕建设工程预期有很大的利润空间,如果建筑施工企业不注重严抓、严管质量,建成的工程无法通过竣工验收,经修复、整改后仍无法通过验收,对于建筑施工企业而言,可以说是灾难性打击,不但期待的工程价款无法收回,还有可能承担发包人因此造成的损失,可谓得不偿失。

(三)发包人对工程质量承担首要责任

建设单位对工程质量承担首要责任。建设单位应当建立工程质量责任制,对建设工程各阶段实施质量管理,督促建设工程有关单位和人员落实质量责任,组织处理建设过程和保修阶段建设工程质量事故和缺陷。

发包人不得迫使承包方以低于成本的价格竞标,不得任意压缩合理工期。发包人不得明示或者暗示设计单位或者施工单位违反法律、行政法规和工程质量、安全标准,降低工程质量。

发包人应加强对工程建设全过程的质量管理,严格履行法定程序和质量责任,不得违法违规发包工程。发包人应切实落实项目法人责任制,保证合理工期和造价。

涉及建筑主体和承重结构变动的装修工程,建设单位应当在施工前委托

---

① 《建设工程司法解释(一)》第十三条规定:"建设工程未经竣工验收,发包人擅自使用后,又以使用部分质量不符合约定为由主张权利的,不予支持;但是承包人应当在建设工程的合理使用寿命内对地基基础工程和主体结构质量承担民事责任。"

② 《民法典》第八百零二条规定:"因承包人的原因致使建设工程在合理使用期限内造成人身损害和财产损失的,承包人应当承担赔偿责任。"

原设计单位或者具有相应资质等级的设计单位提出设计方案;没有设计方案的,不得施工。

发包人承担质量缺陷责任的主要情形:(1)发包人提供的技术资料存在缺陷,且属于承包人不应发现的缺陷;(2)发包人提供或指定购买的建筑材料、建筑构配件、设备存在缺陷,承包人履行了检验义务无法发现问题;(3)发包人擅自变更设计方案;(4)发包人对工程进行肢解发包;(5)发包人直接指定分包,承包人已依照合同约定履行了总包职责等。

(四)混合过错质量缺陷责任的承担

因发包人、承包人的过错,造成建设工程质量缺陷,双方应当承担混合过错所致的质量缺陷责任。

具体情形有:(1)承包人明知发包人提供的技术文件、设计图纸、指令存在缺陷,但未及时提出意见而继续施工;(2)承包人或发包人一方擅自变更工程设计方案,另一方应当提出意见而未提出;(3)承包人没有检验发包人提供或指定购买的建筑材料、建筑构配件、设备,或者经检验不合格仍然使用;(4)对发包人提出的违反法律法规和建筑工程质量、安全标准,降低工程质量的要求,承包人不拒绝而继续施工;(5)发包人直接指定分包,承包人未履行总承包职责。

典型案例　承包人与发包人承担质量缺陷责任

1. 案例来源

吉林省高级人民法院(2015)吉民再字第6号民事判决书。

2. 案情摘要

再审申请人临江市G建筑工程有限责任公司(以下简称G公司)与白山市Y房地产开发有限公司(以下简称Y公司)建设工程施工合同纠纷案,不服本院(2014)吉民一终字第44号民事判决,向最高人民法院申请再审。最高人民法院于2014年9月11日作出(2014)民申字第1013号民事裁定,指令吉林省高级人民法院再审本案。Y公司不服本院(2014)吉民一终字第44号民事判决,亦向最高人民法院申请再审。2014年12月10日,最高人民法院作出(2014)民申字第1914号民事裁定,裁定Y公司作为再审申请人参加再审审理程序。

G公司不服,向最高人民法院申请再审,请求予以再审,对于房屋质量问题造成的损失，由Y公司和G公司各承担50%责任。

事实与理由：(1)2013年及2014年间，G公司应Y公司要求，对涉案房屋多次进行了修复工作，因此支付的工程量及对应的修复费用依法应予扣减。(2)涉案房屋防水由立面防水改为防水性砂浆刚性防水系按照Y公司指示修改，此部分损失不应由G公司承担责任。

Y公司不服，向最高人民法院申请再审，请求撤销原审判决，改判G公司承担全部修复费用4860888元。

主要理由：二审法院判决Y公司承担30%责任，既无事实，也无法律依据，该工程质量出现问题Y公司无过错，不应承担任何责任。G公司未按照设计施工，且违反规定将工程层层分包、肢解，发包给没有任何资质的施工人，工程出现质量问题，应承担全部责任。一、二审法院适用证据和法律错误，Y公司不应承担任何工程质量责任。

3. 再审法院裁判结果

本案是因建设工程质量发生的纠纷，Y公司是本案工程的发包人，G公司是总承包人，Y公司与G公司之间是建设工程施工合同关系。G公司主张工程质量存在问题是在施工中Y公司指示其变更设计和施工方法导致的，但Y公司对此不予认可。根据《建筑法》第五十八条"建筑施工企业对工程的施工质量负责。建筑施工企业必须按照工程设计图纸和施工技术标准施工，不得偷工减料。工程设计的修改由原设计单位负责，建筑施工企业不得擅自修改工程设计"和《建设工程质量管理条例》第二十八条"施工单位必须按照工程设计图纸和施工技术标准施工，不得擅自修改工程设计，不得偷工减料。施工单位在施工过程中发现设计文件和图纸有差错的，应当及时提出意见和建议"的规定，无论是G公司还是Y公司，均没有权利擅自修改变更原工程设计，确需修改的应由原设计单位进行补充、修改。因此，G公司依据有Y公司工地代表丁某签字的签证单和证人证言主张Y公司同意其变更设计进行施工，没有法律依据。由于Y公司委托的监理在施工和工程验收中没有全面履行监督管理职责，因此，其作为委托单位对涉案工程存在的质量问题亦应承担相应的责任。根据《建设工程司法解释(一)》第三条第二款"因建设工程不合格造成的损失，发包人有过错的，也应承担相应的民事责任"之规定，原审判决G公司负70%责任，Y公司自负30%责任并无不当。裁判结果：维持本院(2014)吉民一终字第44号民事判决。

4. 律师点评

保证建设工程质量是发包单位与承包单位共同的责任。承包单位对建设工程的施工质量负责。承包单位在施工中如果发现原设计方案存在问题,继续施工将带来难以估量的质量隐患,或者发包单位主动要求变更设计方案,都必须由设计单位修改、完善,承包单位、发包单位都无权擅自修改,也不得达成共识撇开设计单位进行修改。否则,承包人与发包人应当对其混合过错造成的质量问题承担相应的责任。

二、质量保证金

发包人不能随心所欲扣留质量保证金,而应当依照双方签订的建设工程合同的约定处理。保证金总预留比例不得高于工程价款结算总额的3%。合同约定由承包人以银行保函替代预留保证金的,保函金额不得高于工程价款结算总额的3%。

建设工程合同未约定扣留质量保证金的金额、期限,发包人不得强行扣留。

在工程项目竣工前,已经缴纳履约保证金的,发包人不得同时预留工程质量保证金。采用工程质量保证担保、工程质量保险等其他保证方式的,发包人不得再预留保证金。

(一)质量保证金的由来

建设单位、勘察单位、设计单位、施工单位、工程监理单位依法对建设工程质量负责。

建设工程质量关系到人民群众生命财产安全,关系到新型城镇化发展水平,关系到城市未来和传承。近年来,我国建设工程质量管理水平不断加强,但因为建设工程量大面广,挂靠、非法转包、违法分包情况严重,管理缺失,质量意识不足,导致各种质量安全问题时有发生。为了保证建设工程质量,我国推出了建设工程质量保证金。

(二)质量保证金的含义

建设工程质量保证金,又称建设工程信誉保证金,是指承包人与发包人在建设工程合同中约定,从应付的工程价款中预留,用以保证承包人在缺陷责任期内对建设工程出现的缺陷进行维修的资金。

保修责任是承包人应尽的法定责任。

如果承包人承建的建设工程在质量缺陷责任期内出现质量问题,发包人可以要求承包人承担法定的保修责任,并由承包人承担维修费用。建设工程质量保证金能在一定程度上督促建设工程企业优化承包方案、提高工程质量、消除质量隐患、履行保修义务。

(三)质量保证金的性质

质量保证金是承包人承诺完成建设工程合同约定的质量保修工作的保证。

除了双方签订的建设工程合同有特别约定外,质量保证金是发包人从应付工程价款中预留的资金,属于工程价款的一部分,而不是定金或违约金,用于保证承包人在缺陷责任期内对工程缺陷进行维修。

(四)双方应当约定质量保证金

1. 质量保证金的相关规定

目前建设单位收取质量保证金不规范、高额收取保证金、不按建设工程合同的约定返还保证金、质量保证金监管不到位等问题突出,给建设工程企业的经营带来了很大的影响。因此,住房城乡建设部、财政部制定了《建设工程质量保证金管理办法》(建质〔2017〕138 号)。

该办法第三条规定:“发包人应当在招标文件中明确保证金预留、返还等内容,并与承包人在合同条款中对涉及保证金的下列事项进行约定:(一)保证金预留、返还方式;(二)保证金预留比例、期限;(三)保证金是否计付利息,如计付利息,利息的计算方式;(四)缺陷责任期的期限及计算方式;(五)保证金预留、返还及工程维修质量、费用等争议的处理程序;(六)缺陷责任期内出现缺陷的索赔方式;(七)逾期返还保证金的违约金支付办法及违约责任。”

在工程项目竣工前,已经缴纳履约保证金的,发包人不得同时预留工程质量保证金。采用工程质量保证担保、工程质量保险等其他保证方式的,发包人不得再预留保证金。

这是针对以招标投标方式确定承包人的建设工程收取质量保证金的规定。发包人在公开发布的招标文件中必须明确质量保证金的预留、返还等内容,并且须在与中标人签订的建设工程合同中进一步明确。质量保证金的预留方式主要有两种:(1)逐次预留,发包人在支付工程进度款时按比例逐次预留;(2)一次性预留,发包人在工程竣工结算时一次性预留质量保证金。

笔者认为,发包人与以招标投标方式确定的承包人不得另行签订补充协议约定质量保证金的预留及比例、返还方式、期限及逾期返还的违约责任、缺陷责任期的期限及计算方式等内容,否则将是对建设工程合同实质性内容的变更,应当认定为无效的合同。[①] 令人遗憾的是,目前的司法实践没有充分注意到这一点,因此出现了一些错误裁判。

2. 可以银行保函替代预留保证金

承包人可以银行保函替代预留保证金。

工程质量保证保险,是指保险公司向建设工程发包人提供的一种保证承包人在缺陷责任期内履行工程质量缺陷修复义务的保险。

工程质量保证保险是工程质量保证金的替代形式,以承包人在缺陷责任期内对建设工程出现的缺陷履行维修义务为保险标的。

建设工程在质量缺陷责任期内,如果发现工程质量不符合工程建设强制性标准、设计文件的要求以及建设工程合同的约定要求,而承包人拒绝履行建设工程质量缺陷修复义务或无力履行时,由保险公司负责进行维修或承担赔偿责任,为承包人承担代偿责任。保险公司维修或赔偿后,可依据质量责任依法向承包人进行追偿。

发包人应按照合同约定方式预留保证金,保证金总预留比例不得高于工程价款结算总额的3%。合同约定由承包人以银行保函替代预留保证金的,保函金额不得高于工程价款结算总额的3%。

(五)质量保证金的返还

1. 缺陷责任期满后,质量保证金的返还

(1)缺陷责任期

缺陷,是指建设工程质量不符合工程建设强制性标准、设计文件的要求以及建设工程合同的约定。

---

① 《建设工程司法解释(二)》第一条规定:“招标人和中标人另行签订的建设工程施工合同约定的工程范围、建设工期、工程质量、工程价款等实质性内容,与中标合同不一致,一方当事人请求按照中标合同确定权利义务的,人民法院应予支持。招标人和中标人在中标合同之外就明显高于市场价格购买承建房产、无偿建设住房配套设施、让利、向建设单位捐赠财物等另行签订合同,变相降低工程价款,一方当事人以该合同背离中标合同实质性内容为由请求确认无效的,人民法院应予支持。”

缺陷责任期，是指承包人按照合同约定承担缺陷修复义务，发包人预留质量保证金的期限。

缺陷责任期一般为1年，最长不超过2年，由发包人与承包人在建设工程合同中约定。缺陷责任期从建设工程通过竣工验收之日起计算。由于承包人原因导致工程无法按规定期限进行竣工验收的，缺陷责任期从实际通过竣工验收之日起计算；由于发包人原因导致工程无法按规定期限进行竣工验收的，在承包人提交竣工验收报告90天后，工程自动进入缺陷责任期。

（2）缺陷责任期内，承包人负责维修、承担费用

缺陷责任期内，因承包人原因造成的缺陷，承包人应当负责维修，并承担鉴定及维修费用。

因承包人原因致使工程质量出现缺陷，承包人拒绝维修、在合理期限内不能修复或者发包人有正当理由拒绝承包人维修，发包人可以另行委托他人维修，由承包人承担合理的维修费用。发包人未通知承包人或无正当理由拒绝承包人维修，自行委托他人修复的，承包人承担的修复费用以由其自行修复所需的合理费用为限。

如承包人不维修也不承担费用，发包人可按合同约定从质量保证金或银行保函中扣除，费用超出质量保证金额的，发包人可按合同约定向承包人提出索赔。

由他人原因造成的缺陷，承包人负责组织维修，承包人不承担费用，且发包人不得从质量保证金中扣除费用。

承包人维修并承担相应费用后，不免除其对工程的损失赔偿责任。

（3）质量缺陷责任期不同于质量保修期

建设工程质量保修期，是指在正常使用条件下，建设工程的最低保修期限。

《建设工程质量管理条例》（国务院令第687号）第四十条规定了建设工程质量保修期限：

①基础设施工程、房屋建筑的地基基础工程和主体结构工程，为设计文件规定的该工程的合理使用年限；

②屋面防水工程、有防水要求的卫生间、房间和外墙面的防渗漏，为5年；

③供热与供冷系统，为2个采暖期、供冷期；

④电气管线、给排水管道、设备安装和装修工程，为2年。

因此，建设工程质量保修期远远超过质量缺陷责任期。

建设工程承包单位在向建设单位提交工程竣工报告时,应当向建设单位出具质量保修书。质量保修书中应当明确建设工程的保修范围、保修期限和保修责任等。施工单位对建设工程的保修责任主要包括以下几个方面:

①施工单位未按国家有关规范、标准和设计要求施工造成质量缺陷,由施工单位负责维修并承担维修费用。

②因设计方面原因造成质量缺陷,由施工单位负责维修,由设计单位承担维修费用。

③因建筑材料、构配件和设备质量问题不合格引起的质量缺陷,由施工单位负责维修,属于施工单位采购的或经其验收同意的,由施工单位承担维修费用;属于建设单位采购的,由建设单位承担维修费用。

④因建设单位(含监理单位)错误管理造成的质量缺陷,由施工单位负责维修,由建设单位承担维修费用;如属监理单位责任,则由监理单位承担维修费用。

⑤因使用单位使用不当造成的损坏问题,由施工单位负责维修,由使用单位自行承担维修费用。

损失范围既包括因工程质量造成的直接损失,即用于返修的费用;也包括间接损失,如给使用人或第三人造成的财产或非财产损失。

2. 质量保证金的返还期限、违约责任的规定

(1)《建设工程质量保证金管理办法》的规定

缺陷责任期内,承包人认真履行合同约定的责任,到期后,承包人向发包人申请返还质量保证金。发包人在接到承包人返还质量保证金申请后,应于14日内会同承包人按照合同约定的内容进行核实。如无异议,发包人应当按照约定将质量保证金返还给承包人。

对返还期限没有约定或者约定不明确的,发包人应当在核实后14日内将质量保证金返还承包人,逾期未返还的,依法承担违约责任。发包人在接到承包人返还质量保证金申请后14日内不予答复,经催告后14日内仍不予答复,视同认可承包人的返还质量保证金申请。

(2)《建设工程司法解释(二)》的规定

《建设工程司法解释(二)》第八条对发包人返还承包人的质量保证金期限作出了三种规定。承包人符合这三种情形之一所提出的返还质量保证金的请求,人民法院应予支持:

①约定的工程质量保证金返还期限届满。承包人与发包人签订的《建设

工程施工合同》如采用现行通行版《建设工程施工合同(2017 文本)》,一般会在合同的通用条款或专用条款中约定工程质量保证金的返还期限,且会明确:缺陷责任期内,承包人认真履行合同约定的责任,约定的工程质量保证金返还期限届满后,承包人可向发包人申请返还保证金。发包人在接到承包人返还保证金申请后,应于 14 日内会同承包人按照合同约定的内容进行核实。如无异议,发包人应当按照约定将保证金返还给承包人。对返还期限没有约定或者约定不明确的,发包人应当在核实后 14 日内将保证金返还承包人,逾期未返还的,依法承担违约责任。发包人在接到承包人返还保证金申请后 14 日内不予答复,经催告后 14 日内仍不予答复,视同认可承包人的返还保证金申请。

②未约定质量保证金返还期限,自建设工程通过竣工验收之日起满二年。这种情形一般发生在双方当事人未采用《建设工程施工合同(2017 文本)》签订合同的情况下,他们自行起草《建设工程施工合同》。承包人与发包人未约定质量保证金返还期限或约定质量保证金自工程通过竣工验收之日起超过 2 年返还。超过 2 年的部分加大了承包人的质量保证责任,不能计入缺陷责任期。

③因发包人原因建设工程未按约定期限进行竣工验收的,自承包人提交工程竣工验收报告 90 日后起当事人约定的工程质量保证金返还期限届满;当事人未约定工程质量保证金返还期限的,自承包人提交工程竣工验收报告 90 日后起满 2 年。

以上规定中的两个"90 日",都是计算质量保证金返还期限的起始点,都从承包人向发包人提交工程竣工验收报告起算。

给发包人 90 日的返还质量保证金的缓冲期,是根据我国建筑实践的客观情况而定。我国建设工程施工专业性强、主体多而复杂、法律关系混乱、管理缺失、质量意识不足,导致质量问题频发。因此,90 日的缓冲期,对于发包人来说,是给其向承包人返还质量保证金 90 日的宽限期,也是给其组织竣工验收 90 日的宽限期。90 日宽限期满后,发包人仍无故拖延、不组织对建设工程进行竣工验收,建设工程自动进入缺陷责任期,自动进入质量保证金返还期限的起算点。这样的规定禁止发包人无期限拖延竣工验收,照顾了承包人的利益。

承包人按照以上规定要求发包人返还工程质量保证金后,承包人仍应根据合同约定或者法律规定履行工程保修义务。建设工程在保修范围和保修期限内发生质量问题的,施工单位应当履行保修义务,并对造成的损失承担赔偿责任。

典型案例 条件满足时质量保证金返还

1. 案例来源

最高人民法院(2019)最高法民终504号民事判决书。

2. 案情摘要

上诉人唐山市T房地产开发有限公司(以下简称T公司)因与被上诉人江苏N建设集团有限公司(以下简称N公司)建设工程施工合同纠纷案,不服河北省高级人民法院(2014)冀民一初字第15号民事判决,向本院提起上诉。

T公司上诉请求:一审在判决给付工程款的判项中没有扣留质保金也不符合建筑法规及建筑规范的要求。本案双方的施工合同虽然无效,但N公司对其施工的部分还应依法承担工程质量保修责任,这是法律规范要求,也是N公司收取工程款的基础。同时扣留工程质保金也是工程结算中应有的内容。根据合同约定本案工程质保金的比例是工程造价的5%,一审法院未予扣留,应予以纠正。

N公司辩称:关于质保金是否应予扣留的问题。《工程协议书》已被生效判决确认无效,质保金保留条款也对双方不具有法律约束力。关于案涉工程质量问题,另案生效判决已判令N公司承担质量修复责任,且N公司已于2019年2月支付质量修复款予以修复,扣留质量保证金的前提已不存在,否则,将导致N公司对工程质量问题重复承担责任,明显不合理。且N公司退场后,第三方继续承建,已经按施工合同和法律法规重新交纳保证金并承建至完工。N公司并非提交竣工验收报告的一方,不适用司法解释关于质保金返还的相关条款。

二审中,当事人没有提交新证据。

本院二审审理查明的其他事实与一审法院查明的事实一致。

3. 二审法院裁判结果

关于案涉工程的质保金是否应予以扣留的问题。案涉《工程协议书》虽被确认无效,但建设工程实行质量保修制度。工程质量保证金一般是用以保证承包人在工程质量保修期内对建设工程出现的质量缺陷进行维修的资金。虽然工程质保金可以由当事人双方在合同中约定,但从性质上讲,工程质量保证金是对工程质量保修期内工程质量的担保,是一种法定义务,故不应以合同效力为认定前提。且双方对工程质保金约定在《工程协议书》第七条“付款方式”中,内容即“政府主管部门对工程项目总体竣工验收合格后,由N公司向T公司提交工程结算报告,T公司收到N公司工程结算报告后60日内完成结算审核并支付至总工程款的95%。剩余5%部分作为保修金,在N公司按有关规定完成保修任务的前提下,工程竣工满一年10日内付2%,剩余部分按国家有关规定执行”。由此,双方对质保金的约定,属于结算条款范畴。因此,在合同约定的条件满足时,工程质量保证金才应返还施工人。本案中,虽然N公司已完成施工的部分工程经过了分部分项验收,但建设工程的保修期,应自整个工程竣工验收合格之日起计算。虽然案涉工程存在的质量问题已经另案判决N公司承担了质量修复责任,但质量修复责任与质保金承载的担保责任并非同一性质,工程质量保证金在条件满足的情况下是应予返还的。因案涉整体工程尚未竣工验收合格,根据合同约定,T公司主张应扣留工程价款5%的质保金的上诉请求成立,本院予以支持。根据一审法院认定,N公司已完工程造价为107123872.97元,案涉工程的质保金应为5356193.65元(107123872.97元×5%)。一审法院未按照合同约定,扣留相应工程质保金存在不当,本院予以纠正。

综上,N公司已完工程造价为107123872.97元,扣除已付款3000万元和应扣留的质保金5356193.65元,T公司应向N公司支付工程款71767679.32元(107123872.97元-30000000元-5356193.65元)。

判决:……(3)变更河北省高级人民法院(2014)冀民一初字第15号民事判决第一项为:T公司于判决生效之日起15日内向N公司支付工程款71767679.32元,并自2017年8月8日起至实际给付之日止,按中国人民银行同期同类贷款利率支付利息。

4.律师点评

质量保证金,是指承包人与发包人在建设工程合同中约定,从应付的工程价款中预留,用以保证承包人在缺陷责任期内对建设工程出现的缺陷进行维修的资金。法律并未规定建设工程发包人必须预留一定比例的工程价款,用于保证承包人在缺陷责任期内对建设工程出现的缺陷进行维修的资金。发包人、承包人在建设工程合同中未约定扣留质量保证金的金额、期限,发包人不得强行扣留。

第六章

工程索赔实务问题

索赔与反索赔是承包人与发包人之间经常发生的一项管理业务。对于承包人与发包人来说,索赔与反索赔是合作,而不是对立,有助于双方当事人加强合同管理,全面恰当履行合同约定的义务,维护建筑市场正常秩序。

工程索赔直接关系承包人与发包人的切身利益,花言巧语不可行,胡搅蛮缠搞不定,使用不合法手段更不靠谱。成功索赔必须依赖充足的证据,用事实说话,以法律为准绳。

索赔方提出费用索赔请求,并不要求举证证明实际损失的发生与被索赔一方的行为或过错存在法律上的因果关系。

一、工程索赔

(一)工程索赔的含义

工程索赔,是指在建设工程施工合同履行过程中,承包人或发包人非因己方的原因而受到工期延误和(或)经济损失,按照法律规定或合同约定,应当由对方当事人承担法律责任,而向对方当事人主张工期延长和(或)费用补偿的行为。

工程索赔是一种单方请求权,需要索赔提出方提供充足证据证明己方已发生实际损失,且实际损失并非己方原因所造成。这就需要索赔提出方平时注意收集、保留相关证据,以备可能出现的诉讼程序。如果能通过协商方式变索赔单方请求为承包人与发包人的共同意思表示,那是建设工程承包人主张工程索赔应当追求的一种高境界。

工程索赔是双向的,既包括承包人向发包人提出的索赔,也包括发包人向承包人提出的索赔。一般将发包人对承包人提出的索赔称为“反索赔”。

相对来说,发包人向承包人的反索赔请求操作简单,容易处理,而承包人向发包人提出的索赔,则复杂得多。本书主要介绍承包人对发包人提出的索赔,发包人对承包人提出的反索赔仅略述。

引起索赔的事由为索赔事件。索赔事件可由双方当事人在建设工程施工合同中约定,合同没有约定的,依照建筑业有关索赔的国内外惯例进行索赔。

索赔是合同法律效力的具体体现,是法律赋予承包人与发包人保护自身正当权益的手段。如若没有索赔和关于索赔的法律规定,则建设工程合同便形同儿戏,对双方都难以形成真正意义上的约束,便会使合同的实施得不到保证,影响社会正常的经济秩序。

工程索赔是一项涉及面广、学问深、讲究艺术技巧的行为。衡量承包人承建工程是否成功,很大程度上取决于其是否善于提出索赔、是否能够成功索赔。

工程索赔直接关系到建筑施工企业的经济利益,企业的负责人、高管及其他施工管理人员都应当懂得索赔,重视索赔,善于索赔,将工程索赔工作贯穿于建设工程施工合同签订、履行的全过程。

真正有实力有经验的建筑施工企业尤其是国外先进的建筑施工企业,都特别重视工程索赔,擅长提出工程索赔。我国的建筑施工企业大多受到国内工程承包管理模式的束缚,索赔意识较为薄弱,甚至羞于提出索赔,担心索赔会影响双方后续的合作关系。因此,建设工程施工合同的承包人加强索赔意识,提高索赔能力,显得尤为必要。

(二)工程索赔的性质

1. 索赔是补偿,不是惩罚

索赔是正确履行合同的正当权利要求,是承包人和发包人之间承担风险比例的合理再分配。

承包人向发包人提出的工程索赔款,是在建设工程施工合同外产生的人工费、建筑材料费、机械台班费、管理费或其他额外开支,非因承包人的过错所造成。

承包人向发包人提出工程索赔,要求有足够证据证明实际损失已经发生。实际损失是承包人已多支出或确定必须多支出的额外成本,不是承包人向发包人索取的意外费用,不是承包人获取的意外收入,发包人支付索赔金额也不是意外支出。工程索赔款属工程价款的一部分。

2. 索赔是合作,不是对立

索赔与反索赔是承包人与发包人之间经常发生的一项管理业务。对于承包人与发包人来说,索赔与反索赔是合作,而不是对立,有助于双方当事人加强合同管理,全面恰当地履行合同约定的义务,维护建筑市场正常秩序;有助于双方当事人了解国际惯例,熟练掌握索赔、反索赔和处理索赔、反索赔的方法与技巧,增强国际竞争力。

工程索赔是对于违约方的一道警戒线,能对其产生有力的震慑和影响,使其不得不顾忌到违约后可能承担的风险和法律后果,从而保障了合同的如约履行。所以,索赔有助于承包人与发包人更加紧密地合作,共同促进合同目标的实现。①

3. 损害结果与行为不一定存在因果关系

索赔提出方所受到的损害,与被索赔方的行为并不一定存在法律上的因果关系。索赔事件可能是一定的行为,也可能是不可抗力事件;可能是对方当事人的行为导致,还可能是任何第三方行为所引起。

(三)工程索赔的分类

1. 工期索赔和费用索赔

根据工程索赔的目的和要求划分,工程索赔分为工期索赔和费用索赔。

(1)工期索赔

工期索赔,是指在建设工程施工合同履行过程中,承包人非因自身的原因受到工期延误,按照法律规定或合同约定,向发包人主张工期补偿的行为。

承包人提出的工期索赔要求如获支持,可以相应免除向发包人承担工期延误的违约责任,还有可能获得因工期补偿而提前竣工所带来的补偿或奖励。

对于承包人来说,工期索赔的作用:①工期顺延,无须向发包人承担工期延误的违约责任;②获得人员、施工机械的窝工损失赔偿。

(2)费用索赔

费用索赔,是指在建设工程施工合同履行过程中,承包人非因自身的原因而受到经济损失,按照法律规定或合同约定,向发包人主张费用补偿的行为。

2. 工程延误索赔、赶工索赔、工程变更等索赔

根据索赔事件的性质划分,可以将工程索赔分为工程延误索赔、赶工索

---

① 袁华之:《建设工程索赔与反索赔》,法律出版社 2016 年版,第 21 页。

赔、工程变更索赔、合同终止索赔、不可预见的不利条件索赔、不可抗力事件的索赔、其他索赔。

(1)工程延误索赔

工程延误索赔,是指因发包人未按合同要求提供施工条件,或因发包人指令工程暂停或不可抗力事件等原因造成工期延误,承包人向发包人提出的索赔。

如果由于承包人原因导致工期延误,发包人可以向承包人提出工期延误反索赔。

(2)赶工索赔

赶工索赔,是指发包人指令承包人赶工,缩短工期,引起承包人的人力、物力、财力的额外开支,承包人向发包人提出的索赔。

(3)工程变更索赔

工程变更索赔,是指因发包人指令增加工程量或增加附加工程、修改设计、变更工程顺序等,造成工期延长和(或)费用增加,承包人向发包人提出的索赔。

(4)合同终止索赔

合同终止索赔,是指因发包人违反合同的约定、第三人的原因或发生不可抗力事件等因素造成合同非正常终止,承包人因此遭受经济损失而向发包人提出的索赔。

因承包人的原因导致合同非正常终止,或者合同无法继续履行,发包人就此可以提出反索赔。

(5)不可预见的不利条件索赔

不可预见的不利条件索赔,是指在建设工程施工合同履行期间,出现了承包人不能合理预见的不利施工条件或外界障碍,例如,地质条件与发包人提供的资料不符,出现不可预见的地下水、地质断层、溶洞、地下障碍物等,承包人就此遭受的损失向发包人提出的索赔。

(6)不可抗力事件的索赔

不可抗力事件的索赔,是指在建设工程施工合同履行期间,承包人因不可抗力事件的发生遭受损失,根据合同中对不可抗力风险分担的约定,向发包人提出的索赔。

(7)其他索赔

如因货币贬值、汇率变化、物价上涨、政策法令变化等原因引起的索赔。

3. 合同中明示的索赔、默示的索赔、道义索赔

根据索赔的合同依据分类,索赔可分为合同中明示的索赔、合同中默示的索赔、道义索赔。

(1)合同中明示的索赔

合同中明示的索赔,是指承包人所提出的索赔要求,在该工程项目的合同条款中有约定,承包人可以据此提出索赔要求,并取得经济补偿。这些在合同文件中有文字规定的合同条款,称为明示条款。

(2)合同中默示的索赔

合同中默示的索赔,是指承包人所提出的索赔要求,在该工程项目的合同条款中没有约定,承包人根据该合同的某些条款的含义,向发包人提出的索赔。

(3)道义索赔

道义索赔,俗称通融索赔或优惠索赔,是指在施工过程中承包人因意外困难遭受损失,双方当事人没有约定索赔依据,承包人向发包人提出给以适当经济补偿的要求,发包人出于自己的利益和道义考虑,给予承包人一定的经济补偿的索赔。

4. 其他分类

比如,根据索赔的处理方式分类,索赔可以分为单项索赔、综合索赔。

(1)单项索赔

单项索赔,是指在建设工程施工合同过程中发生了某一干扰事件,承包人在合同规定的索赔有效期内,就该干扰事件造成的损失向发包人提出的索赔。

(2)综合索赔

综合索赔,又称总索赔,是指承包人将施工过程中未解决的单项索赔集中,向发包人提出一份总索赔报告,以"一揽子"方案解决索赔问题。这是在国际工程中经常采用的索赔处理和解决方法。

典型案例　赶工索赔

1. 案例来源

最高人民法院(2019)最高法民申4900号民事裁定书。

2. 案情摘要

再审申请人海城市J有限公司(以下简称J公司)因与被申请人沈阳B建设股份有限公司(以下简称B公司)建设工程施工合同纠纷案,不服辽宁

省高级人民法院(2019)辽民终846号民事判决,向最高人民法院申请再审。

J公司申请再审称:二审判决认定案涉工程A1#~A3#、B2#~B6#、一期地下车库增加人工费30%(即3962202.6元)没有事实依据和法律依据。案涉工程系通过招投标方式签署《建设工程施工合同》,B公司具备相应的建设资质,且工程没有进行设计变更,均是依据施工图纸进行施工,不存在造型复杂问题。《建设工程施工合同》合法有效,人工费应依合同计算。B公司是在严重超过合同约定工期的情况下施工的,后果应自行承担。B公司与J公司未就人工费增加达成修改合意,"情况属实"字样依法不具有修改合同的效力,更不能因此对J公司产生拘束力。B公司也自始至终未能向法院提供B2#~B6#的施工档案,且没有提供增加人工费的签证。

B公司提交意见称:J公司对A1#~A3#楼、B2#~B6#楼属于造型复杂的事实是认可的,只是J公司所属的集团公司没有答复。J公司的阮某和监理高某签字确认"情况属实",B公司申请调整人工费和增加施工人员赶工费合情合理,原审认定正确。

3. 再审法院裁判结果

Al#、A2#、A3#楼及B2#~B6#楼工程造型复杂,属于客观事实,且双方当事人签署会议纪要亦说明J公司曾认同案涉工程造型复杂,应增加人工费,只是双方最终未能就人工费增加的金额或人工费增加的计算方式协商达成一致意见。本案诉讼中,B公司申请按照同类别墅价格调整人工费,即在人工费定额基础上上浮50%,鉴定机构据此计算出A1#、A2#、A3#楼人工费增加款1311889元、B2#~B6#楼人工费增加款3360696元。B公司主张地下车库人工费增加款的发生,是基于地下车库施工正值秋季之初,又遇中秋节、国庆节,北方农民工都要返乡过节、收地,这期间人工费大幅度增长,而为赶工期又必须多投入施工人员加班完成施工任务。2013年3月28日、2013年4月1日,J公司驻工地工程师及代表阮某、高某等分别在B公司报送的含有多投入施工人员需增加人工费的两份情况说明中签署了"情况属实"的意见。鉴定机构依据B公司的申请计算出地下车库人工费增加款1931086元。由此可见,B公司主张上述三项人工费增加款项具有事实根据,也符合交易惯例,双方的会议纪要内容、咨询及签证行为亦表明J公司应给付人工费增加款。由于工程造型复杂的人工费增加标准缺乏具体的文件依据,为赶工期多投入的施工人员的数量及发放的工资金额当时J公司未做具体确认，二审法院根据本案实际情况，酌定在人工费定额基础上上浮30%计算因案涉工程造型复杂应增加的人工费，符合公平、合理的原则，并无不当。J公司申请再审称案涉工程人工费不应增加，理由不能成立。最高人民法院于2019年12月16日作出(2019)最高法民申4900号裁定：驳回J公司的再审申请。

4.律师点评

建设工程高质量、短工期是承包人与发包人共同追求的目标。发包人因需要尽快使用建筑物获益、天气因素、节假日因素等，往往指令承包人赶工期。承包人为了完成赶工期任务，需要投入更多的人力、物力、财力，造成额外开支，可以就此向发包人提出赶工索赔。

承包人需要保存因赶工期而增加的人力、物力、财力证据，也需要保存发包人或其委托的监理工程师向发包人发出的赶工指令等证据。

二、工程索赔的计算

(一)工期索赔的情形、依据、计算

1.工期索赔的情形

非因承包人的原因导致工期延误，且延误的工期属于关键线路，或者延误前是非关键线路但因延误变成关键线路的，承包人可向发包人提出工期索赔要求。延误的工期属于非关键线路，且不因工期延误而变成关键线路，承包人无权向发包人主张工期索赔。

(1)因发包人的原因导致关键线路工期延误，承包人可向发包人主张工期索赔，又可提出费用索赔；

(2)因第三方或自然条件而非发包人的原因导致关键线路工期延误，承包人向发包人可主张工期索赔，不可提出费用索赔。

2.工期索赔的依据

(1)合同约定或双方认可的施工总进度规划；

(2)双方认可的施工详细进度计划；

(3)双方认可的对工期的修改文件；

(4)施工日志、工地交接班记录；

(5)建筑材料和设备采购、订货运输使用记录等；

(6)发包人或监理人的变更指令;

(7)影响工期的干扰事件;

(8)受干扰后的实际工程进度;

(9)市场行情记录;

(10)气象资料;

(11)其他资料。

3. 工期索赔的计算方法

(1)直接法

如果某索赔事件发生在关键线路上,造成建设工程总工期的延误,直接将该索赔事件所致的实际延误时间作为工期索赔值。

(2)比例计算法

如果某索赔事件只影响到某单项工程、单位工程或分部分项工程的工期,可以采用比例计算法,分析其对建设项目总工期的影响。

(3)网络图分析法

利用进度计划的网络图,分析其关键线路。如果延误的工作为关键工作,则延误的时间为索赔的工期;如果延误的工作为非关键工作,当该工作由于延误超过时差限制而成为关键工作时,可以索赔延误时间与时差的差值,若该工作延误后仍为非关键工作,则不存在工期索赔问题。

(二)费用索赔计算

因发包人的原因导致非关键线路工期延误,且不因延误而变成关键线路,承包人向发包人不可主张工期索赔,只可提出费用索赔。

1. 工程索赔价款结算的法律规定

《建设工程价款结算暂行办法》(财建〔2004〕369 号)规定工程完工后,双方应按照约定的合同价款及合同价款调整内容以及索赔事项,进行工程竣工结算。承包人与发包人未能按合同约定履行自己的各项义务或发生错误,给另一方造成经济损失的,由受损方按合同约定提出索赔,索赔金额按合同约定支付。

以上规定有三层意思:(1)工程索赔价款结算的前提是建设工程施工合同的一方当事人未按照合同约定履行义务或履行义务有误,造成另一方经济损失;(2)工程索赔价款结算,建设工程合同有约定的,按约定索赔;(3)工程索赔价款结算,建设工程合同没有约定的,按建筑行业的惯例索赔。

2. 索赔费用的构成

不同索赔事件所致的索赔，承包人索赔的具体费用不完全一样。但一般可归结为人工费、材料费、施工机具使用费、分包费、施工管理费、利息、利润、保险费等。

（1）人工费

①因完成合同约定之外的工作所花费的人工费用；

②超过法定工作时间加班工作，法定人工费增长；

③因非承包人原因导致工效降低所增加的人工费用；

④因非承包人原因导致工程停工的人员窝工费和工资上涨费等。

（2）材料费

①因索赔事件的发生，造成材料实际用量超过计划用量而增加的材料费；

②因发包人原因导致工程延期期间的材料价格上涨和超期储存费用；

③运输费、仓储费以及合理的损耗费用。

因承包人管理不善，造成材料损坏失效，不能列入索赔款项内。因工期延误导致材料上涨，会造成建设工程项目的成本增加，双方当事人常常因此产生纠纷，承包人要高度注意。

（3）施工机具使用费

①因完成合同之外的工作所增加的机械使用费；

②非因承包人原因导致工效降低所增加的机械使用费；

③因发包人或工程师指令错误或迟延导致机械停工的台班停滞费。

（4）现场管理费

承包人完成合同之外的额外工作以及由于发包人原因导致工期延期期间的现场管理费，包括管理人员工资、办公费、通信费、交通费等。

（5）企业管理费

因发包人原因导致工程延期期间所增加的承包人向公司总部提交的管理费，包括总部职工工资、办公大楼折旧、办公用品、财务管理、通信设施以及总部领导人员赴工地检查指导工作等开支。

（6）保险费

因发包人原因导致工程延期时，承包人必须办理工程保险、施工人员意外伤害保险等各项保险的延期手续，对于由此而增加的费用，承包人可以向发包人提出索赔。

(7)保函手续费

因发包人原因导致工程延期时,承包人必须办理相关履约保函的延期手续,对于由此而增加的手续费,承包人可以向发包人提出索赔。

(8)利息

①发包人拖延支付工程价款利息;

②发包人迟延退还工程质量保证金的利息;

③承包人垫资施工的垫资利息;

④发包人错误扣款的利息等。

(9)利润

一般来说,由于工程范围的变更、发包人提供的文件有缺陷或错误、发包人未能提供施工场地、因发包人违约导致的合同终止等事件引起的索赔,承包人都可以列入利润。

(10)分包费用

由于发包人的原因导致分包工程费用增加时,分包人可向承包人提出费用索赔,但不能直接向发包人提出索赔。总承包人可向发包人提出包括增加的分包工程费用在内的费用索赔。

3. 停工索赔

在施工过程中,停工现象较为突出,而其中因发包人原因引起的停工较为普遍。停工原因复杂多样,处理停工索赔难度相对较大。

因发包人原因引起的停工索赔,根据承包人是否撤离施工现场,工程停工索赔分为两种情况:承包人停工不撤场;承包人停工撤场。

(1)承包人停工不撤场的索赔

工程停工后,承包人大多不撤场,导致工程停工的因素消除后,工程可以继续施工。此种情形下,承包人在施工现场原地等待复工通知。承包人有权向发包人提出以下索赔请求:

①索赔停工等待复工期间的人工费。导致工程停工的因素消除后,工程需要继续施工。承包人的施工工人仍须呆在施工现场等待复工通知。此时,将造成大量人员窝工。停工等待复工期间工人的工资数额,按照《劳动合同法》与双方合同约定的标准计算。

②索赔停工等待复工期间周转材料的租赁费。承包人租赁了一些周转材料,停工期间新增加的材料租赁费对承包人的损失很大,可向发包人提出索赔。

③索赔停工等待复工期间的机械费用。可索赔新增的机械租赁费、因停工所致的机械大修费用以及大型机械进出场费用。

④停工等待复工期间的其他直接费。例如:现场排污费、冬雨季防护费等。

⑤停工等待复工期间的间接费。包括施工单位对本工程的管理费及现场管理人员的现场经费。

(2)承包人停工撤场的索赔

建设工程因发包人的原因停工,不能再继续进行施工的,承包人需要撤离施工现场。此种情形下,承包人可以向发包人提出以下费用的索赔:

①承包人撤离施工现场的直接费。包括以下费用:施工工人撤场费;施工现场的周转材料转移费;施工机械转移费。

②承包人撤离施工现场的间接费。包括工程撤场时现场管理人员的工资费用及行政办公费用。

③预期利润。因为发包人的原因导致建设工程停工撤场,承包人无法实现本建设项目的预期利润,承包人可就预期利润向发包人提出索赔。

典型案例　因发包人的原因承包人要求停工索赔

1. 案例来源

山东省高级人民法院(2017)鲁民终1760号民事判决书。

2. 案情摘要

上诉人威海Y文化旅游发展有限公司(以下简称Y公司)因与被上诉人W建设集团股份有限公司(以下简称W集团)建设工程施工合同纠纷案,不服山东省威海市中级人民法院(2015)威民一初字第51号民事判决,向山东省高级人民法院提起上诉。

Y公司上诉请求:撤销(2015)威民一初字第51号民事判决,依法改判驳回W集团的诉讼请求。事实与理由:一审判决Y公司支付停工损失13778125.78元没有依据。(1)根据施工合同第3.3.2.2条约定,只能顺延工期,不能计取任何形式的工期费用补偿。(2)即使存在第3.3.2.2条约定的情形,根据施工合同第3.3.1条约定,持续时间在28天内的,发包人不承担赔偿责任。本案工程延误天数绝大部分没有超过28天,根据上述约定,不应计取损失,若应计取,也要扣除28天。(3)施工合同签订后,双方未就变更上述约定达成任何合意。(4)W集团提出工期索赔的时间分别是2015

年3月20日和22日，超出施工合同第36条约定的7天，其无权获得补偿。

W集团辩称：一审对损失的认定合法合理。W集团已经按照合同第36.2条第5项规定阶段性向Y公司发出索赔意见，行使了索赔权，且该条没有超过28天W集团就放弃索赔的约定。该条款明确约定Y公司在收到索赔报告28天内答复，否则视为认定该索赔报告，W集团完全可以直接要求Y公司按照索赔报告支付赔偿款。

3.二审法院裁判结果

关于停工责任。一审认定Y公司存在未按约定支付进度款、甲供材迟延进场、图纸迟延交付等违约情形，导致工程多次停工，认定事实正确。Y公司存在多次未按合同约定支付进度款、甲供材迟延进场、图纸迟延交付等违约情形，且持续事件较长，客观上造成了W集团相关费用的增加。W集团就此多次向Y公司提出申请停工报告、索赔报告等材料，较为及时地履行了索赔权利。Y公司签收上述材料后，多次表示"领导协商解决"，但一直未能妥善处理上述问题，其对此存在一定的过错。Y公司现以上述合同约定为由，主张免除其民事责任，依据不充分，且对W集团显失公平，本院不予支持。W集团有权就停工期间增加的相关费用，要求Y公司承担相应的赔偿责任。

山东省高级人民法院于2017年12月27日作出(2017)鲁民终1760号判决：变更山东省威海市中级人民法院(2015)威民一初字第51号民事判决第三项为，Y公司于本判决生后15日内给付W公司工程停工损失费10834045.8元。

4.律师点评

索赔是我国目前绝大部分建设工程企业较为欠缺的一项工作，需要企业上下同心，提高重视度，提高索赔意识，增强索赔的能力。本案中承包人对于因发包人的原因(多次未按合同约定支付进度款、甲供料迟延进场、图纸迟延交付)导致的停工，处理措施得当，及时向对方提出申请停工报告、索赔报告等材料，在约定的索赔时效内及时行使了索赔权，因此，其要求对方支付停工损失的主张获得了两审法院的支持。

三、工程索赔的程序

承包人向发包人提出索赔意向,调查干扰事件,寻找索赔理由和证据,计算索赔值,起草索赔报告,通过协商谈判、和解、调解、诉讼、仲裁,最终解决索赔争议。

因发包人未按照建设工程施工合同的约定全面履行义务或履行不当,或发生应由发包人承担责任的其他索赔事件,造成承包人工期延误和(或)费用损失,承包人可以书面形式向发包人提出索赔。

(一)遵守工程索赔时效

工程索赔要严格遵守建设工程施工合同约定的索赔时效。

索赔时效,是指在建设工程施工合同履行过程中,发生索赔事件后,索赔方未依照合同约定的期限行使索赔权,视为放弃索赔权利,索赔权归于消灭。索赔时效期间,一般为28天。

《建设工程施工合同(2017文本)》也规定索赔期限为28天。该种索赔时效,属于消灭时效的一种。

(二)工程索赔的主要程序

《建设工程工程量清单计价规范》(GB 50500－2013)(住房和城乡建设部颁发,于2013年7月1日起施行)规定了索赔的主要程序。

1. 承包人向发包人提出索赔的程序

承包人认为非承包人原因发生的事件造成了承包人的损失,应按以下程序向发包人提出索赔:

(1)承包人应在知道或应当知道索赔事件发生后28天内,向发包人提交索赔意向通知书,说明发生索赔事件的事由。承包人逾期未发出索赔意向通知书的,丧失索赔的权利。

(2)承包人应在发出索赔意向通知书后28天内,向发包人正式提交索赔通知书。索赔通知书应详细说明索赔理由和要求,并附必要的记录和证明材料。

(3)索赔事件具有连续影响的,承包人应继续提交延续索赔通知,说明连续影响的实际情况和记录。

(4)在索赔事件影响结束后的28天内,承包人应向发包人提交最终索赔通知书,说明最终索赔要求,并附必要的记录和证明材料。

2. 索赔处理程序

(1)发包人收到承包人的索赔通知书后,应及时查验承包人的记录和证明材料;

(2)发包人应在收到索赔通知书或有关索赔的进一步证明材料后的28天内,将索赔处理结果答复承包人,如果发包人逾期未作出答复,视为承包人索赔要求已被发包人认可;

(3)承包人接受索赔处理结果的,索赔款项作为增加合同价款,在当期进度款中进行支付;承包人不接受索赔处理结果的,按合同约定的争议解决方式办理。

典型案例　超过约定期限索赔不予支持

1. 案例来源

云南省昆明市中级人民法院(2018)云01民终118号民事判决书。

2. 案情摘要

上诉人昆明T置业有限公司(以下简称T公司)因与被上诉人南京G消防机电工程有限公司昆明分公司(以下简称G昆明分公司)建设工程施工合同纠纷案,不服昆明市五华区人民法院(2017)云0102民初2794号民事判决,向云南省昆明市中级人民法院提起上诉。

T公司上诉请求:改判T公司不应支付欠付工程款。事实和理由:原审判决错误认定T公司向G昆明分公司索赔的时间已超过双方约定的索赔期限,从而丧失因工期延误而向G昆明分公司索赔违约金的权利。工程索赔属于请求权,应当适用诉讼时效的规定,同时,《最高人民法院关于审理民事案件适用诉讼时效制度若干问题的规定》中规定了延长或缩短诉讼时效期间、预先放弃诉讼时效利益的,法院不予认可。故本案合同中约定超过索赔时限提出索赔请求即丧失索赔权利的,属于双方通过约定的形式改变了诉讼时效的规定,该约定对当事人不具有约束力,T公司从2016年8月8日起多次向G昆明分公司提出索赔主张并未超过法定的诉讼时效。综上,请求二审法院依法改判支持T公司的上诉请求。

G昆明分公司辩称:T公司没有按照《建设工程施工合同》(GF-2013-0201)通用合同条款第19.3款约定的索赔提出工期违约金索赔,已丧失要求赔付违约金的实体权利。索赔期限不是诉讼时效,T公司对《建设工程施工合同》(GF-2013-0201)通用合同条款第19.3款约定违反诉讼时效观点错误。请求二审法院依法驳回T公司的上诉请求,维持原判。

3. 二审法院裁判结果

关于T公司的索赔期限是否超过时效的问题。根据双方签订的《建设工程施工合同》第19.3条约定:"发包人应在知道或应当知道索赔事件发生后28天内通过监理人向承包人提出索赔意向通知书,发包人未在签署28天内发出索赔意向通知书的,丧失要求赔付金额和(或)延长缺陷责任期的权利。发包人应在发出索赔意向通知书后28天内,通过监理人向承包人正式递交索赔报告。"T公司若认为G公司逾期完工并向G公司主张违约金,应于合同约定的竣工日期2015年12月31日后的28天按合同约定方式向G公司主张索赔,但T公司并未向监理人提交索赔的有关资料和索赔报告,也没有按照合同约定的程序和时限进行索赔,已过合同约定索赔时限,其索赔不应得到支持,一审判决对此处理并无不当,本院予以维持。综上所述,T公司的上诉请求不能成立,应予驳回。一审判决认定事实清楚,适用法律正确,应予维持。

云南省昆明市中级人民法院于2018年4月9日作出(2018)云01民终118号判决:驳回上诉,维持原判。

4. 律师点评

索赔期限,是指索赔提出方向对方提出索赔的期限。按照法律和国际惯例,索赔提出方只能在一定的索赔期限内提出索赔,否则就丧失索赔权利。

索赔期限分为约定索赔期限和法定索赔期限:(1)约定索赔期限是指双方当事人在合同中明确约定的索赔期限;(2)法定索赔期限是指根据有关法律或国际公约索赔提出方向对方提出索赔的期限。

索赔期限不同于诉讼时效。建设工程施工合同的双方当事人一般都会在合同中约定索赔期限,一方当事人如果向对方当事人提出索赔,必须严格按照合同约定的索赔期限提出,否则将丧失索赔权利。

四、提高索赔成功率

施工索赔是一项涉及面广、对技巧要求高的学问,是承包人保护自己并获得利益的手段。在施工管理中及时、全面地发现潜在的索赔机会,是索赔工作的前提条件。作为索赔工作人员,全方位的捕捉潜在的索赔机会,必须具有丰富的施工管理经验,熟悉施工中的各个环节,精通各种建筑合约和建筑法规,并具有一定的财会知识。实际上,施工索赔机会存在于项目施工的全过程。

(一)提高索赔意识

索赔意识即索赔的自觉性。

建设工程施工合同的承包人应当从双方开始合作起,就仔细研究建设工程施工合同约定的权利义务,并充分考虑在合同履行过程中可能出现的风险,考虑这些风险分别由哪方当事人承担,其中哪些风险可以提出索赔、哪些风险不可以提出索赔,必须非常清楚。

承包人应当事先主动分析哪些问题将来可能出现索赔机会,待索赔机会出现后能及时有效地进行索赔,而不是被动地等待索赔事件发生后,被动地提出索赔。

对于建设工程施工合同中约定的发包人不合理的免责条件,承包人应当在签订合同前向发包人提出修改意见,由发包人书面确认同意修改,承包人应当做好相关文件的整理、保留、归档工作。将来双方一旦发生争议,承包人可以找到有利于己方索赔的法律依据、事实依据,为最终成功索赔准备条件。

(二)把握索赔机会

在建设工程施工合同履行过程中,承包人能否及时、全面地发现潜在的索赔机会,是索赔工作能否开展、能否成功索赔的前提条件。

工程索赔机会存在于建设工程施工合同履行的全过程。具体包括:

1. 发包人的行为潜在着索赔机会

(1)招标文件中的错误、漏项或与实际不符,造成承包人的经济损失;

(2)未按照约定交付场地、办理土地征用、青苗补偿、房屋拆迁等工作,未按照约定接通施工所需水、电、电信线路、施工通道、主要交通干道等,影响施工顺利进行;

(3)未及时提供施工所需资料,未及时办理建设工程规划审批等手续,未及时组织进行图纸会审等,影响施工顺利进行;

(4)未妥善处理施工现场周围地下管线和邻接建筑物、构筑物的保护,影响施工顺利进行;

(5)未按照约定提供建筑材料、建筑构配件、机械设备等,未按照约定验收

隐蔽工程等,影响施工顺利进行;

(6)“甲供料”不符合约定的要求,导致施工超耗增加量差损失;

(7)“甲供料”未按照约定地点堆放,增加承包人费用;

(8)中途变更工程;

(9)要求赶工;

(10)未按照约定支付工程款,影响施工顺利进行;

(11)提前占用部分永久工程;

(12)其他情形。

2. 发包人委托或委派的人员的行为潜在着索赔机会

(1)未按照合同的约定,提前通知承包人,影响施工顺利进行;

(2)未按照合同的约定及时向承包人提供指令、图纸或未履行其他义务,影响施工顺利进行;

(3)向承包人发出的指令、通知有误,影响施工顺利进行;

(4)对施工组织进行不合理干预,影响施工顺利进行;

(5)擅自提高工程检查、验收标准,对同一部位反复检查、验收,过分频繁地检查、验收,故意不及时地检查、验收,影响施工顺利进行;

(6)其他情形。

3. 发包人指定的分包人违约潜在着索赔机会

(1)分包人施工出现工程质量不合格、工程进度延误等违约情况;

(2)多个指定的分包人在同一施工现场交叉干扰,引起工效降低,产生额外支出;

(3)其他情形。

4. 发包人提出的设计变更、施工条件变更等潜在着索赔机会

(1)设计漏项、错误、缺陷或变更设计,造成承包人的损失;

(2)设计说明对设备、材料的名称、规格、型号等表述不严谨,造成遗漏和缺陷;

(3)施工实际情况发生变化,引起施工方法的变化而增加费用;

(4)其他情形。

5. 合同条款缺陷潜在着索赔机会

(1)合同条款表述含糊,存在漏洞或前后矛盾;

(2)合同条款隐含较大风险,对于承包人显失公平或可能出现重大误解的情形;

(3)其他情形。

6. 不可抗力以及其他不可预见因素的发生潜在着索赔机会

(1)因自然灾害、异常恶劣气候条件造成已完工程损坏或质量不合格；

(2)因社会动乱、暴乱、新型冠状病毒肺炎引起的损失；

(3)因主要建筑材料价格、人工费大幅度上涨而增加的费用；

(4)在施工过程中发现文物、古董、古建筑、化石、钱币等有考古、地质研究价值的物品所产生的保护费用；

(5)其他情形。

以上各项情形均潜在着索赔机会，但这并不意味着建设工程施工合同承包人能够成功索赔，获得工期和(或)费用补偿。机会总是留给有准备的人。承包人想要成功索赔，必须不断地提高索赔的业务水平，积累索赔的经验，当索赔机会出现后，才能够及时地抓住机会，成功获得索赔。

(三)提高索赔成功率

工程索赔是工程造价的一项重要工作，其关键是提高施工索赔的成功率，索赔的重点是要会“索”，“索”得合法合理，让发包人无拒绝之由，只有“赔”的份儿。

1. 收集索赔证据

工程索赔直接关系承包人与发包人的切身利益，花言巧语不可行，胡搅蛮缠搞不定，使用不合法手段更不可取。

成功索赔必须依赖充足的证据，用事实说话，从双方的合同约定中找依据，以法律为准绳。成功索赔要做到施工图纸清晰、账目明细、计价依据明确、资料齐全等。因发包人或监理单位、政府行为、第三人、自然条件等因素造成的工程返工、停工、窝工、工程量增加等，签证要做到具体、明确。

工程费用索赔和工期索赔，应当附有该项目工程现场监理工程师认可的记录、计算资料及相关的证明材料等。具体来说，提出工程索赔的依据主要有：

(1)招标投标文件、建设工程施工合同文本及附件、补充协议、经认可的施工进度计划书、实际施工进度记录、施工现场的有关文件、工程照片、图片和录像、图纸及技术规范等；

(2)建设工程施工合同双方当事人往来的信件及各种会议、会谈纪要；

(3)工程检查验收报告和各种技术鉴定报告、工程中送停电、送停水、道路开通和封闭的记录和证明；

(4)国家有关法律、法规、政策性文件；

(5)发包人或者工程师签认的各种签证；

(6)工程核算资料、财务报告、财务凭证等；

(7)备忘录；

(8)投标前发包人提供的现场资料和参考资料；

(9)其他,如气象资料、官方发布的物价指数、汇率、规定等。

2. 提交索赔报告

工程索赔成功与否,与索赔提出方提交高质量的索赔报告有直接的关系。

(1)索赔报告的内容

一个完整的索赔报告包括:总论部分、根据部分、计算部分、证据部分。

第一,总论部分。

索赔报告总论部分应当简明扼要阐述问题,首先简单地论述索赔事件的发生经过、索赔事件给施工单位造成的实际损失、施工单位向建设单位提出的对工期和(或)费用的具体索赔要求。在总论部分结尾处,附上索赔报告编写组主要人员及审核人员的名单,注明有关人员的职称、职务及施工经验,以表示该索赔报告的严肃性和权威性。

索赔报告的总论部分一般包括以下内容:①序言;②索赔事项概述;③具体索赔要求;④索赔报告编写及审核人员名单。

第二,根据部分。

承包人主要阐述己方享有索赔权利的依据,这是索赔能否成功的关键。承包人的索赔权利来自于合同的具体约定、法律的明确规定。承包人应当引用合同中的具体条款和法律详细条款,说明己方应当获得工期延长和(或)费用补偿的依据。

索赔报告的根据部分一般包括以下内容:①索赔事件的发生情况;②已递交索赔意向书的情况;③索赔事件的处理过程;④索赔要求的合同根据;⑤索赔要求的法律规定;⑥所附的证据资料。目的是使建设单位和监理工程师清晰了解索赔事件的来龙去脉,认识该索赔请求的合理性和合法性。

第三,计算部分。

承包人获得工期延长和(或)费用补偿,与精准、合理的索赔计算有直接的关系。

索赔报告的计算部分一般包括以下内容:①索赔款的总额;②承包人额外

开支的人工费、材料费、管理费、损失利润数额;③以上各项费用的计算依据及证据资料。

第四,证据部分。

证据部分包括该索赔事件所涉及的一切证据材料及对这些证据材料的必要说明,要注意证据的效力与可信度。索赔证据是索赔报告的重要组成部分,也是索赔能否成功的重要保障。

(2)编写索赔报告的一般要求

索赔报告是具有法律效力的书面文件。承包人编写索赔报告,一般有以下要求:

①索赔事件真实。索赔事件是实际已发生的事件,且有充分的证据证明已发生索赔事件,不是承包人猜测可能发生的事件。

②索赔事件发生的责任分析有理有据。索赔报告要详细分析索赔事件发生的原因、当事人应当如何承担责任。

③承包人的实际损失清楚明了。双方当事人在合同中约定工程价款的计价标准和(或)计价方法时,无法穷尽所有可能出现的风险所致的实际损失。

索赔费用以赔偿实际损失为原则,而且是双方订立建设工程施工合同时无法预见的实际损失,费用计算必须合理、准确。

实际损失包括直接损失、间接损失。索赔一方要求有足够证据证明实际损失已经发生。因此,实际损失是承包人已多支出或确定必须多支出的额外成本,并非承包人向发包人索取意外费用,并非承包人获取的意外收入,发包人支付索赔金额也非意外支出。

索赔方提出费用索赔请求,并不要求举证证明实际损失的发生与被索赔一方的行为或过错存在法律上的因果关系。

④明确提出索赔主张所依据的合同条款或法律规定,说明承包人为了避免损失扩大已采取了必要的措施。

⑤文字精练、条理清晰。

3. 注意索赔技巧

工程索赔往往是客观存在的。它是工程造价的管理手段、公关策略、组织艺术的综合体现,索赔成败在很大程度上取决于发包人、监理人的态度,承包人在索赔过程中应当注意索赔技巧。

(1)处理好与发包人、监理人的关系

承包人要以诚信经营、质量至上、宽容包容的理念,赢得发包人与监理人的信任与认可。索赔能否协商成功,很大程度上取决于发包人与监理人的态度。

(2)知己知彼,百战不殆

谈判技巧是索赔协商成功的重要因素。不要轻易暴露索赔的意向,在事实确凿、理由充分、时间恰当之时,则要把握索赔时机。充分了解到己方、对方的优势与不足,认真做好谈判准备,是促成谈判成功的首要因素。谈判时应当根据实际情况采取灵活多变的策略,既不斤斤计较,留有余地,又要努力争取谈判的主动权。

(3)索赔需要一定的时间和空间

对一些数额较大或造成损失事实不明显和有争议的项目,承包人不能急于提出索赔,要不断收集和整理好索赔的证据,时机成熟再提出索赔;对于事实清晰、损失价值不大的索赔,则快速处理,并可适当妥协让步,目的是获得大额索赔的成功。如果承包人提出的小额索赔过多,会令工程监理人、发包人反感;当承包人提出大额索赔时,他们往往将不予以配合,影响大额索赔的顺利进行。

(4)刚柔并济,以理服人,进退自如

承包人在索赔谈判中采取强硬态度或一味退让都不可取,无法获得满意的谈判效果。应当采取刚柔并济的方式,该坚持原则时坚持原则,该让步时要主动让步;不能过分刺激对方,更不能伤害对方的自尊心,索赔不能伤和气,索赔是为了更好的合作,要以理服人,因势利导,求同存异,进退自如。

下篇

工程价款之实战篇

第七章

工程价款结算实务问题

收取工程价款是建设工程施工合同中承包人要实现的最主要的目的,是建筑施工企业的经营重心,是建筑施工企业的生存之本。

按时足额向承包人支付工程价款是发包人的法定义务,如果发包人无理拒付或拖延支付,承包人可要求其支付拖欠工程价款本金、利息,承担违约责任,承包人还可据此行使单方解除建设工程施工合同的权利。

发包人将依法不属于必须招标的建设工程进行招标后,与承包人另行订立的建设工程施工合同背离中标合同的实质性内容,当事人请求以中标合同作为结算建设工程价款依据的,人民法院应予支持,但承包人与发包人因客观情况发生了在招标投标时难以预见的变化而另行订立建设工程施工合同的除外。

建设工程施工合同被认定为无效后,如果建设工程经验收合格,法院支持当事人要求参照合同约定支付工程价款的主张,当事人有可能不必通过漫长、复杂的造价评估程序确定工程价款。

当事人就同一个建设工程订立的数份建设工程施工合同均无效,但建设工程质量合格,一方当事人请求参照实际履行的合同结算建设工程价款的,人民法院应予支持。实际履行的合同难以确定,当事人请求参照最后签订的合同结算建设工程价款的,人民法院应予支持。

一、工程价款结算实务要点

(一)工程价款

工程价款,是指建设工程施工合同的发包人支付给承包人的劳动报酬,通过造价计算出的成本,包含直接费、间接费、利润、税金等。“工程价款”的称呼是针对承包人而言,对发包人而言,则称为“工程造价”。

工程造价是指工程的建设价格,是指为完成一个工程的建设预期或实际所需的全部费用总和。从业主(投资者)的角度来定义,工程造价是指工程的建设成本,即为建设一项工程预期支付或实际支付的全部固定资产投资费用。这些费用主要包括设备及器具购置费、建筑工程及安装工程费、工程建设其他费用、预备费、建设期利息、固定资产投资方向调节税等费用。尽管这些费用在建设项目的竣工决算中,按照新的财务制度和企业会计准则核算新增资产价值时,并没有全部形成新增固定资产价值,但这些费用是完成固定资产建设所必需的。因此,从这个意义上讲,工程造价就是建设项目固定资产投资。从承发包角度来定义,工程造价是指工程价格,即为建成一项工程,预计或实际在土地、设备、技术劳务以及承包等市场上,通过招投标等交易方式所形成的建筑安装工程的价格和建设工程总价格。在这里,招投标的标的既可以是一个建设项目,也可以是一个单项工程,还可以是整个建设工程中的某个阶段,如建设项目的可行性研究、建设项目的设计以及建设项目的施工阶段等。①

工程价款应当按照国家有关规定,由承包人与发包人在合同中约定。公开招标发包的,其工程价款的约定,须遵守招标投标法律的规定。发包单位应当按照合同的约定,及时向承包人支付工程价款。

(二)工程价款结算

工程价款结算,是指在建设工程施工过程中,承包人与发包人依据双方合同中关于支付工程价款的约定和已完成的工程量,对建设工程的工程预付款、工程进度款、工程竣工结算余款进行结算的活动,是承包人按照规定的程序向发包人收取工程价款的活动,是工程造价管理的最终结果。

(三)约定工程价款结算的主要事项

必须招投标工程的合同价款,承包人与发包人应当在规定时间内依据招标文件、投标文件、中标通知书等材料订立书面合同进行约定。非必招投标工程的合同价款,发包人、承包人依据审定的工程预(概)算书在合同中加以约定。

合同价款在合同中约定后,任何一方不得擅自改变。

建设工程施工合同的双方当事人应当约定涉及工程价款结算的主要事

① 胡新萍:《工程造价管理》,华中科技大学出版社2013年版。

项:(1)预付工程款的数额、支付时限及抵扣方式;(2)工程进度款的支付方式、数额及时限;(3)工程发生变更时,工程价款的调整方法、索赔方式、时限要求及金额支付方式;(4)发生工程价款纠纷的解决方法;(5)约定承担风险的范围及幅度以及超出约定范围和幅度的调整办法;(6)工程竣工价款的结算与支付方式、数额及时限;(7)工程质量保证(保修)金的数额、预扣方式及时限;(8)安全措施和意外伤害保险费用;(9)工期提前或延后的奖惩办法;(10)与履行合同、支付价款相关的担保事项。

(四)注意结算的程序和重要的时间节点

财政部、原建设部颁布的《建设工程价款结算暂行办法》(财建〔2004〕369号)规定了承包人与发包人应通过合同约定建设工程预付款、工程进度款、工程竣工结算余款的支付方式、数额及时限。合同价款在合同中约定后,任何一方不得擅自改变。

如果有法律、行政法规和国家有关政策变化影响合同价款、工程造价管理机构调整价格、设计经批准变更、发包人更改经审定批准的施工组织设计(修正错误除外)造成费用增加及双方约定的其他调整因素等情形出现,承包人应当在合同规定的调整情况发生后14天内,将调整原因、金额以书面形式通知发包人,发包人确认调整金额后将其作为追加合同价款,与工程进度款同期支付。发包人收到承包人通知后14天内不予确认也不提出修改意见,视为已经同意该项调整。当合同规定的调整合同价款的调整情况发生后,承包人未在规定时间内通知发包人,或者未在规定时间内提出调整报告,发包人可以根据有关资料,决定是否调整和调整的金额,并书面通知承包人。

在工程设计变更确定后14天内,设计变更涉及工程价款调整的,由承包人向发包人提出,经发包人审核同意后调整合同价款。工程设计变更确定后14天内,如承包人未提出变更工程价款报告,则发包人可根据所掌握的资料决定是否调整合同价款和调整的具体金额。重大工程变更涉及工程价款变更报告和确认的时限由承包人与发包人协商确定。收到变更工程价款报告一方,应在收到之日起14天内予以确认或提出协商意见,自变更工程价款报告送达之日起14天内,对方未确认也未提出协商意见时,视为变更工程价款报告已被确认。确认增(减)的工程变更价款作为追加(减)合同价款与工程进度款同期支付。

承包人应当按照合同约定的方法和时间,向发包人提交已完工程量的报告。发包人接到报告后 14 天内核实已完工程量，并在核实前 1 天通知承包人，承包人应提供条件并派人参加核实，承包人收到通知后不参加核实，以发包人核实的工程量作为工程价款支付的依据。发包人不按约定时间通知承包人，致使承包人未能参加核实，核实结果无效。发包人收到承包人报告后 14 天内未核实完工程量，从第 15 天起，承包人报告的工程量即视为被确认，作为工程价款支付的依据，双方合同另有约定的，按合同执行。对承包人超出设计图纸（含设计变更）范围和因承包人原因造成返工的工程量，发包人不予计量。

在具备施工条件的前提下，发包人应在双方签订合同后的一个月内或不迟于约定的开工日期前的 7 天内预付工程款，发包人不按约定预付，承包人应在预付时间到期后 10 天内向发包人发出要求预付的通知，发包人收到通知后仍不按要求预付，承包人可在发出通知 14 天后停止施工，发包人应从约定应付之日起向承包人支付应付款的利息，并承担违约责任。预付的工程款必须在合同中约定抵扣方式，并在工程进度款中进行抵扣。

发包人超过约定的支付时间不支付工程进度款，承包人应及时向发包人发出要求付款的通知，发包人收到承包人通知后仍不能按要求付款，可与承包人协商签订延期付款协议，经承包人同意后可延期支付，协议应明确延期支付的时间和从工程计量结果确认后第 15 天起计算应付款的利息。发包人不按合同约定支付工程进度款，双方又未达成延期付款协议，导致施工无法进行，承包人可停止施工，由发包人承担违约责任。

工程完工后，双方应按照约定的合同价款及合同价款调整内容以及索赔事项，进行工程竣工结算。发包人要求承包人完成合同以外零星项目，承包人应在接受发包人要求的 7 天内就用工数量和单价、机械台班数量和单价、使用材料和金额等向发包人提出施工签证，发包人签证后施工，如发包人未签证，承包人施工后发生争议的，责任由承包人自负。发包人收到竣工结算报告及完整的结算资料后，在本办法规定或合同约定期限内，对结算报告及资料没有提出意见，则视同认可。承包人如未在规定时间内提供完整的工程竣工结算资料，经发包人催促后 14 天内仍未提供或没有明确答复，发包人有权根据已有资料进行审查，责任由承包人自负。

根据确认的竣工结算报告，承包人向发包人申请支付工程竣工结算款。发包人应在收到申请后 15 天内支付结算款，到期没有支付的应承担违约责任。承包人可以催告发包人支付结算价款，如达成延期支付协议，发包人应按同期银行贷款利率支付拖欠工程价款的利息。如未达成延期支付协议，承包人可以与发包人协商将该工程折价,或申请人民法院将该工程依法拍卖,承包人就该工程折价或者拍卖的价款优先受偿。

发包人对工程质量有异议,已竣工验收或已竣工未验收但实际投入使用的工程,其质量争议按该工程保修合同执行;已竣工未验收且未实际投入使用的工程以及停工、停建工程的质量争议,应当就有争议部分的竣工结算暂缓办理,双方可就有争议的工程委托有资质的检测鉴定机构进行检测,根据检测结果确定解决方案,或按工程质量监督机构的处理决定执行,其余部分的竣工结算依照约定办理。

承包人与发包人在诉讼前已对建设工程价款结算达成协议的,当事人应遵照诚实信用原则履行。诉讼中如果有当事人申请法院对工程价款进行鉴定,法院将不予准许,这是原则性规定,没有例外。承包人应当把握这一有利条件,争取在双方闹翻前与发包人达成工程价款结算协议,一旦发包人反悔而在诉讼中申请法院对工程价款进行鉴定,法院将不支持发包人不讲诚信的鉴定申请要求。因为,承包人与发包人在诉讼前已对建设工程价款结算达成协议,即有了结算工程价款的明确依据,进行鉴定成了多余,即申请鉴定的事项对证明待证事实无意义,因此,申请鉴定的请求无法得到法院的支持。如果法院批准这一申请,有变相鼓励当事人提起不诚信诉讼之嫌,无异于助长恶意诉讼的歪风。

以上规定中出现的一系列时间节点,事关工程价款的结算与支付,承包人应当高度重视。承包人平时应保留相关证据,一旦双方协商不成,需要通过法律途径解决时,双方将依《证据规定》的规定承担各自的举证责任,否则将承担举证不能的法律后果。

承包人要注意:建设工程施工合同约定发包人应在收到承包人提交的竣工结算文件后约定期限内予以答复,但未明确约定逾期不予答复即视为认可竣工结算文件,承包人要求按照竣工结算文件结算工程价款的,不予支持。[①]

当事人在诉讼前已达成工程价款结算协议,一方在诉讼中要求重新结算的,不予支持,但结算协议被法院或仲裁机构认定为无效或撤销的除外。建设工程施工合同被认定无效,但工程经竣工验收合格,当事人一方以施工合同无效为由要求认定结算协议无效的,不予支持。

---

① 《建设工程司法解释(一)》第二十条规定:“当事人约定,发包人收到竣工结算文件后,在约定期限内不予答复,视为认可竣工结算文件的,按照约定处理。承包人请求按照竣工结算文件结算工程价款的,应予支持。”

结算协议生效后，承包人依据协议要求发包人支付工程价款，发包人以工程存在质量问题或工期延误为由，要求减付工程价款或赔偿损失，不予支持，但结算协议另有约定的除外；承包人以因发包人原因导致工程延期为由，要求发包人赔偿停工、窝工等损失，不予支持，但结算协议另有约定的除外。

二、特殊情形下工程价款的结算

（一）订立数份无效合同，工程价款的结算

无效建设工程施工合同的主要情形有：(1)承包人未取得建筑施工企业资质或者资质等级不符合要求，与发包人签订的建设工程施工合同；(2)没有资质的实际施工人借用有资质的建筑施工企业名义，与发包人签订的建设工程施工合同；(3)建设工程必须进行招标而未招标或者中标无效，承包人与发包人签订的建设工程施工合同；(4)承包人非法转包、违法分包建设工程，承包人与发包人签订的建设工程施工合同等。

因建设工程施工合同具有特殊性，《建设工程司法解释（一）》第二条规定了无效的建设工程施工合同工程价款的结算，建设工程施工合同无效，但建设工程经竣工验收合格，承包人请求参照合同约定支付工程价款的，应予支持。

建设工程施工合同被认定为无效后，如果建设工程经验收合格，法院支持当事人要求参照合同约定支付工程价款的主张，当事人有可能不必通过漫长、复杂的造价评估程序确定工程价款，有利于平衡、照顾建设工程施工合同双方当事人的利益，有利于加快案件处理进度，节约诉讼成本。

一些建设工程的双方当事人因各种原因签订了数份合同，如果这些合同都被认定为无效合同，应当以什么标准来结算工程价款呢？在《建设工程司法解释（二）》出台前，没有统一的裁判标准，于是各地法院各自规定标准，导致同样的案由、事实，各地法院作出的裁判截然不同。

《建设工程司法解释（二）》对承包人与发包人签订数份无效合同工程价款的结算予以了明确，第十一条规定："当事人就同一建设工程订立的数份建设工程施工合同均无效，但建设工程质量合格，一方当事人请求参照实际履行的合同结算建设工程价款的，人民法院应予支持。实际履行的合同难以确定，当事人请求参照最后签订的合同结算建设工程价款的，人民法院应予支持。"

建设工程施工合同的承包人与发包人签订了数份无效合同，在建设工程

质量合格的前提下，有两种结算工程价款方式。

1. 按实际履行的合同结算

怎么判断数份合同中哪份合同是实际履行的合同？找出数份合同内容不一致的地方，结合承包人、发包人、监理人在合同履行过程中产生的各种签证、会议记录、联络函、通知单等文件，主要从施工范围、质量要求、建设工期、工期顺延、工程价款、工程款结算等角度作出综合判断。

2. 按最后签订的合同结算

通过以上综合判断，仍无法确定实际履行的合同，参照最后签订的合同结算工程价款。

数份无效合同下工程价款结算的以上两种方式，前提都是建设工程质量合格，而不是建设工程经竣工验收合格。

建筑施工实践中存在大量的承包人提前退出建设工程的情形，如果以建设工程经竣工验收合格作为结算工程价款的条件，很难保障当事人特别是承包人、实际施工人的利益。只要建设工程质量合格，无论建设工程是否已竣工，无论建设工程施工合同是否有效，发包人都应当与承包人结算并向其支付工程价款。

质量不合格的建设工程，尽管承包人已将劳动力、建筑材料、机器设备、智力活动等物化到了建设工程之中，但发包人无法从中获得利益，承包人向发包人要求返还财产、折价补偿或赔偿损失都不具备基础与条件。承包人要求发包人支付工程价款的请求将得不到法院的支持。

典型案例 按实际履行合同进行结算

1. 案例来源

最高人民法院(2019)最高法民终1962号民事判决书。

2. 案情摘要

上诉人黑龙江H房地产开发有限公司(以下简称H公司)与被上诉人江苏J集团有限公司(以下简称J公司)建设工程施工合同纠纷案。

上诉人H公司的上诉请求:(1)改判黑龙江省高级人民法院(2017)黑民初190号民事判决第一项，减少工程款367万元以及相应利息。(2)一、二审诉讼费用由J公司负担。事实和理由:(1)一审判决认定应付工程款金额错误;(2)一审法院拒绝H公司鉴定申请，程序违法。案涉工程存在严重的质量问题，一审中，H公司提出了鉴定申请，申请鉴定案涉工程的质量以及维修所需费用,一审法院未组织鉴定,应予纠正。

J公司答辩称:一审判决认定正确。

J公司一审提出诉讼请求:(1)H公司给付工程款105907727.47元及利息;(2)诉讼费用由H公司负担。2019年6月4日,J公司变更诉讼请求为:(1)H公司给付拖欠的工程款106727598.09元;(2)H公司给付拖欠工程款自2013年5月至2019年6月1日期间的利息5200万元。

一审审理期间,J公司申请对案涉工程的工程造价进行鉴定。经一审法院依法委托,鉴定单位对案涉工程的工程造价进行了鉴定,并于2019年4月29日作出黑元博(2019)造司鉴定6号司法鉴定意见书,鉴定意见为案涉工程鉴定造价176925614.61元。

一审法院认为,J公司系先行进场施工后,经招投标程序于2017年12月17日与H公司签订《黑龙江省建设工程施工合同》,故J公司与H公司之间的行为属于未招先定的串通投标行为,应当认定无效。因案涉工程中标无效,故J公司与H公司依据中标通知书签订的《黑龙江省建设工程施工合同》无效。案涉《工程施工协议书》与《黑龙江省建设工程施工合同》约定的工程价款计算方式不同,属实质性内容背离,该协议亦属无效。故双方当事人实际履行的合同即为案涉工程的工程价款结算依据。参照《黑龙江省建设工程施工合同》的约定,无法计算案涉工程的工程价款。案涉《工程施工协议书》明确约定了材料价格的确定方式、费率、人工费、总承包服务费、措施费、规费等,并非简单的定额结算,关于结算标准、方法已经形成比较完整的体系,符合行业通行的约定形式,参照该协议的约定,能够计算案涉工程的工程价款。据此,J公司的主张更具客观合理性,案涉《工程施工协议书》应为双方当事人的真实意思表示,为双方当事人实际履行的合同,案涉工程应参照该协议的约定结算工程价款。一审法院判决:(1)H公司于判决生效后10日内给付江中公司工程款106697869.12元及利息;(2)驳回J公司的其他诉讼请求。

3.二审法院裁判结果

一审判决认定上述两份合同应为无效合同,并认定《工程施工协议书》为双方当事人实际履行的合同,案涉工程应参照该协议的约定进行工程价款的结算,上述认定并无不当,本院予以确认。

关于H公司提出的一审法院未受理其就工程质量提出的鉴定申请,程序违法的上诉意见。H公司在一审立案11个月,已进入工程造价鉴定程序近4个月后,方主张工程存在质量问题,并提出反诉请求。但是H公司未能提交案涉工程存在质量问题的有效初步证据。故一审法院为避免诉讼拖延,对H公司在本案中就质量问题提出的反诉请求裁定不予受理,并释明其可就该请求另行主张权利,程序上并无不当之处。判决如下:驳回上诉,维持原判。

4.律师点评

本案中承包人与发包人签订的建设工程施工合同因存在未招先定的串通投标行为,依法应当认定为无效合同;在施工过程中双方当事人签订了数份合同,同样应被认定为无效合同。案涉工程经验收合格,承包人可要求参照合同约定支付工程价款。但因存在数份无效合同,法院判决双方按照实际履行的合同约定结算工程价款。

(二)合同无效且工程质量不合格时工程价款的结算

《建设工程司法解释(一)》第三条规定:"建设工程施工合同无效,且建设工程经竣工验收不合格,按照以下情形分别处理:(一)修复后的建设工程经竣工验收合格,发包人请求承包人承担修复费用的,应予支持;(二)修复后的建设工程经竣工验收不合格,承包人请求支付工程价款的,不予支持。因建设工程不合格造成的损失,发包人有过错的,也应承担相应的民事责任。"

在合同无效且工程质量不合格情形下,承包人投入建设工程的人力、智力、建筑材料及构配件、机器设备等,将化为乌有。对于承包人而言,这是最惨重的后果,有可能是灭顶之灾,务必要避免。

(三)固定总价合同,未完成施工时工程价款的结算

建设工程施工合同约定按照固定总价结算工程价款,承包人未完成工程施工而要求发包人支付工程价款,在确定承包人已完工程质量合格后,一般采用"按比例折算"的方式,分别计算出承包人已完工程部分的价款、整个工程约定的工程价款总额,按比例计算出发包人应向承包人支付的工程价款。

双方当事人对已完工程量存在争议的,应当根据工程签证、监理材料、承包人撤场会议纪要、撤场交接记录、新承包人后续施工材料等文件确定已完工程量。

（四）非必须招标工程，工程价款的结算

发包人将依法不属于必须招标的建设工程进行招标后，与承包人另行订立的建设工程施工合同背离中标合同的实质性内容，当事人请求以中标合同作为结算建设工程价款依据的，人民法院应予支持，但承包人与发包人因客观情况发生了在招标投标时难以预见的变化而另行订立建设工程施工合同的除外。

关于非必招标的建设工程项目是否需要采用招投标的方式确定承包人，主动权在发包人，承包人一般无权选择，更无权决定。发包人通过招标投标的方式，确定非必招标的建设工程项目的承包人，往往出于防止腐败、避免不正当竞争、择优选择承包人等因素。但因招投标的一些严格程序与特殊要求，通过招投标的方式确定非必招标的建设工程项目的承包人，承包人与发包人按照招投标文件签订的建设工程施工合同（中标合同），往往达不到双方当事人特别是发包人的期待。因为中标合同一般需要去建设工程行政主管部门办理备案手续，为了顺利通过备案程序，在工程价款、建设工期、垫资、工程肢解分包等方面，中标合同一般会作出一些能通过备案程序的约定，然后双方当事人私下另行签订建设工程施工合同或签订补充协议，作为双方实际履行的合同，“黑白合同”即由此产生。中标的合同通俗称为“白合同”，另行签订的违背中标合同实质性内容的建设工程施工合同或补充协议是“黑合同”。因此，非必招标的建设工程项目采用招标投标的方式确定承包人，往往不但达不到防止腐败、避免不正当竞争、择优选择承包人的目的，反而容易滋生“黑白合同”乱象，损害承包人的利益。承包人为了赶工期、为了从压缩的工程价款中获取利润空间，不惜偷工减料，给建设工程的质量带来很大的隐患，甚至直接成了豆腐渣工程、烂尾楼，最终损害到发包人的利益。建设工程质量事关公共利益，质量不合格的建设工程的最大的损害是影响不特定多人的生命、财产安全。

因此，笔者建议，非必招标的建设工程项目不采用招投标的方式确定承包人，特别是民营企业发包的建设工程采用招投标的方式确定承包人前，更要慎之又慎，原因不难理解。双方当事人一旦选择招投标方式确定承包人，就必须受《招标投标法》的约束。参与非必招标的建设工程项目投标的建筑施工企业，更要擦亮眼睛，谨慎参与投标。

三、不以备案的中标合同结算工程价款

（一）客观情况发生重大变化，可不以备案的中标合同结算

因客观情况发生了在招投标时难以预见的变化，承包人与发包人另行订立建设工程施工合同，可以另行签订合同结算工程价款，而不以备案的中标合同进行结算。

客观情况是不由当事人的意志所决定的且与建设工程存在关系的客观事实。这种客观事实不为当事人在招投标时事先预见，主要有三种情形。

1. 设计、规划发生重大变化

政府的工程规划如果进行了重大的调整，影响到在建工程，在建工程设计必须进行相应的调整。在此情形下，承包人与发包人另行签订建设工程施工合同或签订补充协议，以变更或补充原建设工程施工合同，是对调整后的设计方案的回应，符合建设工程客观实际情况的需要。正是基于此，应当以调整后的合同规范双方当事人的权利义务。

2. 主要建筑材料价格发生重大变化

在建设工程施工合同的履行过程中，主要建筑材料价格出现正常的波动，是双方当事人能承受的程度，由此另行签订建设工程施工合同或补充协议无任何必要，即使签订了也无实际履行的必要。如果主要建筑材料价格发生了双方当事人在招投标时所无法预见的高得离谱的变化，让承包人承建该建设工程有大亏损的可能，当事人因此另行签订的建设工程施工合同或补充协议将得到法院的支持。

3. 人工单价发生重大变化

从事建筑业的劳动者劳动强度大，日晒雨淋，高危劳作，理应获得较高的报酬。为提高从事建筑业的劳动者的工作积极性，保障其利益，各地政府相关部门往往以出台文件的形式提高劳动者的待遇。如果调整幅度偏大，超出建筑施工企业能承受的涨幅度，有可能被认定为客观情况发生了重大的变化。

（二）合同合理予以调整，可不以备案的中标合同结算

工程项目有时需要调整合同内容，其中一部分是合同当事人真实意思的表示，属于合同的合理调整。这种合理调整所产生的当事人权利义务的变化，与中标合同不一致，但因是双方当事人合意的体现，应当以调整后的合同或补充协议确定双方的权利义务，而不是以中标合同为准。

调整后的合同或补充协议并非"黑合同",它们只是对中标合同("白合同")出于保护双方当事人的合法权益作出的一定调整,是为了更好的履行合同,完成建设工程的施工。

典型案例 原材料价格暴涨调整合同价款获支持

1. 案例来源

江苏省连云港市中级人民法院(2018)苏07民终4375号民事判决书。

2. 案情摘要

上诉人连云港J港口投资有限公司(以下简称J公司)与被上诉人江苏T交通工程有限公司(以下简称T公司)建设工程施工合同纠纷案。

上诉人J公司上诉请求:依法撤销一审民事判决书,将本案发回重审,或改判驳回被上诉人的诉讼请求。事实与理由:(1)本案被上诉人起诉的诉讼请求并不明确具体,不符合人民法院立案受理的条件,依法应当驳回其起诉。(2)一审法院认定事实错误。①关于涉案工程工期,被上诉人诉状所述与客观实际不符。②关于涉案原材料价格变化。一审判决认定合同合法有效是客观的,但关于双方签订合同是采用固定价、原材料价格是根据2016年10月的市场价报价所定的认定没有事实根据。双方签订合同确定采用固定价是在综合市场行情并考虑以后市场风险的情况下确定的。一审判决认定按双方签订合同时约定的价格计付工程款对上诉人明显不公平,是错误的。(3)一审判决适用法律错误。本案情况不符合《最高人民法院关于适用〈中华人民共和国合同法〉若干问题的解释(二)》第二十六条之规定的情形。(4)一审判决书存在程序违法,判非所请。

被上诉人T公司辩称:一审判决认定事实清楚,证据充分,适用法律正确,审判程序合法,判决结果得当,应当予以维持。

T公司向一审法院起诉请求:请求判决T公司与J公司双方继续履行施工合同;变更合同专用条款第16.1条内容为"物价波动引起的价格调整,删除通用条款本款原内容,根据市场价按每月完成工程量进行调整";由J公司承担诉讼费。

一审法院认为,依法成立的合同自成立时生效,双方应按合同约定履行义务,合同成立后客观情况发生了当事人订立合同时无法预见的、非不可抗力造成的不属于商业风险的重大变化,继续履行合同对于一方当事人明显不公平或者不能实现合同目的,当事人请求人民法院变更或解除合同的,人民法院应当根据公平原则,并结合案件的实际情况确定是否变更或者解除。本案双方签订的合同为原材料固定单价合同,但合同签订后,施工所需的钢材、水泥、黄沙、石子等原材料价格发生了异常涨价,出现了暴涨情况,但双方签订合同是采用固定价,原材料价格是根据2016年10月的市场价报价所定,而自2016年12月开始,建筑所需钢材、水泥、黄沙、石子等原材料价格发生了异常涨价,若仍按双方签订合同时约定的价格计付工程款,对T公司明显不公平,且在施工期间,因涉案工程的管廊结构重新设计及其他设计变更,致使多次停工,导致工期延长,J公司亦有责任,故涉案工程合同价款可予以调整。现T公司要求继续履行合同,且T公司现仍在施工,故对T公司要求继续履行合同的诉讼请求,一审法院予以支持。一审法院判决:(1)T公司与J公司继续履行施工合同。(2)变更T公司与J公司签订的合同专用条款第16.1条"物价波动引起的价格调整,删除通用条款本款原内容,改为:不调整"为"物价波动引起的价格调整,按通用条款第16条约定予以调整"。(3)驳回T公司其他诉讼请求。

3. 二审法院裁判结果

本院认为,T公司一审的诉讼请求为继续履行合同和对价格条款进行变更,即T公司的诉讼请求明确,上诉人J公司关于T公司诉讼请求不明确具体的上诉理由不能成立,本院不予采纳。涉案工程在履行过程中,钢材、石子、黄沙、水泥等主要建筑材料的价格发生异常变动的情形,出现了暴涨情况,如仍按双方施工合同约定的固定单价继续履行将导致T公司与J公司的权利义务严重失衡,对T公司显失公平,故依据公平原则,一审法院对T公司关于价格调整的诉求予以支持并未不当。判决如下:驳回上诉,维持原判。

4. 律师点评

在建设工程施工合同的履行过程中,主要建筑材料等价格暴涨,出现异常波动,超出了正常市场风险的范围,超出当事人能承受的程度,不属于正常的商业风险。如果继续按合同的约定结算工程价款,承包人承建该建设工程将出现大亏损,明显对于承包人不公平,无法实现其签订建设工程施工合同的目的。承包人可要求法院对涉案工程合同价款进行变更,双方合同对主要建筑材料价格变动风险负担有约定的,原则上依照其约定处理;没有约定或约定不明,当事人要求法院调整工程价款的,法院一般会在市场风险范围和幅度之外酌情予以支持,调整数额一般参照施工地建设行政主管部门关于处理主要建筑材料差价问题的意见。即使双方约定主要建筑材料固定单价,承包人也可要求法院对工程价款进行合理的调整,法院一般会根据公平原则,判决调整涉案工程合同价款。

因一方当事人原因导致工期延误或主要建筑材料供应延误,延误期间的主要建筑材料差价部分工程款,由过错方承担。

第八章

建设工程价款优先受偿权实务问题

在发包人未依合同约定向承包人支付工程价款前，承包人对其承建的建设工程拥有控制权、占用权，承包人有权不向发包人提交竣工验收报告申请竣工验收，不向发包人移交工程竣工图纸，不办理建设工程的交付手续，有权对于建设工程的价款就该工程折价款或者拍卖价款行使优先受偿的权利。

建设工程价款优先受偿权是法律赋予建设工程施工合同的承包人的一项专有权利，优先保护付出人力、智力、材料、机器设备等的承包人的合法权益，重点保障建筑工地上千千万万农民工的工资和其他劳动报酬，有利于社会稳定，有利于建筑行业的健康良性发展。

一、建设工程价款优先受偿权实务要点

（一）建设工程价款优先受偿权的含义

建设工程价款，是指建设工程施工合同的承包人按照合同的约定和工程计算办法的规定，要求发包人支付的价款，是承包人将人力、智力、建筑材料、机器设备等物化到建设工程的结果。

优先受偿权，是指法律规定的特定债权人优先于其他债权人、其他物权人受偿的权利，是特定债权人享有的就债务人的特定财产或总财产的价值优先受偿的权利。

建设工程价款优先受偿权，是指承包人对于其承建的建设工程的价款就该工程折价款或者拍卖价款享有优先受偿的权利，优先于一般的债权、物权。

法律赋予与建设工程发包人形成直接施工合同关系的承包人建设工程价款优先受偿权，一个很重要的原因是建设单位拖欠工程价款成了老大难的问题，严重影响建筑施工企业的正常经营，严重影响建筑市场的正常秩序，严重影响建筑工人的合法权益，在很大程度上带来社会不稳定隐患。

（二）建设工程价款优先受偿权的性质

建设工程价款优先受偿权是一项法定的权利，基于法律的直接规定而产生，不是因建设工程施工合同约定而产生的权利。

建设工程施工合同的当事人无论在合同中有无约定建设工程价款优先受偿权，无论建设工程施工合同有效还是无效，承包人都可依据法律的规定享有这项权利。

（三）建设工程价款优先受偿权的法律依据

1.《合同法》《民法典》的规定

《合同法》第二百八十六条规定："发包人未按照约定支付价款的，承包人可以催告发包人在合理期限内支付价款。发包人逾期不支付的，除按照建设工程的性质不宜折价、拍卖的以外，承包人可以与发包人协议将该工程折价，也可以申请人民法院将该工程依法拍卖。建设工程的价款就该工程折价或者拍卖的价款优先受偿。"

《民法典》第八百零七条规定："发包人未按照约定支付价款的，承包人可以催告发包人在合理期限内支付价款。发包人逾期不支付的，除根据建设工程的性质不宜折价、拍卖外，承包人可以与发包人协议将该工程折价，也可以请求人民法院将该工程依法拍卖。建设工程的价款就该工程折价或者拍卖的价款优先受偿。"

2.《建设工程司法解释（二）》的规定

《建设工程司法解释（二）》第十七条规定："与发包人订立建设工程施工合同的承包人，根据合同法第二百八十六条规定请求其承建工程的价款就工程折价或者拍卖的价款优先受偿的，人民法院应予支持。"

（四）建设工程价款优先受偿权的意义

建设工程价款优先受偿权是一种特殊的债权、一种特殊的优先权，优先于一般的债权，也优先于该建设工程上所设置的抵押权，无须去有关部门办理抵押登记手续，而是由法律直接明确规定。

法律设置优先权的目的是调整不同权利的受偿顺序，打破债权平等性；法律设置建设工程价款优先受偿权的目的是保护建设工程施工合同承包人的权益。建设工程价款优先受偿权优先于抵押权，有利于优先保护付出人力、智力、材料、机器设备等的承包人的合法权益，有利于重点保障建筑工地上千千万万农民工的合法权益，有利于社会稳定，有利于建筑行业的健康良性发展。

二、享有建设工程价款优先受偿权的主体

（一）建设工程价款优先受偿权是施工承包人的专有权利

建设工程是承包人将人力、智力、材料、设备等物化到建筑物的结果。发包人未依合同约定向承包人支付工程价款前，承包人对其承建的建设工程拥有控制权、占用权，承包人有权不向发包人提交竣工验收报告申请竣工验收，有权不向发包人移交工程竣工图纸，有权不办理建设工程的交付手续，有权对于建设工程的价款就该工程折价款或者拍卖价款行使优先受偿的权利。正因如此，法学界有将建设工程价款优先受偿权归为优先权或留置权或法定抵押权之说。

并非所有的建设工程施工合同的承包人都享有工程价款优先受偿权，只有与发包人订立建设工程施工合同、与发包人形成直接施工合同关系的承包人，才享有建设工程价款优先受偿权。工程分包人、转包人、挂靠人及其他实际施工人都不享有这项权利，因为他们都未与发包人形成直接的施工合同关系。

实际施工人不是一个法律概念，而是《建设工程司法解释（一）》对特定人的称谓，第二十六条规定："实际施工人以转包人、违法分包人为被告起诉的，人民法院应当依法受理。实际施工人以发包人为被告主张权利的，人民法院可以追加转包人或者违法分包人为本案第三人。发包人只在欠付工程价款范围内对实际施工人承担责任。"该条规定赋予实际施工人直接向发包人主张工程价款的权利，是为了保护实际施工人的合法权益，并非基于双方存在直接的施工合同关系，而且，发包人仅在欠付工程价款的范围内对实际施工人承担责任，并非与转包人、违法分包人等导致实际施工人产生的主体对实际施工人承担连带责任。该条规定也未赋予实际施工人享有建设工程价款优先受偿权。

实际施工人不享有《合同法》第二百八十六条、《民法典》第八百零七条规定的建设工程价款优先受偿权。如果赋予实际施工人建设工程价款优先受偿权，无异于变相鼓励出借建筑资质（或挂靠）、违法分包、转包等违法行为，将给建设工程行政主管部门增加管理难度，不利于建筑市场的健康良性发展。

《建设工程司法解释（二）》明确规定只有与发包人订立建设工程施工合

同、与发包人形成直接施工合同关系的承包人才享有建设工程价款优先受偿权,实际施工人不享有建设工程价款优先受偿权。该司法解释出台后,之前已赋予实际施工人建设工程价款优先受偿权的各省份,已取消或正在取消相关规定,以免与《建设工程司法解释(二)》产生冲突,导致司法裁判出现混乱。

典型案例　实际施工人不享有工程价款优先受偿权

1. 案例来源

最高人民法院(2019)最高法民申2852号民事裁定书。

2. 案情摘要

再审申请人陈某与被申请人X银行股份有限公司三明列东支行(以下简称X列东支行)、二审被上诉人福建K置业有限公司(以下简称K公司)、第三人福建省D建筑工程有限公司(以下简称D公司)建设工程施工合同纠纷案,不服福建省高级人民法院(2018)闽民终711号民事判决,向最高人民法院申请再审。

陈某申请再审称:依据《民事诉讼法》第二百条第六项的规定申请再审,请求:(1)依法撤销福建省高级人民法院(2018)闽民终711号民事判决;(2)依法维持福建省三明市中级人民法院(2017)闽04民撤5号民事判决。事实与理由:二审法院事实认定错误。(1)二审法院在认定《永安山庄后期工程施工承包合同》关于竣工以书面通知确认为准约定有效的前提下,却认定双方自行约定的书面竣工日期缺乏合同依据,否定K公司与陈某双方书面确认的竣工日期和结算日期,简单将容缺备案表的时间认定为工程竣工验收时间的依据,进而作出撤销陈某的工程款优先受偿权是错误的。(2)K公司于2015年5月11日在陈某不知情的情况下单方制作福建省房屋建筑和市政基础设施工程竣工验收备案表进行容缺备案,是对部分工程的违规备案,不是案涉工程竣工备案,备案表上所载竣工时间不可以作为竣工时间。(3)K公司与陈某的结算日期为2015年12月9日,只有经过双方结算确认,才能确定具体的欠款金额,才有主张工程款的依据。无论是以约定的竣工日期还是结算日期,陈某于2016年4月11日主张工程款优先受偿权,均未超过法律规定6个月的除斥期间。

X列东支行辩称:永安山庄工程的承包人为D公司和福建L建设有限公司(以下简称L公司),陈某作为实际施工人不享有建设工程价款的优先受偿权。

3. 再审法院裁判结果

根据双方当事人的诉辩意见,最高人民法院评析如下:就本案诉争的永安山庄工程,K公司原与中标人L公司、D公司签订《建设工程施工合同》,但是其后各方当事人并未实际履行该合同,而是由K公司与陈某签订《永安山庄后期工程施工承包合同》(以下简称《施工承包合同》)并由陈某实际进行施工。涉案容缺备案表中所填施工单位为D公司、L公司。结合上述事实可以认定,就涉案工程,陈某为借用资质的实际施工人。

优先受偿权作为一种物权性权利,根据《物权法》第五条"物权的种类及内容,由法律规定"之物权法定原则,享有建设工程价款优先受偿权的主体必须由法律明确规定。而《合同法》第二百八十六条、《优先受偿权批复》第一条均明确限定建设工程价款优先受偿权的主体是建设工程的承包人,而非实际施工人。这也与《建设工程司法解释(二)》第十七条明确规定建设工程价款优先受偿权的主体为"与发包人订立建设工程施工合同的承包人"这一最新立法精神相契合。陈某作为实际施工人,并非法定的建设工程价款优先受偿权主体,不享有建设工程价款优先受偿权。

最高人民法院于2019年7月31日作出(2019)最高法民申2852号裁定:驳回陈某的再审申请。

4. 律师点评

建设工程价款优先受偿权是法律赋予建设工程施工合同的承包人的一项专有权利。这里的"承包人"是狭隘的承包人,专指与发包人订立建设工程施工合同、与发包人形成直接施工合同关系的承包人。工程分包人、转包人、挂靠人等实际施工人都不享有建设工程价款优先受偿权。如果赋予实际施工人建设工程价款优先受偿权,无异于变相鼓励出借建筑资质(或挂靠)、违法分包、转包等违法行为。

实际施工人不享有建设工程价款优先受偿权,加大了实际施工人的风险:如果与发包人订立建设工程施工合同的承包人已从发包人处收取足额的工程价款,但因其自身原因无力支付给实际施工人,实际施工人虽有直接起诉发包人的权利,但因发包人已足额支付给承包人,发包人无须再对实际施工人承担责任,实际施工人有可能血本无归。

（二）勘察人、设计人、监理人不享有建设工程价款优先受偿权

建设工程合同是承包人进行工程建设，发包人支付价款的合同。建设工程合同包括工程勘察、设计、施工合同。

建设工程勘察合同的勘察人、建设工程设计合同的设计人、建设工程施工合同的施工人都属于建设工程承包人。

但是，只有建设工程施工合同的承包人（施工人）才享有建设工程价款优先受偿权，建设工程勘察合同的勘察人、建设工程设计合同的设计人都不享有建设工程价款优先受偿权。

委托监理合同的监理人也不享有建设工程价款优先受偿权。

委托监理合同是一种委托合同，不是建设工程合同。《民法典》第七百九十六条规定："建设工程实行监理的，发包人应当与监理人采用书面形式订立委托监理合同。发包人与监理人的权利和义务以及法律责任，应当依照本编委托合同以及其他有关法律、行政法规的规定。"

监理人与勘察人、设计人一样，不享有建设工程价款优先受偿权。因为，这三者都没有将建筑材料、机器设备等物化到建设工程中，他们奉献的主要是智力成果。

（三）装饰装修工程的承包人享有建设工程价款优先受偿权

《最高人民法院关于装修装饰工程款是否享有合同法第二百八十六条规定的优先受偿权的函复》（2004 年 12 月 8 日）规定了装修装饰工程属于建设工程，可以适用《合同法》第二百八十六条关于优先受偿权的规定，但装修装饰工程的发包人不是该建筑物的所有权人或者承包人与该建筑物的所有权人之间没有合同关系的除外。享有优先权的承包人只能在建筑物因装修装饰而增加价值的范围内优先受偿。装修装饰工程总是附随于已经完成或大部分完成的建筑物之上的建设工程，其承包人如与发包人建立直接的合同关系，应当适用《合同法》第二百八十六条关于优先受偿权的规定，享受建设工程价款优先受偿权。

《建设工程司法解释（二）》第十八条规定："装饰装修工程的承包人，请求装饰装修工程价款就该装饰装修工程折价或者拍卖的价款优先受偿的，人民法院应予支持，但装饰装修工程的发包人不是该建筑物的所有权人的除外。"其与最高人民法院的以上函复吻合。

（四）受让工程价款的第三人享有建设工程价款优先受偿权

这里存在一种特殊情况：建设工程施工合同的承包人将合同约定的收取工程价款的权利合法转让给第三人，第三人因此享有建设工程价款优先受偿权，因为此种转让只是债权转让，通知建设工程发包人后，即对发包人产生法律效力，而无须发包人同意。

（五）合同被解除或终止的承包人享有建设工程价款优先受偿权

建设工程施工合同被解除或终止履行前，承包人已将其劳力、智力、建筑材料、机器设备等物化于承建的工程中，在要求发包人支付已完工的工程量价款时，承包人有权要求行使建设工程价款优先受偿权。承包人行使建设工程价款优先受偿权的期限，自双方解除合同或终止履行合同之日起计算。

三、建设工程价款优先受偿权的行使

（一）行使建设工程价款优先受偿权的前提

与建设工程发包人形成直接施工合同关系的承包人行使建设工程价款优先受偿权的前提：建设单位未按照建设工程施工合同的约定向承包人支付工程价款。只要建设单位存在不按照合同的约定向承包人支付工程价款的行为，承包人就有权行使建设工程价款优先受偿权，而无论双方签订的建设工程施工合同有效还是无效。

建设工程领域对资质资格的严格要求、对招投标的严格管理，导致许多建设工程施工合同无效。如果无效的建设工程施工合同中的承包人无权行使建设工程价款优先受偿权，不利于保护弱势的承包人和千千万万的进城务工的农民工，不利于社会的稳定，不利于建筑业的健康发展。

（二）行使建设工程价款优先受偿权的条件

1. 建设工程质量合格

承包人承建的建设工程质量合格是承包人行使工程价款优先受偿权的条件之一。

与建设工程发包人形成直接施工合同关系的承包人享有建设工程价款优先受偿权必须符合：其承建的建设工程质量合格。在《建设工程司法解释（二）》发布前，没有法律、法规、司法解释对如何行使建设工程价款优先受偿权进行明确的规定,给承包人行使建设工程价款优先受偿权带来极大的不利。

《建设工程司法解释(二)》第十九条规定:"建设工程质量合格,承包人请求其承建工程的价款就工程折价或者拍卖的价款优先受偿的,人民法院应予支持。"规定了承包人行使工程价款优先受偿权的条件是建设工程质量合格。建设工程质量若不合格,发包人就无法从中获取利益,其无法实现合同目的,发包人有权拒绝向承包人支付工程价款,承包人收取工程价款的请求都得不到支持,行使建设工程价款优先受偿权则无从谈起。

未竣工的建设工程,只要质量合格,承包人可向发包人主张工程价款优先受偿权。

《建设工程司法解释(二)》第二十条规定:"未竣工的建设工程质量合格,承包人请求其承建工程的价款就其承建工程部分折价或者拍卖的价款优先受偿的,人民法院应予支持。"

建设工程施工合同无效但建设工程质量合格,承包人享有建设工程价款优先受偿权。

建设工程价款优先受偿权是一种法定优先权,源于工程价款债权。在建设工程施工合同无效但工程质量合格的情形下,与有效合同一样,承包人已将其劳力、智力、建筑材料、机器设备等物化于承建的工程中,承包人可参照双方签订的建设工程合同的约定,要求发包人支付工程价款,也有权要求行使建设工程价款优先受偿权。

2. 建设工程属于可折价、拍卖的工程

承包人行使建设工程价款优先受偿权的另一个条件是:建设工程属于可折价、拍卖的工程。法律对此目前仍无明确规定,司法裁判实践也未见明确的裁判依据,因而对此争议较大。有人认为事关国计民生或涉及社会公共利益的工程,如国防工程、军事工程、市政工程、以公益为目的的事业单位、社会团体的教育设施、医疗卫生设施及其他社会公益设施不宜折价、拍卖;有人认为违章建筑不宜折价、拍卖;大部分人认为工程质量不合格且无法修复的建设工程不得折价、拍卖。

(三)建设工程价款优先受偿权优先于抵押权和其他债权

《优先受偿权批复》规定,人民法院应当认定建筑工程的承包人的优先受偿权优于抵押权和其他债权。消费者交付购买商品房的全部或者大部分款项后,承包人就该商品房享有的工程价款优先受偿权不得对抗买受人。

交付购买商品房的全部或者大部分款项的买受人作为消费者的权利,优先于建设工程施工合同中的承包人。两者同样是优先受偿权,商品房买受者的优先受偿权得到最先、最优的保护。商品房买受人享有优先于承包人建设工程价款优先受偿权的权利,基于商品房买卖合同生效且已履行。商品房买卖合同解除或自始至终无效的商品房买卖合同的买受人,依法不享有优先受偿权,更不可能享有优先于建设工程价款优先受偿权的权利,因为此时的商品房买卖合同的买受人依法只能主张返还购房款,以恢复商品房买卖合同签订前的原状,或要求出卖人承担其他因合同解除或合同无效所致的法律后果。

典型案例 建设工程价款优先受偿权优于抵押权

1. 案例来源

安徽省高级人民法院(2016)皖民终909号民事判决书。

2. 案情摘要

上诉人南通S集团有限公司(以下简称南通S公司)因与被上诉人铜陵Z置业有限公司(以下简称铜陵Z公司)、被上诉人铜陵农村商业银行股份有限公司西郊支行(以下简称铜陵N西郊支行)建设工程施工合同纠纷案,不服安徽省铜陵市中级人民法院(2015)铜中民三初字第00032号民事判决,向安徽省高级人民法院提起上诉。

南通S公司上诉请求:撤销原审判决第二项,改判南通S公司对案涉工程拍卖、变卖或者折价价款在2491万元范围内享有优先受偿权。事实和理由:原判不支持南通S公司工程款优先受偿权的主张错误。(1)南通S公司承建的天香牡丹园工程,其中1#楼于2014年12月25日竣工,2#楼及地下室于2015年8月10日竣工。南通S公司起诉主张工程款优先受偿权没有超过6个月的法定期限。(2)已竣工工程的工程款优先受偿权的范围应指工程竣工结算价。本案案涉工程竣工后,双方于2015年9月2日签署天香牡丹园总承包单位工程结算表,确认竣工结算价为人民币8280万元,其中没有因发包人违约造成的损失。按照最高人民法院相关司法解释的本意,除因发包人违约造成的损失外,都应依法受偿。扣除已支付5789万元,铜陵Z公司尚欠南通S公司工程款2491万元。对上述2491万元工程款,南通S公司对案涉工程拍卖、变卖或者折价价款应享有优先受偿权。

铜陵Z公司辩称:案涉工程已设定了有效的抵押权,施工单位已承诺放弃工程款优先受偿权,故本案工程款优先受偿权不应优先于银行的抵押权。

铜陵N西郊支行辩称:2012年9月10日,铜陵Z公司向铜陵N西郊支行出具了建设单位放弃工程款优先受偿权的承诺函,该函虽然盖章单位是南通H建筑集团有限公司,但结合南通S公司与铜陵Z公司签订"阴阳合同"的事实,铜陵N西郊支行有理由相信该承诺函是南通S公司与铜陵Z公司的合意行为。

一审认定的事实:2015年9月23日,铜陵Z公司与铜陵N西郊支行签订固定资产借款合同一份,约定铜陵Z公司向铜陵N西郊支行借款4400万元,用途为原天香牡丹园5000万元项目贷款展期。同日,铜陵Z公司与铜陵N西郊支行签订抵押合同,约定将天香牡丹园商业营业用房在建工程及其土地使用权作为抵押,抵押物作价88859700元。铜陵Z公司在贷款中提交给银行的建设工程施工许可证载明的设计单位、施工单位与实际施工单位不一致,施工许可证上的施工单位为南通H建筑集团有限公司。该单位于2012年9月10日向铜都农村合作银行出具承诺函一份,承诺其作为天香牡丹园的施工承包单位,放弃工程款优先受偿权。

3. 二审法院裁判结果

结合各方诉辩意见,安徽省高级人民法院结合有关案件事实,根据法律、司法解释的规定,评判如下:铜陵N西郊支行提交的放弃工程款优先受偿权承诺函,虽然内容涉及铜陵Z公司承建开发的"天香牡丹园"项目,但承诺函的出具人并非南通S公司,出具对象也并非铜陵N西郊支行,铜陵Z公司和铜陵N西郊支行未能举证证明该承诺函系南通S公司的意思表示,故不能以此承诺函证明南通S公司自愿放弃案涉工程款的优先受偿权。根据《优先受偿权批复》第一条"人民法院在审理房地产纠纷案件和办理执行案件中,应当依照《中华人民共和国合同法》第二百八十六条的规定,认定建筑工程的承包人的优先受偿权优于抵押权和其他债权"的规定,铜陵Z公司关于"本案建设工程优先受偿权不应优先于银行抵押权"的抗辩观点不能成立。安徽省高级人民法院作出(2016)皖民终909号判决:撤销安徽省铜陵市中级人民法院(2015)铜中民三初字第00032号民事判决第二项;南通S公司在铜陵Z公司欠付工程款2077万元范围内对天香牡丹园1#楼、2#楼及人防地下室工程折价或者拍卖的价款优先受偿。

4. 律师点评

建设工程施工合同承包人已将人力、智力、材料、机器设备等物化到其承建的工程中,法律设置建设工程价款优先受偿权,其目的是保护承包人的权益。如果发包人不按约定支付工程价款，只要承包人承建的工程质量合格，且属于可折价、拍卖的工程，承包人就有权要求对工程折价或者拍卖的价款进行优先受偿。

法律规定建设工程价款优先受偿权优先于银行等债权人在建筑物上的抵押权，有利于优先保护承包人的合法权益，有利于重点保障建筑工地上千千万万农民工的工资和其他劳动报酬，有利于社会稳定，有利于建筑行业的健康良性发展。

（四）建设工程价款优先受偿的范围

对建设工程价款优先受偿的范围进行明确的规定，基于建设工程价款优先受偿权是一种特殊的优先受偿权，不但优先于发包人的债权人如供应商，而且优先于发包人的抵押权人如贷款银行，对建设工程价款优先受偿的范围进行必要的限制，出于平衡建设工程施工合同履行过程中各方当事人的利益，不致明显倾向于哪一方。

建设工程价款优先受偿权是一种法定优先受偿权，其效力、行使范围应由法律明确规定，承包人、发包人无权自行约定建设工程价款优先受偿的范围。

1. 建设工程价款的范围

《优先受偿权批复》规定："建筑工程价款包括承包人为建设工程应当支付的工作人员报酬、材料款等实际支出的费用，不包括承包人因发包人违约所造成的损失。"

2. 建设工程价款优先受偿的范围

《建设工程司法解释（二）》第二十一条规定："承包人建设工程价款优先受偿的范围依照国务院有关行政主管部门关于建设工程价款范围的规定确定。承包人就逾期支付建设工程价款的利息、违约金、损害赔偿金等主张优先受偿的，人民法院不予支持。"

住房城乡建设部、财政部印发的《建筑安装工程费用项目组成》（建标〔2013〕44号）对工程价款范围作了规定，建筑安装工程费按照费用构成要素划分，由人工费、材料（包含工程设备，下同）费、施工机具使用费、企业管理费、利润、规费和税金组成。其中人工费、材料费、施工机具使用费、企业管理费和利润包含在分部分项工程费、措施项目费、其他项目费中。

《住房城乡建设部关于做好建筑业营改增建设工程计价依据调整准备工

作的通知》(建办标〔2016〕4号)规定,按照前期研究和测试的成果,工程造价可按以下公式计算:工程造价=税前工程造价×(1+11%)。其中,11%为建筑业拟征增值税税率,税前工程造价为人工费、材料费、施工机具使用费、企业管理费、利润和规费之和,各费用项目均以不包含增值税可抵扣进项税额的价格计算,相应计价依据按上述方法调整。

发包人从建设工程价款中预扣的工程质量保证金,是承包人行使建设工程价款优先受偿的范围。工程质量保证金本是工程价款的一部分,并不是发包人要求承包人另行交付的款项,属于建设工程价款优先受偿的范围,可从建设工程折价款或拍卖款中优先受偿。但承包人就返还工程质量保证金行使优先受偿权的可能性极少,因为建设工程施工合同一般会约定质量保证金返还的期限,而法律明确规定了承包人行使建设工程价款优先受偿权的期限,通常来说,建设工程价款优先受偿权的行使期限届满时,质量保证金还未到返还的时间。

(五)建设工程价款优先受偿权的行使期限

1. 建设工程价款优先权的行使期限

《建设工程司法解释(二)》与《优先受偿权批复》对承包人行使建设工程价款优先受偿权的期限有同样的规定,承包人行使建设工程价款优先受偿权的期限为6个月。

但以上两个司法解释对承包人行使建设工程价款优先受偿权的期限规定了不同的起算点:《优先受偿权批复》规定自建设工程竣工之日或者建设工程合同约定的竣工之日起计算,《建设工程司法解释(二)》规定自发包人应当给付建设工程价款之日起算。

《建设工程司法解释(二)》自2019年2月1日起施行,《优先受偿权批复》于2002年6月27日起施行,《建设工程司法解释(二)》施行晚于《优先受偿权批复》。根据新的司法解释优于旧的司法解释的原则,承包人行使建设工程价款优先受偿权的期限为六个月,自发包人应当给付建设工程价款之日起算。承包人自发包人应当给付建设工程价款之日起6个月内,书面催促发包人限期付款。发包人逾期未付款的,承包人应当在该6个月期限届满前向法院提起诉讼,请求其承建工程的价款就其承建工程折价或者拍卖的价款优先受偿,以避免建设工程价款优先权无法实现。

2. 建设工程价款优先受偿权的行使不适用诉讼时效的规定

诉讼时效，是指民事权利受到侵害的权利人在法定的时效期间内不行使权利，当时效期间届满时，债务人获得诉讼时效抗辩权。在法定的诉讼时效期间届满之后，权利人行使请求权的，人民法院不再予以保护。

除斥期间，又称“预定期间”“预备期间”，是指法律规定的某种民事权利有效存续的期间。权利人在法律规定的期限内不行使其权利，其权利即被除斥。

《民法总则》规定了除斥期间，第一百九十九条规定：“法律规定或者当事人约定的撤销权、解除权等权利的存续期间，除法律另有规定外，自权利人知道或者应当知道权利产生之日起计算，不适用有关诉讼时效中止、中断和延长的规定。存续期间届满，撤销权、解除权等权利消灭。”

《民法典》第一百九十九条有同样的规定。

笔者认为，承包人行使建设工程价款优先受偿权的期限是一种除斥期间，为不变期间，不适用诉讼时效的规定，除法律另有规定外，建设工程价款优先受偿权的行使期间不适用有关诉讼时效中止、中断和延长的规定。

法律虽然赋予了建设工程施工合同承包人享有建设工程价款优先受偿权，且该种优先受偿权优先于抵押权和普通债权，但为了促使承包人及时维护自身合法权益，尽可能少的影响抵押权人和普通债权人的权益，法律又严格规定了承包人行使该权利的期限，承包人如果不在规定的期限内行使，将丧失该权利。

典型案例　逾期行使建设工程价款优先受偿权不获支持

1. 案例来源

最高人民法院(2018)最高法民终947号民事判决书。

2. 案情摘要

上诉人Z集团有限公司(以下简称Z公司)因与被上诉人山东J海洋产业股份有限公司(以下简称J公司)建设工程施工合同纠纷案，不服山东省高级人民法院(以下简称一审法院)(2016)鲁民初32号民事判决(以下简称一审判决)，向最高人民法院提起上诉。

Z公司请求：撤销一审判决第三项，改判为Z公司对承建的工程享有建设工程优先受偿权。上诉人诉称：因J公司未组织竣工验收就投入使用，且存在逾期付款、严重拖延办理结算等违约行为，Z公司于2016年3月5日向

J公司发出了解除施工合同并主张建设工程价款优先受偿权的函。之后，Z公司对J公司提起诉讼并依法主张建设工程价款优先受偿权。依据《建设工程司法解释(二)》第二十二条规定，结算工程款属于合同履行过程之一，应支付的工程款只有通过结算，才能得以形成工程款债权，继而确定应当给付工程价款的起算日期。本案工程非因Z公司的原因未能在约定期间内竣工，Z公司依据《合同法》第二百八十六条规定享有的优先受偿权不受影响；Z公司行使优先受偿权的期限自合同解除或终止履行之日起计算6个月，本案中Z公司主张优先权符合《合同法》及相关规定，应予以支持。

J公司辩称：一审判决认定Z公司不享有建设工程价款优先受偿权，认定事实清楚，证据充分。按照Z公司与J公司的工作联系函、计划编制说明的内容，涉案工程约定的最晚竣工日期为2013年12月1日，Z公司的优先受偿期限应自2013年12月2日起算，Z公司于2016年3月5日起诉主张优先受偿权已经超过6个月法定期限。退一步讲，双方于2014年1月17日对涉案工程进行了交接，涉案工程施工合同已经履行终止，其优先受偿权最迟应该自2014年1月17日起算，Z公司至2016年3月5日起诉主张优先受偿权，也超过法定期限。

3. 二审法院裁判结果

根据双方当事人的诉辩意见，最高人民法院对于Z公司是否享有建设工程价款优先受偿权的问题评析如下：

涉案建设工程施工合同中未明确约定竣工日期，Z公司主张应当自其发函要求解除合同之日起即2016年3月5日开始计算其行使优先受偿权的期限。根据一审法院查明事实，2013年8月7日双方形成的工程联系函载明了各项单体工程的完成时间及竣工验收时间，2013年9月11日计划编制说明对2013年8月7日工程联系函所载明的施工进度又进行变更，对各单体工程的完工日期作出了新的约定，其中最晚完工日期为2013年12月1日。一审法院认为前述关于竣工日期的约定应当属于建设工程施工合同的组成部分，故本案不属于未约定竣工日期的工程，认定正确。Z公司于2016年3月5日起诉主张建设工程价款优先受偿权，已经超过了6个月的法定期限，对其该项上诉请求，本院不予支持，应予驳回。一审判决认定事实清楚，适用法律正确，应予维持。最高人民法院于2019年5月31日作出(2018)最高法民终947号判决：驳回上诉，维持原判。

4. 律师点评

法律在赋予承包人建设工程价款优先受偿权的同时,又明确规定承包人行使建设工程价款优先受偿权的期限、范围,一方面是为了保障承包人的合法权益,保护建筑工地上千千万万农民工的利益;另一方面是促使承包人及时恰当行使权利,照顾银行及其他债权人的利益。如果承包人超出期限行使建设工程价款优先受偿权,将丧失该权利,沦为普通债权人,承包人与建筑工人的利益将难以保障。

(六)建设工程价款优先受偿权的行使方式

1. 协议将工程折价支付工程价款

当发包人不按照合同的约定支付工程价款时,承包人可与发包人协商,以建设工程折价的方式支付工程价款。

如果出现因发包人的原因导致工程停工且复工无望情形,建设工程承包人要及时以书面形式要求与发包人解除建设工程合同,并要求发包人以工程折价方式支付工程价款。

2. 起诉行使建设工程价款优先受偿权

承包人起诉主张工程价款并要求行使建设工程价款优先权,应当提供充足的证据证明建设工程由其施工,己方是行使建设工程价款优先权的合格主体。承包人在起诉要求发包人支付工程价款的同时,要求行使建设工程价款优先受偿权,法院受理后将对承包人的要求一并审查,一并判决。承包人也可单独提起建设工程价款优先受偿权确认之诉。

如果出现因发包人的原因导致工程停工且复工无望情形,双方当事人协商不成时,承包人要及时向法院提起诉讼,要求解除与发包人之间的建设工程施工合同,同时要求行使建设工程价款优先受偿权,就工程价款对工程折价或者拍卖的价款主张优先受偿。

(七)建设工程价款优先受偿权的放弃

设置建设工程价款优先受偿权的主要目的在于保障建设工程价款的清偿,保护建设工程承包人的合法权益,保障建筑工人的工资与基本生存权利。正是因为生存权优先于其他一切经营性权利,法律才规定建设工程价款优先受偿权优先于抵押权、普通债权。当前国家调控房地产行业,很多房地产类企业因资金链断裂而破产。在这种严峻的形势下,建设工程价款优先受偿权对保护建设工程承包人与建筑工人的利益至关重要。

房地产类企业是资金密集型企业,开发商为了解决资金紧张问题,往往会以在建工程作为抵押物向银行贷款。大部分商业银行为了自身的利益,会从策略上规避承包人行使优先于抵押权的建设工程价款优先受偿权。在放款给开发商前,银行一般会强势要求开发商提交承包人放弃建设工程价款优先受偿权的承诺书,或直接与发包人、承包人签订三方协议,要求承包人放弃建设工程价款优先受偿权。

承包人面对占据强势地位的发包人、银行的要求,往往被迫作出放弃建设工程价款优先受偿权的承诺,银行因此获得在发包人不能偿还贷款的情况下通过折价、变卖或拍卖工程等方式获得优先受偿的风险保障。承包人与发包人补充约定此类内容的黑合同泛滥成灾,成了行业内公开的秘密。承包人放弃建设工程价款优先受偿权后,工程价款变为普通债权。建设单位(发包人)如果进入破产清算程序,工程价款等普通债权将在抵押权及破产债权之后清偿,开发商清偿抵押权及破产债权后,如果还有剩余财产,包括工程价款在内的普通债权按比例清偿,建设工程承包人与建筑工人的利益将很难保障。

工程价款中包含建筑工人工资,建设工程承包人放弃行使工程价款优先受偿权,极有可能侵害建筑工人的基本生存权利,引发社会不稳定因素。因此,《建设工程司法解释(二)》明确反对以上行为,第二十三条规定:"承包人与发包人约定放弃或者限制建设工程价款优先受偿权,损害建筑工人利益,发包人根据该约定主张承包人不享有建设工程价款优先受偿权的,人民法院不予支持。"承包人不管是出于真心还是违背本意,放弃或同意限制行使建设工程价款优先受偿权,只要损害了建筑工人的利益,此种放弃或限制行使建设工程价款优先受偿权的约定就无效。

如果承包人承诺放弃的只是承建工程价款优先权的部分权益,而不是全部权益,当发包人不能按期足额支付工程价款时,承包人主张承建工程价款优先权的部分权益,即可保障建筑工人的利益,那么,承包人此种放弃建设工程价款优先受偿权的行为合法有效。建设工程承包人放弃建设工程价款优先受偿权前,发包人提供了担保财产或担保人,能保障承包人按时足额收回工程价款,不会损害建筑工人的利益,承包人此种放弃建设工程价款优先受偿权的行为合法有效。

因此,判断承包人放弃建设工程价款优先受偿权的行为是否有效,只需分析该放弃行为是否损害了建筑工人的利益。

这里的"建筑工人"包括从事建筑工程工作的工人,还包括从事建筑工程工作的农民工。

"损害建筑工人的利益"应当如何界定?目前法律、法规、司法解释都未作出明确的规定。司法实践普遍倾向于是否影响到承建工程的建筑工人的整体利益。如果承包人放弃建设工程价款优先受偿权的行为只是损害个别或极少数建筑工人的利益,不能界定为"损害建筑工人的利益",也不能以此认定承包人放弃建设工程价款优先受偿权的行为无效。因此,承包人放弃建设工程价款优先受偿权的行为是否有效,有待法律、法规或司法解释作出进一步的规定。

第九章

工程总承包的新变化与实务应对

近年来，建筑业面临转型升级的关键时期，发展工程总承包模式，是建筑业转型的重点措施之一。

2016年5月20日，住房和城乡建设部发布了《关于进一步推进工程总承包发展的若干意见》（建市〔2016〕93号），提出优先采用工程总承包模式，政府投资项目和装配式建筑应当积极采用工程总承包模式。该意见发布后，各地加大工程总承包配套法规、政策的出台力度，培育工程总承包骨干企业，引导、鼓励建设单位优先采用工程总承包模式。

2019年12月23日，住房和城乡建设部、国家发展改革委制定了《工程总承包管理办法》（2020年3月1日生效），工程总承包模式正由化工、石化、冶金、建材等工程建设领域全面拓展到房屋建筑和市政基础设施等领域，新一轮工程总承包热潮即将到来，工程总承包有可能成为建筑市场的主流承包模式，将成为未来建设工程企业争夺的高端市场。

一、工程总承包的新要求

（一）选择工程总承包单位的方式

建设单位依法采用招标或者直接发包等方式选择工程总承包单位。工程总承包项目范围内的设计、采购或者施工中，有任一项属于依法必须进行招标的项目范围且达到国家规定规模标准的，应当采用招标的方式选择工程总承包单位。

（二）工程总承包单位的资质

工程总承包单位应当同时具有与工程规模相适应的工程设计资质和施工资质，或者由具有相应资质的设计单位和施工单位组成联合体。工程总承包单位应当具有相应的项目管理体系和项目管理能力、财务和风险承担能力，以及与发包工程相类似的设计、施工或者工程总承包业绩。

（三）工程总承包单位的限制条件

工程总承包单位不得是工程总承包项目的代建单位、项目管理单位、监理单位、造价咨询单位、招标代理单位。政府投资项目的项目建议书、可行性研究报告、初步设计文件编制单位及其评估单位，一般不得成为该项目的工程总承包单位。政府投资项目招标人公开已经完成的项目建议书、可行性研究报告、初步设计文件的，上述单位可以参与该工程总承包项目的投标，经依法评标、定标，成为工程总承包单位。

（四）工程总承包风险承担

建设单位和工程总承包单位应当加强风险管理，合理分担风险。建设单位承担的风险主要包括：

（1）主要工程材料、设备、人工价格与招标时基期价相比，波动幅度超过合同约定幅度的部分；

（2）因国家法律、法规、政策变化引起的合同价格的变化；

（3）不可预见的地质条件造成的工程费用和工期的变化；

（4）因建设单位原因产生的工程费用和工期的变化；

（5）不可抗力造成的工程费用和工期的变化。

具体风险分担内容由双方在合同中约定。

（五）工程总承包项目的管理

建设单位根据自身资源和能力，可以自行对工程总承包项目进行管理，也可以委托勘察设计单位、代建单位等项目管理单位，赋予相应权利，依照合同对工程总承包项目进行管理。

工程总承包单位应当设立项目管理机构，设置项目经理，配备相应管理人员，加强设计、采购与施工的协调，完善和优化设计，改进施工方案，实现对工程总承包项目的有效管理控制。

（六）工程总承包责任承担

工程总承包单位应当对其承包的全部建设工程质量负责，分包单位对其分包工程的质量负责,分包不免除工程总承包单位对其承包的全部建设工程所负的质量责任。工程总承包单位、工程总承包项目经理依法承担质量终身责任。

工程总承包单位应当依据合同对工期全面负责,对项目总进度和各阶段的进度进行控制管理,确保工程按期竣工。

(七)建设单位的行为限制

建设单位不得设置不合理工期,不得任意压缩合理工期。

建设单位不得迫使工程总承包单位以低于成本的价格竞标,不得明示或者暗示工程总承包单位违反工程建设强制性标准、降低建设工程质量,不得明示或者暗示工程总承包单位使用不合格的建筑材料、建筑构配件和设备。

(八)政府投资项目确保资金落实

政府投资项目所需资金应当按照国家有关规定确保落实到位,不得由工程总承包单位或者分包单位垫资建设。政府投资项目建设投资原则上不得超过经核定的投资概算。

二、工程总承包资质要求的新变化

1.《关于培育发展工程总承包和工程项目管理企业的指导意见》

鼓励具有工程勘察、设计或施工总承包资质的勘察、设计和施工企业,通过改造和重组,建立与工程总承包业务相适应的组织机构、项目管理体系,充实项目管理专业人员,提高融资能力,发展成为具有设计、采购、施工(施工管理)综合功能的工程公司,在其勘察、设计或施工总承包资质等级许可的工程项目范围内开展工程总承包业务。工程勘察、设计、施工企业也可以组成联合体对工程项目进行联合总承包。

2.《关于进一步推进工程总承包发展的若干意见》

工程总承包企业应当具有与工程规模相适应的工程设计资质或者施工资质,相应的财务、风险承担能力,同时具有相应的组织机构、项目管理体系、项目管理专业人员和工程业绩。即工程总承包单位应具备工程设计资质或者施工资质,无须具备工程勘察资质。

3.《工程总承包管理办法》

工程总承包单位应当同时具有与工程规模相适应的工程设计资质和施

工资质，或者由具有相应资质的设计单位和施工单位组成联合体。工程总承包单位应当具有相应的项目管理体系和项目管理能力、财务和风险承担能力，以及与发包工程相类似的设计、施工或者工程总承包业绩。设计单位和施工单位组成联合体的，应当根据项目的特点和复杂程度，合理确定牵头单位，并在联合体协议中明确联合体成员单位的责任和权利。联合体各方应当共同与建设单位签订工程总承包合同，就工程总承包项目承担连带责任。

已取得工程设计综合资质、行业甲级资质、建筑工程专业甲级资质的单位，可以直接申请施工总承包一级资质；具有一级及以上施工总承包资质的单位可以直接申请工程设计甲级资质。

三、工程总承包新变化的实务应对

工程总承包的春天即将到来，不久的将来有可能发展为建筑市场的主流承包模式。工程总承包势必成为建设工程企业激烈争夺的高端市场。

工程总承包赋予工程总承包单位更大的资源配置空间的同时，也要求其承担更大的责任。工程总承包单位要对建设单位承担工程质量安全、进度控制、成本管理等方面的责任，对建设单位负总责，工程总承包单位承担的责任比施工总承包单位大得多，风险更多更复杂，因此对工程总承包单位的要求更高。

（一）工程总承包的形势

说到工程承包，首先想到的是施工承包，然后才是勘察承包、设计承包；说到工程总承包，一般人都认为建设工程施工企业占优，建设工程勘察、设计企业次之，其他类型企业靠边，但实际情况如何？

我国的总承包模式始于工业领域，而工业领域的总承包模式起步于化工设计院，再逐步延伸到电力、电子、医药、轻工、造船等行业。建设工程领域的总承包则起步较晚。凭借在技术、新工艺、关键部件的设计、制造上的优势，化工设计院很早进入总承包市场，成立工程公司，承接化工总承包业务。

2019 年 6 月 20 日，住房和城乡建设部公布《2018 年全国工程勘察设计统计公报》，对 2018 年全国具有资质的工程勘察设计企业基本数据进行了统计，其中：

……

"三、业务情况

2018年工程勘察新签合同额合计1290.7亿元,与上年相比增加12.2%。工程设计新签合同额合计6616.4亿元,与上年相比增加20%。其中,房屋建筑工程设计新签合同额1947.6亿元,市政工程设计新签合同额888.1亿元。工程总承包新签合同额合计41585.9亿元,与上年相比增加21.4%。其中,房屋建筑工程总承包新签合同额15530.9亿元,市政工程总承包新签合同额5442.6亿元。"

"四、财务情况

2018年全国工程勘察设计企业营业收入总计51915.2亿元。其中,工程勘察收入914.8亿元,占营业收入的1.8%;工程设计收入4609.2亿元,占营业收入的8.9%;工程总承包收入26046.1亿元,占营业收入的50.2%;其他工程咨询业务收入657.3亿元,占营业收入的1.3%。"

不难发现,勘察设计企业已经成为工程总承包的一股重要的力量。

建设工程设计企业是技术、知识密集型企业,如果建设工程设计企业更加重视技术积累和技术创新,加强项目策划咨询能力建设,拓展技术复杂、体现设计企业技术价值的项目,提高核心竞争力,将在工程总承包领域大有可为。

更令人吃惊的是,华为、联想等巨头早已悄然布局工程总承包市场,他们凭借强大的设备制造能力,承接了大量通信工程总承包业务。大型电气设备制造商如格力、高铁设备制造商如中车等也大踏步进军工程总承包市场,分走了几大杯羹。

工程总承包模式无论在技术、前期策划还是综合管理方面都对建筑施工企业提出了更高的要求。目前大多数建筑施工企业没有足够的设备制造能力、设计能力、投融资能力、融合技术能力、管理能力、资源整合等能力,不具备从事工程总承包业务的条件。

(二)应对竞争激烈的工程总承包市场

目前我国建筑业存在大量问题,比如,监管体制、机制不健全,工程建设组织方式落后,管理落后、管理成本高,责任主体多、权责不够明晰,难以保证工期,工程造价超标,建筑设计水平有待提高,设计与施工脱节,企业核心竞争力不强,工人技能素质偏低,质量安全事故时有发生,市场违法、违规行为较多等。很大部分民工没与建设工程企业签订劳动合同,也没与劳务派遣公司签约,他们打的是散工,有活就干,没活干就走人。因此,这些民工收取工资的方式往往很极端,甚至使用暴力,让建设工程企业伤透脑筋,无计可施,至今都没找到彻底解决的办法,给建设工程企业的管理带来了很大的麻烦与挑战。一些建设工程企业的负责人与笔者每每谈及此问题时,总是唉声叹气,愁眉苦脸。

面对工程总承包市场巨大的蛋糕,面对来自外部的强有力的对手,面对工程总承包的新变化,建设工程企业尤其是建筑施工企业应当如何应对呢?

1. 主动求变,适应潮流

随着工程总承包热潮的到来,建筑施工企业必须切实提升综合能力,对内促进设计与施工的深度融合,培养复合型人才,加强工程总承包统筹能力,对外收购设计院或者与设计院合作,形成巩固的联合体参与工程总承包。建筑施工企业只有加强内功,做好自己,做好工程总承包的准备工作,机会来时,才可牢牢抓住。

2. 正视差距,弥补短板,加强能力建设

(1)加强资源整合、项目总体策划、技术、人力资源管理、风险管理、供应链管理等能力的建设,为建设单位提供更全面、更专业的服务。

(2)加强施工能力建设。工程总承包不管如何变化,要实现建设单位的意图,落脚点还是在施工。面对工程总承包的新变化,建筑施工企业更应发挥自身传统优势,加强施工能力建设,打出品牌,形成核心竞争力。

(3)加强人才队伍建设能力。EPC 模式需要懂工程项目管理、懂法律、懂外语、懂成本控制、懂管理的复合型人才,而这些人才正是目前我国建设工程企业的短板。

(4)加强投融资、兼并扩张能力。加快推行工程总承包的核心点是促进设计与施工深度融合,而不是简单叠加和大拼盘,要体现经济、技术、组织、管理、协调等资源集成高效配置。建筑施工企业通过收购和整合,尤其是收购设计院、设计公司,利用其技术优势,可以迅速实现资本扩张,提高企业竞争力,形成市场优势。

四、总包管理费与总包配合费实务处理

建筑工程总承包单位可以将承包工程中的部分工程发包给具有相应资质条件的分包单位;但是,除总承包合同中约定的分包外,必须经建设单位认可。

发包人为了控制造价,避免总承包人取得分包工程造价的结算差价,在总承包人要求发包人同意其分包的情况下,发包人往往会以发包人与分包人直

接结算为条件,来决定是否同意其分包。于是,产生了发包人直接结算的情况。①

如果发包人与分包人直接结算,工程总承包单位或施工总承包单位无法取得分包工程造价的结算差价,但有可能与分包人承担因分包工程引致的质量问题连带责任,工程总承包单位或施工总承包单位享有的权利与承担的义务不对等,工程总承包单位或施工总承包单位一般会拒绝发包人与分包人直接结算方式。如果发包人坚持这一结算方式,而工程总承包单位或施工总承包单位无力拒绝,工程总承包单位或施工总承包单位可要求发包人按分包工程价款的一定比例支付总包管理费。

工程总承包单位有必要充分了解总包管理费与总包配合费,只有这样,工程总承包单位才可能不承担不该承担的责任。

(一)总包管理费与总包配合费的含义

总包管理费,是指建设工程承包人合法分包工程,而由发包人与分包人直接结算,由发包人向承包人支付的总包对分包实施管理的费用。

如果承包人与分包人进行结算,承包人已取得分包工程造价的结算差价,不存在另行收取总包管理费。这里的"承包人"包括工程总承包单位、施工总承包单位等。

总包配合费,是指建设工程合同约定由发包人直接分包给专业承包人,专业承包人在施工现场需使用总承包单位的施工条件,由发包人支付的总包对分包进行施工现场配合的费用。

这些费用包括:(1)提供工地内垂直运输设备、起重机械或人货电梯、内外脚手架的费用;(2)提供场地与通道、办公室、会议室、用水、用电费用;(3)提供标高、定位点线费用;(4)清运专业承包人在现场指定的垃圾堆放点的施工垃圾费用等。

(二)总包管理费与总包配合费的区别

因法律、法规、司法解释对总包管理费与总包配合费无明确的规定,且两者收取的比例接近,难以区分。笔者认为,两者的主要区别有两点:

---

① 张正勤:《建设工程造价相关法律条款解读》,中国建筑工业出版社2009年版,第17页。

1. 承包人收取费用的前提不同

承包人收取总包管理费的前提是在总包模式下，总承包人合法分包工程，分包人由总承包人选定，或者由发包人直接指定分包人，都由发包人与分包人直接结算。

承包人收取总包配合费的前提是在总包加平行发包模式下，发包人直接将专业工程发包给其他承包人，发包人与其他承包人直接结算。

2. 承包人承担的责任不同

(1)承包人收取总包管理费时，承包人应就分包工程出现的质量问题与分包人承担连带责任，或者由承包人承担相应的过错责任。

承包人与分包人承担连带责任适用于：在总承包模式下，总承包人选定分包人，发包人与分包人直接结算，总承包人向发包人收取总包管理费，分包工程出现质量问题时，总承包人应与分包人承担连带责任。①

承包人承担相应的过错责任适用于：在总承包模式下，发包人直接指定分包人，约定总承包人收取一定的总包管理费，承担一定的管理责任，分包工程如出现质量问题，总承包人在未尽到管理义务的情况下承担相应的过错责任。②

(2)承包人收取总包配合费，承包人未尽到约定的配合义务，承担相应的违约责任。

在总包加平行发包模式下，由发包人直接发包专业工程给其他承包人，发包人与总承包人签订协议，约定由总承包人为专业施工项目提供一定的配合工作，发包人向总承包人支付一定的总包配合费。如果发包人直接发包的专业工程出现质量问题，总承包人在没有尽到配合义务的前提下，承担相应的违约责任。

---

① 《合同法》第二百七十二条规定："……总承包人或者勘察、设计、施工承包人经发包人同意，可以将自己承包的部分工作交由第三人完成。第三人就其完成的工作成果与总承包人或者勘察、设计、施工承包人向发包人承担连带责任……"《民法典》第七百九十一条第二款规定："总承包人或者勘察、设计、施工承包人经发包人同意，可以将自己承包的部分工作交由第三人完成。第三人就其完成的工作成果与总承包人或者勘察、设计、施工承包人向发包人承担连带责任。承包人不得将其承包的全部建设工程转包给第三人或者将其承包的全部建设工程支解以后以分包的名义分别转包给第三人。"

② 《建设工程司法解释(一)》第十二条规定："发包人具有下列情形之一，造成建设工程质量缺陷，应当承担过错责任：(一)提供的设计有缺陷；(二)提供或者指定购买的建筑材料、建筑构配件、设备不符合强制性标准；(三)直接指定分包人分包专业工程。承包人有过错的，也应当承担相应的过错责任。"

区分总包管理费与总包配合费确有一定的难度,法律专业人士甚至建筑房地产类法律专业人士都难以区分。

在司法实践中,何为总包管理费,何为总包配合费,承包人应当分别承担何种责任,至今没有明确的法律规定,各级各地人民法院、仲裁机构仍没统一的裁判标准,很遗憾出现了一些裁判错误的案例。笔者希望以上观点,能对司法实践有一定的参考、借鉴价值。

典型案例　承包人部分请求未获支持

1. 案例来源

最高人民法院(2018)最高法民终922号民事判决书。

2. 案情摘要

Z建筑工程有限公司(以下简称Z公司)因与黑龙江省R房地产开发有限公司(以下简称R公司)建设工程施工合同纠纷案,不服黑龙江省高级人民法院2018年5月9日作出的(2015)黑民初字第11号民事判决,向最高人民法院提起上诉。

Z公司关于其应收取的总包管理费数额的上诉意见:Z公司收取总包管理费是根据三方协议的约定,该约定并未约定其需要履行相应义务。一审以Z公司未充分举证证明履行了总包管理和配合义务为由,对其中部分分包管理费未予支持,应予以纠正。

R公司辩称:本案一审判决驳回Z公司关于总包服务费部分请求正确。(1)总包管理费和配合服务费是总包单位与分包单位之间的权利义务,R公司没有义务支付上述费用;(2)Z公司没有举证证明其履行了总包管理及配合服务的义务,且有些分包单位延续施工至其撤场以后。

关于Z公司是否有权向R公司主张总包管理费问题,一审法院认为,总包管理费属于结算条款一部分,Z公司在双方约定计取总包管理费施工范围内,有权主张计取该项费用。R公司虽以Z公司未依约收取及通知为由认为未达到给付条件,但截至Z公司提起本案诉讼主张总包管理费之日,应视为已履行通知义务。Z公司主张应收取总包管理费的13家分包单位,仅有5家符合约定计取费用的工程范围,而其中2家施工期间延续至Z公司撤场后2年,Z公司未举证证明对上述2家分包单位充分履行了总包管理及配合服务义务,故一审法院按照其余3家分包合同价款的2%认定总包管理费为827421.46元[(哈尔滨Y防盗消防器材有限公司3238090元+哈尔滨

H 塑钢门窗制造有限公司 34940080 元 + 黑龙江省 J 消防设备有限公司 3192902.85 元) ×2%]。

3. 二审法院裁判结果

根据双方当事人的诉辩意见,最高人民法院评析如下:

本案中,尽管双方当事人签订的《工程施工合同》、备案合同及与施工相关的补充协议等无效,但是在 Z 公司已完工的天悦国际 B 区 M9、M10、M11、M12 号四栋楼经验收完成交接并交付物业公司,Z 公司施工的 A 区住宅,R 公司已安排业主入住的情况下,能够认定案涉工程已实际转移占有由 R 公司管理,并已实际投入使用,工程价款结算条件已经成就。

关于总包管理费的问题。

Z 公司主张应收取总包管理费的 13 家分包单位,但根据一审查明的事实,13 家分包单位中只有 5 家分包单位符合约定计取费用的工程范围,而这 5 家分包单位中有 2 家分包单位施工期间延续至 Z 公司撤场后 2 年,Z 公司并未举证证明对上述 2 家分包单位充分履行了总包管理及配合服务义务,故一审法院根据 Z 公司与 R 公司的约定,按照其余 3 家分包合同价款的 2% 认定总包管理费并无不当,本院予以维持。

裁判结果:最高人民法院于 2018 年 11 月 27 日作出(2018)最高法民终 922 号判决:驳回 Z 公司上诉请求。

4. 律师点评

从本案双方当事人的起诉意见、上诉意见、答辩意见等材料分析,双方当事人对于总包管理、总包配合混为一谈,对总包管理费、总包配合费的区别更是分不清,总包单位提出的有关总包管理费的大部分诉求得不到法院支持,就不奇怪了。

第十章

收取工程价款关键点

建设工程承包人要顺利、及时、足额收取工程价款，在建设工程合同的履行过程中，要做好一些细节，在停工、工程变更、工程价款结算、非常态竣工、支付农民工工资、质量鉴定、选择争议的处理方式等方面，都要下足工夫。

一、停工

停工只是手段，不是目的；要巧用活用停工，不能麻木停工，更不能随心所欲停工；停工更不是要挟，停工是为了解决问题。

（一）承包人应当停工的情形

1. 发包人提供的图纸有误。如果继续按图纸施工，将对工程质量造成重大影响甚至引发安全事故，承包人向监理单位及发包人报告后，发包人仍坚持要求承包人按原图纸施工或拖延答复的，承包人应当停工。

2. 发包人提供的建筑材料不符合强制标准。如果使用发包人提供的不符合强制标准的建筑材料，将可能对工程质量造成重大影响甚至引发安全事故，承包人向监理单位及发包人报告后，发包人仍坚持要求承包人使用的，承包人应当停工。

3. 发包人或监理单位强令承包人违章作业、冒险施工的，承包人应当停工。

4. 其他应当停工的情形。

（二）承包人依照法律的规定可以停工的情形

1. 行使先履行抗辩权而停工

《合同法》规定了先履行抗辩权，第六十七条规定："当事人互负债务，有先后履行顺序,先履行一方未履行的,后履行一方有权拒绝其履行要求。先履行一方履行债务不符合约定的,后履行一方有权拒绝其相应的履行要求。”

《民法典》也规定了先履行抗辩权,第五百二十六条规定:“当事人互负债务,有先后履行顺序,应当先履行债务一方未履行的,后履行一方有权拒绝其履行请求。先履行一方履行债务不符合约定的,后履行一方有权拒绝其相应的履行请求。”

承包人行使先履行抗辩权而停工的情形:(1)发包人未按照约定的时间和要求提供原材料、设备、场地、资金、技术资料;(2)发包人未按照合同约定履行其他协助义务,致使建设工程无法正常施工。

发包人拖延履行约定的协助义务,经承包人催告后,发包人在合理的期限内仍拒绝履行或不予答复的,承包人可以停工。

2. 行使不安抗辩权而停工

《合同法》第六十八条规定了不安抗辩权,应当先履行债务的当事人,有确切证据证明对方有下列情形之一的,可以中止履行:(1)经营状况严重恶化;(2)转移财产、抽逃资金,以逃避债务;(3)丧失商业信誉;(4)有丧失或者可能丧失履行债务能力的其他情形。当事人没有证据中止履行的,应当承担违约责任。

《民法典》第五百二十七条也规定了不安抗辩权,应当先履行债务的当事人,有确切证据证明对方有下列情形之一的,可以中止履行:(1)经营状况严重恶化;(2)转移财产、抽逃资金,以逃避债务;(3)丧失商业信誉;(4)有丧失或者可能丧失履行债务能力的其他情形。当事人没有确切证据中止履行的,应当承担违约责任。

承包人有证据证明发包人有下列情形之一的,承包人可以行使不安抗辩权,停止施工:(1)严重资不抵债,濒临破产倒闭;(2)身负巨额债务,官司缠身,有多个合同义务不能按期履行已被他人起诉;(3)恶意经营、私分或压价出售财产,以致财产显著减少,难以对等给付;(4)多次承诺付款却又多次未履行。

3. 发包人拖欠大量工程价款,承包人可以停工

发包人拖欠大量工程预付款、工程进度款,影响承包人正常施工,经承包人催告后,发包人在合理的期限内仍拒绝支付,承包人可以停工。

4. 发生不可抗力,承包人可以停工

不可抗力,是指不能预见、不能避免和不能克服的客观情况。主要包括以

下几种情形：(1)自然灾害，如台风、洪水、冰雹；(2)政府行为，如征收、征用；(3)社会异常事件，如战争、罢工、骚乱、新型冠状病毒肺炎等。

典型案例 承包人行使不安抗辩权

1. 案例来源

贵州省遵义市中级人民法院(2018)黔03民终409号民事判决书。

2. 案情摘要

上诉人遵义H科技有限公司(以下简称H公司)因与被上诉人贵州G工程有限公司(以下简称G公司)建设工程施工合同纠纷案，不服贵州省湄潭县人民法院(2017)黔0328民初2663号民事判决，向贵州省遵义市中级人民法院提起上诉。

上诉人H公司上诉请求：(1)撤销贵州省湄潭县人民法院(2017)黔0328民初2663号民事判决，并依法改判驳回被上诉人全部诉讼请求；(2)一、二审诉讼费全部由被上诉人承担。事实与理由：(1)一审对于工期的认定属于事实认定错误。根据双方签订合同的约定，涉案工程的工期为210天，但被上诉人至今未能完工，属于违约；(2)一审对于上诉人经营状况恶化的认定属于事实认定错误。

被上诉人G公司答辩称：(1)一审认定事实清楚；(2)上诉人的上诉理由不能成立。请求二审驳回上诉，维持原判。

3. 二审法院裁判结果

根据双方当事人的诉辩意见，贵州省遵义市中级人民法院评析如下：

2014年8月25日，G公司、H公司签订《建筑工程施工合同》，由G公司承建H公司开发的“中国茶海景区风情街”工程项目的部分工程。被上诉人主张解除合同的依据为《合同法》第六十八条第一款关于“应当先履行债务的当事人，有确切证据证明对方有下列情形之一的，可以中止履行：(一)经营状况严重恶化；(二)转移财产、抽逃资金，以逃避债务；(三)丧失商业信誉；(四)有丧失或者可能丧失履行债务能力的其他情形”之规定，根据上诉人与被上诉人签订的《建筑工程施工合同》专用合同条款第12.4.3条第(3)项约定的“本工程采用节点支付进度款，工程全部完工后支付至已完成工程量的85%”之约定，被上诉人需要先行垫资承建涉案工程，属于先履行债务的当事人。另外，从被上诉人提交的湄潭县住房和城乡建设局给市住建局的“关于茶海景区项目拖欠农民工工资的情况汇报”、贵州省湄潭茶场出具的证实材料以及H公司因未履行(2015)遵市法民终字第331号民事判决书所载明的支付4972476.28元人民币义务,被湄潭县人民法院以(2016)黔0328执433号执行案件列入失信被执行人名单等证据看,上诉人的经营状况出现了恶化,有丧失履行债务能力的可能性,被上诉人依法享有中止履行的权利。之后,被上诉人依照《合同法》第六十九条关于"当事人依照本法第六十八条的规定中止履行的,应当及时通知对方。对方提供适当担保时,应当恢复履行。中止履行后,对方在合理期限内未恢复履行能力并且未提供适当担保的,中止履行的一方可以解除合同"之规定,于2017年6月13日向上诉人邮寄送达了中止履行合同通知书,但上诉人并未恢复履行或提供担保,故被上诉人有权依法解除双方于2014年8月25日签订的《建筑工程施工合同》,上诉人的上诉理由不能成立,本院依法不予支持。贵州省遵义市中级人民法院于2018年2月1日作出(2018)黔03民终409号判决:驳回上诉,维持原判。

4. 律师点评

法律设置不安抗辩权,是为了保护先履行义务的当事人的合法权益,防止对方借合同谋取利益,促使对方及时履行义务。先履行义务的当事人行使不安抗辩权时,必须有证据证明对方履行能力明显降低,有不能履行义务的现实风险。

承包人行使不安抗辩权,中止履行施工义务,停止施工,应当及时通知发包人。发包人提供适当担保的,承包人应当恢复施工。承包人停工后,发包人在合理期限内未恢复履行能力并且未提供适当担保的,视为以自己的行为表明不履行合同主要义务,承包人可以解除合同,并可以要求发包人承担违约责任。

(三)承包人依照合同的约定停工的情形

1. 发包人的责任约定

(1)发包人未在合同规定的期限内办理土地征用、青苗树木补偿、房屋拆迁、清除地面、架空和地下障碍等工作,导致施工场地不具备或不完全具备施工条件;

(2)发包人未按合同约定将施工所需水、电、电信线路从施工场地外部接至约定地点，或虽接至约定地点但无法保证施工期间的需要；

(3)发包人没有按合同约定开通施工场地与城乡公共道路的通道或施工场地内的主要交通干道、没有满足施工运输的需要、没有保证施工期间的畅通；

(4)发包人没有按合同的约定及时向承包商提供施工场地的工程地质和地下管网线路资料，或者提供的数据不符合真实准确的要求；

(5)发包人未及时办理施工所需各种证件、批文和临时用地、占道及铁路专用线的申报批准手续而影响施工；

(6)发包人未按时提供水准点与坐标控制点，或提供水准点与坐标控制点有误；

(7)发包人未及时组织有关单位和承包商进行图纸会审，未及时向承包商进行设计交底；

(8)发包人没有妥善协调处理好施工现场周围地下管线和邻接建筑物、构筑物的保护而影响施工顺利进行；

(9)发包人没有按照合同的约定提供应由发包人提供的建筑材料、机械设备；

(10)发包人或发包人代表拖延承担合同约定的责任，如拖延图纸的批准、拖延隐蔽工程的验收、拖延对承包商所提问题进行答复等，造成施工延误；

(11)发包人提供的设计图纸有误或存在缺陷；

(12)发包人未按合同约定按时足额支付工程价款；

(13)发包人中途变更建设计划，导致工程无法按原计划施工；

(14)发包人指定的分包工程质量不合格、工程进度延误而该分包工程不完成总包工程就无法继续施工的；

(15)发包人指定的分包工程出现重大安全事故；

(16)在有毒有害环境中施工，发包人未按有关规定提供相应的防护措施。

2. 天气原因

(1)连续降水超过约定的天数；

(2)气温超过约定的度数；

(3)风力超过约定的级数。

3. 其他原因

(1)连续停水超过约定的天数；

(2)连续停电超过约定的小时；

(3)施工中发现文物、古董、古建筑基础和结构、化石、钱币等有考古研究价值的物品。

(四)法律规定或合同约定不明确的停工情形

1. 发包人经催告仍拒绝履行,承包人可以停工的情形

(1)合同对工程进度款支付期限约定不明,承包人与发包人长时间协商未果;

(2)合同约定发包人拖延支付工程价款达到一定的期限后承包人可以停工,发包人拖延付款未达约定的期限,但承包人已无力垫资施工;

(3)施工期间主要建材价格上涨,双方当事人在建设工程施工合同或补充协议约定由发包人承担因此产生的增加费用,但双方对支付时间约定不明而长时间协商未果。

2. 无法按原包干价继续施工,承包人可以停工的情形

施工期间主要建材价格上涨,双方在建设工程施工合同中约定的计价方式为总价包干或单价包干,承包人继续按原包干价施工将会有巨大的亏损。

(五)承包人停工应当注意的问题

1. 停工期间确保工地、工程安全

承包人停工不能对建设工程质量或安全造成影响,停工期间发生的安全、质量事故均由承包人承担。

2. 停工期间防止损失扩大

承包人停工时,应当采取措施防止损失进一步扩大,否则扩大的损失由承包人自己承担。

3. 停工的程序

承包人停工前应书面告知发包人,并报告监理单位,经监理单位签证确认。如监理单位或发包人不肯确认、不肯签收,承包人可以通过邮寄的方式,向监理单位或发包人邮寄停工报告。而且,承包人在停工期间应定期致函给发包人,通报停工期间人工、机械的停置情况及补偿报告,要求发包方签收、答复。

承包人停工后需要撤场的,承包人与发包人或监理单位确认已完工程量,按规定的程序办好工程交接手续。

二、工程变更

发生在建设工程施工过程中的工程变更,主要有监理人指示的工程变更、施工单位申请的工程变更、设计单位发现设计问题提出的工程变更等。工程变更的种类不同,施工单位应对措施也不同。

(一)监理人指示的工程变更

监理人根据发包人的要求或施工的实际需要,对工程进行变更,此类工程变更程序如下:

1. 监理人向施工单位发出变更意向书,说明变更的具体内容和建设单位对变更的时间要求等,并附必要的图纸和相关资料。

2. 施工单位收到监理人的变更意向书后,如果同意变更,则向监理人提出书面变更建议,建议书的内容包括拟实施变更工程的计划、措施、竣工时间、调整费用等内容;如果施工单位不同意变更,应立即通知监理人,并说明不同意变更的原因、依据。

3. 监理人审查施工单位的变更建议书,认为施工单位提交的变更实施方案可行,经建设单位同意后,向施工单位发出变更指示。对于施工单位不同意变更的情况,监理人与施工单位、建设单位协商后确定撤销、改变或不改变原变更意向书。

对于监理人指示的工程变更,承包人要注意以下细节,否则,双方发生争议时,承包人有可能处于不利地位:承包人可以要求先定价格再进行工程变更,在进行变更前,承包人与发包人先协商好工程变更的补偿范围、办法、计算方法、补偿款的支付时间等,双方签订书面补充协议,避免日后出现纠纷。

如果发包人坚持先进行工程变更再商定价格,承包人应当及时采取措施,保护己方的合法利益:(1)放缓施工进度,等待工程变更协商、谈判结果;(2)商定以计时的方式或者以承包人实际支出的费用为计算标准;(3)对于工程变更要完整记录实施过程,并由发包方签字确认。

(二)施工单位提出的工程变更

施工单位在施工过程中,发现建设单位提供的图纸、技术要求存在问题,如需提出变更建议,应以书面形式提交给监理人。工程变更建议书应包括变更的依据、进度计划、效益、费用等,并附必要的图纸和说明。

监理人收到施工单位的书面变更建议后，应与建设单位共同研究，如果确认需要变更的，应在收到施工单位书面变更建议后的 14 天内作出变更指示；不同意承包人的变更建议的，监理人应当书面答复施工单位，并说明不同意变更的理由。

不管出现什么情况，承包人不得擅自进行工程变更。

三、固定价

《建设工程司法解释(一)》第二十二条规定："当事人约定按照固定价结算工程价款，一方当事人请求对建设工程造价进行鉴定的，不予支持。"这条规定很显然不支持当事人随意对工程造价申请鉴定，似乎说明承包人与发包人约定的固定价是包死价。但是固定价的计付方式，并非铁板一块的包死价。

合同双方当事人约定按固定价结算工程价款，是双方真实意思表示，是双方基于对自身风险承受力的判断，原则上应当按照固定价结算工程价款。但是，建设工程合同履行期长，有的长达几年、十几年甚至更长时间，在合同履行期内，难免发生设计变更导致工程量发生重大变化、原材料价格发生重大变化、劳力成本发生重大变化等情况，如果合同双方当事人仍按约定的固定价进行结算，将对建设工程承包人显失公平，因此，有必要对合同价款进行适当调整。双方当事人合同或补充协议有约定的按照约定处理，没有约定的，应当综合设计变更、原材料价格变化、劳力成本变化、建筑市场的利润率、招投标情形等因素确定，尽可能求得双方当事人利益均衡。

(一)工程发生重大变更，承包人可要求调整工程价款

因设计方案、工程范围、建设工期、工程质量、施工条件等因素发生重大变更，建设工程承包人可要求打破合同约定的计价标准或计价方法，对工程价款进行调整。因为建设工程的以上因素的重大变更，已超出承包人与发包人签订建设工程施工合同时的承包范围、建设工期、工程价款、质量要求等，承包人有权要求在原约定的固定总价的基础上增加工程价款。

双方当事人如果约定了增加工程价款的计价方式与确定形式的，按约定执行；如无约定，可以突破原合同约定的固定总价确定形式，协商其他计价方式、确定形式，双方达不成共同意见时，可就增加的工程价款部分予以单独核算，也可申请鉴定，此时的情形已不再适用《建设工程司法解释(一)》第二十二条关于固定价不予鉴定的规定。

当事人不能就增减的工程量进行单独核算，也不申请鉴定，法院一般会参照双方当事人签订建设工程施工合同时当地建设行政管理部门发布的计价标准或计价方式进行结算。

这里有一个程序，承包人要记住：承包人需要在规定的时间将调整工程价款的原因、金额以书面形式通知发包人。

《建设工程价款结算暂行办法》第九条规定："承包人应当在合同规定的调整情况发生后14天内，将调整原因、金额以书面形式通知发包人，发包人确认调整金额后将其作为追加合同价款，与工程进度款同期支付。发包人收到承包人通知后14天内不予确认也不提出修改意见，视为已经同意该项调整。当合同规定的调整合同价款的调整情况发生后，承包人未在规定时间内通知发包人，或者未在规定时间内提出调整报告，发包人可以根据有关资料，决定是否调整和调整的金额，并书面通知承包人。"

主张调整工程价款的当事人应当对建设工程施工合同约定的工程范围、施工条件、工程质量要求、建设工期、实际工程量增减的原因、数量等事实承担举证责任。

(二)行使变更或撤销权，要求增加工程价款

如果承包人与发包人签订的建设工程施工合同约定的固定总价对于承包人而言显失公平，或者承包人因重大误解而与发包人订立建设工程施工合同，承包人可依照法律的规定，请求人民法院或者仲裁机构变更或者撤销，要求增加工程价款。

典型案例　打破固定价结算

1. 案例来源

新疆维吾尔自治区高级人民法院(2019)新民终442号民事判决书。

2. 案情摘要

上诉人北京市F城建集团有限公司(以下简称F城建公司)、S能源有限责任公司(以下简称S公司)建设工程施工合同纠纷案，不服新疆维吾尔自治区昌吉回族自治州中级人民法院(2017)新23民初102号民事判决，向新疆维吾尔自治区高级人民法院提起上诉。

S公司提起上诉请求：请求撤销昌吉回族自治州中级人民法院(2017)新23民初102号民事判决中第二、三、四、七项判决。事实与理由：新疆方

夏建设工程管理项目管理有限公司(以下简称方夏公司)作出的《工程造价鉴定意见书》(鉴定字〔2018〕0410号)不具备合法的形式要件,属无效鉴定。F城建公司在工程造价司法鉴定过程中,将未经法庭质证的证据材料提交鉴定中心用于造价鉴定,其中已发现包含F城建公司伪造的虚假证据,鉴定中心不应将虚假资料作为造价鉴定的依据,且诉争工程合同为固定价合同,根据《建设工程司法解释(一)》第二十二条"当事人约定按照固定价结算工程价款,一方当事人请求对建设工程造价进行鉴定的,不予支持"的规定,一审人民法院支持F城建公司工程造价的请求违反了法律强制性规定。

F城建公司辩称:双方的鉴定意见书是有效的。作为固定价合同,不应当予以鉴定,但在方夏公司的鉴定报告中,工程签订的是固定价,工程施工中进行了大量变更,已经不适合固定价。按照实际施工和变更签证进行鉴定是符合法律规定的。综上,S公司上诉请求没有法律依据,请求法院驳回。

3. 二审法院裁判结果

根据双方当事人的诉辩意见,新疆维吾尔自治区高级人民法院认为:一审程序中,F城建公司申请法院对案涉工程造价进行司法鉴定,一审法院委托方夏公司作出《工程造价鉴定意见书》(鉴定字〔2018〕0410号),双方当事人对该鉴定意见书均提出了异议,方夏公司作出书面回复,并派员出庭接受法庭和当事人质询。一审法院依据《工程造价鉴定意见书》、回复、庭审中双方当事人的举证质证意见,认定案涉工程造价为55351452.43元正确,本院予以维持。新疆维吾尔自治区高级人民法院于2019年12月19日作出(2019)新民终442号判决:驳回上诉,维持原判。

4. 律师点评

承包人与发包人约定按照固定价结算工程价款,发包人一般只向承包人提供施工图纸和说明,承包人需要自己计算工程量后报价,根据己方申报的综合单价,计算出合同总价。而且,双方当事人一般会约定在施工过程中的价格上涨风险由承包人承担,发包人不会给予补偿。因此,承包人与发包人约定采用固定价结算,承包人要承担的价格风险明显高于发包人,承包人调整工程价款的空间也很小。

但是,如果发包人变更设计方案导致工程量增加,或者因其他因素发生重大的变更,如果继续按照固定价结算工程价款,于承包人显失公平,承包人可要求打破合同约定的计价标准或计价方法,对工程价款进行合理的调整。

四、过错责任追究

(一)守约方通常追究对方的违约责任

承包人与发包人通过签订建设工程施工合同建立契约关系,应当按照约定全面履行自己的义务。当事人一方不履行合同义务或者履行合同义务不符合约定的,应当向另一方当事人承担继续履行、采取补救措施或者赔偿损失等违约责任。[①]

(二)混合过错责任的承担

《建设工程司法解释(一)》第十二条规定:"发包人具有下列情形之一,造成建设工程质量缺陷,应当承担过错责任:(一)提供的设计有缺陷;(二)提供或者指定购买的建筑材料、建筑构配件、设备不符合强制性标准;(三)直接指定分包人分包专业工程。承包人有过错的,也应当承担相应的过错责任。"

"甲供料"或"甲定乙供",发包人均应保证提供或者指定购买的建筑材料、建筑构配件、设备符合设计文件、合同约定的要求,符合强制性标准。承包人有按设计要求和合同约定对以上建筑材料、建筑构配件、设备进行检验的义务。发包人提供或者指定购买的建筑材料、建筑构配件、设备不符合强制性标准,造成建设工程质量缺陷,发包人应当承担过错责任;承包人未按设计要求和合同约定对发包人提供或者指定购买的建筑材料、建筑构配件、设备进行检验,建设工程出现质量缺陷,承包人应当承担相应的过错责任。

在总承包模式下,发包人直接指定分包人分包专业工程,约定总承包人收取一定的总包管理费,承担一定的管理责任,分包工程如出现质量问题,发包人应当承担过错责任,总承包人在未尽到管理义务的情况下承担相应的过错责任。

五、建设工程质量鉴定

承包人与发包人对建设工程的质量存在争议,经鉴定建设工程无质量问题或存在非承包人原因所致的质量问题,鉴定费、修复费用及其他相关费用由

---

① 《建筑法》第十五条规定:"建筑工程的发包单位与承包单位应当依法订立书面合同,明确双方的权利和义务。发包单位和承包单位应当全面履行合同约定的义务。不按照合同约定履行义务的,依法承担违约责任。"

发包人承担,承包人还可要求发包人承担顺延工期期间的损失。[①]

承包人需要特别注意:不要随意申请鉴定工程质量,如果发包人以工程质量不合格为由拒付、延付工程价款的,根据证据责任分配规则,发包人应当对工程质量不合格承担举证责任。

典型案例　发包人未举证证明工程存在质量问题而败诉

1. 案例来源

云南省高级人民法院(2019)云民终1202号民事判决书。

2. 案情摘要

上诉人J地基基础工程有限责任公司(以下简称J公司)与被上诉人云南S投资有限公司(以下简称S公司)建设工程施工合同纠纷案。

上诉人J公司上诉请求:撤销一审判决第二项,改判支持J公司一审的全部诉讼请求;本案一、二审诉讼费、鉴定费、保全费、保全担保费由S公司负担。事实和理由为:(1)一审认定J公司施工的工程质量不合格缺乏相应依据;(2)一审对于J公司完成的桩基础工程造价认定错误;(3)J公司从未自认已付工程款金额,已付工程款应由S公司承担举证责任;(4)合同解除的真正理由是S公司资金链断裂以致无法支付工程款;(5)S公司以工程质量不合格拒付工程款,其应对工程质量不合格承担举证责任;(6)一审擅自评判与本案无关的工期问题,违背"不告不理"原则。

被上诉人S公司书面答辩称:一审判决认定事实清楚,适用法律正确,应予以维持。

J公司一审诉讼请求:(1)判令解除双方签订的《建设工程施工合同》;(2)判令S公司支付拖欠工程款8692316.06元;(3)判令S公司支付逾期付款违约金1456885.29元;(4)判令S公司退还J公司支付的投标保证金10万元;(5)本案的诉讼费、保全费、鉴定费、保全担保费等全部费用由S公司承担。

一审诉讼过程中,J公司申请对完成工程量价款进行鉴定,经鉴定,J公司完成基坑支护工程价款6696469.45元和桩基础工程价款3379041.84元。

① 《建设工程司法解释(一)》第十五条规定:"建设工程竣工前,当事人对工程质量发生争议,工程质量经鉴定合格的,鉴定期间为顺延工期期间。"

一审法院认为,J公司请求解除双方签订的案涉合同有事实和法律依据,一审法院予以支持。S公司不存在未按约定支付工程进度款的情况,反而是J公司存在违约行为。现J公司未提供证据证实其已完工程存在的质量问题已经修复并验收合格,且从目前工地的现状可以看出,工程存在较大的安全隐患,故对J公司主张S公司支付工程款及违约的请求没有事实和法律依据,一审法院不予支持。判决:(1)依法解除原告与被告签订的《建设工程施工合同》;(2)驳回原告J公司的其他诉讼请求。

3. 二审法院裁判结果

由于涉案工程未经竣工验收,发包人以工程质量不合格为由拒付工程款的,发包人应当对工程质量不合格承担举证责任。

一审将工程质量合格的举证责任分配给承包人J公司,属举证责任分配错误。一审法院依职权调取的两份司法鉴定报告书,系针对与涉案工程相邻的南城仕家小区主体结构安全所做鉴定报告,而并非是针对涉案工程质量做所鉴定报告,不能以此作为评判涉案工程质量是否合格的依据。S公司未提交证据证明J公司施工的工程质量不合格,且经一审法院多次释明,S公司明确表示不申请对涉案工程进行质量鉴定。据此,S公司应承担举证不能的法律后果,在其未能举证证明涉案工程质量不合格的情形下,其应向J公司支付工程款。本院认定因S公司原因导致J公司停工损失的金额为403182.79元。基于本案诉讼发生前J公司向S公司发出的《律师函》,能够确认J公司自认的已付工程款为7179436.2元。诉讼过程中J公司对其先前的自认予以否认,但无法提交相应依据,其该项诉讼观点不能成立。判决如下:(1)维持云南省昭通市中级人民法院(2017)云06民初72号民事判决第一项;(2)撤销云南省昭通市中级人民法院(2017)云06民初72号民事判决第二项;(3)S公司于本判决生效之日起15日内向J公司支付工程款2896075.09元及逾期付款违约金;(4)S公司于本判决生效之日起15日内向J公司赔偿停工损失403182.79元;(5)S公司于本判决生效之日起15日内向J公司退还投标保证金10万元;(6)驳回J公司的其他诉讼请求。

4. 律师点评

保证建设工程质量合格,是承包人与发包人的法定义务。承包人要求发包人支付工程价款的前提是建设工程质量合格。如果建设工程仍未竣工,发包人以工程质量不合格为由拒付工程价款的,根据证据责任分配规则，发包人应当对工程质量不合格承担举证责任。因此，在建设工程合同纠纷案件中，承包人不要随意对工程质量申请鉴定，哪怕已出现了质量缺陷。

六、工程非常态竣工

（一）发包人应当验收而拖延验收的竣工工程

已竣工的建设工程，发包人应当验收而拖延验收，双方当事人未共同确认竣工日期的，以承包人向发包人提交验收报告之日为竣工日期。

（二）已竣工未验收而发包人擅自使用的建设工程

已竣工未验收而发包人擅自使用的建设工程，以发包人擅自使用建设工程之日为竣工之日。而且，免除了承包人对发包人擅自使用部分的返修、保修的责任与义务，承包人只需在合理使用期限内对建设工程的地基基础工程与主体结构工程承担相应的责任。

（三）发包人要求承包人提前竣工的工程

《建设工程施工合同（2017 文本）》7.9.1 约定发包人要求承包人提前竣工的，发包人应通过监理人向承包人下达提前竣工指示，承包人应向发包人和监理人提交提前竣工建议书，提前竣工建议书应包括实施的方案、缩短的时间、增加的合同价格等内容。发包人接受该提前竣工建议书的，监理人应与发包人和承包人协商采取加快工程进度的措施，并修订施工进度计划，由此增加的费用由发包人承担。承包人认为提前竣工指示无法执行的，应向监理人和发包人提出书面异议，发包人和监理人应在收到异议后 7 天内予以答复。任何情况下，发包人不得压缩合理工期。7.9.2 约定发包人要求承包人提前竣工，或承包人提出提前竣工的建议能够给发包人带来效益的，合同当事人可以在专用合同条款中约定提前竣工的奖励。

承包人要特别注意非常态竣工情形下双方权利义务的新变化。与常态竣工情形一样，以上非常态竣工情形下，竣工日期同样是计算工程欠款利息的起始点，承包人有权要求发包人支付自竣工日期次日起至清偿之日止的工程欠款利息。

七、按时足额支付农民工工资

农民工为国家建设发展作出了重大而独特的贡献，劳动报酬是农民工最基本的权益、最基本的权利，必须保证他们的辛苦劳动获得及时足额的报酬。

《2019 年政府工作报告》明确要求："要根治农民工欠薪问题，抓紧制定专门行政法规，确保付出辛苦和汗水的农民工按时拿到应有的报酬。" 2020 年 1 月 7 日，国务院公布《保障农民工工资支付条例》（以下简称《条例》），自 2020 年 5 月 1 日起施行，以法治手段根治拖欠农民工工资的顽疾。

《条例》中的"农民工"指为用人单位提供劳动的农村居民，"工资"指农民工为用人单位提供劳动后应当获得的劳动报酬。工资是农民工的保命钱、活命钱、养命钱，是提升农民工群体获得感、幸福感、安全感的重要物质基础。

建筑工程领域是农民工集中的领域。建筑工程领域的农民工工资来源于工程价款中的人工费用部分。建设单位在资金没有保证的情况下开工建设，甚至要求施工单位垫资施工，不能按照合同约定支付工程价款，是导致拖欠农民工工资案件高发的主要原因。

《条例》将过去实践中成熟有效的措施，如实名制、分账制、总包代发制和工资保证金等措施，上升为法律规范，作为工程建设领域的特别规定，打造农民工工资发放的绿色通道。

《条例》施行后，能有效地解决建筑工程领域中存在的三大问题。

（一）解决工程项目资金不到位所致的欠薪问题

《条例》具体规定了五项制度，防止建设单位拖欠工程价款和施工单位拖欠农民工工资问题相互交织，防止人工费与材料费、管理费等资金混同或者被挤占。

1. 满足施工所需要的资金安排

建设单位应当有满足施工所需要的资金安排。

满足施工所需要的资金安排是办理施工许可证的前提条件。没有满足施工所需要的资金安排的，工程建设项目不得开工建设。依法需要办理施工许可证的，相关行业工程建设主管部门不予颁发施工许可证。政府投资项目所需资金，应当按照国家有关规定落实到位，不得由施工单位垫资建设。

2. 建设单位应当向施工单位提供工程款支付担保

建设工程施工合同应当约定工程款的计量周期或者工程进度结算办法，建设单位应当按照合同约定及时拨付工程款；建设单位与施工总承包单位或者承包单位与分包单位因工程数量、质量、造价等产生争议的，建设单位不得因争议不按照规定拨付工程款中的人工费用，施工总承包单位也不得因争议不按照规定代发工资。

因建设单位未按照合同约定及时拨付工程款导致农民工工资拖欠的，建设单位应当以未结清的工程款为限先行垫付被拖欠的农民工工资。

3. 建设单位按月拨付人工费用

建设单位与施工总承包单位依法订立书面工程施工合同，应当约定工程款计量周期、工程款进度结算办法以及人工费用拨付周期，并按照保障农民工工资按时足额支付的要求约定人工费用。人工费用拨付周期不得超过1个月。

4. 总承包单位存储工资保证金

施工总承包单位应当按照有关规定存储工资保证金，专项用于支付为所承包工程提供劳动的农民工被拖欠的工资，是预防和解决企业发生农民工欠薪问题的资金性保障。

工资保证金可以用金融机构保函替代。发生欠薪时，经主管部门责令支付而拒不支付或者是无力支付的，由主管部门启用工资保证金予以清偿。

5. 总承包单位开设农民工工资专用账户

施工总承包单位建立农民工工资专用账户。农民工工资专用账户专项用于支付该工程建设项目农民工工资。建设单位应当按照合同约定及时拨付工程款，并将人工费用及时足额拨付至农民工工资专用账户。

工程建设领域推行分包单位农民工工资委托施工总承包单位代发制度。总承包单位代发制度是为了明确工资发放主体，解决农民工工资由谁发的问题，减少中间层次，克服层层转包。

分包单位应当按月考核农民工工作量并编制工资支付表，经农民工本人签字确认后，与当月工程进度等情况一并交施工总承包单位。施工总承包单位根据分包单位编制的工资支付表，通过农民工工资专用账户直接将工资支付到农民工本人的银行账户，并向分包单位提供代发工资凭证。

除法律另有规定外，农民工工资专用账户资金和工资保证金不得因支付为本项目提供劳动的农民工工资之外的原因被查封、冻结或者划拨。

（二）解决施工单位劳动用工不规范所致的欠薪问题

1. 实行实名制用工管理制度

用人单位实行农民工劳动用工实名制管理，与招用的农民工书面约定或者通过依法制定的规章制度规定工资支付标准、支付时间、支付方式等内容。用人单位应当按照与农民工书面约定或者依法制定的规章制度规定的工资支付周期和具体支付日期足额支付工资。

未与施工总承包单位或者分包单位订立劳动合同并进行用工实名登记的人员,不得进入项目现场施工。

2. 建立用工管理台账

施工总承包单位应当在工程项目部配备劳资专管员,对分包单位劳动用工实施监督管理,掌握施工现场用工、考勤、工资支付等情况,审核分包单位编制的农民工工资支付表,分包单位应当予以配合。施工总承包单位、分包单位应当建立用工管理台账,并保存至工程完工且工资全部结清后至少3年。

(三)解决建设市场秩序不规范所致的欠薪问题

1. 多部门配合规范建设市场秩序

人力资源社会保障行政部门、住房城乡建设、交通运输、水利等相关行业工程建设主管部门、发展改革等部门、财政部门、公安机关、司法行政、自然资源、人民银行、审计、国有资产管理、税务、市场监管、金融监管等部门,联合规范本辖区建设市场秩序,查处有关拖欠农民工工资案件,督办因违法发包、转包、违法分包、挂靠、拖欠工程款等导致的拖欠农民工工资案件,侦办涉嫌拒不支付劳动报酬刑事案件,依法处置因农民工工资拖欠引发的社会治安案件,组织对拖欠农民工工资失信联合惩戒对象依法依规予以限制和惩戒。

2. 建设单位或施工总承包单位负责清偿农民工工资

建设单位或者施工总承包单位将建设工程发包或者分包给个人或者不具备合法经营资格的单位,导致拖欠农民工工资的,由建设单位或者施工总承包单位清偿。

工程建设项目违反国土空间规划、工程建设等法律法规,导致拖欠农民工工资的,由建设单位清偿。

分包单位对所招用农民工的实名制管理和工资支付负直接责任。施工总承包单位对分包单位劳动用工和工资发放等情况进行监督。分包单位是合法主体资格的用人单位,由分包单位负责农民工实名制管理和工资支付,是权责一致原则的具体体现。

分包单位拖欠农民工工资的,由施工总承包单位先行清偿,再依法进行追偿。工程建设项目转包,拖欠农民工工资的,由施工总承包单位先行清偿,再依法进行追偿。施工单位允许其他单位和个人以施工单位的名义对外承揽建设工程，导致拖欠农民工工资的，由施工单位清偿。

因此，施工总承包单位要加强对分包单位和转包单位的监督管理，严格监管分包单位和转包单位发放农民工工资情况，避免因监督不力，承担因分包单位和转包单位拖欠农民工工资的先行清偿责任。

为保障农民工按时足额获得工资，保障农民工工资通过银行转账或者现金方式支付给农民工本人，《条例》加大了对拖欠农民工工资行为的惩戒力度。

1. 实行双罚制

用人单位存在以实物、有价证券等形式代替货币支付农民工工资、未编制工资支付台账并依法保存，或者未向农民工提供工资清单、扣押或者变相扣押用于支付农民工工资的银行账户所绑定的农民工本人社会保障卡或者银行卡等，由人力资源社会保障行政部门责令限期改正；逾期不改正的，对单位处2万元以上5万元以下的罚款，对法定代表人或者主要负责人、直接负责的主管人员和其他直接责任人员处1万元以上3万元以下的罚款。

用人单位拖欠农民工工资，情节严重或者造成严重不良社会影响的，有关部门应当将该用人单位及其法定代表人或者主要负责人、直接负责的主管人员和其他直接责任人员列入拖欠农民工工资失信联合惩戒对象名单，在政府资金支持、政府采购、招投标、融资贷款、市场准入、税收优惠、评优评先、交通出行等方面依法依规予以限制。

2. 行为限制、吊销资质

施工总承包单位未按规定开设或者使用农民工工资专用账户，施工总承包单位未按规定存储工资保证金或者未提供金融机构保函，施工总承包单位、分包单位未实行劳动用工实名制管理，由人力资源社会保障行政部门、相关行业工程建设主管部门按照职责责令限期改正；逾期不改正的，责令项目停工，并处5万元以上10万元以下的罚款；情节严重的，给予施工单位限制承接新工程、降低资质等级、吊销资质证书等处罚。

3. 移送司法机关追究刑事责任

人力资源社会保障行政部门发现拖欠农民工工资的违法行为涉嫌拒不支付劳动报酬罪的，应当按照有关规定及时移送公安机关审查并作出决定。

八、利用通行的工程规范与工程惯例

在建设工程合同履行过程中，承包人与发包人除遵守法律、行政法规的规定、合同的约定外,还需遵循通行的工程规范和工程惯例,承包人合理利用通行的工程规范和工程惯例,有利于权益的保障。

(一)遵循建设工程行政管理部门的规定

1. 在严寒、酷暑、暴雨、冰雹、大雪、台风等天气影响下,建设工程行政管理部门一般会发布要求停工的通知,建设工程承包人可以此作为认定工期顺延的依据;

2. 非典、新型冠状病毒肺炎等肆虐时,建设工程行政管理部门发布要求停工的通知,建设工程承包人可以此作为认定工期顺延的依据;

3. 建设工程行政管理部门关于材料价格下浮标准、建筑材料价格浮动等方面的规定,承包人可以作为要求调整工程价款的依据。

(二)合理利用主要建筑材料价格浮动

大型建设工程施工时间跨度大,有可能长达数年、十几年甚至几十年,施工期间钢筋、水泥、木材等对工程价款影响较大的主要建筑材料价格可能发生巨大的变化,超出正常市场波动的风险幅度。如果承包人与发包人继续按双方约定的固定价进行结算,于承包人很不公平,承包人不但无法实现承建工程赢利的目的,反而有可能出现巨大的亏损,承包人可以要求发包人调整工程价款。建设工程合同对此有约定的,按照约定;没有约定或约定不明的,承包人可以依据建设工程所在地的政策规定和施工的具体情况,要求发包人对工程价款进行相应的调整,达到承包人与发包人之间的利益均衡。

(三)合理要求定额外费用

双方当事人如果在建设工程合同中对建设工期和工程质量进行了奖惩约定,工程提前竣工或工期延误,工程质量达到某个等级或达不到某个等级,发包人将按照工程造价的一定比例对承包人予以奖惩,一方当事人不按照约定执行,另一方当事人则可以要求按违约金条款处理。

发包人直接分包给专业承包人,专业承包人在施工现场需使用总承包人的施工条件,总承包人有权要求发包人支付一定的配合费,双方合同有约定的按约定处理;没有约定或约定不明确的,总承包人可以要求发包人按分包总造价2%左右的标准支付总包配合费。

典型案例 支持合理利用通行的工程规范和工程惯例

1. 案例来源

陕西省西安市中级人民法院(2013)西民四终字第00401号民事判决书。

2. 案情摘要

上诉人陕西省S建筑工程公司(以下简称S公司)因与被上诉人X发动机公司装饰工程公司(以下简称X公司)建设工程施工合同纠纷案,不服西安市莲湖区人民法院(2013)莲民一初字第00283号民事判决,向陕西省西安市中级人民法院提起上诉。

S公司提起上诉请求:变更原判第一项为S公司支付X公司工程款29.3888万元。一审中,其认为合同约定的"按实结算"是指按实际发生的工程量计算。X公司则认为"按实结算"是以"计价规则"为依据形成的工程总价款。按照S公司的主张和计算方法,工程价款就减少10万元;按照X公司的主张和计算方法,工程总价款就增加10万元,而原审法院采信了X公司的主张,对合同约定的"按实结算"的认定错误、违法,判令S公司多支付了10万元工程款。

X公司辩称:S公司也认可按实结算,合同第10条第2项的约定与本案的结算无关。原审判决事实清楚,适用法律正确,应予维持。

关于S公司应当支付X公司工程款的数额是多少的问题。原审法院认为:《工程合同》和《补充协议》均由X公司、S公司自愿签订,系双方真实意思表示,依法成立并生效,双方应按约定全面履行自己的义务。《工程合同》对工程量计算标准约定明确,双方亦不能对工程量计算标准协商一致。计价规则在陕西省建设工程施工领域内,建设工程施工合同当事人各方通常都采用该计价规则来计算工程量,且S公司在订立合同时亦知道该计价规则,故该计价规则为《合同法》所称"交易习惯",应确定以该交易习惯为工程量计算标准。S公司亦认可计价规则为《合同法》所称"交易习惯",就涉诉工程的工程量计算标准应当按照交易习惯确定。S公司坚持按其对"按实结算"的理解来计算工程量,亦不申请对工程量进行鉴定,故其主张于法无据,不予支持。

3. 二审法院裁判结果

X公司与S公司的合同合法有效。合同生效后各方当事人均应依照约定全面履行义务。现双方一致确认X公司完成的工程质量合格,故S公司应当支付工程款。在S公司不申请对X公司实际完成的工程量进行鉴定，又认可计价规则的情况下，原审法院以计价规则为工程量计算规则，认定S公司下欠X公司工程款39.3888万元，并无不当。陕西省西安市中级人民法院于2013年10月25日作出(2013)西民四终字第00401号判决：驳回上诉，维持原判。

4. 律师点评

工程惯例，是指在长期的建设工程实践过程中形成的某些约定俗成的做法。这些惯例有的已经上升为法律、法规的规定，有的虽没有形成为法律、法规的规定，但大家均对其表示认可并遵照执行，例如，《建设工程施工合同(示范文本)》中的许多约定，虽然不是法律规定，但是建筑房地产行业都认可这些约定，愿意受这些约定的约束，这就是工程惯例的具体体现。

在陕西省建设工程施工领域内，建设工程施工合同各方当事人通常习惯于采用涉案的计价规则来计算工程量。换句话说，认可并遵照执行该计价规则，实际上已经成为陕西建筑房地产行业的工程惯例。

第十一章

工程价款纠纷实务操作策略

建设工程合同纠纷案件，通常会涉及建筑工程行业特点和专业问题，当事人众多，法律关系复杂，建设工程企业在履行合同过程中，要同步收集、保留、整理证据，防患于未然，实现行稳致远的经营目的。

建设工程承包人要高度重视工程签证，应当按照双方合同或补充协议约定的要求办理签证，特别注意发包方提出的特殊要求，如未在规定的时间内签证即不予认可、签证须经发包人加盖公章确认、一单一签等，否则，工程签证有可能因不符合形式要件而不被发包人认可，不被法院采信，造成承包人损失。

当事人之间出现争议，可选择真刀实枪式的诉讼，也可选择协商、调解、和解、仲裁等无硝烟的非诉方式，在和风细雨中化解矛盾，解决纠纷。

律师的诉讼技巧、诉讼策略应当围绕当事人之间的核心争议，应当本着为解决当事人关注的核心问题，为实现当事人利益最大化而展开。

一、证据为王

（一）重视收集证据

建设工程合同是承包人进行工程建设、发包人支付价款的合同。建设工程合同包括工程勘察、设计、施工合同。要求发包人支付价款，是勘察人、设计人、施工人等承包人最主要的权利；向承包人及时足额支付价款，是发包人最主要的义务。一些发包人会设法为承包人收取工程价款制造各种障碍，会以诸如工期延误、质量不过关、造价超标等理由或借口，拖延甚至拒绝向承包人支付工程预付款、工程进度款、工程竣工结算余款。

建设工程企业要牢固树立“工程款催收第一、证据保存第一”的风险防范意识。但目前建设工程企业普遍存在认知误区：诉讼离我们公司很远，一定能协商解决纠纷；我诚信，不相信对方会坏到怎样程度；加强证据管理，徒增管理成本,无益于事,我们多年来都如此,也没出什么问题。可是,如果真出了问题,轻则造成重大的损失,重则导致经营无法维持、破产清算。

为了顺利、及时、足额地收取工程价款,承包人在建设工程合同的履行过程中,应当加强合同管理,树立证据意识,收集对己方有利、不利的证据,有备无患。一旦双方无法协商达成收取价款的协议,需要诉诸法律维权,承包人不必临时匆匆忙忙地寻找证据,最后因举证不能令本该胜诉的案件败诉,令本该完胜的案件只能部分胜诉。

加强证据管理意识,领导重视是核心。建设工程企业必须从上而下重视,树立全员意识,项目经理、施工员、现场资料员、材料管理员等人员,人人重视证据,个个参与证据的收集,将证据管理细化到招投标管理、合同管理、成本控制、工程保险、融资信贷、工程索赔、竣工结算等层面,将证据意识、管理证据能力和绩效考核、年终奖惩挂钩,真正做到在合同签订、履行的全过程中都重视证据。

(二)承包人收集证据的基本原则

建设工程承包人应当全面、及时、恰当地收集证据。证据来源于建设工程合同签订、履行过程中,来自于工程项目建设中。承包人要全面、及时、恰当地收集建设单位、监理单位的工程签证、会议纪要、洽谈记录、检验记录、来往函件、通知单及其他证据材料。

(三)承包人重点收集的证据

1. 按工程设计图纸和施工技术标准施工的证据

按发包人提供的工程设计图纸和施工技术标准施工,是建设工程承包人的义务。承包人只有按发包人提供的工程设计图纸和施工技术标准施工,才能确保建设工程质量,实现设计单位的设计意图,满足发包人对建设工程的需求;承包人只要按发包人提供的工程设计图纸和施工技术标准施工,即使建设工程出现质量问题,也与承包人的施工无关,不影响其按约定收取工程价款。不按工程设计图纸和施工技术标准施工,是建设工程承包人所犯的最低级、最不可饶恕、最不可弥补的错误。

2. 工程变更的证据

工程变更是建设工程施工过程中经常发生的现象。工程变更对建设工程的工程价款、建设工期等都有较大影响。如何应对工程变更,是建筑施工企业应当着重考虑的问题。

绝大部分工程变更是由发包人应需求而提出，一部分工程变更因设计单位发现了设计中的瑕疵或有更好的设计方案，征得发包人同意而提出，小部分工程变更是承包人在施工过程中发现问题而向发包人、设计单位或监理单位提出。不管是哪个单位提出工程变更，落脚点都将放在施工上，将变更工程施工方案，最终影响工程价款的数额。

根据工程变更产生主体的不同，工程变更一般可分为以下四种：

（1）发包人为改变使用功能或提高建造标准或增大建造规模或基于客观条件等所提出的工程变更；

（2）设计单位为了修正或完善原设计方案而提出的设计变更；

（3）承包人鉴于现场情况的施工条件或遇到不可预见的地质情况等而提出的工程变更；

（4）第三人出于相邻权或其他原因而提出的工程变更。

根据工程变更的具体内容，工程变更又可分为以下四种：

（1）因设计变化的工程变更；

（2）因工程进度变化的工程变更；

（3）因施工现场条件变化的工程变更；

（4）因工程项目增减变化的工程变更。①

不管是因不同主体产生的工程变更，还是因具体内容而不同的工程变更，只要发生了工程变更的情形，一般会对承包人与发包人的权利义务产生新的影响。反映到工程价款上，一般也会有一定的增减。因此，承包人要保留相关的证据尤其是发包人发出的工程变更令。工程变更令等材料能清楚证明是哪方的原因导致工程变更，工程变更的具体内容是什么。

工程变更情况出现时，承包人要及时与发包人、监理单位达成工程签证，为了免除事后争议，各方最好达成变更事实与变更成本都明确的工程签证。

3. 设计变更的证据

建设工程的设计变更一般由发包人提出或设计单位发现，由原设计单位变更设计方案，交给承包人施工。当出现设计变更情形时，承包人要及时收集、保留、整理发包人或设计单位提出变更设计意图的会议纪要、设计变更指示、工程签证等材料，要收集、保留、整理设计单位变更后的设计图纸、设计图

① 邱元拨主编：《工程造价概论》，经济科学出版社2002年版，第355页。

变更方案、超出原图纸施工范围说明等。

如果承包人不能及时地收集、保留、整理这些材料，当承包人与发包人因设计变更出现工程价款数额争议时，承包人却拿不出合适的证据，不但无法获取因设计变更而增加的工程价款与工期顺延，还有可能承担因己方擅自修改设计方案而应承担的严重法律后果。①

4. 工期顺延的证据

工期顺延是建设工程施工过程中常常出现的情况。

大部分工期顺延情形缘于发包人不及时履行约定的义务，比如，不及时、不足额支付工程预付款或(和)工程进度款，未按照约定的时间和要求提供原材料、设备、场地、资金、技术资料等，不及时检查隐蔽工程，因发包人的原因致使工程中途停建、缓建等。

(1)因发包人拖延检查导致工期顺延的证据

《合同法》第二百七十八条规定："隐蔽工程在隐蔽以前，承包人应当通知发包人检查。发包人没有及时检查的，承包人可以顺延工程日期，并有权要求赔偿停工、窝工等损失。"

《民法典》第七百九十八条规定："隐蔽工程在隐蔽以前，承包人应当通知发包人检查。发包人没有及时检查的，承包人可以顺延工程日期，并有权请求赔偿停工、窝工等损失。"

以上规定关系到工程延误的责任承担，关系到工程价款的结算，关系到违约责任的承担，是很重要的规定。该规定应当如何操作，在司法实践中引起的争议很大。

承包人通知发包人检查隐蔽工程，要以书面形式通知，并且保留书面通知证据，可免发包人事后不承认。发包人收到承包人的书面检查通知后，没有及时对隐蔽工程进行检查的，承包人应当书面催告发包人在合理期限内进行检查。

现在法学界存有这样的观点：发包人收到承包人催告检查隐蔽工程的通知后，在合理期限内仍不进行检查，承包人有权以自行检查合格为由，自行隐蔽工程，继续进行下一道工序的施工，因此产生的全部法律责任都由发包人承担。

---

① 《建筑法》第五十八条规定："建筑施工企业对工程的施工质量负责。建筑施工企业必须按照工程设计图纸和施工技术标准施工，不得偷工减料。工程设计的修改由原设计单位负责，建筑施工企业不得擅自修改工程设计。"

笔者认为,这种观点不正确,因为建设工程的质量是最重要的,也是最关键的,建设工程施工合同的各方当事人都有义务保证建设工程的质量符合要求。承包人未经发包人检查,自行隐蔽工程,继续施工,并非是自行维权的表现,更谈不上行使不安抗辩权,而是以自己的行为给建设工程带来质量问题隐患,因此出现的质量问题应当由承包人承担。而且,发包人有权对承包人已擅自隐蔽的工程进行检查,承包人应当按照要求对已隐蔽的工程进行剥露,并在检查后重新隐蔽。隐蔽工程经发包人检查后,不符合要求的,发包人有权要求承包人返工,返工合格后重新隐蔽。对隐蔽的工程进行剥露、重新隐蔽、修复后重新隐蔽所产生的费用,如检查费用、返修费用、新增加的材料费用、人工费等费用都由承包人承担,承包人还应当承担因此导致的工期延误的违约责任。

发包人不及时检查隐蔽工程,笔者建议承包人依法暂停建设工程的施工,同时要求发包人顺延工期,要求发包人赔偿因此造成的停工、窝工、建筑材料和构配件积压等损失。因承包人操作不当,最终造成的结果有可能完全不同。因此,承包人有必要对此高度重视,收集、保留发包人责任的证据,如要求发包人及时检查隐蔽工程的书面通知、邮件、函件等材料;催告发包人在合理期限内检查隐蔽工程的书面通知、邮件、函件等材料。这些材料既能证明发包人拖延检查隐蔽工程的事实,又可证明因发包人拖延检查所致的工期顺延的天数,为承包人以后索赔停工、窝工、建筑材料和构配件积压等损失和主张工期顺延掌握主动权。

(2)因发包人未按照要求提供原材料、设备等导致工期顺延的证据

发包人未按照约定的时间和要求提供原材料、设备、场地、资金、技术资料等,承包人可以要求顺延工程日期,并有权要求发包人赔偿停工、窝工、建筑材料和构配件积压等损失。

承包人要保留催促发包人按时履行提供原材料、设备、场地、资金、技术资料等义务的证据,也要保留发包人最终提供原材料、设备、场地、资金、技术资料等的时间的证据,这是证明因发包人的责任导致工期顺延的证据;也是要求发包人赔偿承包人停工、窝工、建筑材料和构配件积压等损失的证据。

(3)因发包人的原因使工程中途停建、缓建所致工期顺延的证据

因发包人的原因致使工程中途停建、缓建的,发包人应当采取措施弥补或者减少损失,赔偿承包人因此造成的停工、窝工、倒运、机械设备调迁、材料和构件积压等损失和实际费用。

承包人如想提出这些主张,要保留发包人未履行约定或法定义务的证

据,例如:未取得建设用地规划许可证、建设工程规划许可证或施工许可证被责令停工;未及时提供符合要求的技术资料、施工场地、设备;"甲供料"不符合国家强制性规定;未及时、足额支付工程预付款、工程进度款等方面的证据。

因发包人的原因致使工程中途停建、缓建,承包人停止施工前,应当书面通知发包人履行义务。如果发包人仍不履行约定或法定的义务,承包人可以停工;停工的同时,向发包人书面提出工期顺延并承担停工、窝工、倒运、机械设备调迁、材料和构件积压等损失和实际费用的要求。承包人要保留这些书面证据。

没有充足的证据证明是因发包人的原因导致工程中途停建、缓建,承包人自行停工,工期无法顺延,承包人自行承担停工、窝工所致的损失;造成工期延误的,承包人要向发包人承担工期延误相应的违约责任。

(4)因不可抗力因素导致工期顺延的证据

在施工过程中如发生不可抗力因素,比如发生地震、海啸、暴雨等无法施工;政府发布停止施工通知、命令、征用、征收令;爆发了战争、骚乱、罢工、新型冠状病毒肺炎等,承包人有权主张工期顺延,但同样需要承包人收集、保留相关的证据。

如果是因承包人迟延履行合同义务后发生不可抗力的,承包人无权要求工期顺延;造成工期延误的,承包人不能免除向发包人承担工期延误的违约责任。

(5)因鉴定工程质量导致工期顺延的证据

工程顺延还有一种法定的情形:建设工程竣工前,当事人对工程质量发生争议,工程质量经鉴定合格的,鉴定期间为顺延工期期间。承包人要保留与工程质量鉴定相关的全部证据。

5.竣工验收的证据

竣工验收,是指依照国家法律、法规及工程建设规范、标准的规定,建设工程完成设计文件要求和合同约定的各项内容,建设单位已取得政府有关主管部门(或其委托机构)出具的验收文件或准许使用文件后,组织工程竣工验收并编制完成建设工程竣工验收报告。

工程竣工验收的依据:(1)政府部门审批的计划任务书、设计文件等;(2)招投标文件和建设工程施工合同;(3)施工图纸和说明、图纸会审记录、设计变更签证和技术核定单;(4)施工记录及工程所用的材料、构件、设备质量合格文件及验收报告单;(5)施工单位提供的有关质量保证等文件;(6)国家或行业颁布的现行施工技术验收规范及工程质量检验评定标准;(7)国家颁布的有关竣工验收文件。

6. 工程结算的证据

(1)招标书

招标书,是指招标人或其委托单位发布的具有法律效力的招标文件,包括招标文件答疑、补充说明、往来信函、会议纪要等,如果是邀请投标,还包括投标邀请书。

(2)投标书

投标书,是指为响应招标书的条件与要求,投标人作出的含有明确报价及其他内容用以竞争中标的文件。

(3)合同

合同,是指承包人与发包人签订的建设工程施工合同及补充协议等。

(4)设计变更文件

设计变更文件,是指设计单位对经建设单位认可、批准的初步设计文件、技术设计文件、施工图设计文件进行修改、完善、优化。

(5)委托单

委托单,是指发包人或其他单位开出的委托承包人施工的本标段范围以外工作的有效单据。

(6)联系单

联系单,是指发包人、设计单位、承包单位、监理单位就施工协调等开出的工程联系单。

(7)施工方案

施工方案,是指承包人根据施工项目制定,经发包人、监理批准的用于指导工程施工的实施方案。

(8)价格确认单

价格确认单,是指根据建设工程合同约定或经发包人另行委托,由承包人采购设备或材料,经发包人确认设备或材料价格和数量的单据。

(9)工程量签证单

工程量签证单,是指根据合同和图纸实际情况,必须由发包人或监理现场确认的工程量签证单据。

(10)工程索赔

工程索赔,是指在建设工程施工合同履行过程中,承包人或发包人非因己方的原因而受到工期延误或经济损失,按照法律规定或合同约定,应由对方当事人承担法律责任,而向对方当事人主张工期延长和(或)费用补偿的行为。

7. 发包人提前擅自使用未经验收的建设工程的证据

为了追求建设工程提前使用所带来的经济利益,发包人往往在建设工程未经验收合格前擅自使用建设工程。承包人要注意保留发包人要求放弃验收、提前使用的证据,如会议纪要、书面通知、函件、邮件等,这些证据既能证明发包人擅自使用未经验收的建设工程的事实,也能推定发包人擅自使用的部分工程质量合格,又可以此作为证明发包人拖欠工程竣工结算余款利息起算点的证据。

典型案例 承包人无法提供隐蔽工程量的证据,请求未获支持

1. 案例来源

最高人民法院(2019)最高法民终1622号民事判决书。

2. 案情摘要

上诉人浙江省东阳S建筑工程有限公司(以下简称S公司)与上诉人青海T房地产开发有限公司(以下简称T公司)建设工程施工合同纠纷案。

S公司上诉请求:(1)维持一审判决第一、二、七项,撤销一审判决第三、四、五、六项;(2)改判T公司支付S公司逾期归还垫资款利息1020000元、逾期支付工程进度款利息1462143元、资金占用费9893300元、违约金12000000元,并驳回T公司的全部反诉请求。事实和理由:T公司逾期支付垫资款和工程进度款,应当向S公司支付逾期归还垫资款利息1020000元和逾期支付工程进度款利息1462143元。

T公司辩称:应当驳回S公司的上诉请求。

T公司上诉请求:(1)撤销一审判决第二项,改判由S公司交付完整竣工资料并配合竣工验收后,T公司给付工程款8553184.1元,驳回S公司要求支付利息的诉讼请求;(2)撤销一审判决第三项,改判由S公司赔偿T公司损失31893536元;(3)撤销一审判决第四项,改判由S公司支付T公司违约金41986313元。事实和理由:(1)一审判决对于T公司已付工程款认定有误。(2)一审判决T公司从2013年1月17日起按照银行同期贷款利率2倍支付工程款利息,不符合双方合同约定及法律规定。(3)因S公司逾期交付工程，导致T公司逾期交房，已实际赔偿给购房人违约金31026536元，且违约金损失仍在持续产生。该损失应由S公司全部承担。

S公司辩称：应当驳回T公司的上诉请求。

S公司向一审法院起诉请求：(1)判令T公司支付剩余工程款50384262.07元及相应利息；(2)判令T公司给付逾期归还S公司垫资款利息1020000元和逾期支付工程进度款利息1462143元。

T公司向一审法院反诉请求：(1)确认S公司与T公司签订的《建设工程施工合同》已解除；(2)判令S公司向T公司赔偿损失31893536元；(3)判令S公司向T公司支付违约金41986313元。

一审法院认为，S公司与T公司均先后申请对S公司已完工程量及造价进行鉴定，表明双方当事人均不认可以博联造价公司审核的进度款作为最终结算依据。一审法院委托青海五联工程造价司法鉴定所作出五联鉴字(2018)第003号《鉴定意见书》，应作为认定工程款的依据。鉴定结果为：(1)2#、3#、4#楼工程已完工程造价为171964165.09元；(2)2#、3#、4#楼工程签证部分造价为838198.44元。因S公司无法举证鉴定意见中单独列项的签证部分的签证单及相应图纸原件，T公司对其所举证据的真实性不予认可，而该部分签证工程均为隐蔽工程，相应工程量是否实际发生鉴定机构亦无法核实，在S公司无其他证据佐证相应签证工程量实际发生的情况下，一审法院对鉴定意见中仅依据复印件的签证单及图纸所做出的签证部分工程造价838198.44元不予采信，不计入案涉工程总造价，故案涉工程总造价应认定为171964165.09元。判决：……(2)T公司于判决生效后15日内给付S公司工程款9081184.1元及利息；(3)S公司于判决生效后15日内赔偿T公司损失11703495元；(4)S公司于判决生效后15日内支付T公司违约金4421048.5元……

3. 二审法院裁判结果

S公司存在逾期交付工程的情形。T公司上诉请求部分成立，S公司上诉请求不能成立。判决：(1)维持青海省高级人民法院(2015)青民一初字第57号民事判决第一、二、五项；(2)撤销青海省高级人民法院(2015)青民一初字第57号民事判决第三、四、六、七项；(3)S公司于本判决生效后15日内支付T公司违约金2000000元；(4)S公司于本判决生效后15日内赔偿T公司损失300000元。

4. 律师点评

本案中承包人有关隐蔽工程量的请求未获法院支持，对应的工程造价838198.44元不予支持，与该承包人平时不注意收集、保留证据有直接关系。诉讼中，该承包人拿不出隐蔽工程的签证单及相应图纸原件，鉴定机构无法核实隐蔽工程量是否实际发生，导致法院对鉴定意见中仅依据隐蔽工程签证单及图纸的复印件所做出的工程造价838198.44元不予采信，不计入案涉工程总造价。该承包人在施工过程中因缺乏证据管理意识，损失惨重，教训深刻。

(四)工程签证是承包人特别需要收集的证据

1. 工程签证

工程签证，是指在建设工程施工合同履行过程中，承包人与发包人根据合同的约定或法律的规定，就原合同约定之外的工期顺延、工程价款增减、损失赔偿等所达成的补充协议。

承包人与发包人书面确认的签证，即可成为工程价款增减的依据。

2. 工程签证产生的原因

(1)由于建设工程投资额大、建设周期长、主要建筑材料与设备价格变化快等因素，承包人与发包人在订立建设工程施工合同时，不可能预见建设工程施工过程中可能出现的全部情况。

(2)在建设工程施工合同的履行过程中，因发包人的功能要求发生变化、设计单位完善原设计方案、承包人在施工中发现问题、第三人出于相邻权提出要求等主客观条件的变化，往往发生工程变更的情形。工程变更的情形出现后，一般会对承包人与发包人的权利义务产生新的影响。反映到工程价款上，一般也会有一定的增减。

工程变更大多需要通过工程签证的形式体现。承包人要重视工程签证，尤其是低价中标后，承包人更要注意及时办理签证。当发生工程变更、因发包人原因停工、合同中没有约定等情况时，需要及时办理各种签证。

3. 工程签证的范围

(1)合同约定外的必要的措施类项目；

(2)发包人要求新增加的临时工程项目；

(3)不是承包人的原因所引起的拆改项目；

(4)发包人委托的合同外的非工程项目。

4. 工程签证的形式

经济签证、技术签证、工期签证、隐蔽工程签证通常都是通过现场签证的形式进行。

现场签证是施工过程中用以证明在施工中遇到的某些特殊情况的一种书面资料。主要包括以下签证:

(1)零星用工,施工现场发生的与主体工程施工无关的用工,如定额费用以外的搬运拆除用工等;

(2)零星工程;

(3)临时设施增补项目;

(4)隐蔽工程签证;

(5)窝工、非承包人原因停工造成的人员、机械经济损失;

(6)议价材料价格认价单;

(7)其他需签证的情形。

5. 工程签证需要特别注意的事项

建设工程承包人要特别注意有关监理签证的约定。

建设工程施工合同中对于监理单位委派的工程师,有关职权的约定分为两类:一是发包人明确授权;二是经发包人同意后行使的职权。两种职权的行使有很大的区别,建设工程承包人签约时、施工中要特别注意这点。发包人明确委托的职权,监理工程师可以在授权范围内行使,其签证无须发包人同意确认;对于约定经发包人同意后行使的职权,监理工程师的签证需要取得发包人的批准,才是有效的签证。否则,发包人可以拒绝认可此类签证。

6. 应对发包人的拒签

承包人在编制签证单之前,首先要熟悉合同的有关约定,对于重点问题要陈述清楚要求发包人或监理人签证的理由。同时,应当站在发包人的角度来陈述理由和写明需要签证的内容,这样既容易获得发包人的签证,又使签证人感觉不用承担风险。

发包人无理拒绝签证,承包人可以将签证单以书面的形式送达给发包人或其指派的工作人员。这种送达方式无须发包人或委托人在签证单上签字,他们只需要在收发单上签名即可。

典型案例　承包人未及时按约定办理签证而败诉

1. 案例来源

上海市第二中级人民法院(2019)沪02民终10765号民事判决书。

2. 案情摘要

上诉人上海S建筑装潢工程有限公司(以下简称S公司)与被上诉人上海Y建设工程有限公司(以下简称Y公司)、上海L置业有限公司(以下简称L公司)建设工程分包合同纠纷案。

上诉人S公司上诉请求:(1)撤销一审判决第一项,改判在第一项基础上增加给付S公司签证项目款584576元、停工损失费1200000元及返还多扣的利息1348200元,合计3132776元;(2)撤销一审判决第二项,改判按照合同约定支付S公司一期工程利息;(3)诉讼费用由Y公司、L公司承担。事实和理由:关于签证项目。首先,该签证单有监理单位签字和盖章,也有建设方工作人员签字;其次,这些签字材料所证明的内容现场都客观存在;最后,在法院委托的审价过程中,审价单位对之前双方已经结算过的签证材料进行比对,确认没有重复。上述签证应当支持。

被上诉人Y公司、L公司均辩称:同意一审判决,请求予以维持。

S公司向一审法院起诉,要求判令:(1)Y公司支付S公司工程款6000000元(暂计);(2)Y公司支付S公司逾期付款的利息1000000元(暂计);(3)Y公司赔偿S公司停工损失1000000元(暂计);(4)L公司对上述1~3项在未付款范围内承担连带支付责任;(5)本案诉讼费由Y公司、L公司承担。

一审庭审中,S公司变更诉讼请求为:(1)Y公司支付S公司工程款16271690元;(2)Y公司支付S公司逾期付款的利息3377465元;(3)Y公司赔偿S公司停工损失1200000元(150000元/月×8个月);(4)L公司对上述1~3项在未付款12384553元范围内对Y公司的付款责任承担连带清偿责任;(5)本案诉讼费由Y公司、L公司承担。

一审审理中,经Y公司申请,法院依职权从上海公信中南工程造价咨询有限公司调取了涉案工程审价过程中工程预(结)算审价工作会商纪要两份及工程审价审订单,证明涉案工程审价过程中经各方会商,最终确定工程总造价为69799172元。

一审法院认为,Y公司在履行上述合同过程中,擅自将自己承建的涉案工程整体转包给无施工资质的S公司施工,S公司与Y公司签订的《上海市建设工程施工合同》应属无效。

一审法院判决:(1)Y公司于判决生效之日起10日内支付S公司工程款3465085.02元;(2)Y公司于判决生效之日起10日内支付S公司逾期付款的利息损失;(3)L公司在欠付Y公司工程款的范围内对上述第1、2项债务承担连带责任;(4)驳回S公司其余诉讼请求。

3.二审法院裁判结果

合同对于签证单约定为必须有监理公司、项目部专业工程师、项目经理共同签字,并加盖发包人印章,否则一律无效,且约定,签证单必须一单一事。事后补办,一律不予认可。对于签证单做了较为严格的约定。现上诉人所主张的签证单,未加盖有Y公司或者L公司的印章,形式要件不完备。S公司亦未能证明Y公司或L公司曾就签证单所载内容发出指令。现其要求计算工程款的现场签证单未获发包方盖章确认,应在施工时及时主张或者采取其他有效措施避免损失。但S公司作为专业的建筑施工企业,现无法举证证明其在施工过程中对于发包人未加盖印章的行为进行督促或者异议,应承担举证不能的责任。部分签证单在建设单位部位有个人签名,但S公司亦未能证明该人有权代表发包方就增量或者变量工程进行确认,该签字对发包方无约束力。判决:驳回上诉,维持原判。

4.律师点评

工程签证,是指在工程项目施工过程中,建设工程合同双方当事人就原合同约定之外的工期顺延、工程变更、合同价款增减、损失赔偿等所达成的补充协议。

承包人与发包人书面确认的工程签证,即可成为工程价款增减的依据。因此,建设工程承包人要高度重视工程签证,应当按照双方合同或补充协议约定的要求办理签证,特别注意发包方提出的特殊要求,如未在规定的时间内签证即不予认可、签证须经发包人加盖公章确认、一单一签等,否则,工程签证有可能因不符合形式要件而不被发包人认可,不被法院采信,造成承包人损失。

二、非诉解决强者所为

战争可以是真刀实枪上战场,也可以是无硝烟的。

当事人之间出现争议,可选择真刀实枪式的诉讼,也可选择协商、调解、和解、仲裁等无硝烟的非诉方式,在和风细雨中化解矛盾,解决纠纷。

合同当事人在合同履行过程中出现争议,产生纠纷,大都不是原则性的争议,往往因对合同内容的理解分歧而产生争议。因建设工程主体多而杂、法律关系复杂、专业性强,各方当事人更容易因对合同条款的理解分歧产生纠纷。选择非诉的方式解决纠纷,双方本着互谅互让、互利共赢、公平合理的原则协商,完全有可能达成共识。

(一)合同履行过程中因理解分歧常发的纠纷

1. 合同内容的解释

建设工程合同的双方当事人对合同条款存在不同的认识和理解,特别是对合同格式条款的理解,更容易产生争议,如果约定不明确或约定不规范、不严谨,更难避免争议。

2. 建筑材料约定不明

因建设工程合同对建筑材料约定不明确,极易产生争议,甚至有可能导致已经竣工的工程重新施工。

这里有一个细节需要特别注意:在"甲供料"情况下,建设工程价款是否包括"甲供料"价款,必须在合同中明确约定。司法实践中有很多此类争议。

3. 工程量变更

工程量变更是建设工程施工中常见的现象。工程量变更必然引起工程价款的增减,影响双方当事人的利益,容易产生争议,特别是在约定固定价结算的情形下。

4. 工期延误

在建设工程合同履行过程中因各种原因经常发生工期延误情况,但在工期延误发生的原因、损失的大小、补救的方式上,公说公有理,婆说婆有理,扯不清理还乱。

5. 建设工程质量

工程质量是否合格没有固定的标准,即使建设工程合同条款、设计图纸、技术规范等对工程质量作出了明确的约定,但在工程竣工验收中,各方因理解不一,容易对工程质量是否合格产生争议。

(二)解决建设工程合同纠纷的主要非诉方式

1. 和解

和解,是指双方当事人发生争议后,本着互谅互让、互利共赢、公平合理的原则,自行协商,求同存异,找到利益的平衡点,达成共识。

建设工程合同的双方当事人一般会在合同中约定:双方出现争议时,应首先进行协商,协商不成后,再选择诉讼或仲裁等方式解决争议。

《建设工程施工合同(2017 文本)》第二部分“通用合同条款”20 约定了争议解决的和解方式:合同当事人可以就争议自行和解,自行和解达成协议的经双方签字并盖章后作为合同补充文件,双方均应遵照执行。

建设工程合同的承包人与发包人通过和解方式解决争议,往往能够快捷高效地解决问题,又不会因处理问题中的过激言行引发新的矛盾,影响双方今后的愉快合作。因此,和解方式是解决建设工程合同纠纷的最佳方式。

2. 调解

调解,是指在合同履行的过程中,双方当事人产生争议,通过非国家司法机关和社会团体的主持,双方相互让步,达成谅解,解决争议的方式。

在建设工程合同中,双方当事人往往因对合同权利义务、违约责任条款等内容的理解出现歧义,谁也无法说服另一方。人民调解委员会、律师事务所等社会团体介入调解,站在第三方的公正立场上,为双方当事人分析法律关系,权衡利弊,有利于消除各方的隔阂与对立情绪,达成纠纷的解决。

3. 仲裁

仲裁,是指双方当事人在自愿基础上达成协议,约定将争议提交非司法机构的第三方审理,由第三方作出对争议各方均有约束力的裁决的一种解决纠纷的制度和方式。

平等主体的公民、法人和其他组织之间发生的合同纠纷和其他财产权益纠纷,可以仲裁。

建设工程合同的双方当事人可以选择仲裁的方式解决争议。当事人达成仲裁协议,一方当事人向人民法院起诉的,人民法院不予受理,但仲裁协议无效的除外。仲裁协议独立存在,合同的变更、解除、终止或者无效,不影响仲裁协议的效力。仲裁庭有权确认合同的效力。仲裁实行一裁终局的制度。裁决作出后,当事人就同一纠纷再申请仲裁或者向人民法院起诉的,仲裁委员会或者人民法院不予受理。

仲裁与诉讼解决争议的方式,互为补充,构成我国基本的法律裁判程序。建设工程施工合同的当事人要按需选择诉讼或仲裁方式解决争议。

仲裁具有便捷性、高效性,仲裁程序的启动比诉讼程序简便,仲裁的受理和开庭程序相对简单;仲裁程序期限较短,仲裁程序从申请受理到作出裁定书快则1周,很少长于3个月,而诉讼一审普通程序有6个月审限;仲裁实行一裁终局,裁决立即生效,诉讼实行两审终审,当事人不服一审判决的还可上诉;仲裁实行不公开审理,可以在很大程度上保护当事人的隐私,诉讼一般都是公开审理;当事人可以根据自身的情况选择各地的仲裁委员会、选择仲裁员、开庭时间、地点,而诉讼程序中当事人一般无权选择管辖法院、审判员、审判程序、开庭时间及地点。

三、诉讼致胜

在现今我国建筑市场中,仍是买方市场为主,"僧多粥少"的局面仍未改变,建设单位居于主导、优势地位,而建设工程承包人处于被动、弱势地位。正因如此,在支付建设工程预付款、进度款、工程竣工结算余款时,建设单位不管是政府机关还是企事业单位、个人,往往会以工程质量问题、建设工期延误、工程造价超标等为由,拖延乃至拒付工程价款。在双方协商不成后,建设工程承包人被迫拿起法律武器,通过诉讼的方式收取工程价款。

此处结合建设工程合同纠纷常见类型案件,探讨建设工程承包人赢得诉讼的原因,探讨专业律师代理建设工程承包人赢得诉讼的技巧与策略,为当事人守住合法权益的最后一道防线。

(一)常见的建设工程合同纠纷案件

常见的建设工程合同纠纷案件有:发包人拖欠工程价款、转包合同、分包合同、工期延误责任承担、工程质量、违约责任承担、工程鉴定、建设工程价款优先受偿权、诉讼时效等。

1. 拖欠工程价款(含利息、违约金)的案件

(1)确定建设工程价款的案件

建设工程施工合同有效且建设工程质量合格,按双方合同约定确定工程价款。

建设工程施工合同无效,但建设工程质量合格,承包人可请求参照合同约定支付工程价款。建设工程施工合同无效不影响结算协议的效力。

(2)认定欠付工程价款利息的案件

①建设工程施工合同有效,欠付工程价款利息的认定。承包人与发包人之间的合同对欠付工程价款利息计付标准有约定的,按照约定处理;没有约定的,按照中国人民银行发布的同期同类贷款利率计息。

《九民纪要》第五十条规定对贷款利息的裁判标准进行了调整：自 2019 年 8 月 20 日起，人民法院裁判贷款利息的基本标准改为全国银行间同业拆借中心公布的贷款市场报价利率。如果约定的利息过高，当事人可以申请适当调整，法院也可依职权调整。

②建设工程施工合同无效，欠付工程价款利息的认定。各地各级法院有不同的标准，各个法官有自己的裁量标准：有的参照有效合同的标准支持承包人欠付工程价款利息的主张；有的不支持承包人欠付工程价款利息的主张。

（3）认定欠付工程价款违约金的案件

①建设工程施工合同有效，承包人要求发包人支付逾期付款违约金的请求应当获得法院支持，但对合同约定的违约金标准是否应调整，各地法院裁判不一。

②建设工程施工合同无效，承包人要求发包人支付逾期付款违约金的请求无法获得法院支持。

2. 层层转包、分包纠纷案件

在存在层层转包或违法分包的情形下，实际施工人并非转包人或违法分包人的合同相对方。为维护实际施工人的合法权益，法律赋予实际施工人直接向转包人或违法分包人主张工程价款的权利，实际施工人可以要求转包人或违法分包人承担全部清偿责任。

3. 被挂靠人对挂靠人的行为承担责任的案件

挂靠人在施工过程中转包工程、购买施工材料，被挂靠人是否应当对挂靠人的合同相对方承担连带责任？

（1）挂靠人以自己的名义对外签订合同

被挂靠人无须对合同相对方承担连带责任。

（2）挂靠人以被挂靠人的名义对外签订合同

被挂靠人应当对合同相对方承担连带责任，除非被挂靠人有证据证明合同相对方明知挂靠事实。

4. “黑白合同”纠纷案件

在如今的建筑市场环境下，发包人仍占优势地位，发包人往往利用自己在建设工程发包中的主导地位，将自身的一些风险转移到承包人身上。承包人为了能顺利拿下建设工程，往往会承诺工程价款在结算价的基础上下浮一定的比例，或者承诺在中标合同之外明显高于市场价格购买承建房产、无偿建设住房配套设施、让利、向建设单位捐赠财物等另行签订合同，变相降低工程价款。于是，“黑白合同”产生。“黑合同”“白合同”往往在工程范围、工程款额、付款进度、让利幅度、结算标准等方面存在较大的差异。

承包人与发包人一旦因工程价款额发生争议，双方都会选择对己方有利的“黑合同”或“白合同”主张权利、规避义务。法院通常会裁判以双方实际履行的合同或最后签订的合同作为工程价款的结算依据。

5. 工期延误纠纷案件

建设工程经常因各种原因出现工期延误的情况。

承包人与发包人因工期延误的原因、工期延误所致损失、责任的承担等问题无法达成一致意见时，纠纷就此产生。双方当事人都有举证证明工程延误因对方的责任所致、损失的大小的义务，以此支持己方主张、反驳对方要求。

6. 发包人擅自使用未经验收的工程纠纷案件

一部分建设单位基于提前销售、提前获利、提前办证等原因，在工程未满足验收条件的情况下强行办理验收手续，或者建设工程未经竣工验收，发包人擅自提前使用。双方当事人发生纠纷后，发包人又往往以建设工程存在质量问题为由，拒绝向承包人支付工程价款或者要求减少工程价款，或者提起反诉要求承包人赔偿损失，或者另案起诉追究承包人工程质量缺陷的违约责任。

建设工程未经竣工验收，发包人擅自使用工程的，视为工程已竣工验收合格。承包人应当及时通过拍照、录像、发函等方式保留发包人擅自使用工程的证据，以此来应对发包人有可能提出的质量异议。

发包人擅自提前使用建设工程后，对工程质量提出异议的，不予支持，对于发包人申请质量鉴定要求，法院一般也不会同意，除非发包人能提供证据证明未经竣工验收的工程可能存在地基基础工程和（或）主体结构质量问题。①

7. 债权并存所致的优先受偿纠纷案件

在建设工程发包人负债严重的情况下，建设工程常常出现承包人主张建设工程价款优先受偿权、银行主张抵押权、建筑材料供应商等主张普通债权的复杂局面。发包人开发的房地产成为各方利害关系人争取的主要财产甚至有可能是唯一的财产。各方利害关系人都主张己方应当优先受偿该建设工程折价款或拍卖款，都认为对方无优先受偿权，主要反对建设工程承包人行使建设工程价款优先受偿权，他们要求以第三人的身份，参与到承包人与发包人之间的建设工程纠纷案件中，合法提出己方主张与抗辩意见。

---

① 《建设工程司法解释（一）》第十三条规定：“建设工程未经竣工验收，发包人擅自使用后，又以使用部分质量不符合约定为由主张权利的，不予支持；但是承包人应当在建设工程的合理使用寿命内对地基基础工程和主体结构质量承担民事责任。”

8. 工程烂尾纠纷案件

发包人因资金链断裂导致建设工程无法继续施工、建设工程合同无法继续履行，由此出现"烂尾楼"现象。承包人有权以此停止施工，要求与发包人解除合同，要求支付工程价款。

9. 诉讼时效争议案件

在建设工程合同纠纷案件中，承包人向发包人主张支付欠付的工程价款，发包人常常以承包人超过诉讼时效提出抗辩。

建设工程合同或补充协议约定了工程价款的支付期限的，诉讼时效期间从付款期限届满之日起计算；未约定支付期限或者约定不明确的，承包人可以随时要求发包人履行付款义务，但最长不得超过20年。

典型案例　未约定逾期付款利息，承包人主张利息的请求未获得支持

1. 案例来源

黑龙江省双鸭山市中级人民法院(2019)黑05民终586号民事判决书。

2. 案情摘要

上诉人范某与被上诉人丁某建设工程施工合同纠纷案。

范某上诉请求：(1)依法撤销或改判黑龙江省宝清县人民法院(2019)黑0523民初144号民事判决中的第一项，上诉人不应给付被上诉人工程款537141元；(2)一、二审诉讼费用均由被上诉人承担。事实和理由：(1)有关主体方面：一审法院认定事实错误，建仓库应为法人行为。上诉人在一审中提交的《公司工程承揽专用合同》中范某均在法定代表人处签名，能证实建仓库是法人行为，而不是上诉人的个人行为。一审法院认定上诉人是无效的《公司工程承揽专用合同》的当事人，且进行了建仓库行为是错误的……(3)《公司工程承揽专用合同》是无效合同。被上诉人以《公司工程承揽专用合同》为证据起诉上诉人为被告于法无依，无效的合同自始没有法律效力，被上诉人主张上诉人个人所签此合同，没有证据支持其主张。综上，一审法院认定事实不清，适用法律错误，应发回重审或依法改判。

丁某辩称：上诉人的上诉理由不能成立，没有证据证实，请求二审法院依法驳回上诉，维持原判。

丁某向一审法院起诉请求：(1)判令被告立即给付原告工程款850000元及利息(利息自2014年9月15日起计算至工程款给付之日止，按照中国人民银行发布的同期同类贷款利率计算)；(2)诉讼费用由被告承担。

一审法院认定事实:2014 年 7 月 8 日,原告丁某作为施工单位与被告范某作为建设单位签订一份《施工合同》,约定原告承包位于宝清县××(××乡中学)新建厂房的施工工程,被告范某为黑龙江 D 粮食贸易有限公司的法定代表人。

一审法院认为,本案系建设工程施工合同纠纷,原告作为承包人未取得建筑施工企业资质,原、被告签订的施工合同属无效合同。根据《合同法》第五十八条关于无效合同法律后果的规定,合同无效后因该合同取得的财产应当予以返还,不能返还或者没有必要返还的,应当折价补偿。建设工程中,发包人因合同取得的财产为承包人建设的工程,予以返还显然不符合实际,故应折价补偿,承包人可以请求发包人按照合同约定支付工程价款。

本案中,涉案工程未经竣工验收,双方对工程实际验收日期有争议,根据《建设工程司法解释(一)》第十四条第三项的规定,建设工程未经竣工验收,发包人擅自使用的,以转移占有建设工程之日为竣工日期,本院对于被告认可尚欠 850000 元的事实予以确认,故原告要求被告给付工程款的诉讼请求符合法律规定,本院予以支持。

关于是否支持利息的问题,原、被告双方未约定利息,且被告在明知原告无建设资质的情况下与原告签订施工合同,对于合同无效亦有责任,故对其利息的主张本院不予支持。判决:(1)被告范某于本判决生效之日起 30 日内给付原告丁某工程款 537141 元;(2)驳回原告其他诉讼请求。

二审查明的事实与一审判决认定的事实一致。

3. 二审法院裁判结果

关于上诉人范某提出本案被告应为黑龙江 D 粮食贸易有限公司的问题,因本案案涉施工合同签订时,上诉人所提公司并未设立,且在本案双方当事人履行施工合同期间亦未以该公司名义重新与被上诉人丁某签订合同,故上诉人该主张不成立,本院不予支持。

关于上诉人提出因施工合同无效,被上诉人诉请的工程款中包含利润部分不应得到支持的主张,该主张没有法律依据,本院不予支持。

关于上诉人提出其租金、利息损失及除一审中已提出之外仍有其他损失的主张,该部分主张应属上诉人在原审中提出反诉请求的范围,而上诉人在原审法院限定的期限内未缴纳诉讼费用,被原审法院按撤回反诉处理,故该部分主张不属于本案二审审理范围。

综上,判决:驳回上诉,维持原判。

4. 律师点评

建设工程施工合同被认定为无效，承包人要求发包人支付欠付工程价款的利息，法律、法规至今对此未有明确的规定。各地、各级法院、各个法官对此有不同的裁量标准：有的参照有效合同的标准支持承包人欠付工程价款利息的主张，有的予以驳回。

司法实践倾向于，双方未约定逾期支付工程价款利息，一般不支持承包人主张利息的请求；如果双方当事人达成协议，发包人同意向承包人支付逾期付款利息的，按约定处理。

（二）律师代理建设工程合同纠纷案件的技巧、策略

建设工程合同纠纷案件涉案标的额大、双方争议大、合同履行周期长、专业性强、涉案事实多而杂、法律关系复杂、证据多而乱，经常发生拖欠工程价款、工期延误、工程质量问题等方面的纠纷。

如果几千万元甚至超亿元标的额的建设工程合同纠纷案件，承包人与发包人不聘请专业律师代理，由法定代表人或随意委托公司员工出庭，往往输了官司，而不知输在哪儿。正因如此，承包人与发包人在建设工程合同纠纷案件中，一般都会聘请律师代理。

律师代理建设工程合同纠纷案件可谓责任重大，尤其是代理承包人一方，一个案件的成败很有可能关系到承包人能否存续经营。代理律师的专业水平及诉讼技巧、诉讼策略，很大程度上决定委托人预期目标能否实现、官司能否胜诉。

律师的诉讼技巧、诉讼策略应当围绕当事人之间的核心争议，应当本着为解决当事人关注的核心问题，为实现当事人利益最大化而展开。笔者作为建筑房地产类法律服务的专业律师，此处结合与建设工程合同纠纷案件相关的法律、司法解释，主要从建设工程合同纠纷案件承包人的代理律师角度，分享多年办案经验、教训与心得，探讨代理、赢得此类案件的技巧与策略。

1. 管辖法院的确定

《民事诉讼法解释》（自 2015 年 2 月 4 日起施行）施行前，建设工程施工合同纠纷案件属于一般合同管辖，不适用于专属管辖，由被告所在地或合同履行地法院管辖。承包人、发包人可以按照合同纠纷的一般管辖，选择对己方有利

的人民法院管辖。①

《民事诉讼法解释》第二十八条第二款规定："农村土地承包经营合同纠纷、房屋租赁合同纠纷、建设工程施工合同纠纷、政策性房屋买卖合同纠纷，按照不动产纠纷确定管辖。"

建设工程施工合同纠纷按照不动产纠纷确定管辖。不动产纠纷属于专属管辖，由不动产所在地人民法院管辖。因此，《民事诉讼法解释》施行后，建设工程施工合同纠纷按照专属管辖的规定确定管辖法院，由不动产所在地（建设工程所在地）人民法院管辖，而不再由被告所在地或合同履行地法院管辖。②

建设工程合同当事人约定管辖不得违反专属管辖的规定，也不得违反有关级别管辖的规定。因建设工程合同纠纷提起诉讼的，应当综合民事诉讼法专属管辖、级别管辖的规定以及诉讼标的额大小，向有级别管辖权的不动产所在地（建设工程所在地）人民法院起诉。

当事人通过合同约定的管辖法院与不动产所在地法院不一致的，该约定管辖无效，因为违反专属管辖的规定，将移送建设工程所在地法院管辖。

这里有个诉讼技巧：承包人可按照有利于己方的原则，视案件具体情况与需要，灵活变通管辖法院层级。可通过增加案件标的额的方式，提高级别管辖层级，不过有可能为此多承担诉讼费；可以通过化解诉讼请求分开立案的方式，以降低级别管辖层级。

2. 诉讼参加人的确定

公民、法人和其他组织可以作为民事诉讼的当事人。法人由其法定代表人进行诉讼。其他组织由其主要负责人进行诉讼。

律师代理建设工程合同纠纷案件，首先需要确定适格的原、被告：原告是与本案有直接利害关系的公民、法人和其他组织；有明确的被告，被告的姓名或者名称、住所等信息必须具体明确，足以使被告与他人相区别，才可以认定为明确的被告。否则，管辖法院将以起诉不符合法律规定条件为由，对案件不予受理；即使已受理案件，管辖法院也将裁定驳回原告的起诉。

建设工程合同纠纷的当事人一般为建设工程的发包人和承包人，但因存

---

① 《建设工程司法解释（一）》第二十四条规定："建设工程施工承包合同纠纷以施工行为地为合同履行地。"

② 《民事诉讼法》第三十三条规定："下列案件，由本条规定的人民法院专属管辖：（一）因不动产纠纷提起的诉讼，由不动产所在地人民法院管辖；（二）因港口作业中发生纠纷提起的诉讼，由港口所在地人民法院管辖；（三）因继承遗产纠纷提起的诉讼，由被继承人死亡时住所地或者主要遗产所在地人民法院管辖。"

在挂靠、转包、分包等行为，在建设工程合同纠纷案件中，产生了挂靠人与被挂靠人、转包人与转承包人、分包人、实际施工人等主体，主体变得多而复杂。建设工程合同纠纷案件的当事人，可以根据案件的具体需要，申请与本案有利害关系的第三人参加诉讼。律师担任建设工程合同纠纷案件承包人的代理人，应当根据案件的具体情况确定诉讼参加人。较为常见的有以下情形：

(1)因挂靠引发的纠纷案件

挂靠人借用其他建筑施工企业的资质，并以被挂靠人名义与发包人签订建设工程合同，因与发包人产生纠纷而提起诉讼。如果被挂靠人不愿起诉发包人，挂靠人可作为原告直接起诉发包人，且不必将被挂靠人列为共同原告。

(2)因发包人拖欠工程价款引发的纠纷案件

建设工程合同的承包人承接工程项目后，将建设工程转包给第三人(转承包人)施工，发包人拖欠承包人(转包人)工程价款，导致承包人(转包人)无力向转承包人支付工程价款，转承包人因此起诉。转包行为如经发包人同意，转承包人可将承包人(转包人)与发包人列为共同被告；转包行为如未经发包人同意，转承包人将承包人(转包人)列为被告，承包人(转包人)或转承包人可申请发包人作为第三人参加诉讼。

(3)合作开发引发的纠纷案件

两个以上的公民、法人和其他组织合作开发建设工程项目，由其中一个合作方与工程承包人签订建设工程合同，所有合作方对合作开发的工程项目共享权利共担责任而发生纠纷的，承包人应当将建设工程的所有合作方列为共同被告。

(4)发包人不是工程项目的实际开发人引发的纠纷案件

建设工程合同的发包人只是名义上的建设单位，并非建设工程项目的实际开发人，因建设工程合同产生的纠纷，承包人应当将名义上的发包人与建设工程的实际开发人列为共同被告。

(5)工程代建引发的纠纷案件

建设工程委托代建合同的代建单位(受托人)以自己的名义与承包人签订、履行建设工程合同，在合同履行过程中双方当事人发生纠纷，承包人应当将建设工程委托代建合同的建设单位(委托人)与代建单位(受托人)列为共同被告，但建设工程合同明确约定由建设单位(委托人)或代建单位(受托人)承担合同责任的，则应当以建设单位(委托人)或代建单位(受托人)为案件的被告。

(6)以工程项目部签约的纠纷案件

工程项目部与发包人签订的建设工程合同引起的纠纷案件,因工程项目部不是适格的当事人,应当以工程项目部所属建筑施工企业作为案件的原告。

3. 整理、提交证据

建设工程合同纠纷案件的当事人提起诉讼,应当遵循"以事实为依据,以法律为准绳"的原则。"事实"指的是法律事实,并非客观事实,需要当事人举证加以证明。建设工程承包人的诉讼请求能否得到法院的支持,主要在于其主张有无充分的证据予以证明。

承包人及时、完整、规范地向法院举证,不但有助于承包人清晰地表明己方的主张以及事实依据,也便于人民法院查明案件事实。

(1)承包人整理、提交的主要证据材料

①招标文件。招标文件包括招标图纸、招标邀请函、答疑文件、招标补充文件、招标过程中的发包人通知、发包人提供的参考资料、现场资料、现场勘探记录等。

②投标文件。投标文件一般包含三部分:资信部分、商务部分、技术部分。资信部分包括投标人的资质、情况介绍(含公司的业绩和各种证件、证书、报告等);技术部分包括工程的描述、设计和施工方案等技术方案、工程量清单、人员配置、图纸、表格等和技术相关的资料;商务部分包括投标报价说明、投标总价、主要材料价格表和合同条件(通用和专用)等。

③施工所需的许可证。施工所需的许可证包括建设用地规划许可证、建设工程规划许可证、施工许可证等,发包人有否取得这些许可证,关系到建设工程招投标是否符合法定的要求,关系到承包人与发包人之间的建设工程合同是否有效,而合同有效与否,直接关系到承包人与发包人的合法权益。

④建设工程合同、补充协议、合同备案表。通过招投标方式确定承包人,双方当事人签订的建设工程合同必须到招投标管理办公室办理备案手续。备案过的合同或补充协议具有较高的证明效力,法院一般会采信。

⑤分包合同。可证明是由承包人直接分包还是由发包人指定分包,两种分包于承包人来说,权利义务完全不同。

⑥施工图纸、图纸会审记录等材料。施工图纸、图纸会审记录、设计交底、坐标控制点资料、测绘资料等材料可以证明实际工程量与工程价款。

⑦开工令、开工报告、开工通知书。这些材料是证明工程实际开工日期的有力证据,也是证明工期是否延误的有力证据。

⑧工程签证单、工程变更单。这些村料可证明工程量、工程价款的增减。工程价款总额决定于合同价款、中标价格、工程签证价款、工程变更价款、主要建筑材料与设备价差、工程欠款及利息、未约定的垫资款及利息、工程索赔款等。工程签证单对于工程量及工程价款的增减很重要。①

⑨承包人与发包人往来函件、签收记录。往来函件、签收记录能证明承包人有无尽到法定或约定的通知义务、催促义务,能证明承包人有无给发包人合理的履行义务的期限。

⑩会议纪要。会议纪要一般是承包人与发包人就建设工期、工程价款、工程质量等问题进行面谈形成的纪要,能直接证明双方达成某方面的合意,至少能证明双方当事人就此协商过、讨论过。

⑪发包人的指令书、确认书。这些材料一般可证明建设工期、工程变更、工程价款、工程质量情况。

⑫甲供料清单。甲供料清单可以证明发包人提供建筑材料的品种、具体时间、数量,双方当事人发生争议时,甲供料清单与承包人催告发包人及时供应建筑材料的函件一比对,即可证明甲供料是否及时、充分,有否影响建设工期。

⑬工程总进度计划、详细的进度计划、工程进度款支付情况。这些材料能证明建设工期是否延误、工期延误的原因。其中网络图、横道图尤为重要,一旦将来承包人与发包人因工期问题产生争议,网络图、横道图能证明争议发生时处于关键线路或非关键线路,承包人与发包人可据此提出索赔或反索赔请求,以及能否向对方当事人提出工期索赔和(或)费用索赔请求。

⑭工程预付款、工程进度款的支付明细。这些材料可证明承包人已收取工程价款数额、时间,也可证明发包人应当支付利息的欠款额、欠付款项利息的起算点等。

⑮承包人的施工日志、工程备忘录、隐蔽工程记录。承包人的施工日志、工程备忘录、隐蔽工程记录等材料,可以证明承包人完成的工程量、工程进度,可证明工期是否延误、延误的原因,也是提出工程索赔的依据。

⑯工程照片及电话、录音、录像等视像资料。这些材料可以证明承包人已完成的工程量、工程质量、工期等。

⑰监理预报。监理预报是发包人委托的监理人向发包人或其所在的监理

① 《建设工程司法解释(一)》)第十九条规定:"当事人对工程量有争议的,按照施工过程中形成的签证等书面文件确认。承包人能够证明发包人同意其施工,但未能提供签证文件证明工程量发生的,可以按照当事人提供的其他证据确认实际发生的工程量。"

公司汇报监理工作情况，一般会包含工程进度、工人、材料和机械设备的统计、审价详细情况、工程质量等。监理预报是很重要的证据，承包人一般难以获得监理预报，一旦获得，对己方的主张大有益处。

⑱气象报告。在建设工程合同履行过程中，发生狂风、海啸、暴雨、大雪、冰雹、酷暑等恶劣天气，影响建设工期，气象报告可证明工期顺延，承包人可以此向发包人提出索赔要求。

⑲承包人要求发包人对隐蔽工程、分部分项工程进行质量验收的申请材料。承包人通知发包人在合理期限对隐蔽工程、分部分项工程进行质量验收，如发包人不及时进行验收，承包人可以此要求工期顺延。

对于分部分项工程，如发包人不及时组织验收，承包人可主动进入下一道工序。有人认为，对于隐蔽工程，如发包人不及时组织验收，承包人可自动施工下一道工序。笔者对此持不同意见。对隐蔽工程进行验收是发包人的权利，是承包人的义务，如果承包人不经发包人验收，自行隐蔽工程进入下一道工序，发包人有权要求承包人启封隐蔽工程进行验收，即使隐蔽工程经验收后质量合格，承包人也无法从中获利。

笔者认为，对于发包人拖延验收隐蔽工程的行为，承包人最佳的处理方法是再次书面催促发包人在合理期限内进行验收，承包人主张发包人拖延验收的时间为工期顺延期，并可要求发包人承担停工、窝工所致的损失。

⑳规划、消防、环保、卫生、公安、安全监督、人防等部门出具的验收文件及其他各项检查验收报告。这些材料能分别证明建设工程某个方面质量验收合格。

㉑质量鉴定报告。当建设工程质量出现争议时，发包人和承包人委托第三方评定工程质量，鉴定报告能直接证明建设工程质量是否合格。

㉒法律法规及政策。主要收集对工程价款、建设工期、工程质量有直接影响的法律法规、政策。

典型案例　承包人未提交有力证据而败诉

1. 案例来源

安徽省高级人民法院(2019)皖民终821号民事判决书。

2. 案情摘要

上诉人江苏Y建设集团有限公司(以下简称Y建设公司)与被上诉人安徽省W房地产开发有限公司(以下简称W房产公司)建设工程施工合同

纠纷案。

Y 建设公司上诉请求:撤销一审判决并驳回 W 房产公司的诉讼请求,并由 W 房产公司负担本案一、二审诉讼费用。事实与理由:(1)一审法院认定 Y 建设公司已完工工程造价 20650380.79 元、W 房产公司向 Y 建设公司支付工程费用 24131999 元,与事实不符,应予撤销。虽然安徽欣安工程建设项目管理有限公司出具鉴定意见,认定 Y 建设公司已完工程总金额为 20650380.79 元,但该数字并没有客观反映实际施工的情况。一审认定 Y 建设公司已完工程造价为 20650380.79 元,属认定事实不当。(2)W 房产公司不履行给付工程款义务,工程无法继续进行,W 房产公司提交的借条、进账单、协议书、收条等 56 张单据,合计金额 24131999 元,不能证明系 W 房产公司为 Y 建设公司垫付。(3)梁某涉嫌伪造公司印章及诈骗罪已被一审法院判处有期徒刑,目前在服刑之中。对于梁某本人因犯罪行为产生的法律后果,Y 建设公司不应承担经济责任,一审判决以 Y 建设公司在管理上存在过错,对签订、履行合同造成的后果承担民事责任没有法律依据。综上,请求二审法院依法改判,支持 Y 建设公司的上诉请求。

W 房产公司答辩称:一审认定事实清楚,适用法律正确,Y 建设公司的上诉请求及理由没有事实与法律依据。请求二审法院依法驳回上诉,维持原判。

W 房产公司向一审法院提出诉讼,请求判令:(1)Y 建设公司继续履行合同;(2)Y 建设公司赔偿因停止施工给 W 房产公司造成的经济损失 80 万元,支付违约金 270 万元;(3)Y 建设公司返还 W 房产公司垫付款 675 万元;(4)Y 建设公司承担本案诉讼费用。

诉讼期间,W 房产公司撤回第一项、第二项诉讼请求,保留另案向 Y 建设公司主张因交房违约的损失请求权;变更第三项诉讼请求为:Y 建设公司返还 W 房产公司垫付款 3481618.21 元。

一审法院认为,合同履行期间,因 Y 建设公司项目经理梁某不能履行职责致使工程停工,所欠的农民工工资、建材款等款项均未支付,后由 W 房产公司予以支付。W 房产公司接管涉案工程前,Y 建设公司已完工程经安徽欣安工程建设项目管理有限公司鉴定总金额为 20650380.79 元。而 W 房产公司因案涉工程共计支付工程费用 24131999 元,多支付 3481618.21 元,该部分费用系 W 房产公司为防止损失扩大而支出的合理费用,应由 Y 建设公司承担,判决:Y 建设公司于判决生效之日起 10 日内返还 W 房产公司垫付款 3481618.21 元。

3. 二审法院裁判结果

就已完工程造价问题，经Y建设公司申请，一审法院依法委托安徽欣安工程建设项目管理有限公司进行鉴定，经鉴定，Y建设公司已完工程造价为20650380.79元。该司法鉴定程序合法，鉴定人员和鉴定机构具备相应资质，鉴定人员出庭接受了各方当事人的质询，鉴定机构依法出具的鉴定意见能够作为本案定案依据。

Y建设公司上诉称司法鉴定意见没有全面反映实际施工的数额，部分隐蔽工程和地下室工程、设备、原材料等没有计算在内，但Y建设公司并未提供证据证明本案司法鉴定意见存在错误之处。就W房产公司代Y建设公司支付的款项或垫付的款项问题，W房产公司一审中提供21组共56张单据，证明其向Y建设公司合计支付或代付了24131999元款项。鉴于Y建设公司未能提供充分证据否认W房产公司已付Y建设公司工程款24131999元的真实性以及与本案的关联性，故一审法院予以认定并无不当。判决如下：驳回上诉，维持原判。

4. 律师点评

本案中的承包人败诉有两个主要原因：一是无法提供隐蔽工程实际工程量证据；二是无法提供反驳对方已付款额的证据。

隐蔽工程有其特殊性，隐蔽工程在隐蔽以前，承包人应当通知发包人检查。发包人没有及时检查的，承包人可以顺延工期，并有权要求赔偿停工、窝工等损失。发包人在检查隐蔽工程前，承包人应当要求发包人确认隐蔽工程量，工程被隐蔽后，双方因隐蔽工程的工程量产生争议，不可能剥露隐蔽工程，对隐蔽工程的工程量进行鉴定。

本案中的发包人所付工程款包括三部分：支付给承包人的工程款，代承包人支付给农民工的工资，代承包人支付的材料款。因承包人对本工程项目的管理出现严重问题，才发生发包人代承包人支付农民工的工资、材料款的情况，而承包人未能及时收集、保留相关的证据，致使其主张未得到两审法院的支持。

（2）承包人提交的诉讼证据排序

①当事人主体资格的证据；

②工程建设规划审批的证据；

③合同签订的证据；

④工程施工情况的证据；

⑤工程验收证据;

⑥工程结算证据;

⑦工程价款支付证据;

⑧工程质量异议证据;

⑨建设工程价款优先受偿权证据;

⑩其他证据。

承包人对各类证据的以上排序,既方便发包人对证据的合法性、客观性、关联性进行质证,也有助于法官梳理案件事实。

(3)直接证据不足,可以提供间接证据证明

建设工程合同纠纷案件证据多而杂,收集、整理证据过程中难免出现遗漏,因此,专业律师有必要严格审查己方当事人已有的证据,分析这些证据的证明力是否足够、现有证据之间是否互相冲突,避免出现证据之间相互内耗影响证明力的情况,避免出现己方证据被对方利用的不利后果。如果现有证据不足以支持诉讼请求,代理律师应当协助承包人及时补充。不到万不得已毫无补充间接证据的可能时,承包人及代理律师千万不可在法庭上承认已无证据提交,可留有余地的陈述还有其他证据,需要庭后补充。主审法官为查明案件事实,一般会给予补充证据的必要时间。如果承包方当庭承认已无其他证据,无异于自断退路,走上绝路,无任何补救空间。法官即使因同情而给机会,也将白白流失,致可能胜诉的案件眼巴巴败诉,而且败得一塌糊涂。如果庭上陈述公司管理落后没保存证据,法官不予理睬,更不会同情而手下留情,因为法官只重证据,其他免谈。

(4)可申请法院调查收集证据

承包人及其代理律师因客观原因不能自行收集的证据,可以在举证期限届满前书面申请人民法院调查收集,人民法院应当按照法定程序,全面地、客观地调查收集证据。

承包人及其代理律师因客观原因不能自行收集的证据包括:证据由国家有关部门保存,当事人及其诉讼代理人无权查阅调取的;涉及国家秘密、商业秘密或者个人隐私的;当事人及其诉讼代理人因客观原因不能自行收集的其他证据。

(5)申请证人出庭作证、申请具有专门知识的人参加庭审

承包人及其代理律师申请证人出庭作证的,应当在举证期限届满前提出。

承包人及其代理律师可以在举证期限届满前申请一至二名具有专门知识的人出庭,代表承包人对鉴定意见进行质证,或者对案件事实所涉及的专业问题提出意见。具有专门知识的人在法庭上就专业问题提出的意见,视为承包人的陈述。

(6)申请鉴定

建设工程合同纠纷所涉的专业知识内容,往往包括:《建筑法》《民法典》《劳动合同法》《招标投标法》《城乡规划法》《土地管理法》《建设工程质量管理条例》《建设工程安全生产管理条例》等法律法规,有诸如《建筑工程施工许可管理办法》《建设工程价款结算暂行办法》《工程总承包管理办法》等部门规章,各省、市制定了一系列的地方性法规、规章,还包括工程勘察、设计、施工、鉴定、造价等专业知识,因此,在工程造价、工程质量、工期、修复方案、修复费用等方面,往往需要借助专业鉴定人出具鉴定意见。

鉴定意见是《民事诉讼法》规定的八种证据之一,由负有举证责任的一方当事人向法院申请,如果不申请,将承担举证不能的法律后果。

承包人及其代理律师申请鉴定,可以在举证期限届满前提出。在建设工程合同纠纷案件中,当事人经常对工程质量、工程造价、停窝工损失等申请鉴定。对需要鉴定的事项负有举证责任的当事人,在人民法院指定的期限内无正当理由不提出鉴定申请或者不预交鉴定费用或者拒不提供相关材料,致使对案件争议的事实无法通过鉴定结论予以认定的,应当对该事实承担举证不能的法律后果。

①负有举证责任的当事人不申请鉴定,将承担举证不能的法律后果。当事人对工程价款存在争议,不能协商一致,也无法采取其他方式确定的,可以根据当事人的申请,对工程价款进行鉴定;双方当事人均不申请鉴定的,管辖法院有义务向负有举证责任的当事人一方进行释明,其仍不申请鉴定的,依法由其承担举证不能的法律后果。

②双方当事人不得随意申请重新鉴定。诉讼前已经由当事人共同选定具有相应资质的鉴定机构对工程价款进行了鉴定,诉讼中一方当事人要求重新鉴定的,不予准许,但确有证据证明鉴定结论具有《证据规定》(2020 年 5 月 1 日起施行)第四十条规定的情形除外。①

③符合要求时,当事人可在二审期间申请重新鉴定或补充鉴定。一审诉讼期间对工程价款进行了鉴定,当事人在二审诉讼期间申请重新鉴定或补充鉴定的,不予准许,但确有证据证明鉴定结论具有《证据规定》第四十条规定情形的除外。

二审诉讼期间,双方当事人均同意鉴定的,可予准许,但可能损害社会公

---

① 《证据规定》第四十条第一款规定:"当事人申请重新鉴定,存在下列情形之一的,人民法院应当准许:(一)鉴定人不具备相应资格的;(二)鉴定程序严重违法的;(三)鉴定意见明显依据不足的;(四)鉴定意见不能作为证据使用的其他情形。"

共利益或第三人利益的除外。

根据双方当事人的合同约定或者现有证据,足以认定工程量和工程价款的,人民法院一般不再就工程价款委托鉴定。

④当事人申请鉴定的两种特殊规定。一是当事人约定按照固定价结算工程价款。《建设工程司法解释(一)》第二十二条规定:“当事人约定按照固定价结算工程价款,一方当事人请求对建设工程造价进行鉴定的,不予支持。”因此,当发包人申请对约定固定价结算工程价款的工程进行造价鉴定时,承包人可提出反对意见,有权要求法院向鉴定机构明确鉴定范围,鉴定范围仅限于因设计变更和发包人另行增加的工程量所致的工程价款增加额,而不得对整个工程造价进行鉴定。否则,该鉴定报告有可能是违法的鉴定报告,可能导致一审法院错判,败诉方可据此提出上诉要求二审法院改判。二是当事人对部分案件事实有争议。仅对有争议的事实进行鉴定,但争议事实范围不能确定,或者双方当事人请求对全部事实鉴定的除外。

(7)电子数据的运用

2012年修订的《民事诉讼法》增加电子数据为一种新的证据形式。电子数据与当事人的陈述、书证、物证、视听资料、证人证言、鉴定意见、勘验笔录合称为八种证据形式。近年来,电子证据一直在司法实践中被广泛使用。

《民事诉讼法解释》第一百一十六条第二款对电子数据的含义作了原则性、概括性的规定:电子数据是指通过电子邮件、电子数据交换、网上聊天记录、博客、微博客、手机短信、电子签名、域名等形成或者存储在电子介质中的信息。

①电子数据的范围。《证据规定》进一步细化并扩大了电子数据的范围,明确了电子数据的审查判断规则,完善了电子数据证据规则体系。《证据规定》第十四条规定:“电子数据包括下列信息、电子文件:(一)网页、博客、微博客等网络平台发布的信息;(二)手机短信、电子邮件、即时通信、通讯群组等网络应用服务的通信信息;(三)用户注册信息、身份认证信息、电子交易记录、通信记录、登录日志等信息;(四)文档、图片、音频、视频、数字证书、计算机程序等电子文件;(五)其他以数字化形式存储、处理、传输的能够证明案件事实的信息。”即电子数据分为五大类:网络平台发布的信息、即时通信信息、用户注册信息、程序和数字文件、其他以数字化形式存储、处理、传输的信息。

②电子数据证据要求真实性。司法实践中,电子数据证据的效力问题是涉及诉讼的核心问题。电子数据作为证据使用的前提是具有真实性。

对于电子数据的真实性,应当结合“电子数据的生成、存储、传输所依赖的计算机系统的硬件、软件环境是否完整、提取的方法是否可靠、是否在正常的往来活动中形成和存储”七类因素综合判断。有必要时,可以通过申请鉴定或者勘验等方法,审查判断电子数据的真实性。电子数据的内容经公证机关公证的,人民法院应当确认其真实性,但有相反证据足以推翻的除外。

电子数据证据公证主要包括电子数据证据的内容公证(包括网页公证、电子邮件公证、聊天记录公证、手机数据公证等)、电子数据证据的存储位置以及软硬件环境公证、电子数据证据的文本公证、电子取证行为公证、镜像复制的行为公证、电子数据证据及取证报告的提存公证等。

律师根据诉讼需要申请进行电子数据证据公证的,可以与公证机构商定公证项目。

电子数据易被篡改、易删、易失,如何固定、保管电子数据证据极其重要。为保证电子数据的真实性、有效性,笔者建议对电子数据进行证据保全公证。

证据保全公证,是指公证机构根据自然人、法人或者其他组织的申请,依法对与申请人权益有关的、有法律意义的证据、行为过程加以提取、收存、固定、描述或者对申请人的取证行为的真实性予以证明的活动。

律师可以申请电子数据证据公证保全。对于来源于互联网上的电子数据证据,律师可以申请公证机关进行公证保全,或者申请诉前或仲裁前证据保全。

律师申请电子数据证据公证保全的,可以要求公证机关采用录屏软件或者录像进行记录。在对网页进行保全时,除了涉案网页外,可以申请一并对有关的网页快照或者转载进行公证保全。可以建议公证人员保证电子数据证据的完整性,保证电脑系统、辅助软件和分析方法必须安全可信。

公证机关出具公证书后,律师应当及时审查其形式和内容。对不符合形式要求、记载错误的,应当及时要求公证人员补正。

③代理律师取证电子数据证据的方式。律师在代理案件过程中,可以根据案件需要采取以下方式开展电子数据证据取证工作:

一是指导当事人开展电子数据证据取证工作;

二是自行开展电子数据证据取证工作;

三是聘请鉴定机构开展电子数据证据鉴定工作;

四是申请公证机关进行电子数据证据保全;

五是申请人民法院、人民检察院、仲裁委员会等有权机关进行电子数据证据的收集和保全;

六是请求网络运营服务商等第三方进行电子数据证据的固定与保管。

为确保电子数据证据的真实性,律师指导当事人取证、自行取证、聘请鉴定机构鉴定电子数据证据、请求网络运营服务商等固定、保管电子数据证据,可以申请公证机关进行全程录像公证、全程文字记录公证或者提存镜像报告公证等。

律师制订电子数据证据收集与固定的方案与计划时,或者指导当事人收集与固定电子数据时,应当注意取证手段和方式的合法性,不得通过窃取、入侵等非法方法取证。

④代理律师提交电子数据证据。律师向法庭提交电子数据证据,原则上应当一并提交电子数据证据所在的电子设备或存储介质。因客观原因不能提交的,应当说明理由。

律师向法庭提交电子数据证据,可以通过打印件、取证报告、鉴定意见书或者公证文书等方式;必要时,还可以通过列表方式对电子数据证据进行归纳整理,并以书面报告的方式进行说明。

⑤代理律师对电子数据证据的审查判断。律师对于电子数据证据进行审查判断,应当遵循非歧视原则。不得以该种证据系电子形式为由而限制或者剥夺其证据能力和证明力。

律师对电子数据证据的证据能力与证明力进行审查判断,应当重点审查电子数据证据的合法性、关联性、原始性、真实性、完整性与充分性。

律师审查电子数据证据的完整性与真实性,可以从以下方面进行审查:

一是电子数据证据的收集、保管主体;

二是电子数据证据是否由电子设备正常运行而产生;

三是电子数据证据是否由电子设备自动生成;

四是电子数据证据的内容是否得到完整提取和精确复制;

五是收集的有关外围信息是否全面;

六是收集、保管的记录等是否构成完整的证据保管链;

七是收集、保管的方法能否确保原始介质及其中的电子数据证据至提交时不发生实质性的变化。

律师审查判断电子数据证据的充分性,应当考察电子数据证据之间、电子数据证据与传统证据之间是否构成完整的证据体系。

(8)申请证据保全

在证据可能灭失或者以后难以取得的情况下,承包人及其代理律师可以在举证期限届满前书面申请人民法院保全证据。因情况紧急，在证据可能灭失或者以后难以取得的情况下，承包人及其代理律师可以在提起诉讼或者申请仲裁前向证据所在地、被申请人住所地或者对案件有管辖权的人民法院申请保全证据。

（9）特别注意是否存在“新的证据”

一审程序中的新的证据包括：当事人在一审举证期限届满后新发现的证据；当事人确因客观原因无法在举证期限内提供，经人民法院准许，在延长的期限内仍无法提供的证据。

二审程序中的新的证据包括：一审庭审结束后新发现的证据；当事人在一审举证期限届满前申请人民法院调查取证未获准许，二审法院经审查认为应当准许并依当事人申请调取的证据。

（10）承包人及其代理律师应当严肃认真对待举证期限

举证期限，是指当事人向人民法院履行提供证据责任的期间。在举证期限内，当事人应当向人民法院提交证据材料，当事人在举证期限内不提交的，视为放弃举证权利。对于当事人逾期提交的证据材料，人民法院责令其说明理由，拒不说明理由或理由不成立的，人民法院审理时不组织质证或者虽采纳证据但要予以训诫或罚款。

法律规定举证期限是为了调动当事人提交证据的积极主动性，促使其履行举证义务，有利于案件的审理，达到庭前固定争议点、固定证据的目的，可以防止当事人随时随意提出证据，造成案件争议无法确定，法院重复开庭，浪费司法资源，影响当事人的合法权益。因此，承包人及其代理律师应当高度重视举证期限，在法律规定或双方约定或法院指定的期限内完成举证工作。

承包人及其代理律师如果在举证期限内提交证据材料确有困难，应当在举证期限内向人民法院申请延长举证期限，经法院准许，可以适当延长举证期限。承包人及其代理律师在延长的举证期限内提交证据材料仍有困难的，可以再次提出延期申请，是否准许由法院决定。

典型案例　承包人不依法申请鉴定而败诉

1. 案例来源

辽宁省高级人民法院（2019）辽民终1560号民事判决书。

2. 案情摘要

上诉人鞍山J工程有限公司（以下简称J公司）与被上诉人盘锦L公司

开发有限公司(以下简称L公司)、原审第三人张某建设工程施工合同纠纷案。

J公司上诉请求:撤销一审判决,改判L公司给付拖欠上诉人的工程款1765万元。事实和理由:(1)一审庭审中上诉人和被上诉人已经达成一致确认应该给付工程款4100万元。(2)我们一审已经自认收到2335万元,4100万元减掉我们已经收到的2335万元就得出诉请中的1765万元。

L公司答辩称:被上诉人不仅不欠付上诉人工程款,且由于上诉人拖欠农民工工资,使被上诉人被迫在督办下向上诉人超额支付了工程款。之前双方没有进行结算,当时原审法院对上诉人进行释明是否申请鉴定,上诉人不同意鉴定,我们也认可4100万元总工程款的数额,但不认可其收到2335万元。

张某陈述称:同意J公司的上诉观点。

J公司向一审法院起诉请求:判令L公司给付剩余工程款3086万元,并从2015年4月8日起按中国人民银行规定的同类贷款利率支付利息。

一审法院认定事实:2014年5月15日,L公司(发包人)与J公司(承包人)签订《施工合同补充协议》(以下简称《补充协议》)。该《补充协议》同时对工程款支付方式、双方权利义务、保修及违约责任进行了约定。2014年5月16日,张某作为J公司的项目负责人对该工程进行了施工,并与陈某、陈某东签订《劳务分包合同》,将该工程的劳务部分发包给陈某、陈某东。2014年11月底至12月初,张某代表J公司将案涉工程主体封顶后该工程停工,并从工程中撤出。一审另查明,案涉工程至今尚未竣工验收,J公司及张某未向L公司报送决算,双方未对案涉工程进行预算、决算。

一审法院认为,J公司作为承包主体,在施工完毕后应当积极履行合同中约定的报送决算义务与L公司进行结算,现J公司主张L公司支付尚欠工程款,但在L公司主张并提供证据证明其已经足额支付工程款的情况下,J公司应当对其主张承担举证责任。但J公司自认其未向L公司报送决算,且未提供能够证明双方约定按固定价结算或其他能够证明工程量及价款的证据,经一审法院向J公司释明,双方对案涉工程造价存在争议时,应当进行鉴定,但J公司表示不申请对案涉工程造价进行鉴定,故J公司应对此承担举证不能的法律后果。一审判决:驳回J公司的诉讼请求。

3. 二审法院裁判结果

本院认为,本案的争议焦点L公司应否给付J公司工程款,如应给付需给付多少。

首先,双方当事人在二审中认可案涉工程的总工程款为4100万元。故对于L公司是否应付款项,应当根据相关证据予以确定。

一审中,L公司提供J公司加盖公章的《福建队应摊费用》,证明其于2015年2月17日前已经向J公司支付共计3717万元工程款。二审中,对于福建队应摊费用中记载的款项内容,L公司自认其中:《福建队应摊费用》表钢材一项749937元是J公司所付,农民工商业保险106400元、人劳局农民工伤保险312627元并未实际发生。因此,虽然该《福建队应摊费用》表已经张某签字、J公司盖章予以确认,但基于L公司自认,该三笔共计1168964元款项应从37170664元中予以扣除,故表中实际付款应认定为23799700元。

由于费用表中实际付款23799700元、J公司自认款项11302000元、L公司于2015年5月后实际支付8739728元,上述三笔款项合计43841428元,其数额远超4100万元,故L公司不存在应付工程款项的问题。J公司的上诉请求不能成立,应予驳回;原审判决认定基本事实清楚,适用法律正确,应以维持。判决:驳回上诉,维持原判。

4.律师点评

本案中的承包人犯了常识性错误:应当对争议的工程造价申请鉴定而未向法院提出申请,法院对其释明举证责任、法律后果后,仍不申请对案涉工程造价进行鉴定,一错再错。两审法院以其应举证而未举证、应当承担举证不能的法律后果为依据,判决其败诉,是其应得的结果。建设工程企业聘请建设工程领域专业律师担任法律顾问、案件代理人,显得尤为必要。

4.精心准备代理意见、代理词

代理意见,是指在法律规定或者当事人的授权范围内,包括律师在内的诉讼代理人为维护当事人的权益,就案件的事实主要是争议的事实和法律适用等问题发表的意见。代理人在法庭辩论环节当庭发表的意见称为“代理意见”,代理人在庭审中或庭审后一定的期限内提交的书面代理意见即“代理词。”

承包人的代理律师应当根据案件具体情况,从法官归纳的案件争议焦点或己方认为的争议焦点出发,从事实、证据、法理、逻辑等多方面深入剖析,总结己方观点,反驳对方意见、主张,要求法院支持己方诉讼请求、主张。

质量高的代理意见、代理词有助于法官进一步了解案件事实,审慎地分析双方当事人的意见,帮助法官明确各方当事人的责任,有理有据的代理意见有可能被法官原文引用到判决书中。因此,作为建设工程合同纠纷案件的承包人的代理律师,完全有必要精心准备代理意见、代理词。

5. 承包人确定工程价款的策略

在建设工程合同关系中,承包人追求的最主要目的是工程价款,而在建设工程合同纠纷中,承包人与发包人因工程价款数额之争为常见纠纷。引起承包人与发包人工程价款之争的主要原因是:固定价款结算方式约定、工程变更、对合同中约定不明确条款的理解存在歧义等。建设工程合同承包人的代理律师制定合适的确定工程价款的策略,直接关系到承包人的根本利益,关系到承包人的预期目标能否实现。

(1)按双方合同约定确定工程价款

承包人与发包人在建设工程合同或补充协议中对工程价款有约定的按约定。《建筑法》第十八条规定:“建筑工程造价应当按照国家有关规定,由发包单位与承包单位在合同中约定。公开招标投标的,其造价的确定,须遵守招标投标法律的规定。”

(2)按双方合同约定的标准和方法确定工程价款

承包人与发包人在建设工程合同或补充协议中没有约定工程价款,但约定了工程价款的计价标准或者计价方法,应按约定标准和方法确定工程价款。①

(3)工程量增加情形下工程价款的确定

承包人与发包人约定按照固定价结算工程价款,一方当事人请求对建设工程造价进行鉴定的,不予支持。但对因设计变更和发包人另行增加的工程量所致的工程价款增加额,承包人有权要求对此进行鉴定,并有权要求合理变更工程价款。

(4)设计变更后工程价款的确定

在建设工程合同的履行过程中,经常因发包人提出变更设计要求或承包人在施工中发现原设计方案存在问题,经发包人决定,由设计单位变更设计方案,因此导致建设工程的工程量发生变化、工程价款相应增减。

承包人与发包人无法就工程价款的增减达成一致意见而发生纠纷时,承包人可以要求参照建设工程施工合同签订时当地建设行政主管部门发布的计价方法或者计价标准结算工程价款。如果需要通过鉴定的方式确定工程价

① 《建设工程司法解释(一)》第十六条第一款规定:“当事人对建设工程的计价标准或者计价方法有约定的,按照约定结算工程价款。”

款,代理律师应当协助承包人及时申请鉴定。

(5)对工程量有争议时工程价款的确定

承包人与发包人对工程量有争议的,按照施工过程中形成的签证等书面文件确认。承包人能够证明发包人同意其施工,但未能提供签证文件证明工程量发生的,承包人可以提供其他证据,要求确认实际发生的工程量。因此,在施工过程中,承包人应当注意保存好设计图纸、工程量清单、会议纪要、工程量及工程价款变更签证、双方往来文件签收记录等文件,有备无患。

如果承包人无法提供其他证据确认实际发生的工程量,应当向法院申请对工程量进行鉴定。依据“谁主张,谁举证”的原则,法院一般会认定主张工程价款的承包人为鉴定申请的义务人,在承包人无法证明发包人欠付工程款额情形下,如果承包人不申请对工程量进行鉴定,法院将以承包人举证不能而判决承包人败诉。

(6)合同无效或被解除后工程价款的确定

建设工程合同无效或合同被解除,但建设工程质量合格,承包人可以要求参照双方签订的建设工程合同的约定确定工程价款。

(7)建设工程质量不合格工程价款的确定

承包人与发包人之间的建设工程合同不管有效、无效或是否解除,建设工程质量不合格的,承包人应当对质量不合格的部分进行修复,修复后的建设工程质量合格的,由承包人承担修复费用,承包人可以按照或参照双方合同约定确定工程价款;修复后的建设工程质量仍不合格的,承包人要求发包人支付工程价款的请求,无法获得法院的支持。

(8)有特殊约定时工程价款的确定

在建设工程合同或补充协议中,承包人与发包人如果约定发包人收到竣工结算文件后,在约定期限内不予答复,视为认可竣工结算文件的,承包人可以请求按照竣工结算文件确定工程价款。

(9)诉讼前双方达成结算协议工程价款的确定

承包人与发包人在诉讼前已经对建设工程价款结算达成协议,诉讼中如果发包人要求对工程造价进行鉴定,承包人应当提出反对意见,人民法院不予同意发包人鉴定的请求。

6. 工程价款利息、利息起算点的确定

(1)发包人欠付工程价款利息的确定

建设工程合同有效的情形下,承包人与发包人在建设工程合同或补充协议中如果对欠付工程价款利息计付标准有约定的,按照约定处理;没有约定的,按照中国人民银行发布的同期同类贷款利率计息(自 2019 年 8 月 20 日起,人民法院裁判贷款利息的基本标准改为全国银行间同业拆借中心公布的贷款市场报价利率)。

(2)欠付工程价款利息起算点的确定

利息从发包人应付工程价款之日起计付。承包人与发包人对支付工程价款时间没有约定或者约定不明的,下列时间视为应付款时间:

①建设工程已实际交付的,为交付之日;

②建设工程没有交付的,为提交竣工结算文件之日;

③建设工程未交付,工程价款也未结算的,为承包人起诉之日。

7. 追究违约方的违约责任

(1)发包人违约的主要情形、承担责任的方式

①未按照约定提供原材料、设备、场地、资金、技术资料等。承包人可以要求顺延工期,要求发包人赔偿停工、窝工等损失。

②因发包人的原因致使工程中途停建、缓建。承包人可以要求发包人立即采取适当措施弥补或者减少损失,可以要求发包人赔偿因此造成的停工、窝工、倒运、机械设备调迁、材料和构件积压等损失和实际费用。

③提供的技术资料存在错误、变更设计文件、变更工程量。承包人可以要求发包人采取补救措施、赔偿损失、增加工程价款、顺延工期。

④提供的设计有缺陷,指定购买的建筑材料、配件、设备不符合强制性标准,直接指定分包人分包专业工程,导致工程质量缺陷。承包人可以要求发包人对工程质量缺陷承担过错责任。

⑤拖延支付工程价款。承包人可以要求发包人支付工程价款及迟延支付的利息,还可要求发包人赔偿因此造成的损失。

⑥建设工程未经竣工验收,发包人擅自提前使用。发包人擅自提前使用未经竣工验收的建设工程,又以使用部分质量不符合约定为由要求承包人承担责任,承包人有权拒绝,但承包人应当在建设工程的合理使用期限内对地基基础工程和主体结构质量承担民事责任。

(2)承包人违约的主要情形、承担责任的方式

①不按照设计文件和施工规范进行施工,因偷工减料、粗制滥造、擅自修改工程设计导致工程质量不合格。发包人可以要求承包人在合理期限内无偿修理或者返工、改建,承担工期延误的责任,可以要求承包人赔偿损失。

②没有按合同约定时间完工。因承包人的原因导致工期延误，发包人可以要求承包人承担工期延误的违约责任，主要表现为继续履行、减少工程价款、支付逾期违约金、赔偿损失等。

③将建设工程转包、违法分包。发包人可以要求认定建设工程转包合同无效、违法分包合同无效，可以要求承包人与实际施工人就发生的建设工程质量问题承担连带责任。

8. 承包人可要求法院调整违约金

在建设工程合同纠纷案件中，一部分案件是发包人起诉承包人，要求承包人支付工期延误违约金；一部分案件是在承包人要求发包人支付拖延工程价款的案件中，发包人反诉要求承包人支付工期延误违约金。部分案件的发包人要求承包人支付的工期延误违约金甚至有可能超过发包人未付的工程价款，而发包人是按照双方的建设工程合同约定的标准计算违约金，并未漫天要价，狮子大开口。

造成工期延误的原因有很多，其中很大部分并非承包人的责任，比如：设计变更导致工程量增加、发包人拖延支付工程价款导致承包人无力购买建筑材料和支付劳动者工资、恶劣天气、政府行为、水电供应问题等因素。

发包人主张工期延误违约金，只需要提出工期延误的事实，不需要向法庭举证证明工期延误是承包人的原因所致。承包人如果认为己方无须向发包人承担工期延误的违约责任，应当举证证明工期延误并非己方原因所致。但一些承包人因证据意识不足，当非己方原因的工期延误因素出现时，承包人未能及时收集、保留证据，不但无法要求工期顺延，反而会因工期延误向发包人承担违约责任。

承包人与发包人在建设工程合同中约定的违约金高于造成的损失的，违约方可以请求法院或者仲裁机构予以适当减少。承包人要求调整违约金有法可依。①

---

① 《合同法》第一百一十四条规定："当事人可以约定一方违约时应当根据违约情况向对方支付一定数额的违约金，也可以约定因违约产生的损失赔偿额的计算方法。约定的违约金低于造成的损失的，当事人可以请求人民法院或者仲裁机构予以增加；约定的违约金过分高于造成的损失的，当事人可以请求人民法院或者仲裁机构予以适当减少。当事人就迟延履行约定违约金的，违约方支付违约金后，还应当履行债务。"《民法典》第五百八十五条规定："当事人可以约定一方违约时应当根据违约情况向对方支付一定数额的违约金，也可以约定因违约产生的损失赔偿额的计算方法。约定的违约金低于造成的损失的，人民法院或者仲裁机构可以根据当事人的请求予以增加；约定的违约金过分高于造成的损失的，人民法院或者仲裁机构可以根据当事人的请求予以适当减少。当事人就迟延履行约定违约金的，违约方支付违约金后，还应当履行债务。"

9. 实际施工人提起诉讼的策略

挂靠人、转承包人、违法分包人等实际施工人在建设工程合同关系中，身份尴尬。有头发谁想做秃头？实际施工人往往有资源、有技术、有人力、有设备，但没有建筑资质。为了生计，他们不得不挂靠、转承包、违法分包，置自身于不利的地位。

实际施工人合法权益被侵犯后，如需通过诉讼维权，首先应当确定由谁做原告：是如实披露实际施工人的身份，以自己的名义起诉，承认建设工程合同无效，还是以名义上的承包人为原告起诉呢？

作为实际施工人的代理律师，应以追求当事人利益最大化为原则，为实际施工人确定恰当的诉讼策略。没有一成不变的策略，代理律师应当结合个案、利害关系人的实际情况，有的放矢，量身打造。

以承包人的名义进行诉讼的方案：以承包人为原告，以发包人为被告，向法院提起诉讼。

(1) 实施该方案的前提

承包人愿意配合实际施工人起诉发包人。

(2) 该方案的有利方面

①实际施工人不必披露挂靠、转包、违法分包行为。在不披露实际施工人身份的情况下，挂靠、转包、违法分包行为隐蔽，承包人与发包人签订的建设工程合同一般为有效，受法律保护。

②利用此种策略起诉能较大程度保护实际施工人的权益。可以要求发包人支付拖欠的工程价款本金、利息及逾期支付的违约金，可以要求发包人赔偿因其违约造成的损失。

③可以行使建设工程价款优先受偿权。

(3) 该方案的不利方面

①所有的法律文书都需要承包人配合盖章，手续麻烦，程序复杂。

②通过诉讼方式获得的款项都必须首先进入承包人的账号。

③必须受到承包人与发包人之间的建设工程合同中对承包人不利条款的限制。

以实际施工人的名义进行诉讼的方案：以实际施工人为原告，以承包人、发包人为被告，向法院提起诉讼。

(1) 实施该方案的法律依据

《建设工程司法解释(一)》第二十六条规定："实际施工人以转包人、违法分包人为被告起诉的,人民法院应当依法受理。实际施工人以发包人为被告主张权利的,人民法院可以追加转包人或者违法分包人为本案第三人。发包人只在欠付工程价款范围内对实际施工人承担责任。"该条规定赋予了实际施工人当事人身份。

(2)该方案的有利方面

①实际施工人以自己的名义起诉,所有的法律文书不必承包人配合盖章,程序简单。

②通过诉讼方式获得的款项直接进入实际施工人的账号,受实际施工人的控制、支配。

③实际施工人无须受到承包人与发包人之间的建设工程合同中对承包人不利条款的限制。

(3)该方案的不利方面

①需要如实披露实际施工人的身份。披露实际施工人的身份有一定的法律风险:建设工程质量合格,实际施工人可以要求参照承包人与发包人之间的建设工程合同的约定支付工程价款,但要求发包人支付拖欠工程价款利息及逾期支付的违约金的主张不一定获得支持,且很难要求承包人与发包人赔偿损失;实际施工人有可能因存在挂靠、转包、违法分包行为而与承包人一起向发包人承担法律责任。

②发包人承担责任有限。发包人只在欠付工程价款范围内对实际施工人承担责任。

③无权主张建设工程价款优先受偿权。

典型案例　实际施工人无权主张建设工程价款优先受偿权

1. 案例来源

最高人民法院(2019)最高法民申2755号民事裁定书。

2. 案情摘要

再审申请人马某因与被申请人新疆X房地产开发有限责任公司(以下简称X房产公司)、W银行股份有限公司伊犁分行(以下简称W银行伊犁分行)及一审被告J建筑工程有限责任公司(以下简称J建筑公司)建设工程施工合同纠纷案,不服新疆维吾尔自治区高级人民法院(2018)新民终527号民事判决,向最高人民法院申请再审。

马某申请再审称:(1)马某系案涉工程的实际承包人,对工程价款应享有优先受偿权。(2)马某实际享有并履行了承包人的各项权利义务,与X房产公司之间形成了事实上的承发包关系。(3)X房产公司同意并安排马某挂靠J建筑公司承包案涉工程。二审法院认定X房产公司与J建筑公司签订三份施工合同无效,实质上也是认可了马某与X房产公司之间形成了事实上的承发包关系。(4)案涉工程施工合同是由X房产公司与马某实际履行完成。工程款基本由X房产公司直接向马某支付,再次证明了马某系案涉工程的实际承包人。(5)根据《合同法》第二百八十六条、《建设工程司法解释(二)》第十九条的规定,无论合同有效还是无效,只要工程质量合格,承包人就能享有建设工程价款优先受偿权。综上,依照《民事诉讼法》第二百条第六项的规定,申请再审。

W银行伊犁分行提交意见称:……(2)马某主张对案涉房产享有优先受偿权的请求不应予以支持。基于无效合同主张优先受偿权不符合立法精神;马某亦不具备主张建设工程价款优先受偿权的主体资格;实际施工人主张的权利并不包括建设工程价款优先受偿权;X房产公司、J建筑公司与马某之间关于工程价款结算的相关文件不能作为主张建设工程价款优先受偿权的依据。综上,原审判决认定事实清楚,适用法律正确,依法应予以维持。

3. 再审法院裁判结果

最高人民法院根据再审申请人马某的再审申请理由,对本案进行评析:

根据查明的事实,2014年8月26日,J建筑公司与马某签订三份责任合同约定,由马某承建五金城项目一标段1#A楼、1#B楼、二标段2#楼、16#地下车库、三标段3#~15#楼项目。2014年10月27日,经招投标程序,X房产公司(发包人)与J建筑公司(承包人)分别签订三份施工合同,该三份合同约定的内容与上述责任合同的主要内容基本一致。案涉施工合同项下的建设工程由马某施工,马某系案涉工程实际施工人。

《建设工程司法解释(二)》第十七条规定:"与发包人订立建设工程施工合同的承包人,根据合同法第二百八十六条规定请求其承建工程的价款就工程折价或者拍卖的价款优先受偿的,人民法院应予支持。"该司法解释施行后本案尚未审结,上述规定适用于本案。马某并非与发包人X房产公司签订建设工程施工合同的承包人。二审法院认为马某作为实际施工人不享有建设工程价款优先受偿权,适用法律正确。最高人民法院于2019年7月19日作出(2019)最高法民申2755号裁定:驳回马某的再审申请。

4.律师点评

享有建设工程价款优先受偿权的只是与发包人订立建设工程施工合同、与发包人形成直接施工合同关系的承包人。工程分包人、转包人、挂靠人及其他实际施工人都不享有这项权利,因为他们都未与发包人形成直接的施工合同关系。

实际施工人不是一个法律概念,而是《建设工程司法解释(一)》对特定人的称谓,第二十六条规定:"实际施工人以转包人、违法分包人为被告起诉的,人民法院应当依法受理。实际施工人以发包人为被告主张权利的,人民法院可以追加转包人或者违法分包人为本案第三人。发包人只在欠付工程价款范围内对实际施工人承担责任。"该条规定赋予实际施工人直接向发包人主张工程价款的权利,是为了保护实际施工人的合法权益,并非基于双方存在直接的施工合同关系,而且,发包人仅在欠付工程价款的范围内对实际施工人承担责任,并非与转包人、违法分包人等导致实际施工人产生的主体对实际施工人承担连带责任。

实际施工人不享有《合同法》第二百八十六条规定的建设工程价款优先受偿权。如果赋予实际施工人建设工程价款优先受偿权,无异于变相鼓励出借建筑资质(或挂靠)、违法分包、转包等违法行为,将给建设工程行政主管部门增加管理难度,不利于建筑市场的健康良性发展。

第十二章 建筑类企业刑事法律风险防范和控制

收取工程价款、求得企业的存续发展是建筑类企业追求的最大目标。而防范和控制法律风险特别是刑事法律风险，是建筑类企业能否存续发展的重要因素。

建筑类企业尤其是民营企业，因缺资源、缺资金、缺资质等，为了求得生存空间，往往铤而走险，走偏门，行斜道，通过腐蚀手中有权的政府官员，求得资源、资金、资质等，刑事法律风险由此产生。有时正是某些所谓的"靠得住的关系"把企业与企业家推入了犯罪的深渊，一些官员因腐败"倒台"后供出了行贿的企业家，"拔出萝卜带出泥"，很多企业家被查处跟贪官"落马"有直接的关系。

建筑类企业如果因法律风险尤其是刑事法律风险得不到有效控制而无法存续，收取工程价款成了无源之水、无本之木，失去了根基。因此，建筑类企业为了安全收取工程价款、求得企业的存续发展，应当注重防范和控制法律风险特别是刑事法律风险。

本书将"建筑类企业刑事法律风险防范和控制"列为单独一章，说明防范和控制刑事法律风险对建筑类企业的重要性。

一、企业法律风险

（一）企业法律风险的含义

企业法律风险，是指企业所承担的发生潜在经济损失或其他损害的风险，因故意或过失违反法定义务或约定义务可能承担的责任和损失，与其所期望达到的目标相违背的法律不利后果发生的可能性。

法律风险给企业带来的损害，往往令企业无法承受，法律风险已经成为企业无法存续的重要原因之一。

（二）企业法律风险的特征

1. 产生于法律规定或者合同约定

这是企业法律风险区别于企业其他风险的一个最根本的特征。

2. 企业法律风险存在于企业生产经营的全过程

企业的所有经营活动都必须遵守法律规定，企业法律风险存在于企业生产经营各个环节和各项业务活动之中，存在于企业从设立到终止的全过程。

3. 企业法律风险具有可预见性

企业法律风险基于法律规定或合同约定产生。正因如此，企业法律风险可以事前预见、事前预防，并通过采取相应的措施予以防范、控制。

4. 企业法律风险发生的结果具有强制性

企业故意或过失违反法定或约定的义务，将承担相应的民事责任、行政责任甚至刑事责任，而法律责任具有强制性，一旦发生，企业必须被动承受。

（三）建筑类企业的常见法律风险

建筑类企业的法律风险贯穿于建设工程合同签订、履行的各个阶段。

1. 建设工程合同订立阶段的法律风险

该阶段的法律风险主要分为两种。

（1）订立“黑白合同”产生的法律风险

在如今的建筑市场环境下，发包人仍处于优势地位，其利用自己在建设工程发包中的主导地位，将自身的一些风险转移到承包人身上。承包人为了能顺利中标，往往被迫承诺工程价款在结算价的基础上下浮较高的比例，或者以明显高于市场价格购买承建房产、无偿建设住房配套设施、让利、向建设单位捐赠财物等变相降低工程价款。于是，“黑白合同”产生。

“黑白合同”所带来的法律风险极大，合同可能被认定为无效，建筑类企业利益无法得到保障，还有可能被政府有关部门处以巨额罚款。

（2）挂靠行为产生的法律风险

挂靠行为的存在有可能使合同无效，导致无法实现挂靠人的合同目的，而被挂靠人有可能与挂靠人共同对合同相对方承担责任，还有可能被政府有关部门处以巨额罚款。

2. 建设工程合同履行过程的法律风险

该过程的法律风险主要有四种。

(1)工程项目部带来的法律风险

建筑类企业承包建设工程后,一般以设立项目部的形式管理建设工程。建筑类企业往往疏于管理工程项目部,工程项目部大都会违法私刻项目部印章甚至企业公章,对外签订各种合同,一旦出现纠纷,建筑类企业难逃法律责任。

(2)转包、违法分包产生的法律风险

我国法律、法规禁止转包、违法分包行为。建筑类企业如果转包或者违法分包建设工程,将导致合同无效,工程项目有可能无法及时通过验收;建筑类企业有可能因此无法及时收取工程价款,主张利息、违约金的请求难以获得支持。

(3)设计方案变更的法律风险

设计方案是整个施工流程的蓝图,如果发生变更,意味着工程结算会变更,直接影响工程价款的收取。

(4)垫资施工的法律风险

垫资施工尤其是全额垫资施工,承包人承担的风险很大。如果发包人资金困难,承包人有可能收不回垫资款;如果约定承包人全额垫资,当承包人无力全额垫资时,工程停工、工期延误、合同解除等责任可能全部由承包人承担;如果未约定垫资款利息,承包人只能主张垫资款本金,等等。

3. 建设工程结算阶段的法律风险

收取工程价款是建设工程承包人要实现的主要目的。在支付建设工程预付款、进度款、工程竣工结算余款时,建设单位不管是政府机关还是企事业单位、个人,往往会以工程质量、工期、造价等为由,拖延乃至拒付工程价款。当建设工程出现挂靠、转包、违法分包、"黑白合同"、设计变更、双方合同没有约定工程价款计算方式、标准或约定不明确等情形时,建设单位往往也会以此为由,延付、拒付工程价款。

二、企业刑事法律风险

(一)企业刑事法律风险的含义

企业刑事法律风险,是指企业所承担的发生潜在刑事责任的风险,是企业因故意或过失触犯刑法导致承担刑事责任的可能性。通俗的说,企业刑事法律风险,是指企业的生产经营活动中存在有可能触犯刑法的行为,有被追究刑事责任的风险。

企业与企业经营者的最大风险,不是经营不善,不是破产倒闭,而是被追究刑事责任。企业刑事法律风险是悬在企业和企业家头上的一把利剑,随时可能给企业经营者带来牢狱之灾,造成企业灭顶之祸。

(二)企业刑事法律风险的特征

1. 企业刑事法律风险来自于触犯刑法的行为

2. 企业刑事法律风险存在于企业生产经营的全过程

企业的所有经营活动都必须遵守法律规定,企业刑事法律风险存在于企业生产经营各个环节和各项业务活动之中,存在于企业从设立到终止的全过程。

3. 企业刑事法律风险具有可预见性

企业刑事法律风险基于违反刑法的规定而产生。正因如此,企业刑事法律风险可以事前预见、事前预防,并通过采取相应的措施予以防范和控制。

4. 后果严重性

企业被追究刑事责任,是企业和企业家面临的最大风险, 后果最严重,造成的损失最难以估量。

5. 双重处罚性

我国刑法把企业自身的犯罪规定为单位犯罪。单位犯罪的,对单位判处罚金,并对其直接负责的主管人员和其他直接责任人员判处刑罚。这种既对企业进行刑事处罚,又对直接负责的主管人员和其他直接责任人员进行刑事处罚的方式,说明企业刑事法律风险具有双重处罚性。

(三)企业刑事法律风险产生的原因

企业刑事法律风险的产生有很多原因,既有内因,也有市场环境、司法环境等外因。

1. 内部原因

(1)企业刑事法律风险意识不够

有很大一部分企业及经营者缺乏必要的刑事法律风险意识,他们认为自己做的是合法生意,不偷不抢,不偷税漏税,总是乐观的认为刑事犯罪离他很远,他现在所做的是行业大佬们曾经做过并仍在继续做的,没有什么刑事风险。有如此想法、做法的企业经营者真的离犯罪不远了,很有可能验证一句很流行的话:“中国的企业家,不是在监狱里,就是在去监狱的路上。”

(2)企业家对公私行为界限模糊

一些企业家对自己行为的性质认识模糊不清,不清楚自己行为的犯罪性,比如,分不清个人资金和企业资金的区别,随意挪用企业资金办私事,结果触犯职务侵占罪或挪用资金罪。

(3)企业法律风险尤其是刑事法律风险防范控制机制不完善

一些企业将追求利润放在第一位,重视经营管理,忽视风险防控,刑事法律风险防范、控制制度不完善、不健全,给企业犯罪创造了条件。一些企业尤其是家族企业认为企业是私有的,企业的财产是自家的财产,因此在财务管理上出现漏洞,刑事风险随之而来。他们即使聘请了法律顾问,也大多是民商事方面的律师,没有刑事辩护的丰富经验,大都不会去关注企业的行为是否存在刑事法律风险,更无能力防范与控制企业的刑事法律风险。

(4)政商关系处理不当

一些企业为了走捷径获取更多资源,轻视建立亲清新型政商关系,凡事依靠跑关系,铤而走险腐蚀政府官员。有时正是某些所谓的"靠得住的关系"把企业与企业家推入了犯罪的深渊,一些官员因腐败倒台后供出了行贿的企业家,"拔出萝卜带出泥",很多企业家被查处跟贪官"落马"有直接的关系。

2. 外部原因

(1)市场环境于民营企业不公平

国有企业在很多方面有天然的优越条件。民营企业为了一亩三分地,有时被迫采取不正当手段,虎口拔牙,由此触犯刑法。

(2)我国刑法适用范围过大

现今刑法涉及企业的罪名多达 146 个,这些罪名涉及企业从设立、融资、生产销售、财务管理、劳动用工、人事治理、市场营销直至企业破产清算的整个生产经营过程,加大了企业和企业家的刑事法律风险。

三、建筑类企业刑事法律风险

(一)建设工程领域是刑事犯罪的高发区

建设工程领域是刑事犯罪高发、频发的领域,近年来,我国建筑类企业和企业家的犯罪率直线上升。其中,重大责任事故罪、拒不支付劳动报酬罪、伪造公司、企业印章罪、串通投标罪、行贿罪、单位行贿罪、职务侵占罪、非国家工作人员受贿罪、受贿罪、贪污罪、滥用职权罪是建设工程领域十一大高发的犯罪。

对于建筑类企业而言，重大责任事故罪、拒不支付劳动报酬罪、伪造公司、企业印章罪、串通投标罪、行贿罪、单位行贿罪、职务侵占罪、非国家工作人员受贿罪是频发的八大犯罪。

在建设工程领域所涉的72个罪名中，有33个罪名涉及单位犯罪，其中工程安全重大事故罪、单位行贿罪、单位受贿罪这三个罪名的犯罪主体必须是单位。

可以说，刑事法律风险贯穿于建设工程项目审批至竣工结算的全过程，防范并控制刑事法律风险，对于建筑类企业显得尤为重要。

（二）建设工程领域刑事犯罪高发、频发的原因

建设工程按照自然属性可分为建筑工程、土木工程和机电工程三类。涵盖房屋建筑、铁路、市政、煤炭矿山、水运、海洋、民航、商业与物质、农业、林业、粮食、石油天然气、海洋石油、火电、水电、核工业、建材、冶金、有色金属、石化、化工、医药、机械、航天与航空、兵器与船舶、轻工、纺织、电子与通信和广播电影电视等领域的基础及配套设施的建设。

建设工程不只涉及建设单位，还涉及规划、勘察、设计、施工、监理、工程质量监督、原材料供应等单位。各地各级人大、政协、政府、司法、军事机关及其他单位都需要进行工程建设。工程建设消耗最多的生产资料，尤其是土地和资金。工程建设的每一个细分领域、每一个环节、每一个部门、每一种生产资料如监管不到位、防范意识不够，都有可能触犯刑法。

建筑类企业尤其是民营企业，因缺资源、缺资金、缺资质等，为了求得生存空间，往往铤而走险，走偏门，行斜道，通过腐蚀手中有权的政府官员，求得资源、资金、资质等，刑事法律风险由此产生。

（三）建筑类企业频发的犯罪及防范

1. 串通投标罪

（1）串通投标罪的含义

串通投标罪，是指投标者相互串通投标报价，损害招标人或者其他投标人利益，或者投标者与招标者串通投标，损害国家、集体、公民的合法权益，情节严重的行为。

（2）串通投标罪的表现形式

①投标者相互串通投标。投标人之间相互约定，一致抬高或压低投标报

价、在类似项目中轮流以高价位或低价位中标、给没有中标或者弃标的其他投标人以"弃标补偿费"。司法实践中，一些参与陪标者可能构成串通投标罪。在陪标过程中，由实际投标人编制投标文件，陪标人一般不实际参与投标活动，陪标人投标目的并非中标，而是为实际投标人串通投标提供协助，陪标人有可能因此构成串通投标罪。

②投标者与招标者串通投标。招标者故意泄露标底、招标者私下启标泄露、招标者故意引导促使某人中标、招标实行差别对待、招标者故意让不合格投标者中标、投标者贿赂获密、投标者给招标者标外补偿、招标者给投标者标外偿金。

③必须招投标的工程，未通过招标方式已事先选定承包人开工建设，而后补办招标手续虚假招标，同样有可能构成串通投标罪。

(3)罪与非罪的界限

串通投标罪与串通投标违法行为的界限：该行为的情节严重与否，情节严重的构成串通投标罪，情节不严重的认定为串通投标违法行为。

在认定情节是否严重时，考虑犯罪手段是否恶劣、是否屡教不改、行为的结果及社会影响等因素。

串通投标罪的立案标准：

①损害招标人、投标人或者国家、集体、公民的合法利益，造成直接经济损失数额在50万元以上的；

②违法所得数额在10万元以上的；

③中标项目金额在200万元以上的；

④采取威胁、欺骗或者贿赂等非法手段的；

⑤虽未达到上述数额标准，但两年内因串通投标，受过行政处罚二次以上，又串通投标的；

⑥其他情节严重的情形。

(4)本罪主体是投标人、招标人，包括个人和单位

就招标人而言，是特殊主体。就投标人而言，是一般主体，凡年满十六周岁且具备刑事责任能力的自然人均能构成本罪。单位也能成为本罪主体，单位犯本罪的，实行双罚制，即对单位判处罚金，对其直接负责的主管人员和其他直接责任人员追究相应的刑事责任。

(5)量刑标准

①自然人犯本罪的，处三年以下有期徒刑或者拘役，并处或者单处罚金。

②单位犯本罪的,对单位判处罚金,对其直接负责的主管人员和其他直接责任人员依上述规定追究刑事责任。

典型案例　串通投标罪

1. 案例来源

辽源市中级人民法院(2018)吉04刑终28号刑事判决书。

2. 案情摘要

2010年7月至8月间,被告单位A公司对吉林市某小区D－24等6栋楼的工程招标过程中,在该公司法定代表人(即被告人)杨某的授意下,由B公司、C公司陪标,最终D公司中标,中标价格人民币66993100元。

2013年4月至7月间,被告单位A公司对吉林市某小区G－01等9栋楼的工程招标过程中,在被告人杨某的授意下,E公司联系F公司、G公司陪标,最终H公司中标,中标价格人民币121565000元。

3. 二审法院裁判结果

二审法院审理后认为,A公司与投标人串通投标,损害国家、集体、公民的合法利益,情节严重,其行为已构成串通投标罪。杨某系该公司直接负责的主管人员,应当以串通投标罪追究该公司及杨某的刑事责任。根据《招标投标法》第三条及国务院颁布的《工程建设项目招标范围和规模标准规定》第三条、第七条的规定,本案的涉案项目属于依法必须进行招标的项目。2014年住建部发布了《关于推进建筑业发展和改革的若干意见》,对招投标范围下发新的规定。随后,吉林省住建厅依据该文件精神,下发了吉建招〔2015〕2号《关于进一步明确招投标活动相关问题的通知》,就非国有投资项目招标范围进行了规定,将保障性安居工程的商品住宅项目排除在由建设单位自主决定是否招标之外,故该涉案项目也属于必须进行招标的项目。据此,即使本案中存在辩护人所提的先施工、后招标的事实,但也是必须进行招投标的项目。没有招标就施工,违反了国家法律的强制性规定,该种违法行为不能成为被告单位将串通投标合法化的依据。检察员的出庭意见于法有据,予以采纳;A公司及杨某所持的无罪意见不能成立,不予采纳,故判决:驳回上诉,维持原判(被告单位A公司犯串通投标罪,判处罚金人民币180万元;被告人杨某犯串通投标罪,判处有期徒刑二年,并处罚金人民币18万元)。

4. 律师点评及建议

(1)律师点评

串通投标罪有可能涉及所有招投标活动,不管是必须招投标工程还是非必招投标工程,只要通过招投标方式确定承包人或供应商,都应当严格遵守招标投标法的规定,所有参与招投标活动的主体都应当受到招投标规则的约束,不得有串通投标行为,否则可能涉嫌串通投标罪。

(2)对招标人的建议

招标人应当严格规范招投标行为,杜绝串通投标行为;招标活动应当遵循公开、公平、公正和诚实信用的原则;不得以不合理的条件限制或者排斥潜在投标人;不得对潜在投标人实行歧视待遇;招标文件不得要求或者标明特定的生产供应者以及含有倾向或者排斥潜在投标人的其他内容;招标人不得向他人透露已获取招标文件的潜在投标人的名称、数量以及可能影响公平竞争的有关招投标的其他情况;招标人设有标底的,标底必须保密;招标人在招标文件要求提交投标文件的截止时间前收到的所有投标文件,开标时都应当当众予以拆封、宣读;招标人应当采取必要的措施,保证评标在严格保密的情况下进行;在确定中标人前,招标人不得与投标人就投标价格、投标方案等实质性内容进行谈判;中标人确定后,招标人应当向中标人发出中标通知书,并同时将中标结果通知所有未中标的投标人;中标通知书发出后,招标人改变中标结果的,或者中标人放弃中标项目的,应当依法承担法律责任。

(3)对投标人的建议

投标人应当秉承公平、公正、公开以及诚实守信的原则,严格遵守招投标规范准则,不与其他投标人串通投标、围标,不与招标人串通投标。

在挂靠关系中有可能存在串通投标行为,出借资质的单位往往不知情,如果被挂靠人不存在与挂靠人勾结串通投标、围标的行为,被挂靠人一般不会构成串通投标罪,但应当预防受到挂靠人利用而陷入串通投标风险的可能性。

(4)招标人、投标人都应当摒弃的最危险的想法

有人说,长期以来,勘察单位、设计单位、施工单位、监理单位等都是相互约定招投标,不管谁中标,大家都有好处,这种想法是极其危险的。

串通投标罪有一种情形是:投标人之间相互约定,在类似项目中轮流以高价位或低价位中标。投标人先是轮流中标,下一步可能因涉嫌串通投标罪轮流进看守所。

2. 拒不支付劳动报酬罪

(1)拒不支付劳动报酬罪的含义

拒不支付劳动报酬罪，是指以转移财产、逃匿等方法逃避支付劳动者的劳动报酬或者有能力支付而不支付劳动者的劳动报酬，数额较大，经政府有关部门责令支付仍不支付的行为。

(2)拒不支付劳动报酬罪的立案标准

①以转移财产、逃匿等方法逃避支付劳动者的劳动报酬或者有能力支付而不支付劳动者的劳动报酬。

其包括下列情形：隐匿财产、恶意清偿、虚构债务、虚假破产、虚假倒闭或者以其他方法转移、处分财产的；逃跑、藏匿的；隐匿、销毁或者篡改账目、职工名册、工资支付记录、考勤记录等与劳动报酬相关的材料的；以其他方法逃避支付劳动报酬的。

②数额较大。拒不支付一名劳动者3个月以上的劳动报酬且数额在5000元至2万元以上的；拒不支付十名以上劳动者的劳动报酬且数额累计在3万元至10万元以上的。

③经政府有关部门责令支付仍不支付。经人力资源社会保障部门或者政府其他有关部门依法以限期整改指令书、行政处理决定书等文书责令支付劳动者的劳动报酬后，在指定的期限内仍不支付的，应当认定为《刑法》第二百七十六条之一第一款规定的“经政府有关部门责令支付仍不支付的”，但有证据证明行为人有正当理由未知悉责令支付或者未及时支付劳动报酬的除外。

(3)拒不支付劳动报酬罪的法律规定、量刑标准

《刑法》第二百七十六条之一规定：“以转移财产、逃匿等方法逃避支付劳动者的劳动报酬或者有能力支付而不支付劳动者的劳动报酬，数额较大，经政府有关部门责令支付仍不支付的，处三年以下有期徒刑或者拘役，并处或者单处罚金；造成严重后果的，处三年以上七年以下有期徒刑，并处罚金。单位犯前款罪的，对单位判处罚金，并对其直接负责的主管人员和其他直接责任人员，依照前款的规定处罚。有前两款行为，尚未造成严重后果，在提起公诉前支付劳动者的劳动报酬，并依法承担相应赔偿责任的，可以减轻或者免除处罚。”

《最高人民法院关于审理拒不支付劳动报酬刑事案件适用法律若干问题的解释》第三条规定：“具有下列情形之一的，应当认定为刑法第二百七十六条之一第一款规定的‘数额较大’：(一)拒不支付一名劳动者三个月以上的劳动

报酬且数额在五千元至二万元以上的;(二)拒不支付十名以上劳动者的劳动报酬且数额累计在三万元至十万元以上的。各省、自治区、直辖市高级人民法院可以根据本地区经济社会发展状况,在前款规定的数额幅度内,研究确定本地区执行的具体数额标准,报最高人民法院备案。”第五条规定:“拒不支付劳动者的劳动报酬,符合本解释第三条的规定,并具有下列情形之一的,应当认定为刑法第二百七十六条之一第一款规定的‘造成严重后果’:(一)造成劳动者或者其被赡养人、被扶养人、被抚养人的基本生活受到严重影响、重大疾病无法及时医治或者失学的;(二)对要求支付劳动报酬的劳动者使用暴力或者进行暴力威胁的;(三)造成其他严重后果的。”

典型案例　拒不支付劳动报酬罪

1. 案例来源

抚顺市中级人民法院(2016)辽04刑终200号刑事判决书。

2. 案情摘要

被告人李某某于2010年9月挂靠于抚顺市某某建筑有限公司名下,承建了由抚顺市某某建筑有限公司承揽的顺城区“弘福俪景”小区2号楼、3号楼工程建设。2010年10月至2013年期间抚顺市某某房地产开发有限公司已将该工程的所有工程款共计人民币18260760.83元,全部给付给被告人李某某。其间,被告人李某某未按期支付给李某甲、张某某、杨某甲等五十八人劳动报酬共计人民币640500元。经抚顺市顺城区劳动和社会保障监察大队下达顺城区劳动保障监察整改指令书,被告人李某某仍不向上述劳动者支付劳动报酬。

某某公司第四分公司分别于2011年6月、7月和2013年1月,承建了由抚顺市某某建筑工程有限公司承揽的东洲“富甲之邦”6#楼工程建设、新宾镇“卉海花园”住宅小区1#、2#、3#、4#楼工程建设、新宾“优山福地居住小区一期”4#、7#、9#楼工程建设。2011年7月至2013年3月期间,某某公司按照合同约定给付某某公司第四分公司工程款人民币3800余万元。其间,身为某某公司第四分公司负责人的被告人李某某未按期支付给曲某某、徐某、闫某某等一百六十七人劳动报酬共计人民币1465540元。经抚顺市顺城区、东洲区劳动和社会保障监察大队下达顺城区劳动保障监察整改指令书、东洲区劳动保障监察整改指令书,被告人李某某仍不向上述劳动者支付劳动报酬。

综上,被告人李某某拒不支付劳动报酬的总数为人民币2106040元。

3. 二审法院裁判结果

二审法院经审理认为:李某某在以抚顺市某某建筑有限公司的名义承建顺城区“弘福俪景”小区2号楼、3号楼工程建设中以及作为某某公司第四分公司的实际控制人,在转包建筑项目之后,长期拒付自己直接组织施工的工人工资,在已经收到工程款和劳动监察机关责令改正的通知后,继续坚持不付工人工资,其行为构成拒不支付劳动报酬罪,应依法惩处。故判决:上诉人(原审被告人)李某某犯拒不支付劳动报酬罪,判处有期徒刑二年,并处罚金人民币10万元。(刑期自判决执行之日起计算,判决执行以前先行羁押的,羁押一日折抵刑期一日,即自2013年6月4日起至2015年6月3日止。罚金自判决生效后强制执行。)

4. 律师点评及建议

在建设工程领域,构成拒不支付劳动报酬罪的犯罪主体主要有建设单位、施工单位尤其是实际施工人或包工头。在借用资质挂靠施工、转包、违法分包中,因监管不严,存在大量的实际施工人。法律给实际施工人追讨工程欠款权利的同时,赋予其必须及时足额支付劳动者劳动报酬的义务。如果实际施工人或包工头没有拒不支付劳动报酬罪的常识,很有可能因此陷入刑事法律风险。因此,建设单位、施工单位尤其是实际施工人应当树立刑事法律风险意识,及时履行法定、约定的义务,及时足额向劳动者支付应得的报酬。

如果资金周转出现问题,要优先支付劳动者工资,如确实无力支付,不可采取逃匿方式逃避支付劳动报酬的义务,应与劳动者积极协商求得解决方案;当人力资源社会保障部门或者政府其他有关部门依法责令支付劳动者的劳动报酬后,应当设法在指定的期限内支付,最少应让欠款金额降到最低量刑标准以下:拒不支付一名劳动者三个月以上的劳动报酬数额在5000元以下,拒不支付十名以上劳动者的劳动报酬数额累计在3万元以下。

3. 重大责任事故罪

(1)重大责任事故罪的含义

重大责任事故罪,是指在生产、作业中违反有关安全管理的规定,因而发生重大伤亡事故或者造成其他严重后果的行为。

建设工程安全生产责任贯穿于工程建设的全过程。建设工程领域转包、分包、挂靠现象较为常见，建设单位负责人、勘察员、设计员、工程监理员、项目经理、安全质量管理员、技术负责人、施工作业人员等所有与建设工程安全生产相关的责任主体，均能成为本罪的犯罪主体。

(2)重大责任事故罪的表现形式

在生产、作业中实施违反有关安全管理规定的行为，因而发生重大伤亡事故或者造成其他严重后果。行为人必须具有违反有关安全管理的规定的行为，主要表现为不服从管理，不听从指挥，不遵守操作规程而盲目蛮干。

(3)重大责任事故罪的立案标准

①生产、作业中违反有关安全管理的规定，造成死亡1人以上，或者重伤3人以上；

②造成直接经济损失50万元以上；

③发生矿山生产安全事故，造成直接经济损失100万元以上的；

④造成严重亚病症或重大安全事故等其他严重后果的情形。

(4)重大责任事故罪的法律规定、量刑标准

《刑法》明确规定了重大责任事故罪，第一百三十四条第一款规定："在生产、作业中违反有关安全管理的规定，因而发生重大伤亡事故或者造成其他严重后果的，处三年以下有期徒刑或者拘役；情节特别恶劣的，处三年以上七年以下有期徒刑。"

典型案例　重大责任事故罪

1. 案例来源

内蒙古自治区伊金霍洛旗人民法院(2018)内0627刑初486号刑事判决书。

2. 案情摘要

2017年5月1日，鄂尔多斯市蒙古源流文化产业发展有限公司作为发包人，将蒙古源流文化产业园内北方民国城影视拍摄区二期建设项目承包给内蒙古兴泰建设集团有限公司(以下简称兴泰集团)，签订了建设工程施工合同。2017年5月5日，北方民国城影视拍摄区二期建设项目——东城楼及朔方城楼木结构工程被兴泰集团转包给内蒙古兴泰钢结构有限责任公司(以下简称钢结构公司)，签订了建设工程施工合同。后经兴泰集团和钢结构公司同意，由被告人冯某任项目的实际负责人，对北方民国城影视拍摄区二期建设项目包括东城楼及朔方城楼木结构工程进行管理。2017年5月，

钢结构公司作为发包方将北方民国城影视拍摄区二期朔方城楼项目承包给被告人郭某,双方虽拟定了工程劳务承包合同书但并未签字确认效力,且实际履行的是工程转包内容。随后,郭某将朔方城楼木结构制作安装工程口头转包给了被告人韩某1,由韩某1组织工人进行施工。

在施工过程中,被告人冯某作为项目实际负责人,未在施工现场设立项目部配备人员对施工现场进行安全管理,由被告人郭某及其设立的项目部对施工现场进行工程质量、安全监管。因缺少木结构建设工程方面的技术知识等原因,被告人郭某及其项目部的工作人员未对被告人韩某1的施工队进行有效的安全监管。在未对工人进行岗前安全培训教育的情况下,被告人韩某1带领、指挥着无资质的工人,按照未经审核的施工图对朔方城楼的木结构工程进行施工。

2017年7月11日16时40分,在九级大风的作用下,朔方城楼木结构失稳坍塌,案发时,韩某1所带领的施工队正在城楼项目施工,坍塌造成8名高空作业的工人坠落死亡,城楼下方施工的工人陈某1、陈某2因坍塌被砸受伤。经鉴定,陈某1的颅内血肿及身体多处骨折损伤程度均为轻伤;陈某2的颅内出血及身体多处骨折损伤程度均为轻伤。另查明,坍塌事故造成直接经济损失为人民币1213.88万元。

3. 法院裁判结果

被告人韩某1、郭某、冯某作为涉案建设项目的施工、管理人员,在生产作业过程中,违反安全管理规定,发生8人死亡、2人受伤、直接经济损失1213.88万元的重大伤亡事故,情节特别恶劣,三被告人的行为均已构成重大责任事故罪。公诉机关指控的罪名及犯罪事实成立。事故调查报告认定被告人韩某1和郭某对该起事故的发生负有直接管理责任,被告人冯某负有主要管理责任,结合本案相关证据,本院确认事故调查报告对各被告人的责任划分。被告人郭某的辩护人辩称其不构成重大责任事故罪的辩护意见与查明事实不符,不予采纳。事故发生后,已经对死者家属及伤者进行了赔偿,并取得了谅解,本院在量刑时对各被告人酌情从轻处罚,对辩护人提出已经进行赔偿,请求对被告人从轻处罚的辩护意见予以采纳。事故发生后被告人韩某1、郭某、冯某明知他人报警,仍积极组织、参与抢救伤者、处理善后事宜、主动上报事故情况、积极配合调查,到案后能够如实供述相关犯罪事实,三名被告人均属自首,本院依法对三被告人减轻处罚,对辩护人提出各被告人具有自首情节,请求减轻处罚的辩护意见予以采纳。被告人郭某在缓刑考验期内又犯新罪,应撤销缓刑,与所犯新罪数罪并罚。对各辩护人提出的其他无事实和法律依据的辩护意见均不予采纳。本院根据三名被告人的犯罪事实、犯罪性质、情节及对社会的危害程度,判决如下:

(1)被告人韩某1犯重大责任事故罪,判处有期徒刑二年六个月;

(刑期从判决执行之日起计算。判决执行以前先行羁押的,羁押一日折抵刑期一日,即自2019年11月15日起至2022年4月14日止。)

(2)撤销伊金霍洛旗人民法院(2016)内0627刑初151号刑事判决书对被告人郭某所宣告的缓刑,原判以非法持有枪支罪判处被告人郭某有期徒刑二年,缓刑三年;犯重大责任事故罪,判处有期徒刑二年;数罪并罚,决定执行有期徒刑三年;

(刑期从判决执行之日起计算。判决执行以前先行羁押的,羁押一日折抵刑期一日,即自2019年11月15日起至2022年10月3日止。)

(3)被告人冯某犯重大责任事故罪,判处有期徒刑二年,缓刑三年。

(缓刑考验期限,从判决确定之日起计算。)

4. 律师建议

(1)建立健全安全管理规章制度

建设工程的建设单位、勘察单位、设计单位、施工单位、监理单位等主体应当提高安全生产的风险意识,高度重视安全生产,切实加强安全生产管理,减少违章指挥、违章作业、违反劳动纪律等情况,杜绝违反有关安全管理的规定的行为。

(2)加强建设工程项目施工现场管理

挂靠、转包、违法分包行为的普遍存在,给建筑业的监管带来很大的挑战,现场安全管理混乱,流于形式。为减少重大责任事故的发生率,必须加强建设工程项目施工现场的管理,采取安全防范措施,提供符合安全保障标准的设施、施工机械设备以及材料。发现安全隐患,必须立即停止施工,待隐患排除后方可继续施工。

(3)明确各主体的职责及义务

各主体各司其职,又相互配合,协同管理,将重大责任事故的隐患降至最低。

4. 行贿罪

(1)行贿罪的含义

行贿罪,是指为谋取不正当利益,给予国家工作人员、集体经济组织工作人员或者其他从事公务的人员以财物的行为。

在经济往来中,违反国家规定,给予国家工作人员以财物,数额较大的,或者违反国家规定,给予国家工作人员以各种名义的回扣、手续费的,以行贿论处。

(2)行贿罪的表现形式

①行为人主动给予受贿人财物

在这种情况下,无论行为人意图谋取的正当利益是否实现,均不影响行贿罪的成立。

②行为人因国家工作人员索要而被动给予其财物

在这种情况下,如果行为人是因被国家工作人员勒索而被迫交付财物,只有在行为人获得不正当利益的情况下,才能构成行贿罪。如果没有获得不正当利益的,不是行贿。

(3)行贿罪的立案标准

为谋取不正当利益,向国家工作人员行贿,数额在3万元以上的,应当依照《刑法》第三百九十条的规定以行贿罪追究刑事责任。

行贿数额在1万元以上不满3万元,具有下列情形之一的,应当依照《刑法》第三百九十条的规定以行贿罪追究刑事责任:

①向三人以上行贿的;

②将违法所得用于行贿的;

③通过行贿谋取职务提拔、调整的;

④向负有食品、药品、安全生产、环境保护等监督管理职责的国家工作人员行贿,实施非法活动的;

⑤向司法工作人员行贿,影响司法公正的;

⑥造成经济损失数额在五十万元以上不满一百万元的。

(4)行贿罪的法律规定、量刑标准

《刑法》第三百九十条规定:"对犯行贿罪的,处五年以下有期徒刑或者拘役,并处罚金;因行贿谋取不正当利益,情节严重的,或者使国家利益遭受重大损失的,处五年以上十年以下有期徒刑,并处罚金;情节特别严重的,或者使国家利益遭受特别重大损失的,处十年以上有期徒刑或者无期徒刑,并处罚金或者没收财产。行贿人在被追诉前主动交待行贿行为的，可以从轻或者减轻处罚。其中，犯罪较轻的，对侦破重大案件起关键作用的，或者有重大立功表现的，可以减轻或者免除处罚。”

典型案例　行贿罪

1. 案例来源

江苏省淮安市清河区人民法院(2013)河刑初字第0298号刑事判决书。

2. 案情摘要

2006年至2008年年底，被告人徐某为了承揽江苏财经职业技术学院(以下简称财经学院)新校区一、二期道路、排水等室外建设工程，违规挂靠淮安市清河区市政工程总公司、淮安市恒源市政工程有限公司，并以上述两公司的名义与财经学院签订工程承包合同。在此过程中，被告人徐某为了谋取在工程承揽、工程量的签证、工程验收审计等方面的不正当利益，先后3次向财经学院后勤服务总公司负责工程建设的胡某(另案处理)行贿共计人民币150000元。具体分述如下：

(1)2006年中秋节前的一天，被告人徐某为了感谢胡某在承揽财经学院一期室外工程中提供的帮助，在财经学院工地上向胡某行贿人民币20000元；

(2)2007年春节前的一天，被告人徐某为了让胡某帮助自己承揽到财经学院的二期室外工程，在淮安市高教园区正大路胡某家自建房楼下，向胡某行贿人民币100000元；

(3)2008年春节前的一天，被告人徐某为了感谢胡某帮助自己承接到财经学院工程一、二期工程，并在财经学院工程中工程量确认、验收等方面提供帮助，在淮安市高教园区剑桥佳苑小区，向胡某行贿人民币30000元。

3. 法院裁判结果

被告人徐某为谋取不正当利益，给予国家工作人员以财物，其行为构成行贿罪。公诉机关指控罪名成立，本院予以支持。被告人徐某归案后，如实供述犯罪事实，依法予以从轻处罚，综合被告人的犯罪性质、情节、认罪、悔罪态度，可以对其适用缓刑。

依照《刑法》第三百八十九条第一款，第六十七条第三款，第七十二条第一款，第七十三条第二款、第三款之规定，判决如下：

被告人徐某犯行贿罪，判处有期徒刑三年，缓刑四年。

（缓刑考验期限，从判决确定之日起计算。）

4. 律师点评及建议

建设工程的勘察单位、设计单位、施工单位、监理单位等主体从承建工程中获利无可厚非，也必须获利才可持续发展。但获取的利益必须是正当利益，必须使用正当手段。如果通过向国家工作人员行贿的方式谋取不正当利益，则有可能构成行贿罪：轻者处五年以下有期徒刑或者拘役；情节严重的，处五年以上十年以下有期徒刑；情节特别严重的，处十年以上有期徒刑或者无期徒刑，可以并处没收财产。

因此，建设工程的各参与主体应当在工程项目的立项审批、土地征用、规划设计、工程发包和转包、招投标、材料设备选购、施工管理、工程监理和竣工验收、结算等各个环节严防行贿腐败现象。

切记：行贿的方式，除了给予金钱和实物外，还包括给予财产性利益，包括性贿赂。

5. 职务侵占罪

（1）职务侵占罪的含义

职务侵占罪，是指公司、企业或者其他单位的人员，利用职务上的便利，将本单位财物非法占为已有，数额较大的行为。

（2）职务侵占罪的表现形式

①公司、企业或者其他单位的人员，利用职务上的便利，将本单位财物非法占为已有，数额较大的。

②在国有资本控股、参股的股份有限公司中从事管理工作的人员，除受国家机关、国有公司、企业、事业单位委派从事公务的以外，不属于国家工作人员。对其利用职务上的便利，将本单位财物非法占为已有，数额较大的，应当依照《刑法》第二百七十一条第一款的规定，以职务侵占罪定罪处罚。

挂靠人聘请的项目经理利用职务上的便利，非法占有工程款、劳动者工资、材料款、设施款等财物，数额较大，给挂靠人造成财产损失。如果挂靠人是在工商部门登记注册的企业或公司，对该项目经理应当按职务侵占罪定罪处罚。

（3）职务侵占罪的立案标准、量刑标准

①公司、企业或者其他单位的人员犯职务侵占罪数额较大的，处五年以下有期徒刑或者拘役。

"数额较大"的起点为6万元。

②公司、企业或者其他单位的人员犯职务侵占罪数额巨大的,处五年以上有期徒刑,可以并处没收财产。

"数额巨大"的起点为100万元。

(4)职务侵占罪的法律规定

《刑法》第二百七十一条规定:"公司、企业或者其他单位的人员,利用职务上的便利,将本单位财物非法占为己有,数额较大的,处五年以下有期徒刑或者拘役;数额巨大的,处五年以上有期徒刑,可以并处没收财产。国有公司、企业或者其他国有单位中从事公务的人员和国有公司、企业或者其他国有单位委派到非国有公司、企业以及其他单位从事公务的人员有前款行为的,依照本法第三百八十二条、第三百八十三条的规定定罪处罚。"

《刑法》第一百八十三条第一款规定:"保险公司的工作人员利用职务上的便利,故意编造未曾发生的保险事故进行虚假理赔,骗取保险金归自己所有的,依照本法第二百七十一条的规定定罪处罚。"

典型案例　职务侵占罪

1. 案例来源

深圳市宝安区人民法院(2010)深宝法刑初字第66号刑事判决书。

2. 案情摘要

2007年6月,被告人鲜××与深圳市鸿×轩建设工程有限公司(以下简称鸿×轩公司,地址:深圳市宝安区新安镇建安路弘雅花园××雅豪轩××A-201)签订劳动合同,担任鸿×轩公司的公园大地项目组木工二十四班班长,负责木工工人预借生活费、工伤等各项管理木工的事务。2007年6月至2008年1月期间,鲜××利用其职务便利,以工人生活费、工伤等名义先后从鸿×轩公司借支人民币484000元,并支付给班组工人预借生活费共计人民币396990元,尚有人民币87010元被其占有。在此期间,鸿×轩公司还将办好的杨×高、唐×和、唐×富等十五名木工工人的工资卡、密码函交给鲜××。2007年12月18日,鸿×轩公司通过银行代发的形式分别向杨×高、唐×和、唐×富等十名木工工人的工资卡发放工资共计人民币100000元,鲜××利用持有的工人工资卡,将卡内的工资取出占为己有。2008年1月2日,鸿×轩公司再次通过银行代发的形式分别向唐×和、唐×富等十五名木工工人的工资卡发放工资共计人民币200780元,鲜××利用持有的工人工资卡,将卡内的工资全部转到其账户上占为已有。此后,鲜××逃匿,鸿×轩公司被迫再次将工资补发给唐×和、唐×富等木工工人。2009年5月4日,公安机关通过网上追逃将鲜××抓获。

3. 法院裁判结果

被告人鲜××以非法占有为目的,利用职务上的便利,将本单位财物占为已有,数额较大,其行为已构成职务侵占罪。公诉机关指控罪名成立。有劳动合同证实被告人的工作职责,有被告人直接从其他工人工资卡支取全部工资款而未向相关工人如数支付工资款或生活费的书证、物证,以及相关证人证言相互印证,足以认定被告人鲜××侵占工资款的事实,被告人的无罪辩解,本院不予采信。被告人侵占工资款非法占为已有,给被害单位造成经济损失,依法应承担相应法律责任。结合被告人的犯罪性质、情节及认罪态度,依照《刑法》第二百七十一条之规定,判决如下:

被告人鲜××犯职务侵占罪,判处有期徒刑三年六个月。

(刑期从判决执行之日起计算。判决以前先行羁押的,羁押一日折抵刑期一日,即自2009年5月4日起至2012年11月3日止)。

4. 律师点评及建议

为了预防公司、企业工作人员利用职务之便,非法占有本单位财务,建设工程各主体应当建立严格的监督管理制度。

(1)从合同的签订环节抓起,专人负责,专章专用,不得用于其他用途;

(2)加强对项目经理、发包人代表、包工头、工程监理等人的监督管理,如工程存在挂靠、转包、违法分包等情形,更应当加强监管,特别是对实际施工人的监管。

(3)加强财务管理。财务工作必须独立,钱账分离,给予财务部门对项目经理一定的监督权。

(4)加强对材料、设备等财产的监管。

6. 伪造公司、企业、事业单位、人民团体印章罪

(1)伪造公司、企业、事业单位、人民团体印章罪的含义

伪造公司、企业、事业单位、人民团体印章罪,是指伪造公司、企业、事业单位、人民团体印章的行为。

(2)伪造公司、企业、事业单位、人民团体印章罪的表现形式

行为人存在伪造公司、企业、事业单位、人民团体印章的行为。

印章，是指公司、企业、事业单位、人民团体刻制的以文字、图记表明主体同一性的公章、专章，它是公司、企业、事业单位、人民团体从事民事活动、行政活动的符号和标记。

作为本罪犯罪对象的印章，须是公司、企业、事业单位、人民团体的印章，侵犯国家机关的印章不构成本罪。

(3)伪造公司、企业、事业单位、人民团体印章罪的立案标准、量刑标准

本罪是行为犯，只要行为人实施了伪造公司、企业、事业单位、人民团体印章的行为，原则上就构成犯罪，应当立案追究。

伪造公司、企业、事业单位、人民团体的印章的，处三年以下有期徒刑、拘役、管制或者剥夺政治权利，并处罚金。

(4)伪造公司、企业、事业单位、人民团体印章罪的法律规定

《刑法》第二百八十条第二款规定："伪造公司、企业、事业单位、人民团体的印章的，处三年以下有期徒刑、拘役、管制或者剥夺政治权利，并处罚金。"

典型案例　伪造公司、企业、事业单位、人民团体印章罪

1. 案例来源

山东省济宁市任城区人民法院(2019)鲁0811刑初1538号刑事判决书。

2. 案情摘要

2015年3月，被告人潘某1挂靠山东宏厦建设集团有限公司，准备投标承接济宁京和房地产有限公司在济宁市太白湖新区开发的荷韵花园小区的部分建筑工程，因山东宏厦建设集团有限公司的业绩不够，为了伪造该公司业绩，被告人潘某1与被告人田某、陈某等在被告人田某的办公室内商议后，由被告人陈某、潘某2至济宁市任城区长沟镇一家打印社私刻了山东宏厦建设集团有限公司等公司的印章(被告人陈某联系打印社并安排打印社工作人员刻制，潘某2支付的钱)，伪造相关材料虚增了其建筑业绩，并中标。

2015年4月7日，被告人潘某1以承建荷韵花园小区的建筑工程需向发包单位交纳工程保证金等为由，与李某1签订了抵押借款合同，向李某1借款60万元，并在抵押借款合同上加盖了上述伪造的"山东宏厦建设集团有限公司"的印章，借款到期后，被告人潘某1一直未能还款。2017年3月17日，经山东金剑司法鉴定中心鉴定：送检落款时间为2015年4月7日的《抵押借款合同》中的"山东宏厦建设集团有限公司"的印章印文与济宁市公安局市中区分局扫描提取的"山东宏厦建设集团有限公司"备案印章不是同一印章印文。

3. 法院裁判结果

被告人潘某1、陈某、田某、潘某2伪造公司、企业印章并使用，四被告人的行为构成伪造公司、企业、事业单位、人民团体印章罪，公诉机关指控的事实与罪名成立，本院予以确认。在共同犯罪中，被告人潘某1、陈某、田某积极参与，起主要作用，均系主犯，被告人潘某2起次要辅助作用，系从犯，对被告人潘某2依法应当从轻处罚；被告人潘某1、田某、陈某、潘某2认罪、悔罪态度较好，均系初犯、偶犯，无其他犯罪前科劣迹，积极缴纳罚金等，对四被告人均可以酌情从轻处罚。被告人潘某1的辩护人提出被告人潘某1到案后能够如实供述，认罪态度较好，系初犯、偶犯，法律意识淡薄及其被确诊为肝癌的辩护意见成立，本院予以采纳。被告人田某的辩护人提出被告人田某未同意潘某1等人伪造山东宏厦建设集团有限公司印章的辩护意见与本院审理查明的事实不符，且未提供相关证据予以证实，本院不予采纳。被告人田某、陈某的辩护人提出的其他辩护意见成立，本院不予采纳。被告人潘某2的辩护人提出的辩护意见成立，本院予以采纳。另外，经委托被告人潘某1、田某、潘某2居住地司法行政机关对三被告人在居住社区的影响进行调查评估，调查结果为三被告人均对居住社区影响一般。据此，依照《刑法》第二百八十条第二款，第二十五条第一款，第二十六条第一款、第四款，第二十七条，第三十八条，第四十一条，第四十五条，第六十七条第一款、第三款，第五十二条，第七十二条第一款、第三款，第七十三条第二款、第三款，第六十一条之规定，判决如下：

(1)被告人潘某1犯伪造公司、企业、事业单位、人民团体印章罪，判处有期徒刑一年，缓刑一年，并处罚金人民币1万元。

(缓刑考验期限，从判决确定之日起计算。罚金已缴纳。)

(2)被告人田某犯伪造公司、企业、事业单位、人民团体印章罪，判处有期徒刑一年，缓刑一年，并处罚金人民币8000元。

(缓刑考验期限，从判决确定之日起计算。罚金已缴纳。)

(3)被告人陈某犯伪造公司、企业、事业单位、人民团体印章罪，判处有期徒刑八个月，并处罚金人民币5000元。

(刑期从判决执行之日起计算，判决执行以前先行羁押的，羁押一日折抵刑期一日。即自2019年4月9日起至2019年12月8日止。罚金已缴纳。)

(4)被告人潘某2犯伪造公司、企业、事业单位、人民团体印章罪,判处管制一年,并处罚金人民币3000元。

(管制的期限,从判决执行之日起计算;判决执行以前先行羁押的,羁押一日折抵刑期二日。罚金已缴纳。)

4. 律师点评及建议

①伪造公司、企业、事业单位、人民团体印章罪侵犯了相关公司、企业正常管理活动和信誉。发生在建设工程领域的伪造公司、企业、事业单位、人民团体印章的行为,破坏建筑市场的公平竞争秩序,社会危害性较大。

因为行为人无视法律、行规,靠投机取巧,恶意竞争承揽建设工程使建筑市场出现一定程度的混乱现象,此罪正是无视法律、行规,靠投机取巧、恶意竞争承揽建设工程的产物。减少此类犯罪行为,必须首先遵守法律法规,改变投机取巧、恶意竞争承揽建设工程的观念。

②建筑类公司、企业应当保管好本公司、企业的印章

建筑类公司、企业应当加强对公司、企业的印章的管理,专人负责,盖章必须登记,原则上所有人包括印章保管人不得将印章带出公司、企业,如工作所需,要办理印章出厂手续。

③尽量避免一章多刻,做到公司、企业印章的唯一性,且至公安部门指定的印章中心刻制并申请备案,确保本单位的正规印章刻制有防伪标识。

④如工作需要新印章,旧印章必须销毁,并做好旧印章印鉴的存档和启用新印章的公示。

7. 非国家工作人员受贿罪

(1)非国家工作人员受贿罪的含义

非国家工作人员受贿罪,是指公司、企业或者其他单位的工作人员利用职务上的便利,索取他人财物或者非法收受他人财物,为他人谋取利益,数额较大的行为。

(2)非国家工作人员受贿罪的表现形式

①公司、企业或者其他单位的工作人员利用职务上的便利,索取他人财物或者非法收受他人财物,为他人谋取利益,数额较大的行为。

②公司、企业或者其他单位的工作人员在经济往来中,利用职务上的便利,违反国家规定,收受各种名义的回扣、手续费,归个人所有的行为。

(3)非国家工作人员受贿罪的立案标准、量刑标准

《最高人民检察院、公安部关于公安机关管辖的刑事案件立案追诉标准的规定(二)》第十条规定,公司、企业或者其他单位的工作人员利用职务上的便利,索取他人财物或者非法收受他人财物,为他人谋取利益,或者在经济往来中,利用职务上的便利,违反国家规定,收受各种名义的回扣、手续费,归个人所有,数额在五千元以上的,应予立案追诉。

犯公司、企业、其他单位人员受贿罪,受贿数额较大的,处5年以下有期徒刑或者拘役;受贿数额巨大的,处5年以上有期徒刑,可以并处没收财产。

现行司法解释关于非国家工作人员受贿罪的立案标准:数额较大为六万元以上,数额巨大为一百万元以上。

(4)非国家工作人员受贿罪的法律规定

《刑法》第一百六十三条第一款、第二款规定:"公司、企业或者其他单位的工作人员利用职务上的便利,索取他人财物或者非法收受他人财物,为他人谋取利益,数额较大的,处五年以下有期徒刑或者拘役;数额巨大的,处五年以上有期徒刑,可以并处没收财产。公司、企业或者其他单位的工作人员在经济往来中,利用职务上的便利,违反国家规定,收受各种名义的回扣、手续费,归个人所有的,依照前款的规定处罚。"

典型案例　非国家工作人员受贿罪

1. 案例来源

四川省广元市利州区人民法院(2019)川0802刑初167号刑事判决书。

2. 案情摘要

四川众兴建设项目管理有限公司(以下简称众兴公司)系广元市中正建筑经济咨询有限公司变更而来,邱某担任法定代表人,占公司48%股份,公司股东李某、梁某2系公司股东,分别占股份26%,登记时公司等级丙级。自2009年至2012年期间,被告人邱某在以自己所有的公司或是借用其他公司名义从事广元市工程建设和灾后重建项目招标代理过程中,通过泄露招标信息、制作审查标书、请托关照等方式帮助投标人中标,个人非法收取他人财物共计780341元。

3. 法院裁判结果

被告人邱某利用从事招标代理的职务便利,非法收取他人财物,为他人谋取利益,数额较大,其行为已构成非国家工作人员受贿罪,公诉机关指控

的事实清楚、证据确实充分,应依法追究其刑事责任。被告人邱某到案后能如实供述自己的全部犯罪事实,该行为系坦白,可依法从轻处罚;案发后能积极退缴所获赃款,亦可从轻处罚。

关于被告人邱某认为自己所收取的财物绝大多数用于了自己任法定代表人的众兴公司的支出,应属于公司收取,故个人不构成非国家工作人员受贿罪;同时其辩护人认为被告人邱某的行为不符合非国家工作人员受贿罪的构成要件,指控邱某犯罪的事实不清、证据不足。对此辩解意见庭审查明:被告人邱某任法定代表人的众兴公司具有招标代理资格,但资质受限,借用其他招标代理公司资质从事了公诉机关指控的除"广元市儿童福利院搬迁工程"(该项目使用本公司资质)项目之外指控的其他八个工程项目的招标代理活动,相关的书证、证人证言及被告人自己的供述能形成证据链,证实不管是招标方还是中标方均按招标代理合同的约定支付了招标代理费。而被告人邱某作为招标代理人,明知《招标投标法》明确规定招标人不得向他人透露可能影响公平竞争的有关招投标信息,仍然违反规定,在实施招标代理过程中,接受项目投标具体经办人事前请托、事中泄露招标文件相关信息或直接帮助制作招标文件帮助其中标后收取好处费,均系招标代理费外个人收取,其行为符合非国家工作人员受贿罪的构成要件,指控犯罪罪名成立。被告人未提供公司董事会决议或财务会计账务等证据或证据线索证实除代理费之外的感谢费系公司收取,即使其将收取的感谢费有用于众兴公司,只能视为赃款去向,不能因此否认其个人犯罪行为的成立。故被告人的辩解及辩护人的辩护意见与庭审查明的事实不符,与法律规定相悖而不予采纳。根据被告人的犯罪事实、情节及社会危害性,宣告缓刑不致再危害社会且对其居住地无重大不良影响,可宣告缓刑,据此,依照《刑法》第一百六十三条、第六十七条第三款、第七十二条第一款、第六十四条之规定,判决如下:

(1)被告人邱某犯非国家工作人员受贿罪,判处有期徒刑三年,宣告缓刑四年。

(缓刑考验期限,从判决确定之日起计算。)

(2)被告人邱某退缴的犯罪所得780341元予以没收,上缴国库。(该款已暂扣至广元市公安机关,由公安机关直接上缴国库。)

4. 律师点评及建议

(1)在建设工程领域,除住房城乡建设行政主管部门、质量监督机构等部门的工作人员外，工程造价单位、勘察设计单位、施工单位、工程监理单位、工程咨询公司、评标委员会、招标代理机构等企事业单位的工作人员多为非国家工作人员，如果利用职务上的便利，索取他人财物或者非法收受他人财物，为他人谋取利益，或者在经济往来中，利用职务上的便利，违反国家规定，收受各种名义的回扣、手续费，归个人所有，都有可能构成非国家工作人员受贿罪。因此，应当提高以上人员的刑事法律风险防范意识，不得利用工作上的便利条件，索取、非法收受他人财物，也不得收受各种名义的回扣、手续费，更不得因此为他人谋取利益，破坏国家对公司、企业以及非国有事业单位、其他组织的工作人员职务活动的管理制度，危害公司、企业、事业单位的根本利益，破坏正常的社会主义市场公平竞争的交易秩序。

(2)聘请刑事辩护经验丰富的律师担任法律顾问。刑事辩护经验丰富的律师可以为建设单位、勘察设计单位、施工单位、工程监理单位等单位提供专项法律服务，在工程招投标、发包、分包、签订合同、施工等过程中提供法律咨询，出具法律意见书等，防范、控制刑事法律风险，避免触犯非国家工作人员受贿罪。

四、建筑类企业刑事法律风险防控

建筑类企业不同于一般企业，建筑类企业、企业的经营者犯罪，也不同于一般企业、企业的经营者犯罪。它可能引发连锁反应：企业倒闭，大批工人、进城务工的农民工失业；一批政府官员落马，影响政府形象，损害国家利益，危害社会正常秩序。

(一)提高企业及企业经营者刑事法律风险意识

企业刑事法律风险防控，关键在于企业经营者的认知。

企业要做好刑事法律风险防控，意识必须先行，企业及企业的经营者均要有刑事法律合规的意识，只有这样，刑事合规审查才可落实到企业生产经营的各个环节当中，才可从源头上预防刑事法律风险的发生。

(二)聘请专业刑事律师排查、防控刑事法律风险

1. 请专业律师进行专题培训，讲解建筑类企业常发、高发的犯罪，分析犯罪的成因，分清罪与非罪的界限，提醒企业与经营者不要触碰刑法红线，防患

于未然。

2. 请专业刑事律师识别、排查、防控企业设立、招投标活动、签订建设工程施工合同、施工过程、融资、财税管理、劳务管理、项目经理等人员的职务行为等方面的刑事法律风险。

(三)坚守企业家核心精神,远离政商勾结理念,构建亲清新型政商关系

企业家核心精神为诚信、创新、坚守、家国情怀。诚信精神就是童叟无欺、不售假货;创新精神就是敢为人先、爱拼爱搏,这是企业家的灵魂,是企业家精神的核心;坚守精神就是长期坚守,就是终身做企业,办好企业;家国情怀就是多承担社会责任,多做一些公益事业。企业家能坚守这四点核心精神,就是对刑事法律风险的最好防范。

企业经营者要摒除"一切依靠关系、一切只靠关系、不相信法律"的理念,调整市场策略和营销手段,不再谋求权力的庇护,不再指望通过权力介入大发横财,努力构建亲清型政商关系。

附录

建设工程常用法律、法规、规章、司法解释

中华人民共和国建筑法

（1997年11月1日第八届全国人民代表大会常务委员会第二十八次会议通过　根据2011年4月22日第十一届全国人民代表大会常务委员会第二十次会议《关于修改〈中华人民共和国建筑法〉的决定》第一次修正　根据2019年4月23日第十三届全国人民代表大会常务委员会第十次会议《关于修改〈中华人民共和国建筑法〉等八部法律的决定》第二次修正）

目　　录

第一章　总　　则

第一条　为了加强对建筑活动的监督管理,维护建筑市场秩序,保证建筑工程的质量和安全,促进建筑业健康发展,制定本法。

第二条　在中华人民共和国境内从事建筑活动,实施对建筑活动的监督管理,应当遵守本法。

本法所称建筑活动,是指各类房屋建筑及其附属设施的建造和与其配套的线路、管道、设备的安装活动。

第三条　建筑活动应当确保建筑工程质量和安全,符合国家的建筑工程安全标准。

第四条　国家扶持建筑业的发展,支持建筑科学技术研究,提高房屋建筑设计水平,鼓励节约能源和保护环境,提倡采用先进技术、先进设备、先进工艺、新型建筑材料和现代管理方式。

第五条　从事建筑活动应当遵守法律、法规,不得损害社会公共利益和他人的合法权益。

任何单位和个人都不得妨碍和阻挠依法进行的建筑活动。

第六条　国务院建设行政主管部门对全国的建筑活动实施统一监督管理。

第二章　建筑许可

第一节　建筑工程施工许可

第七条　建筑工程开工前,建设单位应当按照国家有关规定向工程所在地县级以上人民政府建设行政主管部门申请领取施工许可证;但是,国务院建设行政主管部门确定的限额以下的小型工程除外。

按照国务院规定的权限和程序批准开工报告的建筑工程,不再领取施工许可证。

第八条　申请领取施工许可证,应当具备下列条件:

(一)已经办理该建筑工程用地批准手续;

(二)依法应当办理建设工程规划许可证的,已经取得建设工程规划许可证;

（三）需要拆迁的，其拆迁进度符合施工要求；

（四）已经确定建筑施工企业；

（五）有满足施工需要的资金安排、施工图纸及技术资料；

（六）有保证工程质量和安全的具体措施。

建设行政主管部门应当自收到申请之日起七日内，对符合条件的申请颁发施工许可证。

第九条 建设单位应当自领取施工许可证之日起三个月内开工。因故不能按期开工的，应当向发证机关申请延期；延期以两次为限，每次不超过三个月。既不开工又不申请延期或者超过延期时限的，施工许可证自行废止。

第十条 在建的建筑工程因故中止施工的，建设单位应当自中止施工之日起一个月内，向发证机关报告，并按照规定做好建筑工程的维护管理工作。

建筑工程恢复施工时，应当向发证机关报告；中止施工满一年的工程恢复施工前，建设单位应当报发证机关核验施工许可证。

第十一条 按照国务院有关规定批准开工报告的建筑工程，因故不能按期开工或者中止施工的，应当及时向批准机关报告情况。因故不能按期开工超过六个月的，应当重新办理开工报告的批准手续。

第二节 从业资格

第十二条 从事建筑活动的建筑施工企业、勘察单位、设计单位和工程监理单位，应当具备下列条件：

（一）有符合国家规定的注册资本；

（二）有与其从事的建筑活动相适应的具有法定执业资格的专业技术人员；

（三）有从事相关建筑活动所应有的技术装备；

（四）法律、行政法规规定的其他条件。

第十三条 从事建筑活动的建筑施工企业、勘察单位、设计单位和工程监理单位，按照其拥有的注册资本、专业技术人员、技术装备和已完成的建筑工程业绩等资质条件，划分为不同的资质等级，经资质审查合格，取得相应等级的资质证书后，方可在其资质等级许可的范围内从事建筑活动。

第十四条 从事建筑活动的专业技术人员，应当依法取得相应的执业资格证书,并在执业资格证书许可的范围内从事建筑活动。

第三章　建筑工程发包与承包

第一节　一般规定

第十五条　建筑工程的发包单位与承包单位应当依法订立书面合同,明确双方的权利和义务。

发包单位和承包单位应当全面履行合同约定的义务。不按照合同约定履行义务的,依法承担违约责任。

第十六条　建筑工程发包与承包的招标投标活动,应当遵循公开、公正、平等竞争的原则,择优选择承包单位。

建筑工程的招标投标,本法没有规定的,适用有关招标投标法律的规定。

第十七条　发包单位及其工作人员在建筑工程发包中不得收受贿赂、回扣或者索取其他好处。

承包单位及其工作人员不得利用向发包单位及其工作人员行贿、提供回扣或者给予其他好处等不正当手段承揽工程。

第十八条　建筑工程造价应当按照国家有关规定,由发包单位与承包单位在合同中约定。公开招标发包的,其造价的约定,须遵守招标投标法律的规定。

发包单位应当按照合同的约定,及时拨付工程款项。

第二节　发　　包

第十九条　建筑工程依法实行招标发包,对不适于招标发包的可以直接发包。

第二十条　建筑工程实行公开招标的,发包单位应当依照法定程序和方式,发布招标公告,提供载有招标工程的主要技术要求、主要的合同条款、评标的标准和方法以及开标、评标、定标的程序等内容的招标文件。

开标应当在招标文件规定的时间、地点公开进行。开标后应当按照招标文件规定的评标标准和程序对标书进行评价、比较,在具备相应资质条件的投标者中,择优选定中标者。

第二十一条　建筑工程招标的开标、评标、定标由建设单位依法组织实施,并接受有关行政主管部门的监督。

第二十二条　建筑工程实行招标发包的,发包单位应当将建筑工程发包给依法中标的承包单位。建筑工程实行直接发包的,发包单位应当将建筑工程发包给具有相应资质条件的承包单位。

第二十三条 政府及其所属部门不得滥用行政权力,限定发包单位将招标发包的建筑工程发包给指定的承包单位。

第二十四条 提倡对建筑工程实行总承包,禁止将建筑工程肢解发包。

建筑工程的发包单位可以将建筑工程的勘察、设计、施工、设备采购一并发包给一个工程总承包单位,也可以将建筑工程勘察、设计、施工、设备采购的一项或者多项发包给一个工程总承包单位;但是,不得将应当由一个承包单位完成的建筑工程肢解成若干部分发包给几个承包单位。

第二十五条 按照合同约定,建筑材料、建筑构配件和设备由工程承包单位采购的,发包单位不得指定承包单位购入用于工程的建筑材料、建筑构配件和设备或者指定生产厂、供应商。

第三节 承 包

第二十六条 承包建筑工程的单位应当持有依法取得的资质证书,并在其资质等级许可的业务范围内承揽工程。

禁止建筑施工企业超越本企业资质等级许可的业务范围或者以任何形式用其他建筑施工企业的名义承揽工程。禁止建筑施工企业以任何形式允许其他单位或者个人使用本企业的资质证书、营业执照,以本企业的名义承揽工程。

第二十七条 大型建筑工程或者结构复杂的建筑工程,可以由两个以上的承包单位联合共同承包。共同承包的各方对承包合同的履行承担连带责任。

两个以上不同资质等级的单位实行联合共同承包的,应当按照资质等级低的单位的业务许可范围承揽工程。

第二十八条 禁止承包单位将其承包的全部建筑工程转包给他人,禁止承包单位将其承包的全部建筑工程肢解以后以分包的名义分别转包给他人。

第二十九条 建筑工程总承包单位可以将承包工程中的部分工程发包给具有相应资质条件的分包单位;但是,除总承包合同中约定的分包外,必须经建设单位认可。施工总承包的,建筑工程主体结构的施工必须由总承包单位自行完成。

建筑工程总承包单位按照总承包合同的约定对建设单位负责;分包单位按照分包合同的约定对总承包单位负责。总承包单位和分包单位就分包工程对建设单位承担连带责任。

禁止总承包单位将工程分包给不具备相应资质条件的单位。禁止分包单位将其承包的工程再分包。

第四章　建筑工程监理

第三十条　国家推行建筑工程监理制度。

国务院可以规定实行强制监理的建筑工程的范围。

第三十一条　实行监理的建筑工程,由建设单位委托具有相应资质条件的工程监理单位监理。建设单位与其委托的工程监理单位应当订立书面委托监理合同。

第三十二条　建筑工程监理应当依照法律、行政法规及有关的技术标准、设计文件和建筑工程承包合同,对承包单位在施工质量、建设工期和建设资金使用等方面,代表建设单位实施监督。

工程监理人员认为工程施工不符合工程设计要求、施工技术标准和合同约定的,有权要求建筑施工企业改正。

工程监理人员发现工程设计不符合建筑工程质量标准或者合同约定的质量要求的,应当报告建设单位要求设计单位改正。

第三十三条　实施建筑工程监理前,建设单位应当将委托的工程监理单位、监理的内容及监理权限,书面通知被监理的建筑施工企业。

第三十四条　工程监理单位应当在其资质等级许可的监理范围内,承担工程监理业务。

工程监理单位应当根据建设单位的委托,客观、公正地执行监理任务。

工程监理单位与被监理工程的承包单位以及建筑材料、建筑构配件和设备供应单位不得有隶属关系或者其他利害关系。

工程监理单位不得转让工程监理业务。

第三十五条　工程监理单位不按照委托监理合同的约定履行监理义务,对应当监督检查的项目不检查或者不按照规定检查,给建设单位造成损失的,应当承担相应的赔偿责任。

工程监理单位与承包单位串通,为承包单位谋取非法利益,给建设单位造成损失的,应当与承包单位承担连带赔偿责任。

第五章　建筑安全生产管理

第三十六条　建筑工程安全生产管理必须坚持安全第一、预防为主的方针,建立健全安全生产的责任制度和群防群治制度。

第三十七条　建筑工程设计应当符合按照国家规定制定的建筑安全规程和技术规范,保证工程的安全性能。

第三十八条　建筑施工企业在编制施工组织设计时,应当根据建筑工程的特点制定相应的安全技术措施;对专业性较强的工程项目,应当编制专项安全施工组织设计,并采取安全技术措施。

第三十九条　建筑施工企业应当在施工现场采取维护安全、防范危险、预防火灾等措施;有条件的,应当对施工现场实行封闭管理。

施工现场对毗邻的建筑物、构筑物和特殊作业环境可能造成损害的,建筑施工企业应当采取安全防护措施。

第四十条　建设单位应当向建筑施工企业提供与施工现场相关的地下管线资料,建筑施工企业应当采取措施加以保护。

第四十一条　建筑施工企业应当遵守有关环境保护和安全生产的法律、法规的规定,采取控制和处理施工现场的各种粉尘、废气、废水、固体废物以及噪声、振动对环境的污染和危害的措施。

第四十二条　有下列情形之一的,建设单位应当按照国家有关规定办理申请批准手续:

(一)需要临时占用规划批准范围以外场地的;

(二)可能损坏道路、管线、电力、邮电通讯等公共设施的;

(三)需要临时停水、停电、中断道路交通的;

(四)需要进行爆破作业的;

(五)法律、法规规定需要办理报批手续的其他情形。

第四十三条　建设行政主管部门负责建筑安全生产的管理,并依法接受劳动行政主管部门对建筑安全生产的指导和监督。

第四十四条　建筑施工企业必须依法加强对建筑安全生产的管理,执行安全生产责任制度,采取有效措施,防止伤亡和其他安全生产事故的发生。

建筑施工企业的法定代表人对本企业的安全生产负责。

第四十五条　施工现场安全由建筑施工企业负责。实行施工总承包的,由总承包单位负责。分包单位向总承包单位负责,服从总承包单位对施工现场的安全生产管理。

第四十六条 建筑施工企业应当建立健全劳动安全生产教育培训制度，加强对职工安全生产的教育培训；未经安全生产教育培训的人员，不得上岗作业。

第四十七条 建筑施工企业和作业人员在施工过程中，应当遵守有关安全生产的法律、法规和建筑行业安全规章、规程，不得违章指挥或者违章作业。作业人员有权对影响人身健康的作业程序和作业条件提出改进意见，有权获得安全生产所需的防护用品。作业人员对危及生命安全和人身健康的行为有权提出批评、检举和控告。

第四十八条 建筑施工企业应当依法为职工参加工伤保险缴纳工伤保险费。鼓励企业为从事危险作业的职工办理意外伤害保险，支付保险费。

第四十九条 涉及建筑主体和承重结构变动的装修工程，建设单位应当在施工前委托原设计单位或者具有相应资质条件的设计单位提出设计方案；没有设计方案的，不得施工。

第五十条 房屋拆除应当由具备保证安全条件的建筑施工单位承担，由建筑施工单位负责人对安全负责。

第五十一条 施工中发生事故时，建筑施工企业应当采取紧急措施减少人员伤亡和事故损失，并按照国家有关规定及时向有关部门报告。

第六章 建筑工程质量管理

第五十二条 建筑工程勘察、设计、施工的质量必须符合国家有关建筑工程安全标准的要求，具体管理办法由国务院规定。

有关建筑工程安全的国家标准不能适应确保建筑安全的要求时，应当及时修订。

第五十三条 国家对从事建筑活动的单位推行质量体系认证制度。从事建筑活动的单位根据自愿原则可以向国务院产品质量监督管理部门或者国务院产品质量监督管理部门授权的部门认可的认证机构申请质量体系认证。经认证合格的，由认证机构颁发质量体系认证证书。

第五十四条 建设单位不得以任何理由，要求建筑设计单位或者建筑施工企业在工程设计或者施工作业中，违反法律、行政法规和建筑工程质量、安全标准，降低工程质量。

建筑设计单位和建筑施工企业对建设单位违反前款规定提出的降低工程

质量的要求,应当予以拒绝。

第五十五条 建筑工程实行总承包的,工程质量由工程总承包单位负责,总承包单位将建筑工程分包给其他单位的,应当对分包工程的质量与分包单位承担连带责任。分包单位应当接受总承包单位的质量管理。

第五十六条 建筑工程的勘察、设计单位必须对其勘察、设计的质量负责。勘察、设计文件应当符合有关法律、行政法规的规定和建筑工程质量、安全标准、建筑工程勘察、设计技术规范以及合同的约定。设计文件选用的建筑材料、建筑构配件和设备,应当注明其规格、型号、性能等技术指标,其质量要求必须符合国家规定的标准。

第五十七条 建筑设计单位对设计文件选用的建筑材料、建筑构配件和设备,不得指定生产厂、供应商。

第五十八条 建筑施工企业对工程的施工质量负责。

建筑施工企业必须按照工程设计图纸和施工技术标准施工,不得偷工减料。工程设计的修改由原设计单位负责,建筑施工企业不得擅自修改工程设计。

第五十九条 建筑施工企业必须按照工程设计要求、施工技术标准和合同的约定,对建筑材料、建筑构配件和设备进行检验,不合格的不得使用。

第六十条 建筑物在合理使用寿命内,必须确保地基基础工程和主体结构的质量。

建筑工程竣工时,屋顶、墙面不得留有渗漏、开裂等质量缺陷;对已发现的质量缺陷,建筑施工企业应当修复。

第六十一条 交付竣工验收的建筑工程,必须符合规定的建筑工程质量标准,有完整的工程技术经济资料和经签署的工程保修书,并具备国家规定的其他竣工条件。

建筑工程竣工经验收合格后,方可交付使用;未经验收或者验收不合格的,不得交付使用。

第六十二条 建筑工程实行质量保修制度。

建筑工程的保修范围应当包括地基基础工程、主体结构工程、屋面防水工程和其他土建工程,以及电气管线、上下水管线的安装工程,供热、供冷系统工程等项目;保修的期限应当按照保证建筑物合理寿命年限内正常使用,维护使用者合法权益的原则确定。具体的保修范围和最低保修期限由国务院规定。

第六十三条 任何单位和个人对建筑工程的质量事故、质量缺陷都有权向建设行政主管部门或者其他有关部门进行检举、控告、投诉。

第七章 法律责任

第六十四条 违反本法规定,未取得施工许可证或者开工报告未经批准擅自施工的,责令改正,对不符合开工条件的责令停止施工,可以处以罚款。

第六十五条 发包单位将工程发包给不具有相应资质条件的承包单位的,或者违反本法规定将建筑工程肢解发包的,责令改正,处以罚款。

超越本单位资质等级承揽工程的,责令停止违法行为,处以罚款,可以责令停业整顿,降低资质等级;情节严重的,吊销资质证书;有违法所得的,予以没收。

未取得资质证书承揽工程的,予以取缔,并处罚款;有违法所得的,予以没收。

以欺骗手段取得资质证书的,吊销资质证书,处以罚款;构成犯罪的,依法追究刑事责任。

第六十六条 建筑施工企业转让、出借资质证书或者以其他方式允许他人以本企业的名义承揽工程的,责令改正,没收违法所得,并处罚款,可以责令停业整顿,降低资质等级;情节严重的,吊销资质证书。对因该项承揽工程不符合规定的质量标准造成的损失,建筑施工企业与使用本企业名义的单位或者个人承担连带赔偿责任。

第六十七条 承包单位将承包的工程转包的,或者违反本法规定进行分包的,责令改正,没收违法所得,并处罚款,可以责令停业整顿,降低资质等级;情节严重的,吊销资质证书。

承包单位有前款规定的违法行为的,对因转包工程或者违法分包的工程不符合规定的质量标准造成的损失,与接受转包或者分包的单位承担连带赔偿责任。

第六十八条 在工程发包与承包中索贿、受贿、行贿,构成犯罪的,依法追究刑事责任;不构成犯罪的,分别处以罚款,没收贿赂的财物,对直接负责的主管人员和其他直接责任人员给予处分。

对在工程承包中行贿的承包单位,除依照前款规定处罚外,可以责令停业整顿,降低资质等级或者吊销资质证书。

第六十九条 工程监理单位与建设单位或者建筑施工企业串通,弄虚作假、降低工程质量的，责令改正，处以罚款，降低资质等级或者吊销资质证书；有违法所得的，予以没收；造成损失的，承担连带赔偿责任；构成犯罪的，依法追究刑事责任。

工程监理单位转让监理业务的，责令改正，没收违法所得，可以责令停业整顿，降低资质等级；情节严重的，吊销资质证书。

第七十条 违反本法规定，涉及建筑主体或者承重结构变动的装修工程擅自施工的，责令改正，处以罚款；造成损失的，承担赔偿责任；构成犯罪的，依法追究刑事责任。

第七十一条 建筑施工企业违反本法规定，对建筑安全事故隐患不采取措施予以消除的，责令改正，可以处以罚款；情节严重的，责令停业整顿，降低资质等级或者吊销资质证书；构成犯罪的，依法追究刑事责任。

建筑施工企业的管理人员违章指挥、强令职工冒险作业，因而发生重大伤亡事故或者造成其他严重后果的，依法追究刑事责任。

第七十二条 建设单位违反本法规定，要求建筑设计单位或者建筑施工企业违反建筑工程质量、安全标准，降低工程质量的，责令改正，可以处以罚款；构成犯罪的，依法追究刑事责任。

第七十三条 建筑设计单位不按照建筑工程质量、安全标准进行设计的，责令改正，处以罚款；造成工程质量事故的，责令停业整顿，降低资质等级或者吊销资质证书，没收违法所得，并处罚款；造成损失的，承担赔偿责任；构成犯罪的，依法追究刑事责任。

第七十四条 建筑施工企业在施工中偷工减料的，使用不合格的建筑材料、建筑构配件和设备的，或者有其他不按照工程设计图纸或者施工技术标准施工的行为的，责令改正，处以罚款；情节严重的，责令停业整顿，降低资质等级或者吊销资质证书；造成建筑工程质量不符合规定的质量标准的，负责返工、修理，并赔偿因此造成的损失；构成犯罪的，依法追究刑事责任。

第七十五条 建筑施工企业违反本法规定，不履行保修义务或者拖延履行保修义务的，责令改正，可以处以罚款，并对在保修期内因屋顶、墙面渗漏、开裂等质量缺陷造成的损失，承担赔偿责任。

第七十六条 本法规定的责令停业整顿、降低资质等级和吊销资质证书的行政处罚，由颁发资质证书的机关决定；其他行政处罚，由建设行政主管部门或者有关部门依照法律和国务院规定的职权范围决定。

依照本法规定被吊销资质证书的，由工商行政管理部门吊销其营业执照。

第七十七条 违反本法规定,对不具备相应资质等级条件的单位颁发该等级资质证书的,由其上级机关责令收回所发的资质证书,对直接负责的主管人员和其他直接责任人员给予行政处分;构成犯罪的,依法追究刑事责任。

第七十八条 政府及其所属部门的工作人员违反本法规定,限定发包单位将招标发包的工程发包给指定的承包单位的,由上级机关责令改正;构成犯罪的,依法追究刑事责任。

第七十九条 负责颁发建筑工程施工许可证的部门及其工作人员对不符合施工条件的建筑工程颁发施工许可证的,负责工程质量监督检查或者竣工验收的部门及其工作人员对不合格的建筑工程出具质量合格文件或者按合格工程验收的,由上级机关责令改正,对责任人员给予行政处分;构成犯罪的,依法追究刑事责任;造成损失的,由该部门承担相应的赔偿责任。

第八十条 在建筑物的合理使用寿命内,因建筑工程质量不合格受到损害的,有权向责任者要求赔偿。

第八章 附 则

第八十一条 本法关于施工许可、建筑施工企业资质审查和建筑工程发包、承包、禁止转包,以及建筑工程监理、建筑工程安全和质量管理的规定,适用于其他专业建筑工程的建筑活动,具体办法由国务院规定。

第八十二条 建设行政主管部门和其他有关部门在对建筑活动实施监督管理中,除按照国务院有关规定收取费用外,不得收取其他费用。

第八十三条 省、自治区、直辖市人民政府确定的小型房屋建筑工程的建筑活动,参照本法执行。

依法核定作为文物保护的纪念建筑物和古建筑等的修缮,依照文物保护的有关法律规定执行。

抢险救灾及其他临时性房屋建筑和农民自建低层住宅的建筑活动,不适用本法。

第八十四条 军用房屋建筑工程建筑活动的具体管理办法,由国务院、中央军事委员会依据本法制定。

第八十五条 本法自 1998 年 3 月 1 日起施行。

中华人民共和国招标投标法

（1999年8月30日第九届全国人民代表大会常务委员会第十一次会议通过　根据2017年12月27日第十二届全国人民代表大会常务委员会第三十一次会议《关于修改〈中华人民共和国招标投标法〉、〈中华人民共和国计量法〉的决定》修正）

目　　录

第一章　总　　则

第一条　为了规范招标投标活动，保护国家利益、社会公共利益和招标投标活动当事人的合法权益，提高经济效益，保证项目质量，制定本法。

第二条　在中华人民共和国境内进行招标投标活动，适用本法。

第三条　在中华人民共和国境内进行下列工程建设项目包括项目的勘察、设计、施工、监理以及与工程建设有关的重要设备、材料等的采购，必须进行招标：

（一）大型基础设施、公用事业等关系社会公共利益、公众安全的项目；

（二）全部或者部分使用国有资金投资或者国家融资的项目；

（三）使用国际组织或者外国政府贷款、援助资金的项目。

前款所列项目的具体范围和规模标准，由国务院发展计划部门会同国务院有关部门制订，报国务院批准。

法律或者国务院对必须进行招标的其他项目的范围有规定的，依照其规定。

第四条 任何单位和个人不得将依法必须进行招标的项目化整为零或者以其他任何方式规避招标。

第五条 招标投标活动应当遵循公开、公平、公正和诚实信用的原则。

第六条 依法必须进行招标的项目,其招标投标活动不受地区或者部门的限制。任何单位和个人不得违法限制或者排斥本地区、本系统以外的法人或者其他组织参加投标,不得以任何方式非法干涉招标投标活动。

第七条 招标投标活动及其当事人应当接受依法实施的监督。

有关行政监督部门依法对招标投标活动实施监督,依法查处招标投标活动中的违法行为。

对招标投标活动的行政监督及有关部门的具体职权划分,由国务院规定。

第二章 招 标

第八条 招标人是依照本法规定提出招标项目、进行招标的法人或者其他组织。

第九条 招标项目按照国家有关规定需要履行项目审批手续的,应当先履行审批的手续,取得批准。

招标人应当有进行招标项目的相应资金或者资金来源已经落实,并应当在招标文件中如实载明。

第十条 招标分为公开招标和邀请招标。

公开招标,是指招标人以招标公告的方式邀请不特定的法人或者其他组织投标。

邀请招标,是指招标人以投标邀请书的方式邀请特定的法人或者其他组织投标。

第十一条 国务院发展计划部门确定的国家重点项目和省、自治区、直辖市人民政府确定的地方重点项目不适宜公开招标的,经国务院发展计划部门或者省、自治区、直辖市人民政府批准,可以进行邀请招标。

第十二条 招标人有权自行选择招标代理机构,委托其办理招标事宜。任何单位和个人不得以任何方式为招标人指定招标代理机构。

招标人具有编制招标文件和组织评标能力的,可以自行办理招标事宜。任何单位和个人不得强制其委托招标代理机构办理招标事宜。

依法必须进行招标的项目,招标人自行办理招标事宜的,应当向有关行政监督部门备案。

第十三条 招标代理机构是依法设立、从事招标代理业务并提供相关服务的社会中介组织。

招标代理机构应当具备下列条件:

(一)有从事招标代理业务的营业场所和相应资金;

(二)有能够编制招标文件和组织评标的相应专业力量。

第十四条 招标代理机构与行政机关和其他国家机关不得存在隶属关系或者其他利益关系。

第十五条 招标代理机构应当在招标人委托的范围内办理招标事宜,并遵守本法关于招标人的规定。

第十六条 招标人采用公开招标方式的,应当发布招标公告。依法必须进行招标的项目的招标公告,应当通过国家指定的报刊、信息网络或者其他媒介发布。

招标公告应当载明招标人的名称和地址、招标项目的性质、数量、实施地点和时间以及获取招标文件的办法等事项。

第十七条 招标人采用邀请招标方式的,应当向三个以上具备承担招标项目的能力、资信良好的特定的法人或者其他组织发出投标邀请书。

投标邀请书应当载明本法第十六条第二款规定的事项。

第十八条 招标人可以根据招标项目本身的要求,在招标公告或者投标邀请书中,要求潜在投标人提供有关资质证明文件和业绩情况,并对潜在投标人进行资格审查;国家对投标人的资格条件有规定的,依照其规定。

招标人不得以不合理的条件限制或者排斥潜在投标人,不得对潜在投标人实行歧视待遇。

第十九条 招标人应当根据招标项目的特点和需要编制招标文件。招标文件应当包括招标项目的技术要求、对投标人资格审查的标准、投标报价要求和评标标准等所有实质性要求和条件以及拟签订合同的主要条款。

国家对招标项目的技术、标准有规定的,招标人应当按照其规定在招标文件中提出相应要求。

招标项目需要划分标段、确定工期的,招标人应当合理划分标段、确定工期,并在招标文件中载明。

第二十条 招标文件不得要求或者标明特定的生产供应者以及含有倾向或者排斥潜在投标人的其他内容。

第二十一条 招标人根据招标项目的具体情况,可以组织潜在投标人踏勘项目现场。

第二十二条 招标人不得向他人透露已获取招标文件的潜在投标人的名称、数量以及可能影响公平竞争的有关招标投标的其他情况。

招标人设有标底的,标底必须保密。

第二十三条 招标人对已发出的招标文件进行必要的澄清或者修改的,应当在招标文件要求提交投标文件截止时间至少十五日前,以书面形式通知所有招标文件收受人。该澄清或者修改的内容为招标文件的组成部分。

第二十四条 招标人应当确定投标人编制投标文件所需要的合理时间;但是,依法必须进行招标的项目,自招标文件开始发出之日起至投标人提交投标文件截止之日止,最短不得少于二十日。

第三章 投 标

第二十五条 投标人是响应招标、参加投标竞争的法人或者其他组织。

依法招标的科研项目允许个人参加投标的,投标的个人适用本法有关投标人的规定。

第二十六条 投标人应当具备承担招标项目的能力;国家有关规定对投标人资格条件或者招标文件对投标人资格条件有规定的,投标人应当具备规定的资格条件。

第二十七条 投标人应当按照招标文件的要求编制投标文件。投标文件应当对招标文件提出的实质性要求和条件作出响应。

招标项目属于建设施工的,投标文件的内容应当包括拟派出的项目负责人与主要技术人员的简历、业绩和拟用于完成招标项目的机械设备等。

第二十八条 投标人应当在招标文件要求提交投标文件的截止时间前,将投标文件送达投标地点。招标人收到投标文件后,应当签收保存,不得开启。投标人少于三个的,招标人应当依照本法重新招标。

在招标文件要求提交投标文件的截止时间后送达的投标文件,招标人应当拒收。

第二十九条 投标人在招标文件要求提交投标文件的截止时间前,可以补充、修改或者撤回已提交的投标文件,并书面通知招标人。补充、修改的内容为投标文件的组成部分。

第三十条 投标人根据招标文件载明的项目实际情况,拟在中标后将中标项目的部分非主体、非关键性工作进行分包的,应当在投标文件中载明。

第三十一条 两个以上法人或者其他组织可以组成一个联合体，以一个投标人的身份共同投标。

联合体各方均应当具备承担招标项目的相应能力；国家有关规定或者招标文件对投标人资格条件有规定的，联合体各方均应当具备规定的相应资格条件。由同一专业的单位组成的联合体，按照资质等级较低的单位确定资质等级。

联合体各方应当签订共同投标协议，明确约定各方拟承担的工作和责任，并将共同投标协议连同投标文件一并提交招标人。联合体中标的，联合体各方应当共同与招标人签订合同，就中标项目向招标人承担连带责任。

招标人不得强制投标人组成联合体共同投标，不得限制投标人之间的竞争。

第三十二条 投标人不得相互串通投标报价，不得排挤其他投标人的公平竞争，损害招标人或者其他投标人的合法权益。

投标人不得与招标人串通投标，损害国家利益、社会公共利益或者他人的合法权益。

禁止投标人以向招标人或者评标委员会成员行贿的手段谋取中标。

第三十三条 投标人不得以低于成本的报价竞标，也不得以他人名义投标或者以其他方式弄虚作假，骗取中标。

第四章 开标、评标和中标

第三十四条 开标应当在招标文件确定的提交投标文件截止时间的同一时间公开进行；开标地点应当为招标文件中预先确定的地点。

第三十五条 开标由招标人主持，邀请所有投标人参加。

第三十六条 开标时，由投标人或者其推选的代表检查投标文件的密封情况，也可以由招标人委托的公证机构检查并公证；经确认无误后，由工作人员当众拆封，宣读投标人名称、投标价格和投标文件的其他主要内容。

招标人在招标文件要求提交投标文件的截止时间前收到的所有投标文件，开标时都应当当众予以拆封、宣读。

开标过程应当记录，并存档备查。

第三十七条 评标由招标人依法组建的评标委员会负责。

依法必须进行招标的项目，其评标委员会由招标人的代表和有关技术、经济等方面的专家组成，成员人数为五人以上单数，其中技术、经济等方面的专家不得少于成员总数的三分之二。

前款专家应当从事相关领域工作满八年并具有高级职称或者具有同等专业水平，由招标人从国务院有关部门或者省、自治区、直辖市人民政府有关部门提供的专家名册或者招标代理机构的专家库内的相关专业的专家名单中确定；一般招标项目可以采取随机抽取方式，特殊招标项目可以由招标人直接确定。

与投标人有利害关系的人不得进入相关项目的评标委员会；已经进入的应当更换。

评标委员会成员的名单在中标结果确定前应当保密。

第三十八条 招标人应当采取必要的措施，保证评标在严格保密的情况下进行。

任何单位和个人不得非法干预、影响评标的过程和结果。

第三十九条 评标委员会可以要求投标人对投标文件中含义不明确的内容作必要的澄清或者说明，但是澄清或者说明不得超出投标文件的范围或者改变投标文件的实质性内容。

第四十条 评标委员会应当按照招标文件确定的评标标准和方法，对投标文件进行评审和比较；设有标底的，应当参考标底。评标委员会完成评标后，应当向招标人提出书面评标报告，并推荐合格的中标候选人。

招标人根据评标委员会提出的书面评标报告和推荐的中标候选人确定中标人。招标人也可以授权评标委员会直接确定中标人。

国务院对特定招标项目的评标有特别规定的，从其规定。

第四十一条 中标人的投标应当符合下列条件之一：

（一）能够最大限度地满足招标文件中规定的各项综合评价标准；

（二）能够满足招标文件的实质性要求，并且经评审的投标价格最低；但是投标价格低于成本的除外。

第四十二条 评标委员会经评审，认为所有投标都不符合招标文件要求的，可以否决所有投标。

依法必须进行招标的项目的所有投标被否决的，招标人应当依照本法重新招标。

第四十三条 在确定中标人前，招标人不得与投标人就投标价格、投标方案等实质性内容进行谈判。

第四十四条 评标委员会成员应当客观、公正地履行职务，遵守职业道德,对所提出的评审意见承担个人责任。

评标委员会成员不得私下接触投标人,不得收受投标人的财物或者其他好处。

评标委员会成员和参与评标的有关工作人员不得透露对投标文件的评审和比较、中标候选人的推荐情况以及与评标有关的其他情况。

第四十五条 中标人确定后,招标人应当向中标人发出中标通知书,并同时将中标结果通知所有未中标的投标人。

中标通知书对招标人和中标人具有法律效力。中标通知书发出后,招标人改变中标结果的,或者中标人放弃中标项目的,应当依法承担法律责任。

第四十六条 招标人和中标人应当自中标通知书发出之日起三十日内,按照招标文件和中标人的投标文件订立书面合同。招标人和中标人不得再行订立背离合同实质性内容的其他协议。

招标文件要求中标人提交履约保证金的,中标人应当提交。

第四十七条 依法必须进行招标的项目,招标人应当自确定中标人之日起十五日内,向有关行政监督部门提交招标投标情况的书面报告。

第四十八条 中标人应当按照合同约定履行义务,完成中标项目。中标人不得向他人转让中标项目,也不得将中标项目肢解后分别向他人转让。

中标人按照合同约定或者经招标人同意,可以将中标项目的部分非主体、非关键性工作分包给他人完成。接受分包的人应当具备相应的资格条件,并不得再次分包。

中标人应当就分包项目向招标人负责,接受分包的人就分包项目承担连带责任。

第五章 法律责任

第四十九条 违反本法规定,必须进行招标的项目而不招标的,将必须进行招标的项目化整为零或者以其他任何方式规避招标的,责令限期改正,可以处项目合同金额千分之五以上千分之十以下的罚款;对全部或者部分使用国有资金的项目,可以暂停项目执行或者暂停资金拨付;对单位直接负责的主管人员和其他直接责任人员依法给予处分。

第五十条 招标代理机构违反本法规定,泄露应当保密的与招标投标活动有关的情况和资料的,或者与招标人、投标人串通损害国家利益、社会公共利益或者他人合法权益的,处五万元以上二十五万元以下的罚款,对单位直接负责的主管人员和其他直接责任人员处单位罚款数额百分之五以上百分之十以下的罚款;有违法所得的,并处没收违法所得;情节严重的,禁止其一年至二年内代理依法必须进行招标的项目并予以公告,直至由工商行政管理机关吊销营业执照;构成犯罪的,依法追究刑事责任。给他人造成损失的,依法承担赔偿责任。

前款所列行为影响中标结果的,中标无效。

第五十一条 招标人以不合理的条件限制或者排斥潜在投标人的,对潜在投标人实行歧视待遇的,强制要求投标人组成联合体共同投标的,或者限制投标人之间竞争的,责令改正,可以处一万元以上五万元以下的罚款。

第五十二条 依法必须进行招标的项目的招标人向他人透露已获取招标文件的潜在投标人的名称、数量或者可能影响公平竞争的有关招标投标的其他情况的,或者泄露标底的,给予警告,可以并处一万元以上十万元以下的罚款;对单位直接负责的主管人员和其他直接责任人员依法给予处分;构成犯罪的,依法追究刑事责任。

前款所列行为影响中标结果的,中标无效。

第五十三条 投标人相互串通投标或者与招标人串通投标的,投标人以向招标人或者评标委员会成员行贿的手段谋取中标的,中标无效,处中标项目金额千分之五以上千分之十以下的罚款,对单位直接负责的主管人员和其他直接责任人员处单位罚款数额百分之五以上百分之十以下的罚款;有违法所得的,并处没收违法所得;情节严重的,取消其一年至二年内参加依法必须进行招标的项目的投标资格并予以公告,直至由工商行政管理机关吊销营业执照;构成犯罪的,依法追究刑事责任。给他人造成损失的,依法承担赔偿责任。

第五十四条 投标人以他人名义投标或者以其他方式弄虚作假,骗取中标的,中标无效,给招标人造成损失的,依法承担赔偿责任;构成犯罪的,依法追究刑事责任。

依法必须进行招标的项目的投标人有前款所列行为尚未构成犯罪的,处中标项目金额千分之五以上千分之十以下的罚款,对单位直接负责的主管人员和其他直接责任人员处单位罚款数额百分之五以上百分之十以下的罚款;有违法所得的,并处没收违法所得;情节严重的,取消其一年至三年内参加依法必须进行招标的项目的投标资格并予以公告,直至由工商行政管理机关吊销营业执照。

第五十五条 依法必须进行招标的项目,招标人违反本法规定,与投标人就投标价格、投标方案等实质性内容进行谈判的，给予警告，对单位直接负责的主管人员和其他直接责任人员依法给予处分。

前款所列行为影响中标结果的，中标无效。

第五十六条 评标委员会成员收受投标人的财物或者其他好处的，评标委员会成员或者参加评标的有关工作人员向他人透露对投标文件的评审和比较、中标候选人的推荐以及与评标有关的其他情况的，给予警告，没收收受的财物，可以并处三千元以上五万元以下的罚款，对有所列违法行为的评标委员会成员取消担任评标委员会成员的资格，不得再参加任何依法必须进行招标的项目的评标；构成犯罪的，依法追究刑事责任。

第五十七条 招标人在评标委员会依法推荐的中标候选人以外确定中标人的，依法必须进行招标的项目在所有投标被评标委员会否决后自行确定中标人的，中标无效。责令改正，可以处中标项目金额千分之五以上千分之十以下的罚款；对单位直接负责的主管人员和其他直接责任人员依法给予处分。

第五十八条 中标人将中标项目转让给他人的，将中标项目肢解后分别转让给他人的，违反本法规定将中标项目的部分主体、关键性工作分包给他人的，或者分包人再次分包的，转让、分包无效，处转让、分包项目金额千分之五以上千分之十以下的罚款；有违法所得的，并处没收违法所得；可以责令停业整顿；情节严重的，由工商行政管理机关吊销营业执照。

第五十九条 招标人与中标人不按照招标文件和中标人的投标文件订立合同的，或者招标人、中标人订立背离合同实质性内容的协议的，责令改正；可以处中标项目金额千分之五以上千分之十以下的罚款。

第六十条 中标人不履行与招标人订立的合同的，履约保证金不予退还，给招标人造成的损失超过履约保证金数额的，还应当对超过部分予以赔偿；没有提交履约保证金的，应当对招标人的损失承担赔偿责任。

中标人不按照与招标人订立的合同履行义务，情节严重的，取消其二年至五年内参加依法必须进行招标的项目的投标资格并予以公告，直至由工商行政管理机关吊销营业执照。

因不可抗力不能履行合同的，不适用前两款规定。

第六十一条 本章规定的行政处罚，由国务院规定的有关行政监督部门决定。本法已对实施行政处罚的机关作出规定的除外。

第六十二条 任何单位违反本法规定，限制或者排斥本地区、本系统以外的法人或者其他组织参加投标的，为招标人指定招标代理机构的，强制招标人委托招标代理机构办理招标事宜的，或者以其他方式干涉招标投标活动的，责令改正；对单位直接负责的主管人员和其他直接责任人员依法给予警告、记过、记大过的处分，情节较重的，依法给予降级、撤职、开除的处分。

个人利用职权进行前款违法行为的，依照前款规定追究责任。

第六十三条 对招标投标活动依法负有行政监督职责的国家机关工作人员徇私舞弊、滥用职权或者玩忽职守，构成犯罪的，依法追究刑事责任；不构成犯罪的，依法给予行政处分。

第六十四条 依法必须进行招标的项目违反本法规定，中标无效的，应当依照本法规定的中标条件从其余投标人中重新确定中标人或者依照本法重新进行招标。

第六章 附 则

第六十五条 投标人和其他利害关系人认为招标投标活动不符合本法有关规定的，有权向招标人提出异议或者依法向有关行政监督部门投诉。

第六十六条 涉及国家安全、国家秘密、抢险救灾或者属于利用扶贫资金实行以工代赈、需要使用农民工等特殊情况，不适宜进行招标的项目，按照国家有关规定可以不进行招标。

第六十七条 使用国际组织或者外国政府贷款、援助资金的项目进行招标，贷款方、资金提供方对招标投标的具体条件和程序有不同规定的，可以适用其规定，但违背中华人民共和国的社会公共利益的除外。

第六十八条 本法自2000年1月1日起施行。

中华人民共和国民法典（节录）

（2020年5月28日通过）

第一编 总 则

第一章 基本规定

第一条 为了保护民事主体的合法权益，调整民事关系，维护社会和经济秩序，适应中国特色社会主义发展要求，弘扬社会主义核心价值观，根据宪法，制定本法。

第二条 民法调整平等主体的自然人、法人和非法人组织之间的人身关系和财产关系。

第三条 民事主体的人身权利、财产权利以及其他合法权益受法律保护，任何组织或者个人不得侵犯。

第四条 民事主体在民事活动中的法律地位一律平等。

第五条 民事主体从事民事活动，应当遵循自愿原则，按照自己的意思设立、变更、终止民事法律关系。

第六条 民事主体从事民事活动，应当遵循公平原则，合理确定各方的权利和义务。

第七条 民事主体从事民事活动，应当遵循诚信原则，秉持诚实，恪守承诺。

第八条 民事主体从事民事活动，不得违反法律，不得违背公序良俗。

第九条 民事主体从事民事活动，应当有利于节约资源、保护生态环境。

第十条 处理民事纠纷，应当依照法律；法律没有规定的，可以适用习惯，但是不得违背公序良俗。

第十一条 其他法律对民事关系有特别规定的，依照其规定。

第十二条 中华人民共和国领域内的民事活动，适用中华人民共和国法律。法律另有规定的，依照其规定。

第八章 民事责任

第一百七十六条 民事主体依照法律规定或者按照当事人约定，履行民事义务，承担民事责任。

第一百七十七条 二人以上依法承担按份责任，能够确定责任大小的，各自承担相应的责任；难以确定责任大小的，平均承担责任。

第一百七十八条 二人以上依法承担连带责任的，权利人有权请求部分或者全部连带责任人承担责任。

连带责任人的责任份额根据各自责任大小确定；难以确定责任大小的，平均承担责任。实际承担责任超过自己责任份额的连带责任人，有权向其他连带责任人追偿。

连带责任，由法律规定或者当事人约定。

第一百七十九条 承担民事责任的方式主要有：

（一）停止侵害；

（二）排除妨碍；

（三）消除危险；

（四）返还财产；

（五）恢复原状；

（六）修理、重作、更换；

（七）继续履行；

（八）赔偿损失；

（九）支付违约金；

（十）消除影响、恢复名誉；

（十一）赔礼道歉。

法律规定惩罚性赔偿的，依照其规定。

本条规定的承担民事责任的方式，可以单独适用，也可以合并适用。

第一百八十条 因不可抗力不能履行民事义务的，不承担民事责任。法律另有规定的，依照其规定。

不可抗力是不能预见、不能避免且不能克服的客观情况。

第一百八十一条 因正当防卫造成损害的，不承担民事责任。

正当防卫超过必要的限度，造成不应有的损害的，正当防卫人应当承担适当的民事责任。

第一百八十二条 因紧急避险造成损害的，由引起险情发生的人承担民事责任。

危险由自然原因引起的，紧急避险人不承担民事责任，可以给予适当补偿。

紧急避险采取措施不当或者超过必要的限度，造成不应有的损害的，紧急避险人应当承担适当的民事责任。

第一百八十三条 因保护他人民事权益使自己受到损害的，由侵权人承担民事责任，受益人可以给予适当补偿。没有侵权人、侵权人逃逸或者无力承担民事责任，受害人请求补偿的，受益人应当给予适当补偿。

第一百八十四条 因自愿实施紧急救助行为造成受助人损害的，救助人不承担民事责任。

第一百八十五条 侵害英雄烈士等的姓名、肖像、名誉、荣誉，损害社会公共利益的，应当承担民事责任。

第一百八十六条 因当事人一方的违约行为，损害对方人身权益、财产权益的，受损害方有权选择请求其承担违约责任或者侵权责任。

第一百八十七条 民事主体因同一行为应当承担民事责任、行政责任和刑事责任的，承担行政责任或者刑事责任不影响承担民事责任；民事主体的财产不足以支付的，优先用于承担民事责任。

第三编 合 同

第一分编 通 则

第一章 一般规定

第四百六十三条 本编调整因合同产生的民事关系。

第四百六十四条 合同是民事主体之间设立、变更、终止民事法律关系的协议。

婚姻、收养、监护等有关身份关系的协议，适用有关该身份关系的法律规定；没有规定的，可以根据其性质参照适用本编规定。

第四百六十五条 依法成立的合同，受法律保护。

依法成立的合同，仅对当事人具有法律约束力，但是法律另有规定的除外。

第四百六十六条 当事人对合同条款的理解有争议的，应当依据本法第一百四十二条第一款的规定，确定争议条款的含义。

合同文本采用两种以上文字订立并约定具有同等效力的，对各文本使用的词句推定具有相同含义。各文本使用的词句不一致的，应当根据合同的相关条款、性质、目的以及诚信原则等予以解释。

第四百六十七条 本法或者其他法律没有明文规定的合同，适用本编通则的规定，并可以参照适用本编或者其他法律最相类似合同的规定。

在中华人民共和国境内履行的中外合资经营企业合同、中外合作经营企业合同、中外合作勘探开发自然资源合同，适用中华人民共和国法律。

第四百六十八条 非因合同产生的债权债务关系，适用有关该债权债务关系的法律规定；没有规定的，适用本编通则的有关规定，但是根据其性质不能适用的除外。

第二章 合同的订立

第四百六十九条 当事人订立合同，可以采用书面形式、口头形式或者其他形式。

书面形式是合同书、信件、电报、电传、传真等可以有形地表现所载内容的形式。

以电子数据交换、电子邮件等方式能够有形地表现所载内容,并可以随时调取查用的数据电文,视为书面形式。

第四百七十条 合同的内容由当事人约定,一般包括下列条款:

(一)当事人的姓名或者名称和住所;

(二)标的;

(三)数量;

(四)质量;

(五)价款或者报酬;

(六)履行期限、地点和方式;

(七)违约责任;

(八)解决争议的方法。

当事人可以参照各类合同的示范文本订立合同。

第四百七十一条 当事人订立合同,可以采取要约、承诺方式或者其他方式。

第四百七十二条 要约是希望与他人订立合同的意思表示,该意思表示应当符合下列条件:

(一)内容具体确定;

(二)表明经受要约人承诺,要约人即受该意思表示约束。

第四百七十三条 要约邀请是希望他人向自己发出要约的表示。拍卖公告、招标公告、招股说明书、债券募集办法、基金招募说明书、商业广告和宣传、寄送的价目表等为要约邀请。

商业广告和宣传的内容符合要约条件的,构成要约。

第四百七十四条 要约生效的时间适用本法第一百三十七条的规定。

第四百七十五条 要约可以撤回。要约的撤回适用本法第一百四十一条的规定。

第四百七十六条 要约可以撤销,但是有下列情形之一的除外:

(一)要约人以确定承诺期限或者其他形式明示要约不可撤销;

(二)受要约人有理由认为要约是不可撤销的,并已经为履行合同做了合理准备工作。

第四百七十七条 撤销要约的意思表示以对话方式作出的，该意思表示的内容应当在受要约人作出承诺之前为受要约人所知道；撤销要约的意思表示以非对话方式作出的，应当在受要约人作出承诺之前到达受要约人。

第四百七十八条 有下列情形之一的，要约失效：

（一）要约被拒绝；

（二）要约被依法撤销；

（三）承诺期限届满，受要约人未作出承诺；

（四）受要约人对要约的内容作出实质性变更。

第四百七十九条 承诺是受要约人同意要约的意思表示。

第四百八十条 承诺应当以通知的方式作出；但是，根据交易习惯或者要约表明可以通过行为作出承诺的除外。

第四百八十一条 承诺应当在要约确定的期限内到达要约人。

要约没有确定承诺期限的，承诺应当依照下列规定到达：

（一）要约以对话方式作出的，应当即时作出承诺；

（二）要约以非对话方式作出的，承诺应当在合理期限内到达。

第四百八十二条 要约以信件或者电报作出的，承诺期限自信件载明的日期或者电报交发之日开始计算。信件未载明日期的，自投寄该信件的邮戳日期开始计算。要约以电话、传真、电子邮件等快速通讯方式作出的，承诺期限自要约到达受要约人时开始计算。

第四百八十三条 承诺生效时合同成立，但是法律另有规定或者当事人另有约定的除外。

第四百八十四条 以通知方式作出的承诺，生效的时间适用本法第一百三十七条的规定。

承诺不需要通知的，根据交易习惯或者要约的要求作出承诺的行为时生效。

第四百八十五条 承诺可以撤回。承诺的撤回适用本法第一百四十一条的规定。

第四百八十六条 受要约人超过承诺期限发出承诺，或者在承诺期限内发出承诺，按照通常情形不能及时到达要约人的，为新要约；但是，要约人及时通知受要约人该承诺有效的除外。

第四百八十七条 受要约人在承诺期限内发出承诺，按照通常情形能够及时到达要约人，但是因其他原因致使承诺到达要约人时超过承诺期限的，除要约人及时通知受要约人因承诺超过期限不接受该承诺外,该承诺有效。

第四百八十八条 承诺的内容应当与要约的内容一致。受要约人对要约的内容作出实质性变更的,为新要约。有关合同标的、数量、质量、价款或者报酬、履行期限、履行地点和方式、违约责任和解决争议方法等的变更,是对要约内容的实质性变更。

第四百八十九条 承诺对要约的内容作出非实质性变更的,除要约人及时表示反对或者要约表明承诺不得对要约的内容作出任何变更外,该承诺有效,合同的内容以承诺的内容为准。

第四百九十条 当事人采用合同书形式订立合同的,自当事人均签名、盖章或者按指印时合同成立。在签名、盖章或者按指印之前,当事人一方已经履行主要义务,对方接受时,该合同成立。

法律、行政法规规定或者当事人约定合同应当采用书面形式订立,当事人未采用书面形式但是一方已经履行主要义务,对方接受时,该合同成立。

第四百九十一条 当事人采用信件、数据电文等形式订立合同要求签订确认书的,签订确认书时合同成立。

当事人一方通过互联网等信息网络发布的商品或者服务信息符合要约条件的,对方选择该商品或者服务并提交订单成功时合同成立,但是当事人另有约定的除外。

第四百九十二条 承诺生效的地点为合同成立的地点。

采用数据电文形式订立合同的,收件人的主营业地为合同成立的地点;没有主营业地的,其住所地为合同成立的地点。当事人另有约定的,按照其约定。

第四百九十三条 当事人采用合同书形式订立合同的,最后签名、盖章或者按指印的地点为合同成立的地点,但是当事人另有约定的除外。

第四百九十四条 国家根据抢险救灾、疫情防控或者其他需要下达国家订货任务、指令性任务的,有关民事主体之间应当依照有关法律、行政法规规定的权利和义务订立合同。

依照法律、行政法规的规定负有发出要约义务的当事人,应当及时发出合理的要约。

依照法律、行政法规的规定负有作出承诺义务的当事人,不得拒绝对方合理的订立合同要求。

第四百九十五条 当事人约定在将来一定期限内订立合同的认购书、订购书、预订书等，构成预约合同。

当事人一方不履行预约合同约定的订立合同义务的，对方可以请求其承担预约合同的违约责任。

第四百九十六条 格式条款是当事人为了重复使用而预先拟定，并在订立合同时未与对方协商的条款。

采用格式条款订立合同的，提供格式条款的一方应当遵循公平原则确定当事人之间的权利和义务，并采取合理的方式提示对方注意免除或者减轻其责任等与对方有重大利害关系的条款，按照对方的要求，对该条款予以说明。提供格式条款的一方未履行提示或者说明义务，致使对方没有注意或者理解与其有重大利害关系的条款的，对方可以主张该条款不成为合同的内容。

第四百九十七条 有下列情形之一的，该格式条款无效：

（一）具有本法第一编第六章第三节和本法第五百零六条规定的无效情形；

（二）提供格式条款一方不合理地免除或者减轻其责任、加重对方责任、限制对方主要权利；

（三）提供格式条款一方排除对方主要权利。

第四百九十八条 对格式条款的理解发生争议的，应当按照通常理解予以解释。对格式条款有两种以上解释的，应当作出不利于提供格式条款一方的解释。格式条款和非格式条款不一致的，应当采用非格式条款。

第四百九十九条 悬赏人以公开方式声明对完成特定行为的人支付报酬的，完成该行为的人可以请求其支付。

第五百条 当事人在订立合同过程中有下列情形之一，造成对方损失的，应当承担赔偿责任：

（一）假借订立合同，恶意进行磋商；

（二）故意隐瞒与订立合同有关的重要事实或者提供虚假情况；

（三）有其他违背诚信原则的行为。

第五百零一条 当事人在订立合同过程中知悉的商业秘密或者其他应当保密的信息，无论合同是否成立，不得泄露或者不正当地使用；泄露、不正当地使用该商业秘密或者信息，造成对方损失的，应当承担赔偿责任。

第三章 合同的效力

第五百零二条 依法成立的合同，自成立时生效，但是法律另有规定或者当事人另有约定的除外。

依照法律、行政法规的规定，合同应当办理批准等手续的，依照其规定。未办理批准等手续影响合同生效的，不影响合同中履行报批等义务条款以及相关条款的效力。应当办理申请批准等手续的当事人未履行义务的，对方可以请求其承担违反该义务的责任。

依照法律、行政法规的规定，合同的变更、转让、解除等情形应当办理批准等手续的，适用前款规定。

第五百零三条 无权代理人以被代理人的名义订立合同，被代理人已经开始履行合同义务或者接受相对人履行的，视为对合同的追认。

第五百零四条 法人的法定代表人或者非法人组织的负责人超越权限订立的合同，除相对人知道或者应当知道其超越权限外，该代表行为有效，订立的合同对法人或者非法人组织发生效力。

第五百零五条 当事人超越经营范围订立的合同的效力，应当依照本法第一编第六章第三节和本编的有关规定确定，不得仅以超越经营范围确认合同无效。

第五百零六条 合同中的下列免责条款无效：

（一）造成对方人身损害的；

（二）因故意或者重大过失造成对方财产损失的。

第五百零七条 合同不生效、无效、被撤销或者终止的，不影响合同中有关解决争议方法的条款的效力。

第五百零八条 本编对合同的效力没有规定的，适用本法第一编第六章的有关规定。

第四章　合同的履行

第五百零九条 当事人应当按照约定全面履行自己的义务。

当事人应当遵循诚信原则，根据合同的性质、目的和交易习惯履行通知、协助、保密等义务。

当事人在履行合同过程中，应当避免浪费资源、污染环境和破坏生态。

第五百一十条 合同生效后，当事人就质量、价款或者报酬、履行地点等内容没有约定或者约定不明确的，可以协议补充；不能达成补充协议的，按照合同相关条款或者交易习惯确定。

第五百一十一条 当事人就有关合同内容约定不明确，依据前条规定仍不能确定的，适用下列规定：

（一）质量要求不明确的，按照强制性国家标准履行；没有强制性国家标准的，按照推荐性国家标准履行；没有推荐性国家标准的，按照行业标准履行；没有国家标准、行业标准的，按照通常标准或者符合合同目的的特定标准履行。

（二）价款或者报酬不明确的，按照订立合同时履行地的市场价格履行；依法应当执行政府定价或者政府指导价的，依照规定履行。

（三）履行地点不明确，给付货币的，在接受货币一方所在地履行；交付不动产的，在不动产所在地履行；其他标的，在履行义务一方所在地履行。

（四）履行期限不明确的，债务人可以随时履行，债权人也可以随时请求履行，但是应当给对方必要的准备时间。

（五）履行方式不明确的，按照有利于实现合同目的的方式履行。

（六）履行费用的负担不明确的，由履行义务一方负担；因债权人原因增加的履行费用，由债权人负担。

第五百一十二条 通过互联网等信息网络订立的电子合同的标的为交付商品并采用快递物流方式交付的，收货人的签收时间为交付时间。电子合同的标的为提供服务的，生成的电子凭证或者实物凭证中载明的时间为提供服务时间；前述凭证没有载明时间或者载明时间与实际提供服务时间不一致的，以实际提供服务的时间为准。

电子合同的标的物为采用在线传输方式交付的，合同标的物进入对方当事人指定的特定系统且能够检索识别的时间为交付时间。

电子合同当事人对交付商品或者提供服务的方式、时间另有约定的，按照其约定。

第五百一十三条 执行政府定价或者政府指导价的，在合同约定的交付期限内政府价格调整时，按照交付时的价格计价。逾期交付标的物的，遇价格上涨时，按照原价格执行；价格下降时，按照新价格执行。逾期提取标的物或者逾期付款的，遇价格上涨时，按照新价格执行；价格下降时，按照原价格执行。

第五百一十四条 以支付金钱为内容的债，除法律另有规定或者当事人另有约定外，债权人可以请求债务人以实际履行地的法定货币履行。

第五百一十五条 标的有多项而债务人只需履行其中一项的，债务人享有选择权；但是，法律另有规定、当事人另有约定或者另有交易习惯的除外。

享有选择权的当事人在约定期限内或者履行期限届满未作选择，经催告后在合理期限内仍未选择的，选择权转移至对方。

第五百一十六条 当事人行使选择权应当及时通知对方,通知到达对方时,标的确定。标的确定后不得变更,但是经对方同意的除外。

可选择的标的发生不能履行情形的,享有选择权的当事人不得选择不能履行的标的,但是该不能履行的情形是由对方造成的除外。

第五百一十七条 债权人为二人以上,标的可分,按照份额各自享有债权的,为按份债权;债务人为二人以上,标的可分,按照份额各自负担债务的,为按份债务。

按份债权人或者按份债务人的份额难以确定的,视为份额相同。

第五百一十八条 债权人为二人以上,部分或者全部债权人均可以请求债务人履行债务的,为连带债权;债务人为二人以上,债权人可以请求部分或者全部债务人履行全部债务的,为连带债务。

连带债权或者连带债务,由法律规定或者当事人约定。

第五百一十九条 连带债务人之间的份额难以确定的,视为份额相同。

实际承担债务超过自己份额的连带债务人,有权就超出部分在其他连带债务人未履行的份额范围内向其追偿,并相应地享有债权人的权利,但是不得损害债权人的利益。其他连带债务人对债权人的抗辩,可以向该债务人主张。

被追偿的连带债务人不能履行其应分担份额的,其他连带债务人应当在相应范围内按比例分担。

第五百二十条 部分连带债务人履行、抵销债务或者提存标的物的,其他债务人对债权人的债务在相应范围内消灭;该债务人可以依据前条规定向其他债务人追偿。

部分连带债务人的债务被债权人免除的,在该连带债务人应当承担的份额范围内,其他债务人对债权人的债务消灭。

部分连带债务人的债务与债权人的债权同归于一人的,在扣除该债务人应当承担的份额后,债权人对其他债务人的债权继续存在。

债权人对部分连带债务人的给付受领迟延的,对其他连带债务人发生效力。

第五百二十一条 连带债权人之间的份额难以确定的,视为份额相同。

实际受领债权的连带债权人,应当按比例向其他连带债权人返还。

连带债权参照适用本章连带债务的有关规定。

第五百二十二条 当事人约定由债务人向第三人履行债务,债务人未向第三人履行债务或者履行债务不符合约定的,应当向债权人承担违约责任。

法律规定或者当事人约定第三人可以直接请求债务人向其履行债务，第三人未在合理期限内明确拒绝，债务人未向第三人履行债务或者履行债务不符合约定的，第三人可以请求债务人承担违约责任；债务人对债权人的抗辩，可以向第三人主张。

第五百二十三条 当事人约定由第三人向债权人履行债务，第三人不履行债务或者履行债务不符合约定的，债务人应当向债权人承担违约责任。

第五百二十四条 债务人不履行债务，第三人对履行该债务具有合法利益的，第三人有权向债权人代为履行；但是，根据债务性质、按照当事人约定或者依照法律规定只能由债务人履行的除外。

债权人接受第三人履行后，其对债务人的债权转让给第三人，但是债务人和第三人另有约定的除外。

第五百二十五条 当事人互负债务，没有先后履行顺序的，应当同时履行。一方在对方履行之前有权拒绝其履行请求。一方在对方履行债务不符合约定时，有权拒绝其相应的履行请求。

第五百二十六条 当事人互负债务，有先后履行顺序，应当先履行债务一方未履行的，后履行一方有权拒绝其履行请求。先履行一方履行债务不符合约定的，后履行一方有权拒绝其相应的履行请求。

第五百二十七条 应当先履行债务的当事人，有确切证据证明对方有下列情形之一的，可以中止履行：

（一）经营状况严重恶化；

（二）转移财产、抽逃资金，以逃避债务；

（三）丧失商业信誉；

（四）有丧失或者可能丧失履行债务能力的其他情形。

当事人没有确切证据中止履行的，应当承担违约责任。

第五百二十八条 当事人依据前条规定中止履行的，应当及时通知对方。对方提供适当担保的，应当恢复履行。中止履行后，对方在合理期限内未恢复履行能力且未提供适当担保的，视为以自己的行为表明不履行主要债务，中止履行的一方可以解除合同并可以请求对方承担违约责任。

第五百二十九条 债权人分立、合并或者变更住所没有通知债务人，致使履行债务发生困难的，债务人可以中止履行或者将标的物提存。

第五百三十条 债权人可以拒绝债务人提前履行债务，但是提前履行不损害债权人利益的除外。

债务人提前履行债务给债权人增加的费用，由债务人负担。

第五百三十一条 债权人可以拒绝债务人部分履行债务，但是部分履行不损害债权人利益的除外。

债务人部分履行债务给债权人增加的费用，由债务人负担。

第五百三十二条 合同生效后，当事人不得因姓名、名称的变更或者法定代表人、负责人、承办人的变动而不履行合同义务。

第五百三十三条 合同成立后，合同的基础条件发生了当事人在订立合同时无法预见的、不属于商业风险的重大变化，继续履行合同对于当事人一方明显不公平的，受不利影响的当事人可以与对方重新协商；在合理期限内协商不成的，当事人可以请求人民法院或者仲裁机构变更或者解除合同。

人民法院或者仲裁机构应当结合案件的实际情况，根据公平原则变更或者解除合同。

第五百三十四条 对当事人利用合同实施危害国家利益、社会公共利益行为的，市场监督管理和其他有关行政主管部门依照法律、行政法规的规定负责监督处理。

第五章 合同的保全

第五百三十五条 因债务人怠于行使其债权或者与该债权有关的从权利，影响债权人的到期债权实现的，债权人可以向人民法院请求以自己的名义代位行使债务人对相对人的权利，但是该权利专属于债务人自身的除外。

代位权的行使范围以债权人的到期债权为限。债权人行使代位权的必要费用，由债务人负担。

相对人对债务人的抗辩，可以向债权人主张。

第五百三十六条 债权人的债权到期前，债务人的债权或者与该债权有关的从权利存在诉讼时效期间即将届满或者未及时申报破产债权等情形，影响债权人的债权实现的，债权人可以代位向债务人的相对人请求其向债务人履行、向破产管理人申报或者作出其他必要的行为。

第五百三十七条 人民法院认定代位权成立的，由债务人的相对人向债权人履行义务，债权人接受履行后，债权人与债务人、债务人与相对人之间相应的权利义务终止。债务人对相对人的债权或者与该债权有关的从权利被采取保全、执行措施，或者债务人破产的，依照相关法律的规定处理。

第五百三十八条 债务人以放弃其债权、放弃债权担保、无偿转让财产等方式无偿处分财产权益,或者恶意延长其到期债权的履行期限,影响债权人的债权实现的,债权人可以请求人民法院撤销债务人的行为。

第五百三十九条 债务人以明显不合理的低价转让财产、以明显不合理的高价受让他人财产或者为他人的债务提供担保,影响债权人的债权实现,债务人的相对人知道或者应当知道该情形的,债权人可以请求人民法院撤销债务人的行为。

第五百四十条 撤销权的行使范围以债权人的债权为限。债权人行使撤销权的必要费用,由债务人负担。

第五百四十一条 撤销权自债权人知道或者应当知道撤销事由之日起一年内行使。自债务人的行为发生之日起五年内没有行使撤销权的,该撤销权消灭。

第五百四十二条 债务人影响债权人的债权实现的行为被撤销的,自始没有法律约束力。

第六章 合同的变更和转让

第五百四十三条 当事人协商一致,可以变更合同。

第五百四十四条 当事人对合同变更的内容约定不明确的,推定为未变更。

第五百四十五条 债权人可以将债权的全部或者部分转让给第三人,但是有下列情形之一的除外:

(一)根据债权性质不得转让;

(二)按照当事人约定不得转让;

(三)依照法律规定不得转让。

当事人约定非金钱债权不得转让的,不得对抗善意第三人。当事人约定金钱债权不得转让的,不得对抗第三人。

第五百四十六条 债权人转让债权,未通知债务人的,该转让对债务人不发生效力。

债权转让的通知不得撤销,但是经受让人同意的除外。

第五百四十七条 债权人转让债权的,受让人取得与债权有关的从权利,但是该从权利专属于债权人自身的除外。

受让人取得从权利不因该从权利未办理转移登记手续或者未转移占有而受到影响。

第五百四十八条 债务人接到债权转让通知后,债务人对让与人的抗辩,可以向受让人主张。

第五百四十九条 有下列情形之一的,债务人可以向受让人主张抵销:

(一)债务人接到债权转让通知时,债务人对让与人享有债权,且债务人的债权先于转让的债权到期或者同时到期;

(二)债务人的债权与转让的债权是基于同一合同产生。

第五百五十条 因债权转让增加的履行费用,由让与人负担。

第五百五十一条 债务人将债务的全部或者部分转移给第三人的,应当经债权人同意。

债务人或者第三人可以催告债权人在合理期限内予以同意,债权人未作表示的,视为不同意。

第五百五十二条 第三人与债务人约定加入债务并通知债权人,或者第三人向债权人表示愿意加入债务,债权人未在合理期限内明确拒绝的,债权人可以请求第三人在其愿意承担的债务范围内和债务人承担连带债务。

第五百五十三条 债务人转移债务的,新债务人可以主张原债务人对债权人的抗辩;原债务人对债权人享有债权的,新债务人不得向债权人主张抵销。

第五百五十四条 债务人转移债务的,新债务人应当承担与主债务有关的从债务,但是该从债务专属于原债务人自身的除外。

第五百五十五条 当事人一方经对方同意,可以将自己在合同中的权利和义务一并转让给第三人。

第五百五十六条 合同的权利和义务一并转让的,适用债权转让、债务转移的有关规定。

第七章 合同的权利义务终止

第五百五十七条 有下列情形之一的,债权债务终止:

(一)债务已经履行;

(二)债务相互抵销;

(三)债务人依法将标的物提存;

(四)债权人免除债务;

(五)债权债务同归于一人;

(六)法律规定或者当事人约定终止的其他情形。

合同解除的，该合同的权利义务关系终止。

第五百五十八条 债权债务终止后，当事人应当遵循诚信等原则，根据交易习惯履行通知、协助、保密、旧物回收等义务。

第五百五十九条 债权债务终止时，债权的从权利同时消灭，但是法律另有规定或者当事人另有约定的除外。

第五百六十条 债务人对同一债权人负担的数项债务种类相同，债务人的给付不足以清偿全部债务的，除当事人另有约定外，由债务人在清偿时指定其履行的债务。

债务人未作指定的，应当优先履行已经到期的债务；数项债务均到期的，优先履行对债权人缺乏担保或者担保最少的债务；均无担保或者担保相等的，优先履行债务人负担较重的债务；负担相同的，按照债务到期的先后顺序履行；到期时间相同的，按照债务比例履行。

第五百六十一条 债务人在履行主债务外还应当支付利息和实现债权的有关费用，其给付不足以清偿全部债务的，除当事人另有约定外，应当按照下列顺序履行：

（一）实现债权的有关费用；

（二）利息；

（三）主债务。

第五百六十二条 当事人协商一致，可以解除合同。

当事人可以约定一方解除合同的事由。解除合同的事由发生时，解除权人可以解除合同。

第五百六十三条 有下列情形之一的，当事人可以解除合同：

（一）因不可抗力致使不能实现合同目的；

（二）在履行期限届满前，当事人一方明确表示或者以自己的行为表明不履行主要债务；

（三）当事人一方迟延履行主要债务，经催告后在合理期限内仍未履行；

（四）当事人一方迟延履行债务或者有其他违约行为致使不能实现合同目的；

（五）法律规定的其他情形。

以持续履行的债务为内容的不定期合同，当事人可以随时解除合同，但是应当在合理期限之前通知对方。

第五百六十四条 法律规定或者当事人约定解除权行使期限，期限届满当事人不行使的，该权利消灭。

法律没有规定或者当事人没有约定解除权行使期限，自解除权人知道或者应当知道解除事由之日起一年内不行使，或者经对方催告后在合理期限内不行使的，该权利消灭。

第五百六十五条 当事人一方依法主张解除合同的，应当通知对方。合同自通知到达对方时解除；通知载明债务人在一定期限内不履行债务则合同自动解除，债务人在该期限内未履行债务的，合同自通知载明的期限届满时解除。对方对解除合同有异议的，任何一方当事人均可以请求人民法院或者仲裁机构确认解除行为的效力。

当事人一方未通知对方，直接以提起诉讼或者申请仲裁的方式依法主张解除合同，人民法院或者仲裁机构确认该主张的，合同自起诉状副本或者仲裁申请书副本送达对方时解除。

第五百六十六条 合同解除后，尚未履行的，终止履行；已经履行的，根据履行情况和合同性质，当事人可以请求恢复原状或者采取其他补救措施，并有权请求赔偿损失。

合同因违约解除的，解除权人可以请求违约方承担违约责任，但是当事人另有约定的除外。

主合同解除后，担保人对债务人应当承担的民事责任仍应当承担担保责任，但是担保合同另有约定的除外。

第五百六十七条 合同的权利义务关系终止，不影响合同中结算和清理条款的效力。

第五百六十八条 当事人互负债务，该债务的标的物种类、品质相同的，任何一方可以将自己的债务与对方的到期债务抵销；但是，根据债务性质、按照当事人约定或者依照法律规定不得抵销的除外。

当事人主张抵销的，应当通知对方。通知自到达对方时生效。抵销不得附条件或者附期限。

第五百六十九条 当事人互负债务，标的物种类、品质不相同的，经协商一致，也可以抵销。

第五百七十条 有下列情形之一，难以履行债务的，债务人可以将标的物提存：

（一）债权人无正当理由拒绝受领；

（二）债权人下落不明；

(三)债权人死亡未确定继承人、遗产管理人,或者丧失民事行为能力未确定监护人;

(四)法律规定的其他情形。

标的物不适于提存或者提存费用过高的,债务人依法可以拍卖或者变卖标的物,提存所得的价款。

第五百七十一条 债务人将标的物或者将标的物依法拍卖、变卖所得价款交付提存部门时,提存成立。

提存成立的,视为债务人在其提存范围内已经交付标的物。

第五百七十二条 标的物提存后,债务人应当及时通知债权人或者债权人的继承人、遗产管理人、监护人、财产代管人。

第五百七十三条 标的物提存后,毁损、灭失的风险由债权人承担。提存期间,标的物的孳息归债权人所有。提存费用由债权人负担。

第五百七十四条 债权人可以随时领取提存物。但是,债权人对债务人负有到期债务的,在债权人未履行债务或者提供担保之前,提存部门根据债务人的要求应当拒绝其领取提存物。

债权人领取提存物的权利,自提存之日起五年内不行使而消灭,提存物扣除提存费用后归国家所有。但是,债权人未履行对债务人的到期债务,或者债权人向提存部门书面表示放弃领取提存物权利的,债务人负担提存费用后有权取回提存物。

第五百七十五条 债权人免除债务人部分或者全部债务的,债权债务部分或者全部终止,但是债务人在合理期限内拒绝的除外。

第五百七十六条 债权和债务同归于一人的,债权债务终止,但是损害第三人利益的除外。

第八章　违约责任

第五百七十七条 当事人一方不履行合同义务或者履行合同义务不符合约定的,应当承担继续履行、采取补救措施或者赔偿损失等违约责任。

第五百七十八条 当事人一方明确表示或者以自己的行为表明不履行合同义务的,对方可以在履行期限届满前请求其承担违约责任。

第五百七十九条 当事人一方未支付价款、报酬、租金、利息,或者不履行其他金钱债务的,对方可以请求其支付。

第五百八十条 当事人一方不履行非金钱债务或者履行非金钱债务不符

合约定的,对方可以请求履行,但是有下列情形之一的除外:

(一)法律上或者事实上不能履行;

(二)债务的标的不适于强制履行或者履行费用过高;

(三)债权人在合理期限内未请求履行。

有前款规定的除外情形之一,致使不能实现合同目的的,人民法院或者仲裁机构可以根据当事人的请求终止合同权利义务关系,但是不影响违约责任的承担。

第五百八十一条 当事人一方不履行债务或者履行债务不符合约定,根据债务的性质不得强制履行的,对方可以请求其负担由第三人替代履行的费用。

第五百八十二条 履行不符合约定的,应当按照当事人的约定承担违约责任。对违约责任没有约定或者约定不明确,依据本法第五百一十条的规定仍不能确定的,受损害方根据标的的性质以及损失的大小,可以合理选择请求对方承担修理、重作、更换、退货、减少价款或者报酬等违约责任。

第五百八十三条 当事人一方不履行合同义务或者履行合同义务不符合约定的,在履行义务或者采取补救措施后,对方还有其他损失的,应当赔偿损失。

第五百八十四条 当事人一方不履行合同义务或者履行合同义务不符合约定,造成对方损失的,损失赔偿额应当相当于因违约所造成的损失,包括合同履行后可以获得的利益;但是,不得超过违约一方订立合同时预见到或者应当预见到的因违约可能造成的损失。

第五百八十五条 当事人可以约定一方违约时应当根据违约情况向对方支付一定数额的违约金,也可以约定因违约产生的损失赔偿额的计算方法。

约定的违约金低于造成的损失的,人民法院或者仲裁机构可以根据当事人的请求予以增加;约定的违约金过分高于造成的损失的,人民法院或者仲裁机构可以根据当事人的请求予以适当减少。

当事人就迟延履行约定违约金的,违约方支付违约金后,还应当履行债务。

第五百八十六条 当事人可以约定一方向对方给付定金作为债权的担保。定金合同自实际交付定金时成立。

定金的数额由当事人约定;但是,不得超过主合同标的额的百分之二十,超过部分不产生定金的效力。实际交付的定金数额多于或者少于约定数额的，视为变更约定的定金数额。

第五百八十七条 债务人履行债务的，定金应当抵作价款或者收回。给付定金的一方不履行债务或者履行债务不符合约定，致使不能实现合同目的的，无权请求返还定金；收受定金的一方不履行债务或者履行债务不符合约定，致使不能实现合同目的的，应当双倍返还定金。

第五百八十八条 当事人既约定违约金，又约定定金的，一方违约时，对方可以选择适用违约金或者定金条款。

定金不足以弥补一方违约造成的损失的，对方可以请求赔偿超过定金数额的损失。

第五百八十九条 债务人按照约定履行债务，债权人无正当理由拒绝受领的，债务人可以请求债权人赔偿增加的费用。

在债权人受领迟延期间，债务人无须支付利息。

第五百九十条 当事人一方因不可抗力不能履行合同的，根据不可抗力的影响，部分或者全部免除责任，但是法律另有规定的除外。因不可抗力不能履行合同的，应当及时通知对方，以减轻可能给对方造成的损失，并应当在合理期限内提供证明。

当事人迟延履行后发生不可抗力的，不免除其违约责任。

第五百九十一条 当事人一方违约后，对方应当采取适当措施防止损失的扩大；没有采取适当措施致使损失扩大的，不得就扩大的损失请求赔偿。

当事人因防止损失扩大而支出的合理费用，由违约方负担。

第五百九十二条 当事人都违反合同的，应当各自承担相应的责任。

当事人一方违约造成对方损失，对方对损失的发生有过错的，可以减少相应的损失赔偿额。

第五百九十三条 当事人一方因第三人的原因造成违约的，应当依法向对方承担违约责任。当事人一方和第三人之间的纠纷，依照法律规定或者按照约定处理。

第五百九十四条 因国际货物买卖合同和技术进出口合同争议提起诉讼或者申请仲裁的时效期间为四年。

第十七章　承 揽 合 同

第七百七十条 承揽合同是承揽人按照定作人的要求完成工作，交付工作成果，定作人支付报酬的合同。

承揽包括加工、定作、修理、复制、测试、检验等工作。

第七百七十一条 承揽合同的内容一般包括承揽的标的、数量、质量、报酬,承揽方式,材料的提供,履行期限,验收标准和方法等条款。

第七百七十二条 承揽人应当以自己的设备、技术和劳力,完成主要工作,但是当事人另有约定的除外。

承揽人将其承揽的主要工作交由第三人完成的,应当就该第三人完成的工作成果向定作人负责;未经定作人同意的,定作人也可以解除合同。

第七百七十三条 承揽人可以将其承揽的辅助工作交由第三人完成。承揽人将其承揽的辅助工作交由第三人完成的,应当就该第三人完成的工作成果向定作人负责。

第七百七十四条 承揽人提供材料的,应当按照约定选用材料,并接受定作人检验。

第七百七十五条 定作人提供材料的,应当按照约定提供材料。承揽人对定作人提供的材料应当及时检验,发现不符合约定时,应当及时通知定作人更换、补齐或者采取其他补救措施。

承揽人不得擅自更换定作人提供的材料,不得更换不需要修理的零部件。

第七百七十六条 承揽人发现定作人提供的图纸或者技术要求不合理的,应当及时通知定作人。因定作人怠于答复等原因造成承揽人损失的,应当赔偿损失。

第七百七十七条 定作人中途变更承揽工作的要求,造成承揽人损失的,应当赔偿损失。

第七百七十八条 承揽工作需要定作人协助的,定作人有协助的义务。定作人不履行协助义务致使承揽工作不能完成的,承揽人可以催告定作人在合理期限内履行义务,并可以顺延履行期限;定作人逾期不履行的,承揽人可以解除合同。

第七百七十九条 承揽人在工作期间,应当接受定作人必要的监督检验。定作人不得因监督检验妨碍承揽人的正常工作。

第七百八十条 承揽人完成工作的,应当向定作人交付工作成果,并提交必要的技术资料和有关质量证明。定作人应当验收该工作成果。

第七百八十一条 承揽人交付的工作成果不符合质量要求的,定作人可以合理选择请求承揽人承担修理、重作、减少报酬、赔偿损失等违约责任。

第七百八十二条 定作人应当按照约定的期限支付报酬。对支付报酬的期限没有约定或者约定不明确，依据本法第五百一十条的规定仍不能确定的，定作人应当在承揽人交付工作成果时支付；工作成果部分交付的，定作人应当相应支付。

第七百八十三条 定作人未向承揽人支付报酬或者材料费等价款的，承揽人对完成的工作成果享有留置权或者有权拒绝交付，但是当事人另有约定的除外。

第七百八十四条 承揽人应当妥善保管定作人提供的材料以及完成的工作成果，因保管不善造成毁损、灭失的，应当承担赔偿责任。

第七百八十五条 承揽人应当按照定作人的要求保守秘密，未经定作人许可，不得留存复制品或者技术资料。

第七百八十六条 共同承揽人对定作人承担连带责任，但是当事人另有约定的除外。

第七百八十七条 定作人在承揽人完成工作前可以随时解除合同，造成承揽人损失的，应当赔偿损失。

第十八章　建设工程合同

第七百八十八条 建设工程合同是承包人进行工程建设，发包人支付价款的合同。

建设工程合同包括工程勘察、设计、施工合同。

第七百八十九条 建设工程合同应当采用书面形式。

第七百九十条 建设工程的招标投标活动，应当依照有关法律的规定公开、公平、公正进行。

第七百九十一条 发包人可以与总承包人订立建设工程合同，也可以分别与勘察人、设计人、施工人订立勘察、设计、施工承包合同。发包人不得将应当由一个承包人完成的建设工程支解成若干部分发包给数个承包人。

总承包人或者勘察、设计、施工承包人经发包人同意，可以将自己承包的部分工作交由第三人完成。第三人就其完成的工作成果与总承包人或者勘察、设计、施工承包人向发包人承担连带责任。承包人不得将其承包的全部建设工程转包给第三人或者将其承包的全部建设工程支解以后以分包的名义分别转包给第三人。

禁止承包人将工程分包给不具备相应资质条件的单位。禁止分包单位将其承包的工程再分包。建设工程主体结构的施工必须由承包人自行完成。

第七百九十二条 国家重大建设工程合同,应当按照国家规定的程序和国家批准的投资计划、可行性研究报告等文件订立。

第七百九十三条 建设工程施工合同无效,但是建设工程经验收合格的,可以参照合同关于工程价款的约定折价补偿承包人。

建设工程施工合同无效,且建设工程经验收不合格的,按照以下情形处理:

(一)修复后的建设工程经验收合格的,发包人可以请求承包人承担修复费用;

(二)修复后的建设工程经验收不合格的,承包人无权请求参照合同关于工程价款的约定折价补偿。

发包人对因建设工程不合格造成的损失有过错的,应当承担相应的责任。

第七百九十四条 勘察、设计合同的内容一般包括提交有关基础资料和概预算等文件的期限、质量要求、费用以及其他协作条件等条款。

第七百九十五条 施工合同的内容一般包括工程范围、建设工期、中间交工工程的开工和竣工时间、工程质量、工程造价、技术资料交付时间、材料和设备供应责任、拨款和结算、竣工验收、质量保修范围和质量保证期、相互协作等条款。

第七百九十六条 建设工程实行监理的,发包人应当与监理人采用书面形式订立委托监理合同。发包人与监理人的权利和义务以及法律责任,应当依照本编委托合同以及其他有关法律、行政法规的规定。

第七百九十七条 发包人在不妨碍承包人正常作业的情况下,可以随时对作业进度、质量进行检查。

第七百九十八条 隐蔽工程在隐蔽以前,承包人应当通知发包人检查。发包人没有及时检查的,承包人可以顺延工程日期,并有权请求赔偿停工、窝工等损失。

第七百九十九条 建设工程竣工后,发包人应当根据施工图纸及说明书、国家颁发的施工验收规范和质量检验标准及时进行验收。验收合格的,发包人应当按照约定支付价款,并接收该建设工程。

建设工程竣工经验收合格后,方可交付使用;未经验收或者验收不合格的,不得交付使用。

第八百条 勘察、设计的质量不符合要求或者未按照期限提交勘察、设计文件拖延工期,造成发包人损失的,勘察人、设计人应当继续完善勘察、设计,减收或者免收勘察、设计费并赔偿损失。

第八百零一条 因施工人的原因致使建设工程质量不符合约定的，发包人有权请求施工人在合理期限内无偿修理或者返工、改建。经过修理或者返工、改建后，造成逾期交付的，施工人应当承担违约责任。

第八百零二条 因承包人的原因致使建设工程在合理使用期限内造成人身损害和财产损失的，承包人应当承担赔偿责任。

第八百零三条 发包人未按照约定的时间和要求提供原材料、设备、场地、资金、技术资料的，承包人可以顺延工程日期，并有权请求赔偿停工、窝工等损失。

第八百零四条 因发包人的原因致使工程中途停建、缓建的，发包人应当采取措施弥补或者减少损失，赔偿承包人因此造成的停工、窝工、倒运、机械设备调迁、材料和构件积压等损失和实际费用。

第八百零五条 因发包人变更计划，提供的资料不准确，或者未按照期限提供必需的勘察、设计工作条件而造成勘察、设计的返工、停工或者修改设计，发包人应当按照勘察人、设计人实际消耗的工作量增付费用。

第八百零六条 承包人将建设工程转包、违法分包的，发包人可以解除合同。

发包人提供的主要建筑材料、建筑构配件和设备不符合强制性标准或者不履行协助义务，致使承包人无法施工，经催告后在合理期限内仍未履行相应义务的，承包人可以解除合同。

合同解除后，已经完成的建设工程质量合格的，发包人应当按照约定支付相应的工程价款；已经完成的建设工程质量不合格的，参照本法第七百九十三条的规定处理。

第八百零七条 发包人未按照约定支付价款的，承包人可以催告发包人在合理期限内支付价款。发包人逾期不支付的，除根据建设工程的性质不宜折价、拍卖外，承包人可以与发包人协议将该工程折价，也可以请求人民法院将该工程依法拍卖。建设工程的价款就该工程折价或者拍卖的价款优先受偿。

第八百零八条 本章没有规定的，适用承揽合同的有关规定。

建设工程质量管理条例

（2000年1月10日国务院第25次常务会议通过　根据2017年10月7日中华人民共和国国务院令第687号《国务院关于修改部分行政法规的决定》修订　根据2019年4月29日国务院令第714号《关于修改部分行政法规的决定》修正）

第一章　总　　则

第一条　为了加强对建设工程质量的管理，保证建设工程质量，保护人民生命和财产安全，根据《中华人民共和国建筑法》，制定本条例。

第二条　凡在中华人民共和国境内从事建设工程的新建、扩建、改建等有关活动及实施对建设工程质量监督管理的，必须遵守本条例。

本条例所称建设工程，是指土木工程、建筑工程、线路管道和设备安装工程及装修工程。

第三条　建设单位、勘察单位、设计单位、施工单位、工程监理单位依法对建设工程质量负责。

第四条　县级以上人民政府建设行政主管部门和其他有关部门应当加强对建设工程质量的监督管理。

第五条　从事建设工程活动，必须严格执行基本建设程序，坚持先勘察、后设计、再施工的原则。

县级以上人民政府及其有关部门不得超越权限审批建设项目或者擅自简化基本建设程序。

第六条　国家鼓励采用先进的科学技术和管理方法，提高建设工程质量。

第二章　建设单位的质量责任和义务

第七条　建设单位应当将工程发包给具有相应资质等级的单位。

建设单位不得将建设工程肢解发包。

第八条　建设单位应当依法对工程建设项目的勘察、设计、施工、监理以及与工程建设有关的重要设备、材料等的采购进行招标。

第九条　建设单位必须向有关的勘察、设计、施工、工程监理等单位提供与建设工程有关的原始资料。

原始资料必须真实、准确、齐全。

第十条 建设工程发包单位不得迫使承包方以低于成本的价格竞标，不得任意压缩合理工期。

建设单位不得明示或者暗示设计单位或者施工单位违反工程建设强制性标准，降低建设工程质量。

第十一条 施工图设计文件审查的具体办法，由国务院建设行政主管部门、国务院其他有关部门制定。

施工图设计文件未经审查批准的，不得使用。

第十二条 实行监理的建设工程，建设单位应当委托具有相应资质等级的工程监理单位进行监理，也可以委托具有工程监理相应资质等级并与被监理工程的施工承包单位没有隶属关系或者其他利害关系的该工程的设计单位进行监理。

下列建设工程必须实行监理：

（一）国家重点建设工程；

（二）大中型公用事业工程；

（三）成片开发建设的住宅小区工程；

（四）利用外国政府或者国际组织贷款、援助资金的工程；

（五）国家规定必须实行监理的其他工程。

第十三条 建设单位在领取施工许可证或者开工报告前，应当按照国家有关规定办理工程质量监督手续。

第十四条 按照合同约定，由建设单位采购建筑材料、建筑构配件和设备的，建设单位应当保证建筑材料、建筑构配件和设备符合设计文件和合同要求。

建设单位不得明示或者暗示施工单位使用不合格的建筑材料、建筑构配件和设备。

第十五条 涉及建筑主体和承重结构变动的装修工程，建设单位应当在施工前委托原设计单位或者具有相应资质等级的设计单位提出设计方案；没有设计方案的，不得施工。

房屋建筑使用者在装修过程中，不得擅自变动房屋建筑主体和承重结构。

第十六条 建设单位收到建设工程竣工报告后，应当组织设计、施工、工程监理等有关单位进行竣工验收。

建设工程竣工验收应当具备下列条件:

(一)完成建设工程设计和合同约定的各项内容;

(二)有完整的技术档案和施工管理资料;

(三)有工程使用的主要建筑材料、建筑构配件和设备的进场试验报告;

(四)有勘察、设计、施工、工程监理等单位分别签署的质量合格文件;

(五)有施工单位签署的工程保修书。

建设工程经验收合格的,方可交付使用。

第十七条 建设单位应当严格按照国家有关档案管理的规定,及时收集、整理建设项目各环节的文件资料,建立、健全建设项目档案,并在建设工程竣工验收后,及时向建设行政主管部门或者其他有关部门移交建设项目档案。

第三章 勘察、设计单位的质量责任和义务

第十八条 从事建设工程勘察、设计的单位应当依法取得相应等级的资质证书,并在其资质等级许可的范围内承揽工程。

禁止勘察、设计单位超越其资质等级许可的范围或者以其他勘察、设计单位的名义承揽工程。禁止勘察、设计单位允许其他单位或者个人以本单位的名义承揽工程。

勘察、设计单位不得转包或者违法分包所承揽的工程。

第十九条 勘察、设计单位必须按照工程建设强制性标准进行勘察、设计,并对其勘察、设计的质量负责。

注册建筑师、注册结构工程师等注册执业人员应当在设计文件上签字,对设计文件负责。

第二十条 勘察单位提供的地质、测量、水文等勘察成果必须真实、准确。

第二十一条 设计单位应当根据勘察成果文件进行建设工程设计。

设计文件应当符合国家规定的设计深度要求,注明工程合理使用年限。

第二十二条 设计单位在设计文件中选用的建筑材料、建筑构配件和设备,应当注明规格、型号、性能等技术指标,其质量要求必须符合国家规定的标准。

除有特殊要求的建筑材料、专用设备、工艺生产线等外,设计单位不得指定生产厂、供应商。

第二十三条 设计单位应当就审查合格的施工图设计文件向施工单位作出详细说明。

第二十四条 设计单位应当参与建设工程质量事故分析，并对因设计造成的质量事故，提出相应的技术处理方案。

第四章 施工单位的质量责任和义务

第二十五条 施工单位应当依法取得相应等级的资质证书，并在其资质等级许可的范围内承揽工程。

禁止施工单位超越本单位资质等级许可的业务范围或者以其他施工单位的名义承揽工程。禁止施工单位允许其他单位或者个人以本单位的名义承揽工程。

施工单位不得转包或者违法分包工程。

第二十六条 施工单位对建设工程的施工质量负责。

施工单位应当建立质量责任制，确定工程项目的项目经理、技术负责人和施工管理负责人。

建设工程实行总承包的，总承包单位应当对全部建设工程质量负责；建设工程勘察、设计、施工、设备采购的一项或者多项实行总承包的，总承包单位应当对其承包的建设工程或者采购的设备的质量负责。

第二十七条 总承包单位依法将建设工程分包给其他单位的，分包单位应当按照分包合同的约定对其分包工程的质量向总承包单位负责，总承包单位与分包单位对分包工程的质量承担连带责任。

第二十八条 施工单位必须按照工程设计图纸和施工技术标准施工，不得擅自修改工程设计，不得偷工减料。

施工单位在施工过程中发现设计文件和图纸有差错的，应当及时提出意见和建议。

第二十九条 施工单位必须按照工程设计要求、施工技术标准和合同约定，对建筑材料、建筑构配件、设备和商品混凝土进行检验，检验应当有书面记录和专人签字；未经检验或者检验不合格的，不得使用。

第三十条 施工单位必须建立、健全施工质量的检验制度，严格工序管理，作好隐蔽工程的质量检查和记录。隐蔽工程在隐蔽前，施工单位应当通知建设单位和建设工程质量监督机构。

第三十一条 施工人员对涉及结构安全的试块、试件以及有关材料，应当在建设单位或者工程监理单位监督下现场取样，并送具有相应资质等级的质量检测单位进行检测。

第三十二条 施工单位对施工中出现质量问题的建设工程或者竣工验收不合格的建设工程，应当负责返修。

第三十三条 施工单位应当建立、健全教育培训制度，加强对职工的教育培训；未经教育培训或者考核不合格的人员，不得上岗作业。

第五章 工程监理单位的质量责任和义务

第三十四条 工程监理单位应当依法取得相应等级的资质证书，并在其资质等级许可的范围内承担工程监理业务。

禁止工程监理单位超越本单位资质等级许可的范围或者以其他工程监理单位的名义承担工程监理业务。禁止工程监理单位允许其他单位或者个人以本单位的名义承担工程监理业务。

工程监理单位不得转让工程监理业务。

第三十五条 工程监理单位与被监理工程的施工承包单位以及建筑材料、建筑构配件和设备供应单位有隶属关系或者其他利害关系的，不得承担该项建设工程的监理业务。

第三十六条 工程监理单位应当依照法律、法规以及有关技术标准、设计文件和建设工程承包合同，代表建设单位对施工质量实施监理，并对施工质量承担监理责任。

第三十七条 工程监理单位应当选派具备相应资格的总监理工程师和监理工程师进驻施工现场。

未经监理工程师签字，建筑材料、建筑构配件和设备不得在工程上使用或者安装，施工单位不得进行下一道工序的施工。未经总监理工程师签字，建设单位不拨付工程款，不进行竣工验收。

第三十八条 监理工程师应当按照工程监理规范的要求，采取旁站、巡视和平行检验等形式，对建设工程实施监理。

第六章 建设工程质量保修

第三十九条 建设工程实行质量保修制度。

建设工程承包单位在向建设单位提交工程竣工验收报告时，应当向建设单位出具质量保修书。质量保修书中应当明确建设工程的保修范围、保修期限和保修责任等。

第四十条 在正常使用条件下，建设工程的最低保修期限为：

（一）基础设施工程、房屋建筑的地基基础工程和主体结构工程，为设计文件规定的该工程的合理使用年限；

（二）屋面防水工程、有防水要求的卫生间、房间和外墙面的防渗漏，为5年；

（三）供热与供冷系统，为2个采暖期、供冷期；

（四）电气管线、给排水管道、设备安装和装修工程，为2年。

其他项目的保修期限由发包方与承包方约定。

建设工程的保修期，自竣工验收合格之日起计算。

第四十一条 建设工程在保修范围和保修期限内发生质量问题的，施工单位应当履行保修义务，并对造成的损失承担赔偿责任。

第四十二条 建设工程在超过合理使用年限后需要继续使用的，产权所有人应当委托具有相应资质等级的勘察、设计单位鉴定，并根据鉴定结果采取加固、维修等措施，重新界定使用期。

第七章 监督管理

第四十三条 国家实行建设工程质量监督管理制度。

国务院建设行政主管部门对全国的建设工程质量实施统一监督管理。国务院铁路、交通、水利等有关部门按照国务院规定的职责分工，负责对全国的有关专业建设工程质量的监督管理。

县级以上地方人民政府建设行政主管部门对本行政区域内的建设工程质量实施监督管理。县级以上地方人民政府交通、水利等有关部门在各自的职责范围内，负责对本行政区域内的专业建设工程质量的监督管理。

第四十四条 国务院建设行政主管部门和国务院铁路、交通、水利等有关部门应当加强对有关建设工程质量的法律、法规和强制性标准执行情况的监督检查。

第四十五条 国务院发展计划部门按照国务院规定的职责，组织稽察特派员，对国家出资的重大建设项目实施监督检查。

国务院经济贸易主管部门按照国务院规定的职责，对国家重大技术改造项目实施监督检查。

第四十六条 建设工程质量监督管理，可以由建设行政主管部门或者其他有关部门委托的建设工程质量监督机构具体实施。

从事房屋建筑工程和市政基础设施工程质量监督的机构，必须按照国家有关规定经国务院建设行政主管部门或者省、自治区、直辖市人民政府建设行政主管部门考核；从事专业建设工程质量监督的机构，必须按照国家有关规定经国务院有关部门或者省、自治区、直辖市人民政府有关部门考核。经考核合格后，方可实施质量监督。

第四十七条 县级以上地方人民政府建设行政主管部门和其他有关部门应当加强对有关建设工程质量的法律、法规和强制性标准执行情况的监督检查。

第四十八条 县级以上人民政府建设行政主管部门和其他有关部门履行监督检查职责时，有权采取下列措施：

（一）要求被检查的单位提供有关工程质量的文件和资料；

（二）进入被检查单位的施工现场进行检查；

（三）发现有影响工程质量的问题时，责令改正。

第四十九条 建设单位应当自建设工程竣工验收合格之日起15日内，将建设工程竣工验收报告和规划、公安消防、环保等部门出具的认可文件或者准许使用文件报建设行政主管部门或者其他有关部门备案。

建设行政主管部门或者其他有关部门发现建设单位在竣工验收过程中有违反国家有关建设工程质量管理规定行为的，责令停止使用，重新组织竣工验收。

第五十条 有关单位和个人对县级以上人民政府建设行政主管部门和其他有关部门进行的监督检查应当支持与配合，不得拒绝或者阻碍建设工程质量监督检查人员依法执行职务。

第五十一条 供水、供电、供气、公安消防等部门或者单位不得明示或者暗示建设单位、施工单位购买其指定的生产供应单位的建筑材料、建筑构配件和设备。

第五十二条 建设工程发生质量事故，有关单位应当在24小时内向当地建设行政主管部门和其他有关部门报告。对重大质量事故，事故发生地的建设行政主管部门和其他有关部门应当按照事故类别和等级向当地人民政府和上级建设行政主管部门和其他有关部门报告。

特别重大质量事故的调查程序按照国务院有关规定办理。

第五十三条 任何单位和个人对建设工程的质量事故、质量缺陷都有权检举、控告、投诉。

第八章　罚　　则

第五十四条 违反本条例规定，建设单位将建设工程发包给不具有相应资质等级的勘察、设计、施工单位或者委托给不具有相应资质等级的工程监理单位的,责令改正,处 50 万元以上 100 万元以下的罚款。

第五十五条 违反本条例规定,建设单位将建设工程肢解发包的,责令改正,处工程合同价款百分之零点五以上百分之一以下的罚款;对全部或者部分使用国有资金的项目,并可以暂停项目执行或者暂停资金拨付。

第五十六条 违反本条例规定,建设单位有下列行为之一的,责令改正,处 20 万元以上 50 万元以下的罚款:

(一)迫使承包方以低于成本的价格竞标的;

(二)任意压缩合理工期的;

(三)明示或者暗示设计单位或者施工单位违反工程建设强制性标准,降低工程质量的;

(四)施工图设计文件未经审查或者审查不合格,擅自施工的;

(五)建设项目必须实行工程监理而未实行工程监理的;

(六)未按照国家规定办理工程质量监督手续的;

(七)明示或者暗示施工单位使用不合格的建筑材料、建筑构配件和设备的;

(八)未按照国家规定将竣工验收报告、有关认可文件或者准许使用文件报送备案的。

第五十七条 违反本条例规定,建设单位未取得施工许可证或者开工报告未经批准,擅自施工的,责令停止施工,限期改正,处工程合同价款百分之一以上百分之二以下的罚款。

第五十八条 违反本条例规定,建设单位有下列行为之一的,责令改正,处工程合同价款百分之二以上百分之四以下的罚款;造成损失的,依法承担赔偿责任;

(一)未组织竣工验收,擅自交付使用的;

(二)验收不合格,擅自交付使用的;

(三)对不合格的建设工程按照合格工程验收的。

第五十九条 违反本条例规定,建设工程竣工验收后,建设单位未向建设行政主管部门或者其他有关部门移交建设项目档案的,责令改正,处 1 万元以上 10 万元以下的罚款。

第六十条 违反本条例规定,勘察、设计、施工、工程监理单位超越本单位资质等级承揽工程的,责令停止违法行为,对勘察、设计单位或者工程监理单位处合同约定的勘察费、设计费或者监理酬金1倍以上2倍以下的罚款;对施工单位处工程合同价款百分之二以上百分之四以下的罚款,可以责令停业整顿,降低资质等级;情节严重的,吊销资质证书;有违法所得的,予以没收。

未取得资质证书承揽工程的,予以取缔,依照前款规定处以罚款;有违法所得的,予以没收。

以欺骗手段取得资质证书承揽工程的,吊销资质证书,依照本条第一款规定处以罚款;有违法所得的,予以没收。

第六十一条 违反本条例规定,勘察、设计、施工、工程监理单位允许其他单位或者个人以本单位名义承揽工程的,责令改正,没收违法所得,对勘察、设计单位和工程监理单位处合同约定的勘察费、设计费和监理酬金1倍以上2倍以下的罚款;对施工单位处工程合同价款百分之二以上百分之四以下的罚款;可以责令停业整顿,降低资质等级;情节严重的,吊销资质证书。

第六十二条 违反本条例规定,承包单位将承包的工程转包或者违法分包的,责令改正,没收违法所得,对勘察、设计单位处合同约定的勘察费、设计费百分之二十五以上百分之五十以下的罚款;对施工单位处工程合同价款百分之零点五以上百分之一以下的罚款;可以责令停业整顿,降低资质等级;情节严重的,吊销资质证书。

工程监理单位转让工程监理业务的,责令改正,没收违法所得,处合同约定的监理酬金百分之二十五以上百分之五十以下的罚款;可以责令停业整顿,降低资质等级;情节严重的,吊销资质证书。

第六十三条 违反本条例规定,有下列行为之一的,责令改正,处10万元以上30万元以下的罚款:

(一)勘察单位未按照工程建设强制性标准进行勘察的;

(二)设计单位未根据勘察成果文件进行工程设计的;

(三)设计单位指定建筑材料、建筑构配件的生产厂、供应商的;

(四)设计单位未按照工程建设强制性标准进行设计的。

有前款所列行为,造成工程质量事故的,责令停业整顿,降低资质等级;情节严重的,吊销资质证书;造成损失的,依法承担赔偿责任。

第六十四条 违反本条例规定,施工单位在施工中偷工减料的,使用不合格的建筑材料、建筑构配件和设备的,或者有不按照工程设计图纸或者施工技术标准施工的其他行为的,责令改正,处工程合同价款百分之二以上百分之四以下的罚款;造成建设工程质量不符合规定的质量标准的,负责返工、修理,并赔偿因此造成的损失；情节严重的，责令停业整顿，降低资质等级或者吊销资质证书。

第六十五条 违反本条例规定，施工单位未对建筑材料、建筑构配件、设备和商品混凝土进行检验，或者未对涉及结构安全的试块、试件以及有关材料取样检测的，责令改正，处10万元以上20万元以下的罚款；情节严重的，责令停业整顿，降低资质等级或者吊销资质证书；造成损失的，依法承担赔偿责任。

第六十六条 违反本条例规定，施工单位不履行保修义务或者拖延履行保修义务的，责令改正，处10万元以上20万元以下的罚款，并对在保修期内因质量缺陷造成的损失承担赔偿责任。

第六十七条 工程监理单位有下列行为之一的，责令改正，处50万元以上100万元以下的罚款，降低资质等级或者吊销资质证书；有违法所得的，予以没收；造成损失的，承担连带赔偿责任：

（一）与建设单位或者施工单位串通，弄虚作假、降低工程质量的；

（二）将不合格的建设工程、建筑材料、建筑构配件和设备按照合格签字的。

第六十八条 违反本条例规定，工程监理单位与被监理工程的施工承包单位以及建筑材料、建筑构配件和设备供应单位有隶属关系或者其他利害关系承担该项建设工程的监理业务的，责令改正，处5万元以上10万元以下的罚款，降低资质等级或者吊销资质证书；有违法所得的，予以没收。

第六十九条 违反本条例规定，涉及建筑主体或者承重结构变动的装修工程，没有设计方案擅自施工的，责令改正，处50万元以上100万元以下的罚款；房屋建筑使用者在装修过程中擅自变动房屋建筑主体和承重结构的，责令改正，处5万元以上10万元以下的罚款。

有前款所列行为，造成损失的，依法承担赔偿责任。

第七十条 发生重大工程质量事故隐瞒不报、谎报或者拖延报告期限的，对直接负责的主管人员和其他责任人员依法给予行政处分。

第七十一条 违反本条例规定，供水、供电、供气、公安消防等部门或者单位明示或者暗示建设单位或者施工单位购买其指定的生产供应单位的建筑材料、建筑构配件和设备的，责令改正。

第七十二条 违反本条例规定，注册建筑师、注册结构工程师、监理工程师等注册执业人员因过错造成质量事故的，责令停止执业1年；造成重大质量事故的，吊销执业资格证书，5年以内不予注册；情节特别恶劣的，终身不予注册。

第七十三条 依照本条例规定,给予单位罚款处罚的,对单位直接负责的主管人员和其他直接责任人员处单位罚款数额百分之五以上百分之十以下的罚款。

第七十四条 建设单位、设计单位、施工单位、工程监理单位违反国家规定,降低工程质量标准,造成重大安全事故,构成犯罪的,对直接责任人员依法追究刑事责任。

第七十五条 本条例规定的责令停业整顿,降低资质等级和吊销资质证书的行政处罚,由颁发资质证书的机关决定;其他行政处罚,由建设行政主管部门或者其他有关部门依照法定职权决定。

依照本条例规定被吊销资质证书的,由工商行政管理部门吊销其营业执照。

第七十六条 国家机关工作人员在建设工程质量监督管理工作中玩忽职守、滥用职权、徇私舞弊,构成犯罪的,依法追究刑事责任;尚不构成犯罪的,依法给予行政处分。

第七十七条 建设、勘察、设计、施工、工程监理单位的工作人员因调动工作、退休等原因离开该单位后,被发现在该单位工作期间违反国家有关建设工程质量管理规定,造成重大工程质量事故的,仍应当依法追究法律责任。

第九章 附 则

第七十八条 本条例所称肢解发包,是指建设单位将应当由一个承包单位完成的建设工程分解成若干部分发包给不同的承包单位的行为。

本条例所称违法分包,是指下列行为:

(一)总承包单位将建设工程分包给不具备相应资质条件的单位的;

(二)建设工程总承包合同中未有约定,又未经建设单位认可,承包单位将其承包的部分建设工程交由其他单位完成的;

(三)施工总承包单位将建设工程主体结构的施工分包给其他单位的;

(四)分包单位将其承包的建设工程再分包的。

本条例所称转包,是指承包单位承包建设工程后,不履行合同约定的责任和义务,将其承包的全部建设工程转给他人或者将其承包的全部建设工程肢解以后以分包的名义分别转给其他单位承包的行为。

第七十九条 本条例规定的罚款和没收的违法所得,必须全部上缴国库。

第八十条 抢险救灾及其他临时性房屋建筑和农民自建低层住宅的建设活动,不适用本条例。

第八十一条 军事建设工程的管理,按照中央军事委员会的有关规定执行。

第八十二条 本条例自发布之日起施行。

建设工程价款结算暂行办法

(2004 年 10 月 20 日 财建〔2004〕369 号)

第一章 总 则

第一条 为加强和规范建设工程价款结算,维护建设市场正常秩序,根据《中华人民共和国合同法》、《中华人民共和国建筑法》、《中华人民共和国招标投标法》、《中华人民共和国预算法》、《中华人民共和国政府采购法》、《中华人民共和国预算法实施条例》等有关法律、行政法规制订本办法。

第二条 凡在中华人民共和国境内的建设工程价款结算活动,均适用本办法。国家法律法规另有规定的,从其规定。

第三条 本办法所称建设工程价款结算(以下简称"工程价款结算"),是指对建设工程的发承包合同价款进行约定和依据合同约定进行工程预付款、工程进度款、工程竣工价款结算的活动。

第四条 国务院财政部门、各级地方政府财政部门和国务院建设行政主管部门、各级地方政府建设行政主管部门在各自职责范围内负责工程价款结算的监督管理。

第五条 从事工程价款结算活动,应当遵循合法、平等、诚信的原则,并符合国家有关法律、法规和政策。

第二章 工程合同价款的约定与调整

第六条 招标工程的合同价款应当在规定时间内,依据招标文件、中标人的投标文件,由发包人与承包人(以下简称"发、承包人")订立书面合同约定。

非招标工程的合同价款依据审定的工程预(概)算书由发、承包人在合同中约定。

合同价款在合同中约定后,任何一方不得擅自改变。

第七条 发包人、承包人应当在合同条款中对涉及工程价款结算的下列事项进行约定:

(一)预付工程款的数额、支付时限及抵扣方式;

(二)工程进度款的支付方式、数额及时限;

(三)工程施工中发生变更时,工程价款的调整方法、索赔方式、时限要求及金额支付方式;

(四)发生工程价款纠纷的解决方法;

(五)约定承担风险的范围及幅度以及超出约定范围和幅度的调整办法;

(六)工程竣工价款的结算与支付方式、数额及时限;

(七)工程质量保证(保修)金的数额、预扣方式及时限;

(八)安全措施和意外伤害保险费用;

(九)工期及工期提前或延后的奖惩办法;

(十)与履行合同、支付价款相关的担保事项。

第八条 发、承包人在签订合同时对于工程价款的约定,可选用下列一种约定方式:

(一)固定总价。合同工期较短且工程合同总价较低的工程,可以采用固定总价合同方式。

(二)固定单价。双方在合同中约定综合单价包含的风险范围和风险费用的计算方法,在约定的风险范围内综合单价不再调整。风险范围以外的综合单价调整方法,应当在合同中约定。

(三)可调价格。可调价格包括可调综合单价和措施费等,双方应在合同中约定综合单价和措施费的调整方法,调整因素包括:

1. 法律、行政法规和国家有关政策变化影响合同价款;

2. 工程造价管理机构的价格调整;

3. 经批准的设计变更;

4. 发包人更改经审定批准的的施工组织设计(修正错误除外)造成费用增加;

5. 双方约定的其他因素。

第九条 承包人应当在合同规定的调整情况发生后14天内,将调整原因、金额以书面形式通知发包人,发包人确认调整金额后将其作为追加合同价款,与工程进度款同期支付。发包人收到承包人通知后14天内不予确认也不提出修改意见，视为已经同意该项调整。

当合同规定的调整合同价款的调整情况发生后，承包人未在规定时间内通知发包人，或者未在规定时间内提出调整报告，发包人可以根据有关资料，决定是否调整和调整的金额，并书面通知承包人。

第十条 工程设计变更价款调整

（一）施工中发生工程变更，承包人按照经发包人认可的变更设计文件，进行变更施工，其中，政府投资项目重大变更，需按基本建设程序报批后方可施工。

（二）在工程设计变更确定后14天内，设计变更涉及工程价款调整的，由承包人向发包人提出，经发包人审核同意后调整合同价款。变更合同价款按下列方法进行：

1. 合同中已有适用于变更工程的价格，按合同已有的价格变更合同价款；

2. 合同中只有类似于变更工程的价格，可以参照类似价格变更合同价款；

3. 合同中没有适用或类似于变更工程的价格，由承包人或发包人提出适当的变更价格，经对方确认后执行。如双方不能达成一致的，双方可提请工程所在地工程造价管理机构进行咨询或按合同约定的争议或纠纷解决程序办理。

（三）工程设计变更确定后14天内，如承包人未提出变更工程价款报告，则发包人可根据所掌握的资料决定是否调整合同价款和调整的具体金额。重大工程变更涉及工程价款变更报告和确认的时限由发承包双方协商确定。

收到变更工程价款报告一方，应在收到之日起14天内予以确认或提出协商意见，自变更工程价款报告送达之日起14天内，对方未确认也未提出协商意见时，视为变更工程价款报告已被确认。

确认增（减）的工程变更价款作为追加（减）合同价款与工程进度款同期支付。

第三章 工程价款结算

第十一条 工程价款结算应按合同约定办理，合同未作约定或约定不明的，发、承包双方应依照下列规定与文件协商处理：

（一）国家有关法律、法规和规章制度；

（二）国务院建设行政主管部门、省、自治区、直辖市或有关部门发布的工程造价计价标准、计价办法等有关规定；

（三）建设项目的合同、补充协议、变更签证和现场签证，以及经发、承包人认可的其他有效文件；

（四）其他可依据的材料。

第十二条 工程预付款结算应符合下列规定：

（一）包工包料工程的预付款按合同约定拨付，原则上预付比例不低于合同金额的10%，不高于合同金额的30%，对重大工程项目，按年度工程计划逐年预付。计价执行《建设工程工程量清单计价规范》（GB 50500－2003）的工程，实体性消耗和非实体性消耗部分应在合同中分别约定预付款比例。

（二）在具备施工条件的前提下，发包人应在双方签订合同后的一个月内或不迟于约定的开工日期前的7天内预付工程款，发包人不按约定预付，承包人应在预付时间到期后10天内向发包人发出要求预付的通知，发包人收到通知后仍不按要求预付，承包人可在发出通知14天后停止施工，发包人应从约定应付之日起向承包人支付应付款的利息（利率按同期银行贷款利率计），并承担违约责任。

（三）预付的工程款必须在合同中约定抵扣方式，并在工程进度款中进行抵扣。

（四）凡是没有签订合同或不具备施工条件的工程，发包人不得预付工程款，不得以预付款为名转移资金。

第十三条 工程进度款结算与支付应当符合下列规定：

（一）工程进度款结算方式

1. 按月结算与支付。即实行按月支付进度款，竣工后清算的办法。合同工期在两个年度以上的工程，在年终进行工程盘点，办理年度结算。

2. 分段结算与支付。即当年开工、当年不能竣工的工程按照工程形象进度，划分不同阶段支付工程进度款。具体划分在合同中明确。

（二）工程量计算

1. 承包人应当按照合同约定的方法和时间，向发包人提交已完工程量的报告。发包人接到报告后14天内核实已完工程量，并在核实前1天通知承包人，承包人应提供条件并派人参加核实，承包人收到通知后不参加核实，以发包人核实的工程量作为工程价款支付的依据。发包人不按约定时间通知承包人，致使承包人未能参加核实，核实结果无效。

2. 发包人收到承包人报告后14天内未核实完工程量，从第15天起，承包人报告的工程量即视为被确认，作为工程价款支付的依据，双方合同另有约定的，按合同执行。

3. 对承包人超出设计图纸(含设计变更)范围和因承包人原因造成返工的工程量,发包人不予计量。

(三)工程进度款支付

1. 根据确定的工程计量结果,承包人向发包人提出支付工程进度款申请,14 天内,发包人应按不低于工程价款的 60%,不高于工程价款的 90% 向承包人支付工程进度款。按约定时间发包人应扣回的预付款,与工程进度款同期结算抵扣。

2. 发包人超过约定的支付时间不支付工程进度款,承包人应及时向发包人发出要求付款的通知,发包人收到承包人通知后仍不能按要求付款,可与承包人协商签订延期付款协议,经承包人同意后可延期支付,协议应明确延期支付的时间和从工程计量结果确认后第 15 天起计算应付款的利息(利率按同期银行贷款利率计)。

3. 发包人不按合同约定支付工程进度款,双方又未达成延期付款协议,导致施工无法进行,承包人可停止施工,由发包人承担违约责任。

第十四条 工程完工后,双方应按照约定的合同价款及合同价款调整内容以及索赔事项,进行工程竣工结算。

(一)工程竣工结算方式

工程竣工结算分为单位工程竣工结算、单项工程竣工结算和建设项目竣工总结算。

(二)工程竣工结算编审

1. 单位工程竣工结算由承包人编制,发包人审查;实行总承包的工程,由具体承包人编制,在总包人审查的基础上,发包人审查。

2. 单项工程竣工结算或建设项目竣工总结算由总(承)包人编制,发包人可直接进行审查,也可以委托具有相应资质的工程造价咨询机构进行审查。政府投资项目,由同级财政部门审查。单项工程竣工结算或建设项目竣工总结算经发、承包人签字盖章后有效。

承包人应在合同约定期限内完成项目竣工结算编制工作,未在规定期限内完成的并且提不出正当理由延期的,责任自负。

(三)工程竣工结算审查期限

单项工程竣工后,承包人应在提交竣工验收报告的同时,向发包人递交竣工结算报告及完整的结算资料,发包人应按以下规定时限进行核对(审查)并提出审查意见。

	工程竣工结算报告金额	审查时间
1	500万元以下	从接到竣工结算报告和完整的竣工结算资料之日起20天
2	500万元－2000万元	从接到竣工结算报告和完整的竣工结算资料之日起30天
3	2000万元－5000万元	从接到竣工结算报告和完整的竣工结算资料之日起45天
4	5000万元以上	从接到竣工结算报告和完整的竣工结算资料之日起60天

建设项目竣工总结算在最后一个单项工程竣工结算审查确认后15天内汇总，送发包人后30天内审查完成。

（四）工程竣工价款结算

发包人收到承包人递交的竣工结算报告及完整的结算资料后，应按本办法规定的期限（合同约定有期限的，从其约定）进行核实，给予确认或者提出修改意见。发包人根据确认的竣工结算报告向承包人支付工程竣工结算价款，保留5%左右的质量保证（保修）金，待工程交付使用一年质保期到期后清算（合同另有约定的，从其约定），质保期内如有返修，发生费用应在质量保证（保修）金内扣除。

（五）索赔价款结算

发承包人未能按合同约定履行自己的各项义务或发生错误，给另一方造成经济损失的，由受损方按合同约定提出索赔，索赔金额按合同约定支付。

（六）合同以外零星项目工程价款结算

发包人要求承包人完成合同以外零星项目，承包人应在接受发包人要求的7天内就用工数量和单价、机械台班数量和单价、使用材料和金额等向发包人提出施工签证，发包人签证后施工，如发包人未签证，承包人施工后发生争议的，责任由承包人自负。

第十五条 发包人和承包人要加强施工现场的造价控制，及时对工程合同外的事项如实纪录并履行书面手续。凡由发、承包双方授权的现场代表签字的现场签证以及发、承包双方协商确定的索赔等费用，应在工程竣工结算中如实办理，不得因发、承包双方现场代表的中途变更改变其有效性。

第十六条 发包人收到竣工结算报告及完整的结算资料后，在本办法规定或合同约定期限内，对结算报告及资料没有提出意见，则视同认可。

承包人如未在规定时间内提供完整的工程竣工结算资料，经发包人催促后14天内仍未提供或没有明确答复，发包人有权根据已有资料进行审查，责任由承包人自负。

根据确认的竣工结算报告，承包人向发包人申请支付工程竣工结算款。发包人应在收到申请后15天内支付结算款，到期没有支付的应承担违约责任。承包人可以催告发包人支付结算价款，如达成延期支付协议，承包人应按同期银行贷款利率支付拖欠工程价款的利息。如未达成延期支付协议，承包人可以与发包人协商将该工程折价，或申请人民法院将该工程依法拍卖，承包人就该工程折价或者拍卖的价款优先受偿。

第十七条 工程竣工结算以合同工期为准，实际施工工期比合同工期提前或延后，发、承包双方应按合同约定的奖惩办法执行。

第四章 工程价款结算争议处理

第十八条 工程造价咨询机构接受发包人或承包人委托，编审工程竣工结算，应按合同约定和实际履约事项认真办理，出具的竣工结算报告经发、承包双方签字后生效。当事人一方对报告有异议的，可对工程结算中有异议部分，向有关部门申请咨询后协商处理，若不能达成一致的，双方可按合同约定的争议或纠纷解决程序办理。

第十九条 发包人对工程质量有异议，已竣工验收或已竣工未验收但实际投入使用的工程，其质量争议按该工程保修合同执行；已竣工未验收且未实际投入使用的工程以及停工、停建工程的质量争议，应当就有争议部分的竣工结算暂缓办理，双方可就有争议的工程委托有资质的的检测鉴定机构进行检测，根据检测结果确定解决方案，或按工程质量监督机构的处理决定执行，其余部分的竣工结算依照约定办理。

第二十条 当事人对工程造价发生合同纠纷时，可通过下列办法解决：

（一）双方协商确定；

（二）按合同条款约定的办法提请调解；

（三）向有关仲裁机构申请仲裁或向人民法院起诉。

第五章 工程价款结算管理

第二十一条 工程竣工后，发、承包双方应及时办清工程竣工结算，否则，工程不得交付使用，有关部门不予办理权属登记。

第二十二条 发包人与中标的承包人不按照招标文件和中标的承包人的投标文件订立合同的,或者发包人、中标的承包人背离合同实质性内容另行订立协议,造成工程价款结算纠纷的,另行订立的协议无效,由建设行政主管部门责令改正,并按《中华人民共和国招标投标法》第五十九条进行处罚。

第二十三条 接受委托承接有关工程结算咨询业务的工程造价咨询机构应具有工程造价咨询单位资质,其出具的办理拨付工程价款和工程结算的文件,应当由造价工程师签字,并应加盖执业专用章和单位公章。

第六章 附 则

第二十四条 建设工程施工专业分包或劳务分包,总(承)包人与分包人必须依法订立专业分包或劳务分包合同,按照本办法的规定在合同中约定工程价款及其结算办法。

第二十五条 政府投资项目除执行本办法有关规定外,地方政府或地方政府财政部门对政府投资项目合同价款约定与调整、工程价款结算、工程价款结算争议处理等事项,如另有特殊规定的,从其规定。

第二十六条 凡实行监理的工程项目,工程价款结算过程中涉及监理工程师签证事项,应按工程监理合同约定执行。

第二十七条 有关主管部门、地方政府财政部门和地方政府建设行政主管部门可参照本办法,结合本部门、本地区实际情况,另行制订具体办法,并报财政部、建设部备案。

第二十八条 合同示范文本内容如与本办法不一致,以本办法为准。

第二十九条 本办法自公布之日起施行。

最高人民法院关于审理建设工程施工合同纠纷案件适用法律问题的解释

(2004年9月29日最高人民法院审判委员会第1327次会议通过 法释〔2004〕14号)

根据《中华人民共和国民法通则》、《中华人民共和国合同法》、《中华人民共和国招标投标法》、《中华人民共和国民事诉讼法》等法律规定,结合民事审判实际,就审理建设工程施工合同纠纷案件适用法律的问题,制定本解释。

第一条 建设工程施工合同具有下列情形之一的,应当根据合同法第五十二条第(五)项的规定,认定无效:

(一)承包人未取得建筑施工企业资质或者超越资质等级的;

(二)没有资质的实际施工人借用有资质的建筑施工企业名义的;

(三)建设工程必须进行招标而未招标或者中标无效的。

第二条 建设工程施工合同无效,但建设工程经竣工验收合格,承包人请求参照合同约定支付工程价款的,应予支持。

第三条 建设工程施工合同无效,且建设工程经竣工验收不合格的,按照以下情形分别处理:

(一)修复后的建设工程经竣工验收合格,发包人请求承包人承担修复费用的,应予支持;

(二)修复后的建设工程经竣工验收不合格,承包人请求支付工程价款的,不予支持。

因建设工程不合格造成的损失,发包人有过错的,也应承担相应的民事责任。

第四条 承包人非法转包、违法分包建设工程或者没有资质的实际施工人借用有资质的建筑施工企业名义与他人签订建设工程施工合同的行为无效。人民法院可以根据民法通则第一百三十四条规定,收缴当事人已经取得的非法所得。

第五条 承包人超越资质等级许可的业务范围签订建设工程施工合同,在建设工程竣工前取得相应资质等级,当事人请求按照无效合同处理的,不予支持。

第六条 当事人对垫资和垫资利息有约定,承包人请求按照约定返还垫资及其利息的,应予支持,但是约定的利息计算标准高于中国人民银行发布的同期同类贷款利率的部分除外。

当事人对垫资没有约定的,按照工程欠款处理。

当事人对垫资利息没有约定,承包人请求支付利息的,不予支持。

第七条 具有劳务作业法定资质的承包人与总承包人、分包人签订的劳务分包合同,当事人以转包建设工程违反法律规定为由请求确认无效的,不予支持。

第八条 承包人具有下列情形之一,发包人请求解除建设工程施工合同的，应予支持：

（一）明确表示或者以行为表明不履行合同主要义务的；

（二）合同约定的期限内没有完工，且在发包人催告的合理期限内仍未完工的；

（三）已经完成的建设工程质量不合格，并拒绝修复的；

（四）将承包的建设工程非法转包、违法分包的。

第九条 发包人具有下列情形之一，致使承包人无法施工，且在催告的合理期限内仍未履行相应义务，承包人请求解除建设工程施工合同的，应予支持：

（一）未按约定支付工程价款的；

（二）提供的主要建筑材料、建筑构配件和设备不符合强制性标准的；

（三）不履行合同约定的协助义务的。

第十条 建设工程施工合同解除后，已经完成的建设工程质量合格的，发包人应当按照约定支付相应的工程价款；已经完成的建设工程质量不合格的，参照本解释第三条规定处理。

因一方违约导致合同解除的，违约方应当赔偿因此而给对方造成的损失。

第十一条 因承包人的过错造成建设工程质量不符合约定，承包人拒绝修理、返工或者改建，发包人请求减少支付工程价款的，应予支持。

第十二条 发包人具有下列情形之一，造成建设工程质量缺陷，应当承担过错责任：

（一）提供的设计有缺陷；

（二）提供或者指定购买的建筑材料、建筑构配件、设备不符合强制性标准；

（三）直接指定分包人分包专业工程。

承包人有过错的，也应当承担相应的过错责任。

第十三条 建设工程未经竣工验收，发包人擅自使用后，又以使用部分质量不符合约定为由主张权利的，不予支持；但是承包人应当在建设工程的合理使用寿命内对地基基础工程和主体结构质量承担民事责任。

第十四条 当事人对建设工程实际竣工日期有争议的，按照以下情形分别处理：

（一）建设工程经竣工验收合格的，以竣工验收合格之日为竣工日期；

（二）承包人已经提交竣工验收报告，发包人拖延验收的，以承包人提交验收报告之日为竣工日期；

（三）建设工程未经竣工验收，发包人擅自使用的，以转移占有建设工程之日为竣工日期。

第十五条 建设工程竣工前，当事人对工程质量发生争议，工程质量经鉴定合格的，鉴定期间为顺延工期期间。

第十六条 当事人对建设工程的计价标准或者计价方法有约定的，按照约定结算工程价款。

因设计变更导致建设工程的工程量或者质量标准发生变化，当事人对该部分工程价款不能协商一致的，可以参照签订建设工程施工合同时当地建设行政主管部门发布的计价方法或者计价标准结算工程价款。

建设工程施工合同有效，但建设工程经竣工验收不合格的，工程价款结算参照本解释第三条规定处理。

第十七条 当事人对欠付工程价款利息计付标准有约定的，按照约定处理；没有约定的，按照中国人民银行发布的同期同类贷款利率计息。

第十八条 利息从应付工程价款之日计付。当事人对付款时间没有约定或者约定不明的，下列时间视为应付款时间：

（一）建设工程已实际交付的，为交付之日；

（二）建设工程没有交付的，为提交竣工结算文件之日；

（三）建设工程未交付，工程价款也未结算的，为当事人起诉之日。

第十九条 当事人对工程量有争议的，按照施工过程中形成的签证等书面文件确认。承包人能够证明发包人同意其施工，但未能提供签证文件证明工程量发生的，可以按照当事人提供的其他证据确认实际发生的工程量。

第二十条 当事人约定，发包人收到竣工结算文件后，在约定期限内不予答复，视为认可竣工结算文件的，按照约定处理。承包人请求按照竣工结算文件结算工程价款的，应予支持。

第二十一条 当事人就同一建设工程另行订立的建设工程施工合同与经过备案的中标合同实质性内容不一致的，应当以备案的中标合同作为结算工程价款的根据。

第二十二条 当事人约定按照固定价结算工程价款，一方当事人请求对建设工程造价进行鉴定的，不予支持。

第二十三条 当事人对部分案件事实有争议的，仅对有争议的事实进行鉴定，但争议事实范围不能确定，或者双方当事人请求对全部事实鉴定的除外。

第二十四条 建设工程施工合同纠纷以施工行为地为合同履行地。

第二十五条 因建设工程质量发生争议的，发包人可以以总承包人、分包人和实际施工人为共同被告提起诉讼。

第二十六条 实际施工人以转包人、违法分包人为被告起诉的，人民法院应当依法受理。

实际施工人以发包人为被告主张权利的，人民法院可以追加转包人或者违法分包人为本案当事人。发包人只在欠付工程价款范围内对实际施工人承担责任。

第二十七条 因保修人未及时履行保修义务，导致建筑物毁损或者造成人身、财产损害的，保修人应当承担赔偿责任。

保修人与建筑物所有人或者发包人对建筑物毁损均有过错的，各自承担相应的责任。

第二十八条 本解释自2005年1月1日起施行。

施行后受理的第一审案件适用本解释。

施行前最高人民法院发布的司法解释与本解释相抵触的，以本解释为准。

最高人民法院关于审理建设工程施工合同纠纷案件适用法律问题的解释（二）

（2018年10月29日最高人民法院审判委员会第1751次会议通过　2018年12月29日公布　自2019年2月1日起施行　法释〔2018〕20号）

为正确审理建设工程施工合同纠纷案件，依法保护当事人合法权益，维护建筑市场秩序，促进建筑市场健康发展，根据《中华人民共和国民法总则》《中华人民共和国合同法》《中华人民共和国建筑法》《中华人民共和国招标投标法》《中华人民共和国民事诉讼法》等法律规定，结合审判实践，制定本解释。

第一条 招标人和中标人另行签订的建设工程施工合同约定的工程范围、建设工期、工程质量、工程价款等实质性内容，与中标合同不一致，一方当事人请求按照中标合同确定权利义务的，人民法院应予支持。

招标人和中标人在中标合同之外就明显高于市场价格购买承建房产、无偿建设住房配套设施、让利、向建设单位捐赠财物等另行签订合同,变相降低工程价款,一方当事人以该合同背离中标合同实质性内容为由请求确认无效的,人民法院应予支持。

第二条 当事人以发包人未取得建设工程规划许可证等规划审批手续为由,请求确认建设工程施工合同无效的,人民法院应予支持,但发包人在起诉前取得建设工程规划许可证等规划审批手续的除外。

发包人能够办理审批手续而未办理,并以未办理审批手续为由请求确认建设工程施工合同无效的,人民法院不予支持。

第三条 建设工程施工合同无效,一方当事人请求对方赔偿损失的,应当就对方过错、损失大小、过错与损失之间的因果关系承担举证责任。

损失大小无法确定,一方当事人请求参照合同约定的质量标准、建设工期、工程价款支付时间等内容确定损失大小的,人民法院可以结合双方过错程度、过错与损失之间的因果关系等因素作出裁判。

第四条 缺乏资质的单位或者个人借用有资质的建筑施工企业名义签订建设工程施工合同,发包人请求出借方与借用方对建设工程质量不合格等因出借资质造成的损失承担连带赔偿责任的,人民法院应予支持。

第五条 当事人对建设工程开工日期有争议的,人民法院应当分别按照以下情形予以认定:

(一)开工日期为发包人或者监理人发出的开工通知载明的开工日期;开工通知发出后,尚不具备开工条件的,以开工条件具备的时间为开工日期;因承包人原因导致开工时间推迟的,以开工通知载明的时间为开工日期。

(二)承包人经发包人同意已经实际进场施工的,以实际进场施工时间为开工日期。

(三)发包人或者监理人未发出开工通知,亦无相关证据证明实际开工日期的,应当综合考虑开工报告、合同、施工许可证、竣工验收报告或者竣工验收备案表等载明的时间,并结合是否具备开工条件的事实,认定开工日期。

第六条 当事人约定顺延工期应当经发包人或者监理人签证等方式确认,承包人虽未取得工期顺延的确认,但能够证明在合同约定的期限内向发包人或者监理人申请过工期顺延且顺延事由符合合同约定,承包人以此为由主张工期顺延的,人民法院应予支持。

当事人约定承包人未在约定期限内提出工期顺延申请视为工期不顺延

的，按照约定处理，但发包人在约定期限后同意工期顺延或者承包人提出合理抗辩的除外。

第七条 发包人在承包人提起的建设工程施工合同纠纷案件中，以建设工程质量不符合合同约定或者法律规定为由，就承包人支付违约金或者赔偿修理、返工、改建的合理费用等损失提出反诉的，人民法院可以合并审理。

第八条 有下列情形之一，承包人请求发包人返还工程质量保证金的，人民法院应予支持：

（一）当事人约定的工程质量保证金返还期限届满。

（二）当事人未约定工程质量保证金返还期限的，自建设工程通过竣工验收之日起满二年。

（三）因发包人原因建设工程未按约定期限进行竣工验收的，自承包人提交工程竣工验收报告九十日后起当事人约定的工程质量保证金返还期限届满；当事人未约定工程质量保证金返还期限的，自承包人提交工程竣工验收报告九十日后起满二年。

发包人返还工程质量保证金后，不影响承包人根据合同约定或者法律规定履行工程保修义务。

第九条 发包人将依法不属于必须招标的建设工程进行招标后，与承包人另行订立的建设工程施工合同背离中标合同的实质性内容，当事人请求以中标合同作为结算建设工程价款依据的，人民法院应予支持，但发包人与承包人因客观情况发生了在招标投标时难以预见的变化而另行订立建设工程施工合同的除外。

第十条 当事人签订的建设工程施工合同与招标文件、投标文件、中标通知书载明的工程范围、建设工期、工程质量、工程价款不一致，一方当事人请求将招标文件、投标文件、中标通知书作为结算工程价款的依据的，人民法院应予支持。

第十一条 当事人就同一建设工程订立的数份建设工程施工合同均无效，但建设工程质量合格，一方当事人请求参照实际履行的合同结算建设工程价款的，人民法院应予支持。

实际履行的合同难以确定，当事人请求参照最后签订的合同结算建设工程价款的，人民法院应予支持。

第十二条 当事人在诉讼前已经对建设工程价款结算达成协议，诉讼中一方当事人申请对工程造价进行鉴定的，人民法院不予准许。

第十三条 当事人在诉讼前共同委托有关机构、人员对建设工程造价出具咨询意见，诉讼中一方当事人不认可该咨询意见申请鉴定的，人民法院应予准许，但双方当事人明确表示受该咨询意见约束的除外。

第十四条 当事人对工程造价、质量、修复费用等专门性问题有争议，人民法院认为需要鉴定的，应当向负有举证责任的当事人释明。当事人经释明未申请鉴定，虽申请鉴定但未支付鉴定费用或者拒不提供相关材料的，应当承担举证不能的法律后果。

一审诉讼中负有举证责任的当事人未申请鉴定，虽申请鉴定但未支付鉴定费用或者拒不提供相关材料，二审诉讼中申请鉴定，人民法院认为确有必要的，应当依照民事诉讼法第一百七十条第一款第三项的规定处理。

第十五条 人民法院准许当事人的鉴定申请后，应当根据当事人申请及查明案件事实的需要，确定委托鉴定的事项、范围、鉴定期限等，并组织双方当事人对争议的鉴定材料进行质证。

第十六条 人民法院应当组织当事人对鉴定意见进行质证。鉴定人将当事人有争议且未经质证的材料作为鉴定依据的，人民法院应当组织当事人就该部分材料进行质证。经质证认为不能作为鉴定依据的，根据该材料作出的鉴定意见不得作为认定案件事实的依据。

第十七条 与发包人订立建设工程施工合同的承包人，根据合同法第二百八十六条规定请求其承建工程的价款就工程折价或者拍卖的价款优先受偿的，人民法院应予支持。

第十八条 装饰装修工程的承包人，请求装饰装修工程价款就该装饰装修工程折价或者拍卖的价款优先受偿的，人民法院应予支持，但装饰装修工程的发包人不是该建筑物的所有权人的除外。

第十九条 建设工程质量合格，承包人请求其承建工程的价款就工程折价或者拍卖的价款优先受偿的，人民法院应予支持。

第二十条 未竣工的建设工程质量合格，承包人请求其承建工程的价款就其承建工程部分折价或者拍卖的价款优先受偿的，人民法院应予支持。

第二十一条 承包人建设工程价款优先受偿的范围依照国务院有关行政主管部门关于建设工程价款范围的规定确定。

承包人就逾期支付建设工程价款的利息、违约金、损害赔偿金等主张优先受偿的，人民法院不予支持。

第二十二条 承包人行使建设工程价款优先受偿权的期限为六个月，自发包人应当给付建设工程价款之日起算。

第二十三条 发包人与承包人约定放弃或者限制建设工程价款优先受偿权,损害建筑工人利益,发包人根据该约定主张承包人不享有建设工程价款优先受偿权的,人民法院不予支持。

第二十四条 实际施工人以发包人为被告主张权利的,人民法院应当追加转包人或者违法分包人为本案第三人,在查明发包人欠付转包人或者违法分包人建设工程价款的数额后,判决发包人在欠付建设工程价款范围内对实际施工人承担责任。

第二十五条 实际施工人根据合同法第七十三条规定,以转包人或者违法分包人怠于向发包人行使到期债权,对其造成损害为由,提起代位权诉讼的,人民法院应予支持。

第二十六条 本解释自2019年2月1日起施行。

本解释施行后尚未审结的一审、二审案件,适用本解释。

本解释施行前已经终审、施行后当事人申请再审或者按照审判监督程序决定再审的案件,不适用本解释。

最高人民法院以前发布的司法解释与本解释不一致的,不再适用。

最高人民法院关于装修装饰工程款是否享有《合同法》第二百八十六条规定的优先受偿权的函复

[2004年12月8日 (2004)民一他字第14号]

福建省高级人民法院:

你院闽高法〔2004〕143号《关于福州市康辉装修工程有限公司与福州天胜房地产开发有限公司、福州绿叶房产代理有限公司装修工程承包合同纠纷一案的请示》收悉。经研究,答复如下:

装修装饰工程属于建设工程,可以适用《中华人民共和国合同法》第二百八十六条关于优先受偿权的规定,但装修装饰工程的发包人不是该建筑物的所有权人或者承包人与该建筑物的所有权人之间没有合同关系的除外。享有优先权的承包人只能在建筑物因装修装饰而增加价值的范围内优先受偿。

此复。

最高人民法院关于建设工程价款优先受偿权问题的批复

（法释〔2002〕16号）

上海市高级人民法院：

你院沪高法〔2001〕14号《关于合同法第286条理解与适用问题的请示》收悉。经研究，答复如下：

一、人民法院在审理房地产纠纷案件和办理执行案件中，应当依照《中华人民共和国合同法》第二百八十六条的规定，认定建筑工程的承包人的优先受偿权优于抵押权和其他债权。

二、消费者交付购买商品房的全部或者大部分款项后，承包人就该商品房享有的工程价款优先受偿权不得对抗买受人。

三、建筑工程价款包括承包人为建设工程应当支付的工作人员报酬、材料款等实际支出的费用，不包括承包人因发包人违约所造成的损失。

四、建设工程承包人行使优先权的期限为六个月，自建设工程竣工之日或者建设工程合同约定的竣工之日起计算。

五、本批复第一条至第三条自公布之日起施行，第四条自公布之日起六个月后施行。

此复。

第九次全国法院民事商事审判工作会议（民事部分）纪要（节录）

（法〔2019〕254号）

三、关于合同纠纷案件的审理

会议认为，合同是市场化配置资源的主要方式，合同纠纷也是民商事纠纷的主要类型。人民法院在审理合同纠纷案件时,要坚持鼓励交易原则,充分尊重当事人的意思自治。要依法审慎认定合同效力。要根据诚实信用原则,合理解释合同条款、确定履行内容,合理确定当事人的权利义务关系,审慎适用合同解除制度,依法调整过高的违约金,强化对守约者诚信行为的保护力度,提高违法违约成本,促进诚信社会构建。

(一)关于合同效力

人民法院在审理合同纠纷案件过程中,要依职权审查合同是否存在无效的情形,注意无效与可撤销、未生效、效力待定等合同效力形态之间的区别,准确认定合同效力,并根据效力的不同情形,结合当事人的诉讼请求,确定相应的民事责任。

30.【强制性规定的识别】合同法施行后,针对一些人民法院动辄以违反法律、行政法规的强制性规定为由认定合同无效,不当扩大无效合同范围的情形,合同法司法解释(二)第14条将《合同法》第52条第5项规定的“强制性规定”明确限于“效力性强制性规定”。此后,《最高人民法院关于当前形势下审理民商事合同纠纷案件若干问题的指导意见》进一步提出了“管理性强制性规定”的概念,指出违反管理性强制性规定的,人民法院应当根据具体情形认定合同效力。随着这一概念的提出,审判实践中又出现了另一种倾向,有的人民法院认为凡是行政管理性质的强制性规定都属于“管理性强制性规定”,不影响合同效力。这种望文生义的认定方法,应予纠正。

人民法院在审理合同纠纷案件时,要依据《民法总则》第153条第1款和合同法司法解释(二)第14条的规定慎重判断“强制性规定”的性质,特别是要在考量强制性规定所保护的法益类型、违法行为的法律后果以及交易安全保护等因素的基础上认定其性质,并在裁判文书中充分说明理由。下列强制性规定,应当认定为“效力性强制性规定”:强制性规定涉及金融安全、市场秩序、国家宏观政策等公序良俗的;交易标的禁止买卖的,如禁止人体器官、毒品、枪支等买卖;违反特许经营规定的,如场外配资合同;交易方式严重违法的,如违反招投标等竞争性缔约方式订立的合同;交易场所违法的,如在批准的交易场所之外进行期货交易。关于经营范围、交易时间、交易数量等行政管理性质的强制性规定,一般应当认定为“管理性强制性规定”。

31.【违反规章的合同效力】违反规章一般情况下不影响合同效力,但该规章的内容涉及金融安全、市场秩序、国家宏观政策等公序良俗的,应当认定合同无效。人民法院在认定规章是否涉及公序良俗时,要在考察规范对象基础上,兼顾监管强度、交易安全保护以及社会影响等方面进行慎重考量,并在裁判文书中进行充分说理。

32.【合同不成立、无效或者被撤销的法律后果】《合同法》第58条就合同无效或者被撤销时的财产返还责任和损害赔偿责任作了规定,但未规定合同不成立的法律后果。考虑到合同不成立时也可能发生财产返还和损害赔偿责任问题,故应当参照适用该条的规定。

在确定合同不成立、无效或者被撤销后财产返还或者折价补偿范围时,要根据诚实信用原则的要求,在当事人之间合理分配,不能使不诚信的当事人因合同不成立、无效或者被撤销而获益。合同不成立、无效或者被撤销情况下,当事人所承担的缔约过失责任不应超过合同履行利益。比如,依据《最高人民法院关于审理建设工程施工合同纠纷案件适用法律问题的解释》第2条规定,建设工程施工合同无效,在建设工程经竣工验收合格情况下,可以参照合同约定支付工程款,但除非增加了合同约定之外新的工程项目,一般不应超出合同约定支付工程款。

33.【财产返还与折价补偿】合同不成立、无效或者被撤销后,在确定财产返还时,要充分考虑财产增值或者贬值的因素。双务合同不成立、无效或者被撤销后,双方因该合同取得财产的,应当相互返还。应予返还的股权、房屋等财产相对于合同约定价款出现增值或者贬值的,人民法院要综合考虑市场因素、受让人的经营或者添附等行为与财产增值或者贬值之间的关联性,在当事人之间合理分配或者分担,避免一方因合同不成立、无效或者被撤销而获益。在标的物已经灭失、转售他人或者其他无法返还的情况下,当事人主张返还原物的,人民法院不予支持,但其主张折价补偿的,人民法院依法予以支持。折价时,应当以当事人交易时约定的价款为基础,同时考虑当事人在标的物灭失或者转售时的获益情况综合确定补偿标准。标的物灭失时当事人获得的保险金或者其他赔偿金,转售时取得的对价,均属于当事人因标的物而获得的利益。对获益高于或者低于价款的部分,也应当在当事人之间合理分配或者分担。

34.【价款返还】双务合同不成立、无效或者被撤销时,标的物返还与价款返还互为对待给付,双方应当同时返还。关于应否支付利息问题,只要一方对标的物有使用情形的,一般应当支付使用费,该费用可与占有价款一方应当支付的资金占用费相互抵销,故在一方返还原物前,另一方仅须支付本金,而无须支付利息。

35.【损害赔偿】合同不成立、无效或者被撤销时,仅返还财产或者折价补偿不足以弥补损失,一方还可以向有过错的另一方请求损害赔偿。在确定损害赔偿范围时,既要根据当事人的过错程度合理确定责任,又要考虑在确定财产返还范围时已经考虑过的财产增值或者贬值因素,避免双重获利或者双重受损的现象发生。

36.【合同无效时的释明问题】在双务合同中,原告起诉请求确认合同有效并请求继续履行合同,被告主张合同无效的,或者原告起诉请求确认合同无效并返还财产,而被告主张合同有效的,都要防止机械适用“不告不理”原则,仅就当事人的诉讼请求进行审理,而应向原告释明变更或者增加诉讼请求,或者向被告释明提出同时履行抗辩,尽可能一次性解决纠纷。例如,基于合同有给付行为的原告请求确认合同无效,但并未提出返还原物或者折价补偿、赔偿损失等请求的,人民法院应当向其释明,告知其一并提出相应诉讼请求;原告请求确认合同无效并要求被告返还原物或者赔偿损失,被告基于合同也有给付行为的,人民法院同样应当向被告释明,告知其也可以提出返还请求;人民法院经审理认定合同无效的,除了要在判决书“本院认为”部分对同时返还作出认定外,还应当在判项中作出明确表述,避免因判令单方返还而出现不公平的结果。

第一审人民法院未予释明,第二审人民法院认为应当对合同不成立、无效或者被撤销的法律后果作出判决的,可以直接释明并改判。当然,如果返还财产或者赔偿损失的范围确实难以确定或者双方争议较大的,也可以告知当事人通过另行起诉等方式解决,并在裁判文书中予以明确。

当事人按照释明变更诉讼请求或者提出抗辩的,人民法院应当将其归纳为案件争议焦点,组织当事人充分举证、质证、辩论。

37.【未经批准合同的效力】法律、行政法规规定某类合同应当办理批准手续生效的,如商业银行法、证券法、保险法等法律规定购买商业银行、证券公司、保险公司5%以上股权须经相关主管部门批准,依据《合同法》第44条第2款的规定,批准是合同的法定生效条件,未经批准的合同因欠缺法律规定的特别生效条件而未生效。实践中的一个突出问题是,把未生效合同认定为无效合同,或者虽认定为未生效,却按无效合同处理。无效合同从本质上来说是欠缺合同的有效要件,或者具有合同无效的法定事由,自始不发生法律效力。而未生效合同已具备合同的有效要件,对双方具有一定的拘束力,任何一方不得擅自撤回、解除、变更,但因欠缺法律、行政法规规定或当事人约定的特别生效条件,在该生效条件成就前,不能产生请求对方履行合同主要权利义务的法律效力。

38.【报批义务及相关违约条款独立生效】须经行政机关批准生效的合同,对报批义务及未履行报批义务的违约责任等相关内容作出专门约定的,该约定独立生效。一方因另一方不履行报批义务,请求解除合同并请求其承担合同约定的相应违约责任的,人民法院依法予以支持。

39.【报批义务的释明】须经行政机关批准生效的合同,一方请求另一方履行合同主要权利义务的,人民法院应当向其释明,将诉讼请求变更为请求履行报批义务。一方变更诉讼请求的,人民法院依法予以支持;经释明后当事人拒绝变更的,应当驳回其诉讼请求,但不影响其另行提起诉讼。

40.【判决履行报批义务后的处理】人民法院判决一方履行报批义务后,该当事人拒绝履行,经人民法院强制执行仍未履行,对方请求其承担合同违约责任的,人民法院依法予以支持。一方依据判决履行报批义务,行政机关予以批准,合同发生完全的法律效力,其请求对方履行合同的,人民法院依法予以支持;行政机关没有批准,合同不具有法律上的可履行性,一方请求解除合同的,人民法院依法予以支持。

41.【盖章行为的法律效力】司法实践中,有些公司有意刻制两套甚至多套公章,有的法定代表人或者代理人甚至私刻公章,订立合同时恶意加盖非备案的公章或者假公章,发生纠纷后法人以加盖的是假公章为由否定合同效力的情形并不鲜见。人民法院在审理案件时,应当主要审查签约人于盖章之时有无代表权或者代理权,从而根据代表或者代理的相关规则来确定合同的效力。

法定代表人或者其授权之人在合同上加盖法人公章的行为,表明其是以法人名义签订合同,除《公司法》第16条等法律对其职权有特别规定的情形外,应当由法人承担相应的法律后果。法人以法定代表人事后已无代表权、加盖的是假章、所盖之章与备案公章不一致等为由否定合同效力的,人民法院不予支持。

代理人以被代理人名义签订合同,要取得合法授权。代理人取得合法授权后,以被代理人名义签订的合同,应当由被代理人承担责任。被代理人以代理人事后已无代理权、加盖的是假章、所盖之章与备案公章不一致等为由否定合同效力的,人民法院不予支持。

42.【撤销权的行使】撤销权应当由当事人行使。当事人未请求撤销的,人民法院不应当依职权撤销合同。一方请求另一方履行合同,另一方以合同具有可撤销事由提出抗辩的,人民法院应当在审查合同是否具有可撤销事由以及是否超过法定期间等事实的基础上,对合同是否可撤销作出判断,不能仅以当事人未提起诉讼或者反诉为由不予审查或者不予支持。一方主张合同无效,依据的却是可撤销事由,此时人民法院应当全面审查合同是否具有无效事由以及当事人主张的可撤销事由。当事人关于合同无效的事由成立的,人民法院应当认定合同无效。当事人主张合同无效的理由不成立,而可撤销的事由成立的,因合同无效和可撤销的后果相同,人民法院也可以结合当事人的诉讼请求,直接判决撤销合同。

(二)关于合同履行与救济

在认定以物抵债协议的性质和效力时,要根据订立协议时履行期限是否已经届满予以区别对待。合同解除、违约责任都是非违约方寻求救济的主要方式,人民法院在认定合同应否解除时,要根据当事人有无解除权、是约定解除还是法定解除等不同情形,分别予以处理。在确定违约责任时,尤其要注意依法适用违约金调整的相关规则,避免简单地以民间借贷利率的司法保护上限作为调整依据。

43.【抵销】抵销权既可以通知的方式行使,也可以提出抗辩或者提起反诉的方式行使。抵销的意思表示自到达对方时生效,抵销一经生效,其效力溯及自抵销条件成就之时,双方互负的债务在同等数额内消灭。双方互负的债务数额,是截至抵销条件成就之时各自负有的包括主债务、利息、违约金、赔偿金等在内的全部债务数额。行使抵销权一方享有的债权不足以抵销全部债务数额,当事人对抵销顺序又没有特别约定的,应当根据实现债权的费用、利息、主债务的顺序进行抵销。

44.【履行期届满后达成的以物抵债协议】当事人在债务履行期限届满后达成以物抵债协议,抵债物尚未交付债权人,债权人请求债务人交付的,人民法院要着重审查以物抵债协议是否存在恶意损害第三人合法权益等情形,避免虚假诉讼的发生。经审查,不存在以上情况,且无其他无效事由的,人民法院依法予以支持。

当事人在一审程序中因达成以物抵债协议申请撤回起诉的,人民法院可予准许。当事人在二审程序中申请撤回上诉的,人民法院应当告知其申请撤回起诉。当事人申请撤回起诉,经审查不损害国家利益、社会公共利益、他人合法权益的,人民法院可予准许。当事人不申请撤回起诉,请求人民法院出具调解书对以物抵债协议予以确认的,因债务人完全可以立即履行该协议,没有必要由人民法院出具调解书，故人民法院不应准许，同时应当继续对原债权债务关系进行审理。

45.【履行期届满前达成的以物抵债协议】当事人在债务履行期届满前达成以物抵债协议，抵债物尚未交付债权人，债权人请求债务人交付的，因此种情况不同于本纪要第71条规定的让与担保，人民法院应当向其释明，其应当根据原债权债务关系提起诉讼。经释明后当事人仍拒绝变更诉讼请求的，应当驳回其诉讼请求，但不影响其根据原债权债务关系另行提起诉讼。

46.【通知解除的条件】审判实践中，部分人民法院对合同法司法解释（二）第24条的理解存在偏差，认为不论发出解除通知的一方有无解除权，只要另一方未在异议期限内以起诉方式提出异议，就判令解除合同，这不符合《合同法》关于合同解除权行使的有关规定。对该条的准确理解是，只有享有法定或者约定解除权的当事人才能以通知方式解除合同。不享有解除权的一方向另一方发出解除通知，另一方即便未在异议期限内提起诉讼，也不发生合同解除的效果。人民法院在审理案件时，应当审查发出解除通知的一方是否享有约定或者法定的解除权来决定合同应否解除，不能仅以受通知一方在约定或者法定的异议期限届满内未起诉这一事实就认定合同已经解除。

47.【约定解除条件】合同约定的解除条件成就时，守约方以此为由请求解除合同的，人民法院应当审查违约方的违约程度是否显著轻微，是否影响守约方合同目的的实现，根据诚实信用原则，确定合同应否解除。违约方的违约程度显著轻微，不影响守约方合同目的的实现，守约方请求解除合同的，人民法院不予支持；反之，则依法予以支持。

48.【违约方起诉解除】违约方不享有单方解除合同的权利。但是，在一些长期性合同如房屋租赁合同履行过程中，双方形成合同僵局，一概不允许违约方通过起诉的方式解除合同，有时对双方都不利。在此前提下，符合下列条件，违约方起诉请求解除合同的，人民法院依法予以支持：

（1）违约方不存在恶意违约的情形；

（2）违约方继续履行合同，对其显失公平；

（3）守约方拒绝解除合同，违反诚实信用原则。

人民法院判决解除合同的，违约方本应当承担的违约责任不能因解除合同而减少或者免除。

49.【合同解除的法律后果】合同解除时，一方依据合同中有关违约金、约定损害赔偿的计算方法、定金责任等违约责任条款的约定，请求另一方承担违约责任的，人民法院依法予以支持。

双务合同解除时人民法院的释明问题，参照本纪要第36条的相关规定处理。

50.【违约金过高标准及举证责任】认定约定违约金是否过高，一般应当以《合同法》第113条规定的损失为基础进行判断，这里的损失包括合同履行后可以获得的利益。除借款合同外的双务合同，作为对价的价款或者报酬给付之债，并非借款合同项下的还款义务，不能以受法律保护的民间借贷利率上限作为判断违约金是否过高的标准，而应当兼顾合同履行情况、当事人过错程度以及预期利益等因素综合确定。主张违约金过高的违约方应当对违约金是否过高承担举证责任。

十二、关于民刑交叉案件的程序处理

会议认为，近年来，在民间借贷、P2P等融资活动中，与涉嫌诈骗、合同诈骗、票据诈骗、集资诈骗、非法吸收公众存款等犯罪有关的民商事案件的数量有所增加，出现了一些新情况和新问题。在审理案件时，应当依照《最高人民法院关于在审理经济纠纷案件中涉及经济犯罪嫌疑若干问题的规定》《最高人民法院关于审理非法集资刑事案件具体应用法律若干问题的解释》《最高人民法院最高人民检察院公安部关于办理非法集资刑事案件适用法律若干问题的意见》以及民间借贷司法解释等规定，处理好民刑交叉案件之间的程序关系。

128.【分别审理】同一当事人因不同事实分别发生民商事纠纷和涉嫌刑事犯罪，民商事案件与刑事案件应当分别审理，主要有下列情形：

（1）主合同的债务人涉嫌刑事犯罪或者刑事裁判认定其构成犯罪，债权人请求担保人承担民事责任的；

（2）行为人以法人、非法人组织或者他人名义订立合同的行为涉嫌刑事犯罪或者刑事裁判认定其构成犯罪，合同相对人请求该法人、非法人组织或者他人承担民事责任的；

（3）法人或者非法人组织的法定代表人、负责人或者其他工作人员的职务行为涉嫌刑事犯罪或者刑事裁判认定其构成犯罪，受害人请求该法人或者非法人组织承担民事责任的；

（4）侵权行为人涉嫌刑事犯罪或者刑事裁判认定其构成犯罪，被保险人、受益人或者其他赔偿权利人请求保险人支付保险金的；

（5）受害人请求涉嫌刑事犯罪的行为人之外的其他主体承担民事责任的。

审判实践中出现的问题是，在上述情形下，有的人民法院仍然以民商事案件涉嫌刑事犯罪为由不予受理,已经受理的,裁定驳回起诉。对此,应予纠正。

129.【涉众型经济犯罪与民商事案件的程序处理】2014年颁布实施的《最高人民法院最高人民检察院公安部关于办理非法集资刑事案件适用法律若干问题的意见》和2019年1月颁布实施的《最高人民法院最高人民检察院公安部关于办理非法集资刑事案件若干问题的意见》规定的涉嫌集资诈骗、非法吸收公众存款等涉众型经济犯罪,所涉人数众多、当事人分布地域广、标的额特别巨大、影响范围广,严重影响社会稳定,对于受害人就同一事实提起的以犯罪嫌疑人或者刑事被告人为被告的民事诉讼,人民法院应当裁定不予受理,并将有关材料移送侦查机关、检察机关或者正在审理该刑事案件的人民法院。受害人的民事权利保护应当通过刑事追赃、退赔的方式解决。正在审理民商事案件的人民法院发现有上述涉众型经济犯罪线索的,应当及时将犯罪线索和有关材料移送侦查机关。侦查机关作出立案决定前,人民法院应当中止审理;作出立案决定后,应当裁定驳回起诉;侦查机关未及时立案的,人民法院必要时可以将案件报请党委政法委协调处理。除上述情形人民法院不予受理外,要防止通过刑事手段干预民商事审判,搞地方保护,影响营商环境。

当事人因租赁、买卖、金融借款等与上述涉众型经济犯罪无关的民事纠纷,请求上述主体承担民事责任的,人民法院应予受理。

130.【民刑交叉案件中民商事案件中止审理的条件】人民法院在审理民商事案件时,如果民商事案件必须以相关刑事案件的审理结果为依据,而刑事案件尚未审结的,应当根据《民事诉讼法》第150条第5项的规定裁定中止诉讼。待刑事案件审结后,再恢复民商事案件的审理。如果民商事案件不是必须以相关的刑事案件的审理结果为依据,则民商事案件应当继续审理。

最高人民法院关于民事诉讼证据的若干规定

(法释〔2019〕19号)

为保证人民法院正确认定案件事实,公正、及时审理民事案件,保障和便利当事人依法行使诉讼权利,根据《中华人民共和国民事诉讼法》(以下简称民事诉讼法)等有关法律的规定,结合民事审判经验和实际情况,制定本规定。

一、当事人举证

第一条 原告向人民法院起诉或者被告提出反诉，应当提供符合起诉条件的相应的证据。

第二条 人民法院应当向当事人说明举证的要求及法律后果，促使当事人在合理期限内积极、全面、正确、诚实地完成举证。

当事人因客观原因不能自行收集的证据，可申请人民法院调查收集。

第三条 在诉讼过程中，一方当事人陈述的于己不利的事实，或者对于己不利的事实明确表示承认的，另一方当事人无需举证证明。

在证据交换、询问、调查过程中，或者在起诉状、答辩状、代理词等书面材料中，当事人明确承认于己不利的事实的，适用前款规定。

第四条 一方当事人对于另一方当事人主张的于己不利的事实既不承认也不否认，经审判人员说明并询问后，其仍然不明确表示肯定或者否定的，视为对该事实的承认。

第五条 当事人委托诉讼代理人参加诉讼的，除授权委托书明确排除的事项外，诉讼代理人的自认视为当事人的自认。

当事人在场对诉讼代理人的自认明确否认的，不视为自认。

第六条 普通共同诉讼中，共同诉讼人中一人或者数人作出的自认，对作出自认的当事人发生效力。

必要共同诉讼中，共同诉讼人中一人或者数人作出自认而其他共同诉讼人予以否认的，不发生自认的效力。其他共同诉讼人既不承认也不否认，经审判人员说明并询问后仍然不明确表示意见的，视为全体共同诉讼人的自认。

第七条 一方当事人对于另一方当事人主张的于己不利的事实有所限制或者附加条件予以承认的，由人民法院综合案件情况决定是否构成自认。

第八条 《最高人民法院关于适用〈中华人民共和国民事诉讼法〉的解释》第九十六条第一款规定的事实，不适用有关自认的规定。

自认的事实与已经查明的事实不符的，人民法院不予确认。

第九条 有下列情形之一，当事人在法庭辩论终结前撤销自认的，人民法院应当准许：

（一）经对方当事人同意的；

（二）自认是在受胁迫或者重大误解情况下作出的。

人民法院准许当事人撤销自认的，应当作出口头或者书面裁定。

第十条 下列事实，当事人无须举证证明：

(一)自然规律以及定理、定律;

(二)众所周知的事实;

(三)根据法律规定推定的事实;

(四)根据已知的事实和日常生活经验法则推定出的另一事实;

(五)已为仲裁机构的生效裁决所确认的事实;

(六)已为人民法院发生法律效力的裁判所确认的基本事实;

(七)已为有效公证文书所证明的事实。

前款第二项至第五项事实,当事人有相反证据足以反驳的除外;第六项、第七项事实,当事人有相反证据足以推翻的除外。

第十一条 当事人向人民法院提供证据,应当提供原件或者原物。如需自己保存证据原件、原物或者提供原件、原物确有困难的,可以提供经人民法院核对无异的复制件或者复制品。

第十二条 以动产作为证据的,应当将原物提交人民法院。原物不宜搬移或者不宜保存的,当事人可以提供复制品、影像资料或者其他替代品。

人民法院在收到当事人提交的动产或者替代品后,应当及时通知双方当事人到人民法院或者保存现场查验。

第十三条 当事人以不动产作为证据的,应当向人民法院提供该不动产的影像资料。

人民法院认为有必要的,应当通知双方当事人到场进行查验。

第十四条 电子数据包括下列信息、电子文件:

(一)网页、博客、微博客等网络平台发布的信息;

(二)手机短信、电子邮件、即时通信、通讯群组等网络应用服务的通信信息;

(三)用户注册信息、身份认证信息、电子交易记录、通信记录、登录日志等信息;

(四)文档、图片、音频、视频、数字证书、计算机程序等电子文件;

(五)其他以数字化形式存储、处理、传输的能够证明案件事实的信息。

第十五条 当事人以视听资料作为证据的,应当提供存储该视听资料的原始载体。

当事人以电子数据作为证据的,应当提供原件。电子数据的制作者制作的与原件一致的副本,或者直接来源于电子数据的打印件或其他可以显示、识别的输出介质,视为电子数据的原件。

第十六条 当事人提供的公文书证系在中华人民共和国领域外形成的,

该证据应当经所在国公证机关证明，或者履行中华人民共和国与该所在国订立的有关条约中规定的证明手续。

中华人民共和国领域外形成的涉及身份关系的证据，应当经所在国公证机关证明并经中华人民共和国驻该国使领馆认证，或者履行中华人民共和国与该所在国订立的有关条约中规定的证明手续。

当事人向人民法院提供的证据是在香港、澳门、台湾地区形成的，应当履行相关的证明手续。

第十七条 当事人向人民法院提供外文书证或者外文说明资料，应当附有中文译本。

第十八条 双方当事人无争议的事实符合《最高人民法院关于适用〈中华人民共和国民事诉讼法〉的解释》第九十六条第一款规定情形的，人民法院可以责令当事人提供有关证据。

第十九条 当事人应当对其提交的证据材料逐一分类编号，对证据材料的来源、证明对象和内容作简要说明，签名盖章，注明提交日期，并依照对方当事人人数提出副本。

人民法院收到当事人提交的证据材料，应当出具收据，注明证据的名称、份数和页数以及收到的时间，由经办人员签名或者盖章。

二、证据的调查收集和保全

第二十条 当事人及其诉讼代理人申请人民法院调查收集证据，应当在举证期限届满前提交书面申请。

申请书应当载明被调查人的姓名或者单位名称、住所地等基本情况、所要调查收集的证据名称或者内容、需要由人民法院调查收集证据的原因及其要证明的事实以及明确的线索。

第二十一条 人民法院调查收集的书证，可以是原件，也可以是经核对无误的副本或者复制件。是副本或者复制件的，应当在调查笔录中说明来源和取证情况。

第二十二条 人民法院调查收集的物证应当是原物。被调查人提供原物确有困难的，可以提供复制品或者影像资料。提供复制品或者影像资料的，应当在调查笔录中说明取证情况。

第二十三条 人民法院调查收集视听资料、电子数据，应当要求被调查人提供原始载体。

提供原始载体确有困难的，可以提供复制件。提供复制件的，人民法院应当在调查笔录中说明其来源和制作经过。

人民法院对视听资料、电子数据采取证据保全措施的，适用前款规定。

第二十四条 人民法院调查收集可能需要鉴定的证据，应当遵守相关技术规范，确保证据不被污染。

第二十五条 当事人或者利害关系人根据民事诉讼法第八十一条的规定申请证据保全的，申请书应当载明需要保全的证据的基本情况、申请保全的理由以及采取何种保全措施等内容。

当事人根据民事诉讼法第八十一条第一款的规定申请证据保全的，应当在举证期限届满前向人民法院提出。

法律、司法解释对诉前证据保全有规定的，依照其规定办理。

第二十六条 当事人或者利害关系人申请采取查封、扣押等限制保全标的物使用、流通等保全措施，或者保全可能对证据持有人造成损失的，人民法院应当责令申请人提供相应的担保。

担保方式或者数额由人民法院根据保全措施对证据持有人的影响、保全标的物的价值、当事人或者利害关系人争议的诉讼标的金额等因素综合确定。

第二十七条 人民法院进行证据保全，可以要求当事人或者诉讼代理人到场。

根据当事人的申请和具体情况，人民法院可以采取查封、扣押、录音、录像、复制、鉴定、勘验等方法进行证据保全，并制作笔录。

在符合证据保全目的的情况下，人民法院应当选择对证据持有人利益影响最小的保全措施。

第二十八条 申请证据保全错误造成财产损失，当事人请求申请人承担赔偿责任的，人民法院应予支持。

第二十九条 人民法院采取诉前证据保全措施后，当事人向其他有管辖权的人民法院提起诉讼的，采取保全措施的人民法院应当根据当事人的申请，将保全的证据及时移交受理案件的人民法院。

第三十条 人民法院在审理案件过程中认为待证事实需要通过鉴定意见证明的，应当向当事人释明，并指定提出鉴定申请的期间。

符合《最高人民法院关于适用〈中华人民共和国民事诉讼法〉的解释》第九十六条第一款规定情形的，人民法院应当依职权委托鉴定。

第三十一条 当事人申请鉴定，应当在人民法院指定期间内提出，并预交鉴定费用。逾期不提出申请或者不预交鉴定费用的，视为放弃申请。

对需要鉴定的待证事实负有举证责任的当事人,在人民法院指定期间内无正当理由不提出鉴定申请或者不预交鉴定费用,或者拒不提供相关材料,致使待证事实无法查明的,应当承担举证不能的法律后果。

第三十二条 人民法院准许鉴定申请的,应当组织双方当事人协商确定具备相应资格的鉴定人。当事人协商不成的,由人民法院指定。

人民法院依职权委托鉴定的,可以在询问当事人的意见后,指定具备相应资格的鉴定人。

人民法院在确定鉴定人后应当出具委托书,委托书中应当载明鉴定事项、鉴定范围、鉴定目的和鉴定期限。

第三十三条 鉴定开始之前,人民法院应当要求鉴定人签署承诺书。承诺书中应当载明鉴定人保证客观、公正、诚实地进行鉴定,保证出庭作证,如作虚假鉴定应当承担法律责任等内容。

鉴定人故意作虚假鉴定的,人民法院应当责令其退还鉴定费用,并根据情节,依照民事诉讼法第一百一十一条的规定进行处罚。

第三十四条 人民法院应当组织当事人对鉴定材料进行质证。未经质证的材料,不得作为鉴定的根据。

经人民法院准许,鉴定人可以调取证据、勘验物证和现场、询问当事人或者证人。

第三十五条 鉴定人应当在人民法院确定的期限内完成鉴定,并提交鉴定书。

鉴定人无正当理由未按期提交鉴定书的,当事人可以申请人民法院另行委托鉴定人进行鉴定。人民法院准许的,原鉴定人已经收取的鉴定费用应当退还;拒不退还的,依照本规定第八十一条第二款的规定处理。

第三十六条 人民法院对鉴定人出具的鉴定书,应当审查是否具有下列内容:

(一)委托法院的名称;

(二)委托鉴定的内容、要求;

(三)鉴定材料;

(四)鉴定所依据的原理、方法;

(五)对鉴定过程的说明;

(六)鉴定意见;

(七)承诺书。

鉴定书应当由鉴定人签名或者盖章,并附鉴定人的相应资格证明。委托机构鉴定的,鉴定书应当由鉴定机构盖章,并由从事鉴定的人员签名。

第三十七条 人民法院收到鉴定书后,应当及时将副本送交当事人。

当事人对鉴定书的内容有异议的,应当在人民法院指定期间内以书面方式提出。

对于当事人的异议,人民法院应当要求鉴定人作出解释、说明或者补充。人民法院认为有必要的,可以要求鉴定人对当事人未提出异议的内容进行解释、说明或者补充。

第三十八条 当事人在收到鉴定人的书面答复后仍有异议的,人民法院应当根据《诉讼费用交纳办法》第十一条的规定,通知有异议的当事人预交鉴定人出庭费用,并通知鉴定人出庭。有异议的当事人不预交鉴定人出庭费用的,视为放弃异议。

双方当事人对鉴定意见均有异议的,分摊预交鉴定人出庭费用。

第三十九条 鉴定人出庭费用按照证人出庭作证费用的标准计算,由败诉的当事人负担。因鉴定意见不明确或者有瑕疵需要鉴定人出庭的,出庭费用由其自行负担。

人民法院委托鉴定时已经确定鉴定人出庭费用包含在鉴定费用中的,不再通知当事人预交。

第四十条 当事人申请重新鉴定,存在下列情形之一的,人民法院应当准许:

(一)鉴定人不具备相应资格的;

(二)鉴定程序严重违法的;

(三)鉴定意见明显依据不足的;

(四)鉴定意见不能作为证据使用的其他情形。

存在前款第一项至第三项情形的,鉴定人已经收取的鉴定费用应当退还。拒不退还的,依照本规定第八十一条第二款的规定处理。

对鉴定意见的瑕疵,可以通过补正、补充鉴定或者补充质证、重新质证等方法解决的,人民法院不予准许重新鉴定的申请。

重新鉴定的,原鉴定意见不得作为认定案件事实的根据。

第四十一条 对于一方当事人就专门性问题自行委托有关机构或者人员出具的意见,另一方当事人有证据或者理由足以反驳并申请鉴定的,人民法院应予准许。

第四十二条 鉴定意见被采信后,鉴定人无正当理由撤销鉴定意见的,人民法院应当责令其退还鉴定费用,并可以根据情节,依照民事诉讼法第一百一十一条的规定对鉴定人进行处罚。当事人主张鉴定人负担由此增加的合理费用的,人民法院应予支持。

人民法院采信鉴定意见后准许鉴定人撤销的,应当责令其退还鉴定费用。

第四十三条 人民法院应当在勘验前将勘验的时间和地点通知当事人。当事人不参加的,不影响勘验进行。

当事人可以就勘验事项向人民法院进行解释和说明,可以请求人民法院注意勘验中的重要事项。

人民法院勘验物证或者现场,应当制作笔录,记录勘验的时间、地点、勘验人、在场人、勘验的经过、结果,由勘验人、在场人签名或者盖章。对于绘制的现场图应当注明绘制的时间、方位、测绘人姓名、身份等内容。

第四十四条 摘录有关单位制作的与案件事实相关的文件、材料,应当注明出处,并加盖制作单位或者保管单位的印章,摘录人和其他调查人员应当在摘录件上签名或者盖章。

摘录文件、材料应当保持内容相应的完整性。

第四十五条 当事人根据《最高人民法院关于适用〈中华人民共和国民事诉讼法〉的解释》第一百一十二条的规定申请人民法院责令对方当事人提交书证的,申请书应当载明所申请提交的书证名称或者内容、需要以该书证证明的事实及事实的重要性、对方当事人控制该书证的根据以及应当提交该书证的理由。

对方当事人否认控制书证的,人民法院应当根据法律规定、习惯等因素,结合案件的事实、证据,对于书证是否在对方当事人控制之下的事实作出综合判断。

第四十六条 人民法院对当事人提交书证的申请进行审查时,应当听取对方当事人的意见,必要时可以要求双方当事人提供证据、进行辩论。

当事人申请提交的书证不明确、书证对于待证事实的证明无必要、待证事实对于裁判结果无实质性影响、书证未在对方当事人控制之下或者不符合本规定第四十七条情形的,人民法院不予准许。

当事人申请理由成立的,人民法院应当作出裁定,责令对方当事人提交书证;理由不成立的,通知申请人。

第四十七条 下列情形,控制书证的当事人应当提交书证:

（一）控制书证的当事人在诉讼中曾经引用过的书证；

（二）为对方当事人的利益制作的书证；

（三）对方当事人依照法律规定有权查阅、获取的书证；

（四）账簿、记账原始凭证；

（五）人民法院认为应当提交书证的其他情形。

前款所列书证，涉及国家秘密、商业秘密、当事人或第三人的隐私，或者存在法律规定应当保密的情形的，提交后不得公开质证。

第四十八条 控制书证的当事人无正当理由拒不提交书证的，人民法院可以认定对方当事人所主张的书证内容为真实。

控制书证的当事人存在《最高人民法院关于适用〈中华人民共和国民事诉讼法〉的解释》第一百一十三条规定情形的，人民法院可以认定对方当事人主张以该书证证明的事实为真实。

三、举证时限与证据交换

第四十九条 被告应当在答辩期届满前提出书面答辩，阐明其对原告诉讼请求及所依据的事实和理由的意见。

第五十条 人民法院应当在审理前的准备阶段向当事人送达举证通知书。

举证通知书应当载明举证责任的分配原则和要求、可以向人民法院申请调查收集证据的情形、人民法院根据案件情况指定的举证期限以及逾期提供证据的法律后果等内容。

第五十一条 举证期限可以由当事人协商，并经人民法院准许。

人民法院指定举证期限的，适用第一审普通程序审理的案件不得少于十五日，当事人提供新的证据的第二审案件不得少于十日。适用简易程序审理的案件不得超过十五日，小额诉讼案件的举证期限一般不得超过七日。

举证期限届满后，当事人提供反驳证据或者对已经提供的证据的来源、形式等方面的瑕疵进行补正的，人民法院可以酌情再次确定举证期限，该期限不受前款规定的期间限制。

第五十二条 当事人在举证期限内提供证据存在客观障碍，属于民事诉讼法第六十五条第二款规定的“当事人在该期限内提供证据确有困难”的情形。

前款情形，人民法院应当根据当事人的举证能力、不能在举证期限内提供证据的原因等因素综合判断。必要时，可以听取对方当事人的意见。

第五十三条 诉讼过程中，当事人主张的法律关系性质或者民事行为效力与人民法院根据案件事实作出的认定不一致的，人民法院应当将法律关系性质或者民事行为效力作为焦点问题进行审理。但法律关系性质对裁判理由及结果没有影响,或者有关问题已经当事人充分辩论的除外。

存在前款情形,当事人根据法庭审理情况变更诉讼请求的,人民法院应当准许并可以根据案件的具体情况重新指定举证期限。

第五十四条 当事人申请延长举证期限的,应当在举证期限届满前向人民法院提出书面申请。

申请理由成立的,人民法院应当准许,适当延长举证期限,并通知其他当事人。延长的举证期限适用于其他当事人。

申请理由不成立的,人民法院不予准许,并通知申请人。

第五十五条 存在下列情形的,举证期限按照如下方式确定:

(一)当事人依照民事诉讼法第一百二十七条规定提出管辖权异议的,举证期限中止,自驳回管辖权异议的裁定生效之日起恢复计算;

(二)追加当事人、有独立请求权的第三人参加诉讼或者无独立请求权的第三人经人民法院通知参加诉讼的,人民法院应当依照本规定第五十一条的规定为新参加诉讼的当事人确定举证期限,该举证期限适用于其他当事人;

(三)发回重审的案件,第一审人民法院可以结合案件具体情况和发回重审的原因,酌情确定举证期限;

(四)当事人增加、变更诉讼请求或者提出反诉的,人民法院应当根据案件具体情况重新确定举证期限;

(五)公告送达的,举证期限自公告期届满之次日起计算。

第五十六条 人民法院依照民事诉讼法第一百三十三条第四项的规定,通过组织证据交换进行审理前准备的,证据交换之日举证期限届满。

证据交换的时间可以由当事人协商一致并经人民法院认可,也可以由人民法院指定。当事人申请延期举证经人民法院准许的,证据交换日相应顺延。

第五十七条 证据交换应当在审判人员的主持下进行。

在证据交换的过程中,审判人员对当事人无异议的事实、证据应当记录在卷;对有异议的证据,按照需要证明的事实分类记录在卷,并记载异议的理由。通过证据交换,确定双方当事人争议的主要问题。

第五十八条 当事人收到对方的证据后有反驳证据需要提交的,人民法院应当再次组织证据交换。

第五十九条 人民法院对逾期提供证据的当事人处以罚款的,可以结合当事人逾期提供证据的主观过错程度、导致诉讼迟延的情况、诉讼标的金额等因素,确定罚款数额。

四、质证

第六十条 当事人在审理前的准备阶段或者人民法院调查、询问过程中发表过质证意见的证据,视为质证过的证据。

当事人要求以书面方式发表质证意见,人民法院在听取对方当事人意见后认为有必要的,可以准许。人民法院应当及时将书面质证意见送交对方当事人。

第六十一条 对书证、物证、视听资料进行质证时,当事人应当出示证据的原件或者原物。但有下列情形之一的除外:

(一)出示原件或者原物确有困难并经人民法院准许出示复制件或者复制品的;

(二)原件或者原物已不存在,但有证据证明复制件、复制品与原件或者原物一致的。

第六十二条 质证一般按下列顺序进行:

(一)原告出示证据,被告、第三人与原告进行质证;

(二)被告出示证据,原告、第三人与被告进行质证;

(三)第三人出示证据,原告、被告与第三人进行质证。

人民法院根据当事人申请调查收集的证据,审判人员对调查收集证据的情况进行说明后,由提出申请的当事人与对方当事人、第三人进行质证。

人民法院依职权调查收集的证据,由审判人员对调查收集证据的情况进行说明后,听取当事人的意见。

第六十三条 当事人应当就案件事实作真实、完整的陈述。

当事人的陈述与此前陈述不一致的,人民法院应当责令其说明理由,并结合当事人的诉讼能力、证据和案件具体情况进行审查认定。

当事人故意作虚假陈述妨碍人民法院审理的,人民法院应当根据情节,依照民事诉讼法第一百一十一条的规定进行处罚。

第六十四条 人民法院认为有必要的,可以要求当事人本人到场,就案件的有关事实接受询问。

人民法院要求当事人到场接受询问的,应当通知当事人询问的时间、地点、拒不到场的后果等内容。

第六十五条 人民法院应当在询问前责令当事人签署保证书并宣读保证书的内容。

保证书应当载明保证据实陈述，绝无隐瞒、歪曲、增减，如有虚假陈述应当接受处罚等内容。当事人应当在保证书上签名、捺印。

当事人有正当理由不能宣读保证书的，由书记员宣读并进行说明。

第六十六条 当事人无正当理由拒不到场、拒不签署或宣读保证书或者拒不接受询问的，人民法院应当综合案件情况，判断待证事实的真伪。待证事实无其他证据证明的，人民法院应当作出不利于该当事人的认定。

第六十七条 不能正确表达意思的人，不能作为证人。

待证事实与其年龄、智力状况或者精神健康状况相适应的无民事行为能力人和限制民事行为能力人，可以作为证人。

第六十八条 人民法院应当要求证人出庭作证，接受审判人员和当事人的询问。证人在审理前的准备阶段或者人民法院调查、询问等双方当事人在场时陈述证言的，视为出庭作证。

双方当事人同意证人以其他方式作证并经人民法院准许的，证人可以不出庭作证。

无正当理由未出庭的证人以书面等方式提供的证言，不得作为认定案件事实的根据。

第六十九条 当事人申请证人出庭作证的，应当在举证期限届满前向人民法院提交申请书。

申请书应当载明证人的姓名、职业、住所、联系方式，作证的主要内容，作证内容与待证事实的关联性，以及证人出庭作证的必要性。

符合《最高人民法院关于适用〈中华人民共和国民事诉讼法〉的解释》第九十六条第一款规定情形的，人民法院应当依职权通知证人出庭作证。

第七十条 人民法院准许证人出庭作证申请的，应当向证人送达通知书并告知双方当事人。通知书中应当载明证人作证的时间、地点，作证的事项、要求以及作伪证的法律后果等内容。

当事人申请证人出庭作证的事项与待证事实无关，或者没有通知证人出庭作证必要的，人民法院不予准许当事人的申请。

第七十一条 人民法院应当要求证人在作证之前签署保证书，并在法庭上宣读保证书的内容。但无民事行为能力人和限制民事行为能力人作为证人的除外。

证人确有正当理由不能宣读保证书的，由书记员代为宣读并进行说明。

证人拒绝签署或者宣读保证书的，不得作证，并自行承担相关费用。

证人保证书的内容适用当事人保证书的规定。

第七十二条 证人应当客观陈述其亲身感知的事实,作证时不得使用猜测、推断或者评论性语言。

证人作证前不得旁听法庭审理,作证时不得以宣读事先准备的书面材料的方式陈述证言。

证人言辞表达有障碍的,可以通过其他表达方式作证。

第七十三条 证人应当就其作证的事项进行连续陈述。

当事人及其法定代理人、诉讼代理人或者旁听人员干扰证人陈述的,人民法院应当及时制止,必要时可以依照民事诉讼法第一百一十条的规定进行处罚。

第七十四条 审判人员可以对证人进行询问。当事人及其诉讼代理人经审判人员许可后可以询问证人。

询问证人时其他证人不得在场。

人民法院认为有必要的,可以要求证人之间进行对质。

第七十五条 证人出庭作证后,可以向人民法院申请支付证人出庭作证费用。证人有困难需要预先支取出庭作证费用的,人民法院可以根据证人的申请在出庭作证前支付。

第七十六条 证人确有困难不能出庭作证,申请以书面证言、视听传输技术或者视听资料等方式作证的,应当向人民法院提交申请书。申请书中应当载明不能出庭的具体原因。

符合民事诉讼法第七十三条规定情形的,人民法院应当准许。

第七十七条 证人经人民法院准许,以书面证言方式作证的,应当签署保证书;以视听传输技术或者视听资料方式作证的,应当签署保证书并宣读保证书的内容。

第七十八条 当事人及其诉讼代理人对证人的询问与待证事实无关,或者存在威胁、侮辱证人或不适当引导等情形的,审判人员应当及时制止。必要时可以依照民事诉讼法第一百一十条、第一百一十一条的规定进行处罚。

证人故意作虚假陈述,诉讼参与人或者其他人以暴力、威胁、贿买等方法妨碍证人作证,或者在证人作证后以侮辱、诽谤、诬陷、恐吓、殴打等方式对证人打击报复的,人民法院应当根据情节,依照民事诉讼法第一百一十一条的规定,对行为人进行处罚。

第七十九条 鉴定人依照民事诉讼法第七十八条的规定出庭作证的,人民法院应当在开庭审理三日前将出庭的时间、地点及要求通知鉴定人。

委托机构鉴定的，应当由从事鉴定的人员代表机构出庭。

第八十条 鉴定人应当就鉴定事项如实答复当事人的异议和审判人员的询问。当庭答复确有困难的，经人民法院准许，可以在庭审结束后书面答复。

人民法院应当及时将书面答复送交当事人，并听取当事人的意见。必要时，可以再次组织质证。

第八十一条 鉴定人拒不出庭作证的，鉴定意见不得作为认定案件事实的根据。人民法院应当建议有关主管部门或者组织对拒不出庭作证的鉴定人予以处罚。

当事人要求退还鉴定费用的，人民法院应当在三日内作出裁定，责令鉴定人退还；拒不退还的，由人民法院依法执行。

当事人因鉴定人拒不出庭作证申请重新鉴定的，人民法院应当准许。

第八十二条 经法庭许可，当事人可以询问鉴定人、勘验人。

询问鉴定人、勘验人不得使用威胁、侮辱等不适当的言语和方式。

第八十三条 当事人依照民事诉讼法第七十九条和《最高人民法院关于适用〈中华人民共和国民事诉讼法〉的解释》第一百二十二条的规定，申请有专门知识的人出庭的，申请书中应当载明有专门知识的人的基本情况和申请的目的。

人民法院准许当事人申请的，应当通知双方当事人。

第八十四条 审判人员可以对有专门知识的人进行询问。经法庭准许，当事人可以对有专门知识的人进行询问，当事人各自申请的有专门知识的人可以就案件中的有关问题进行对质。

有专门知识的人不得参与对鉴定意见质证或者就专业问题发表意见之外的法庭审理活动。

五、证据的审核认定

第八十五条 人民法院应当以证据能够证明的案件事实为根据依法作出裁判。

审判人员应当依照法定程序，全面、客观地审核证据，依据法律的规定，遵循法官职业道德，运用逻辑推理和日常生活经验，对证据有无证明力和证明力大小独立进行判断，并公开判断的理由和结果。

第八十六条 当事人对于欺诈、胁迫、恶意串通事实的证明，以及对于口头遗嘱或赠与事实的证明，人民法院确信该待证事实存在的可能性能够排除合理怀疑的，应当认定该事实存在。

与诉讼保全、回避等程序事项有关的事实，人民法院结合当事人的说明及相关证据，认为有关事实存在的可能性较大的，可以认定该事实存在。

第八十七条　审判人员对单一证据可以从下列方面进行审核认定：

（一）证据是否为原件、原物，复制件、复制品与原件、原物是否相符；

（二）证据与本案事实是否相关；

（三）证据的形式、来源是否符合法律规定；

（四）证据的内容是否真实；

（五）证人或者提供证据的人与当事人有无利害关系。

第八十八条　审判人员对案件的全部证据，应当从各证据与案件事实的关联程度、各证据之间的联系等方面进行综合审查判断。

第八十九条　当事人在诉讼过程中认可的证据，人民法院应当予以确认。但法律、司法解释另有规定的除外。

当事人对认可的证据反悔的，参照《最高人民法院关于适用〈中华人民共和国民事诉讼法〉的解释》第二百二十九条的规定处理。

第九十条　下列证据不能单独作为认定案件事实的根据：

（一）当事人的陈述；

（二）无民事行为能力人或者限制民事行为能力人所作的与其年龄、智力状况或者精神健康状况不相当的证言；

（三）与一方当事人或者其代理人有利害关系的证人陈述的证言；

（四）存有疑点的视听资料、电子数据；

（五）无法与原件、原物核对的复制件、复制品。

第九十一条　公文书证的制作者根据文书原件制作的载有部分或者全部内容的副本，与正本具有相同的证明力。

在国家机关存档的文件，其复制件、副本、节录本经档案部门或者制作原本的机关证明其内容与原本一致的，该复制件、副本、节录本具有与原本相同的证明力。

第九十二条　私文书证的真实性，由主张以私文书证证明案件事实的当事人承担举证责任。

私文书证由制作者或者其代理人签名、盖章或捺印的，推定为真实。

私文书证上有删除、涂改、增添或者其他形式瑕疵的，人民法院应当综合案件的具体情况判断其证明力。

第九十三条 人民法院对于电子数据的真实性，应当结合下列因素综合判断：

（一）电子数据的生成、存储、传输所依赖的计算机系统的硬件、软件环境是否完整、可靠；

（二）电子数据的生成、存储、传输所依赖的计算机系统的硬件、软件环境是否处于正常运行状态，或者不处于正常运行状态时对电子数据的生成、存储、传输是否有影响；

（三）电子数据的生成、存储、传输所依赖的计算机系统的硬件、软件环境是否具备有效的防止出错的监测、核查手段；

（四）电子数据是否被完整地保存、传输、提取，保存、传输、提取的方法是否可靠；

（五）电子数据是否在正常的往来活动中形成和存储；

（六）保存、传输、提取电子数据的主体是否适当；

（七）影响电子数据完整性和可靠性的其他因素。

人民法院认为有必要的，可以通过鉴定或者勘验等方法，审查判断电子数据的真实性。

第九十四条 电子数据存在下列情形的，人民法院可以确认其真实性，但有足以反驳的相反证据的除外：

（一）由当事人提交或者保管的于己不利的电子数据；

（二）由记录和保存电子数据的中立第三方平台提供或者确认的；

（三）在正常业务活动中形成的；

（四）以档案管理方式保管的；

（五）以当事人约定的方式保存、传输、提取的。

电子数据的内容经公证机关公证的，人民法院应当确认其真实性，但有相反证据足以推翻的除外。

第九十五条 一方当事人控制证据无正当理由拒不提交，对待证事实负有举证责任的当事人主张该证据的内容不利于控制人的，人民法院可以认定该主张成立。

第九十六条 人民法院认定证人证言，可以通过对证人的智力状况、品德、知识、经验、法律意识和专业技能等的综合分析作出判断。

第九十七条 人民法院应当在裁判文书中阐明证据是否采纳的理由。

对当事人无争议的证据，是否采纳的理由可以不在裁判文书中表述。

六、其他

第九十八条 对证人、鉴定人、勘验人的合法权益依法予以保护。

当事人或者其他诉讼参与人伪造、毁灭证据，提供虚假证据，阻止证人作证，指使、贿买、胁迫他人作伪证，或者对证人、鉴定人、勘验人打击报复的，依照民事诉讼法第一百一十条、第一百一十一条的规定进行处罚。

第九十九条 本规定对证据保全没有规定的，参照适用法律、司法解释关于财产保全的规定。

除法律、司法解释另有规定外，对当事人、鉴定人、有专门知识的人的询问参照适用本规定中关于询问证人的规定；关于书证的规定适用于视听资料、电子数据；存储在电子计算机等电子介质中的视听资料，适用电子数据的规定。

第一百条 本规定自2020年5月1日起施行。

本规定公布施行后，最高人民法院以前发布的司法解释与本规定不一致的，不再适用。

房屋建筑和市政基础设施项目工程总承包管理办法

（2019年12月23日　建市规〔2019〕12号）

第一章　总　　则

第一条 为规范房屋建筑和市政基础设施项目工程总承包活动，提升工程建设质量和效益，根据相关法律法规，制定本办法。

第二条 从事房屋建筑和市政基础设施项目工程总承包活动，实施对房屋建筑和市政基础设施项目工程总承包活动的监督管理，适用本办法。

第三条 本办法所称工程总承包，是指承包单位按照与建设单位签订的合同，对工程设计、采购、施工或者设计、施工等阶段实行总承包，并对工程的质量、安全、工期和造价等全面负责的工程建设组织实施方式。

第四条 工程总承包活动应当遵循合法、公平、诚实守信的原则，合理分担风险，保证工程质量和安全，节约能源，保护生态环境，不得损害社会公共利益和他人的合法权益。

第五条 国务院住房和城乡建设主管部门对全国房屋建筑和市政基础设施项目工程总承包活动实施监督管理。国务院发展改革部门依据固定资产投资建设管理的相关法律法规履行相应的管理职责。

县级以上地方人民政府住房和城乡建设主管部门负责本行政区域内房屋建筑和市政基础设施项目工程总承包（以下简称工程总承包）活动的监督管理。县级以上地方人民政府发展改革部门依据固定资产投资建设管理的相关法律法规在本行政区域内履行相应的管理职责。

第二章 工程总承包项目的发包和承包

第六条 建设单位应当根据项目情况和自身管理能力等，合理选择工程建设组织实施方式。

建设内容明确、技术方案成熟的项目，适宜采用工程总承包方式。

第七条 建设单位应当在发包前完成项目审批、核准或者备案程序。采用工程总承包方式的企业投资项目，应当在核准或者备案后进行工程总承包项目发包。采用工程总承包方式的政府投资项目，原则上应当在初步设计审批完成后进行工程总承包项目发包；其中，按照国家有关规定简化报批文件和审批程序的政府投资项目，应当在完成相应的投资决策审批后进行工程总承包项目发包。

第八条 建设单位依法采用招标或者直接发包等方式选择工程总承包单位。

工程总承包项目范围内的设计、采购或者施工中，有任一项属于依法必须进行招标的项目范围且达到国家规定规模标准的，应当采用招标的方式选择工程总承包单位。

第九条 建设单位应当根据招标项目的特点和需要编制工程总承包项目招标文件，主要包括以下内容：

（一）投标人须知；

（二）评标办法和标准；

（三）拟签订合同的主要条款；

（四）发包人要求，列明项目的目标、范围、设计和其他技术标准，包括对项目的内容、范围、规模、标准、功能、质量、安全、节约能源、生态环境保护、工期、验收等的明确要求；

（五）建设单位提供的资料和条件，包括发包前完成的水文地质、工程地质、地形等勘察资料，以及可行性研究报告、方案设计文件或者初步设计文件等；

（六）投标文件格式；

（七）要求投标人提交的其他材料。

建设单位可以在招标文件中提出对履约担保的要求，依法要求投标文件载明拟分包的内容；对于设有最高投标限价的，应当明确最高投标限价或者最高投标限价的计算方法。

推荐使用由住房和城乡建设部会同有关部门制定的工程总承包合同示范文本。

第十条 工程总承包单位应当同时具有与工程规模相适应的工程设计资质和施工资质，或者由具有相应资质的设计单位和施工单位组成联合体。工程总承包单位应当具有相应的项目管理体系和项目管理能力、财务和风险承担能力，以及与发包工程相类似的设计、施工或者工程总承包业绩。

设计单位和施工单位组成联合体的，应当根据项目的特点和复杂程度，合理确定牵头单位，并在联合体协议中明确联合体成员单位的责任和权利。联合体各方应当共同与建设单位签订工程总承包合同，就工程总承包项目承担连带责任。

第十一条 工程总承包单位不得是工程总承包项目的代建单位、项目管理单位、监理单位、造价咨询单位、招标代理单位。

政府投资项目的项目建议书、可行性研究报告、初步设计文件编制单位及其评估单位，一般不得成为该项目的工程总承包单位。政府投资项目招标人公开已经完成的项目建议书、可行性研究报告、初步设计文件的，上述单位可以参与该工程总承包项目的投标，经依法评标、定标，成为工程总承包单位。

第十二条 鼓励设计单位申请取得施工资质，已取得工程设计综合资质、行业甲级资质、建筑工程专业甲级资质的单位，可以直接申请相应类别施工总承包一级资质。鼓励施工单位申请取得工程设计资质，具有一级及以上施工总承包资质的单位可以直接申请相应类别的工程设计甲级资质。完成的相应规模工程总承包业绩可以作为设计、施工业绩申报。

第十三条 建设单位应当依法确定投标人编制工程总承包项目投标文件所需要的合理时间。

第十四条 评标委员会应当依照法律规定和项目特点，由建设单位代表、具有工程总承包项目管理经验的专家，以及从事设计、施工、造价等方面的专家组成。

第十五条 建设单位和工程总承包单位应当加强风险管理，合理分担风险。

建设单位承担的风险主要包括：

（一）主要工程材料、设备、人工价格与招标时基期价相比，波动幅度超过合同约定幅度的部分；

（二）因国家法律法规政策变化引起的合同价格的变化；

（三）不可预见的地质条件造成的工程费用和工期的变化；

（四）因建设单位原因产生的工程费用和工期的变化；

（五）不可抗力造成的工程费用和工期的变化。

具体风险分担内容由双方在合同中约定。

鼓励建设单位和工程总承包单位运用保险手段增强防范风险能力。

第十六条 企业投资项目的工程总承包宜采用总价合同，政府投资项目的工程总承包应当合理确定合同价格形式。采用总价合同的，除合同约定可以调整的情形外，合同总价一般不予调整。

建设单位和工程总承包单位可以在合同中约定工程总承包计量规则和计价方法。

依法必须进行招标的项目，合同价格应当在充分竞争的基础上合理确定。

第三章 工程总承包项目实施

第十七条 建设单位根据自身资源和能力，可以自行对工程总承包项目进行管理，也可以委托勘察设计单位、代建单位等项目管理单位，赋予相应权利，依照合同对工程总承包项目进行管理。

第十八条 工程总承包单位应当建立与工程总承包相适应的组织机构和管理制度，形成项目设计、采购、施工、试运行管理以及质量、安全、工期、造价、节约能源和生态环境保护管理等工程总承包综合管理能力。

第十九条 工程总承包单位应当设立项目管理机构，设置项目经理，配备相应管理人员，加强设计、采购与施工的协调，完善和优化设计，改进施工方案，实现对工程总承包项目的有效管理控制。

第二十条 工程总承包项目经理应当具备下列条件：

（一）取得相应工程建设类注册执业资格，包括注册建筑师、勘察设计注册工程师、注册建造师或者注册监理工程师等；未实施注册执业资格的，取得高级专业技术职称；

（二）担任过与拟建项目相类似的工程总承包项目经理、设计项目负责人、施工项目负责人或者项目总监理工程师；

（三）熟悉工程技术和工程总承包项目管理知识以及相关法律法规、标准规范；

（四）具有较强的组织协调能力和良好的职业道德。

工程总承包项目经理不得同时在两个或者两个以上工程项目担任工程总承包项目经理、施工项目负责人。

第二十一条 工程总承包单位可以采用直接发包的方式进行分包。但以暂估价形式包括在总承包范围内的工程、货物、服务分包时，属于依法必须进行招标的项目范围且达到国家规定规模标准的，应当依法招标。

第二十二条 建设单位不得迫使工程总承包单位以低于成本的价格竞标，不得明示或者暗示工程总承包单位违反工程建设强制性标准、降低建设工程质量，不得明示或者暗示工程总承包单位使用不合格的建筑材料、建筑构配件和设备。

工程总承包单位应当对其承包的全部建设工程质量负责，分包单位对其分包工程的质量负责，分包不免除工程总承包单位对其承包的全部建设工程所负的质量责任。

工程总承包单位、工程总承包项目经理依法承担质量终身责任。

第二十三条 建设单位不得对工程总承包单位提出不符合建设工程安全生产法律、法规和强制性标准规定的要求，不得明示或者暗示工程总承包单位购买、租赁、使用不符合安全施工要求的安全防护用具、机械设备、施工机具及配件、消防设施和器材。

工程总承包单位对承包范围内工程的安全生产负总责。分包单位应当服从工程总承包单位的安全生产管理，分包单位不服从管理导致生产安全事故的，由分包单位承担主要责任，分包不免除工程总承包单位的安全责任。

第二十四条 建设单位不得设置不合理工期，不得任意压缩合理工期。

工程总承包单位应当依据合同对工期全面负责，对项目总进度和各阶段的进度进行控制管理，确保工程按期竣工。

第二十五条 工程保修书由建设单位与工程总承包单位签署，保修期内工程总承包单位应当根据法律法规规定以及合同约定承担保修责任，工程总承包单位不得以其与分包单位之间保修责任划分而拒绝履行保修责任。

第二十六条 建设单位和工程总承包单位应当加强设计、施工等环节管理，确保建设地点、建设规模、建设内容等符合项目审批、核准、备案要求。

政府投资项目所需资金应当按照国家有关规定确保落实到位，不得由工程总承包单位或者分包单位垫资建设。政府投资项目建设投资原则上不得超过经核定的投资概算。

第二十七条 工程总承包单位和工程总承包项目经理在设计、施工活动中有转包违法分包等违法违规行为或者造成工程质量安全事故的，按照法律法规对设计、施工单位及其项目负责人相同违法违规行为的规定追究责任。

第四章 附 则

第二十八条 本办法自2020年3月1日起施行。

主要参考文献

1. 邱元拨主编:《工程造价概论》,经济科学出版社 2002 年版。

2. 陈贵民:《建设工程施工索赔与案例评析》,中国环境科学出版社 2005 年版。

3. 李玉环、刘胜田等:《谈施工索赔机会》,载《科技资讯》2006 年第 15 期。

4. 陈勇强、张水波:《国际工程索赔》,中国建筑工业出版社 2008 年版。

5. 周吉高:《建筑工程专项法律实务》,法律出版社 2008 年版。

6. 成虎:《建设工程合同管理与索赔》,东南大学出版社 2008 年版。

7. 张正勤:《建设工程造价相关法律条款解读》,中国建筑工业出版社 2009 年版。

8. 汪金敏、朱月英:《工程索赔 100 招》,中国建筑工业出版社 2009 年版。

9. 古嘉谆等:《工程法律实务研析》,北京大学出版社 2011 年版。

10. 全国二建执业资格用书编写委员会:《建设工程法规及相关知识》(第 3 版),中国建筑工业出版社 2011 年版。

11. 侯丽艳、梁平主编:《经济法概论》,中国政法大学出版社 2012 年版。

12. 董际平、张平主编:《建设工程索赔管理与实务》,同济大学出版社 2012 年版。

13. 杨晓林、冉立平主编:《建设工程施工索赔》,机械工业出版社 2013 年版。

14. 胡新萍主编:《工程造价管理》,华中科技大学出版社 2013 年版。

15. 钟伟珩:《建设工程价款优先受偿权若干疑难问题分析(之二)》,载《建筑时报》2013 年 2 月 25 日第 004 版。

16. 陈旻:《建设工程案件审判实务与案例精析》,中国法制出版社 2014 年版。

17. 朱树英主编:《建设工程施工转包违法分包等违法行为认定查处管理办法(试行)适用指南》,法律出版社 2014 年版。

18. 最高人民法院民事审判第一庭编:《最高人民法院建设工程施工合同司法解释的理解与适用》,人民法院出版社 2015 年版。

19. 潘福仁主编:《建设工程合同纠纷》,法律出版社 2007 年版。

20. 袁华之:《建设工程索赔与反索赔》,法律出版社 2016 年版。

21. 汤汉军:《建筑房地产领域刑事法律风险识别与辩点分析》,法律出版社 2016 年版。

22. 潘军锋:《建设工程领域黑白合同的效力认定》,载《人民司法》2017 年第 25 期。

23. 中华全国律师协会:《律师办理电子数据证据业务操作指引》,2017 年 11 月 16 日发布。

24. 最高人民法院民事审判第一庭编:《最高人民法院建设工程施工合同司法解释(二)理解与适用》,人民法院出版社 2019 年版。

25. 李玉生主编:《建设工程施工合同案件审理指南》,人民法院出版社 2019 年版。

后　记

——心中有梦

招投标、工程造价管理、法律法规规章司法解释解读、建设工程合同纠纷实务、索赔等方面的法律专业书不胜枚举，但专为建设工程承包人收取工程价款而写的作品少之又少。这几年我一直有个梦想，写一本建设工程类法律专著，针对建设工程承包人的痛点，多角度剖析建设工程价款收取老大难问题，分析问题的原因，找到解决办法。希望那本书不是工具书，而是建设工程承包人收取工程价款的实战指南；希望那本书少罗列、解读枯燥无味的法律条款，而是用最简洁的语言，结合真实的案例，解读最复杂、最专业的建设工程法律问题，给建设工程承包人以参考、以借鉴；希望那本书能使建设工程承包人在今后的承包工作中，更加注重合同管理，加强证据意识，及时收集、整理、保存证据，有备无患。

我清楚地知道，要写就希望中的那本书确有难度，但再难也要咬牙坚持，一为实现梦想，二为父亲的期望。

父亲是新中国第一代建筑人。

爷爷去世时，父亲不到四岁。作为家中的长子，父亲很早就挑起家庭的重担，在十岁时下煤矿窑井挖煤，十三岁开始做泥水工。在二十世纪六七十年代国家大搞基础建设时，父亲凭借一手过硬的技术，成为湖南省第四建筑工程公司的施工队长。当时一工难求，远近几十公里的老乡，都想找父亲在工地上安排工作。当时的父亲是风光的。我记得小时候过年时，母亲要用够几十人吃的器具蒸饭招待客人。但在我七岁时，父亲因在工地上救民工致腰椎严重受伤，无奈离开湖南四建。

尽管日子很艰难，但父母亲硬撑着，没让我们三兄妹辍学，我得以完成初中学业。在填报中专志愿时，父亲希望我报考建筑类学校，子承父业，但当时能报考的建筑类学校只有天津建工学校，因离家太远而作罢。我最终考入湖南省娄底师范学校，拿到了当时令人羡慕的“铁饭碗”。

父亲与我都没想到，我师范毕业三十年后，曲线成为建筑房地产类法律服务专业律师，以另一种方式与建筑结缘。我教过小学、初中、高中，做了十七年老师，2004 年成为专职律师。做了十多年极致的“万金油”律师后，我深感律师只有走专业化道路，才可形成核心竞争力，成为真正让客户认可的专业律师。

成为建筑房地产类专业律师后，我近距离接触建设工程领域，发现建筑类的法律业务不仅需要精通《建筑法》《招标投标法》《城乡规划法》《土地管理法》《环境保护法》，还需精通《民法典》《公司法》《劳动合同法》《劳动法》等法律，还有一系列的行政法规、司法解释也必须烂熟于心。这样说来，我之前十多年的“万金油”律师没有白做。没有之前打下的坚实基础，说不定我下不了做建筑房地产类专业律师的决心，也没有这方面的底气；没有之前代理各类案件特别是建设工程合同纠纷案件积累的经验教训、心得体会，我无法动笔写这本书，因为没什么可写，没什么拿得出手。最后一章“建筑类企业刑事法律风险防范和控制”，来自于我十多年律师经历办理的大量刑事案件，来自于我长期担任政府部门、企事业单位法律顾问积累的防控法律风险尤其是刑事法律风险的经验。说远一点，我如果没有十几年教师经历打下的文字基本功，即使有材料可写，也无法组织成文、成书，本书也无法写就，现与读者见面，接受各位的评判。

因此，回头看我走过的路，原来无一步白走的路，每一步都是必要的，每一步都是坚实的、踏实的。我以感恩之心看我十七年的从教经历，以感恩之心看我前十多年“万金油”律师的经历，更以感恩之心看我这几年建筑房地产类专业律师的经历。原来，该经历的都会经历，该来的也一定会来。

收取价款是建设工程承包人要实现的最主要的目的，是建设工程企业的生存之本，是建设工程企业一切工作的重中之重。我确实做到了，专为建设工程承包人写一本书，针对其痛点，多角度剖析建设工程价款收取老大难问题，分析问题的原因，找到解决的办法；我确实做到了，用最通俗易懂的文字，解读最复杂的建设工程法律问题；我确实做到了，尽可能少引用、解读枯燥无味的法律条款；我确实做到了，写出的书不是工具书，是一本收取工程价款的实战操作用书。

至于能不能给建设工程承包人以参考，能不能使建设工程承包人在今后的工程项目承包工作中，更加注重合同管理，加强证据意识，那是我的美好希望，不是我能预判的，只能交给读者朋友了。如果本书能给建设单位一定的启示、借鉴，助其增强风险意识，加强合同管理，提高证据意识，如果能给律师同行及其他法律工作者一定的借鉴参考，能给法学院学生一定的学习价值，于我是意外的收获，又是莫大的鼓励。

感谢法律出版社编辑慕雪丹老师对本书的修改、润色以及中肯的建议；感谢本书的策划、设计老师及其他相关人员的默默付出。

感谢中山市土木建筑学会会长黄照明博士（教授级高工）对本书的写作给予的鼓励与支持，感恩黄会长从百忙之中抽空作序，对小书不吝褒奖。

感谢中山市市政行业协会吴云城会长及其他专家对本书给予的工程技术支持。

感谢我的团队龙灏律师、李玉琴律师等在本书的写作、出版中给予的协助。

路漫漫其修远兮，吾将上下而求索。

我清楚地知道，在工程项目建设过程中，规划审批、环境评价、勘察设计、施工、监理等工作都与工程有关，专业性较强；在建设工程合同施工过程中，工程进度、工程预算、工程结算、工程款支付、工程质量、财税等方面都很专业，而笔者专业水平尤其是工程知识不够，因此，本书定有缺点乃至错误之处，敬请专家、读者朋友批评指正。

最后，谨以此书献给父亲及千千万万建工人。

作　者

二〇二〇年五月书于中山

图书在版编目(CIP)数据

穿透工程价款：建设工程承包人收取工程价款实战指南／唐长华著. -- 北京：法律出版社，2020
ISBN 978-7-5197-4740-4

Ⅰ. ①穿… Ⅱ. ①唐… Ⅲ. ①建筑工程－账款－管理－中国－指南②建筑工程－经济合同－合同法－中国－指南 Ⅳ. ①TU723.1②D923.6-62

中国版本图书馆 CIP 数据核字(2020)第 121564 号

穿透工程价款
——建设工程承包人收取工程价款实战指南
CHUANTOU GONGCHENG JIAKUAN
—JIANSHE GONGCHENG CHENGBAOREN SHOUQU GONGCHENG JIAKUAN SHIZHAN ZHINAN

唐长华 著

责任编辑 慕雪丹 章 雯
装帧设计 汪奇峰

出版 法律出版社
总发行 中国法律图书有限公司
经销 新华书店
印刷 永清县金鑫印刷有限公司
责任印制 胡晓雅

编辑统筹 法商出版分社
开本 710 毫米×1000 毫米 1/16
印张 25
字数 420 千
版本 2020 年 9 月第 1 版
印次 2020 年 9 月第 1 次印刷

法律出版社／北京市丰台区莲花池西里 7 号(100073)
网址／www.lawpress.com.cn
投稿邮箱／info@lawpress.com.cn
举报维权邮箱／jbwq@lawpress.com.cn
销售热线／400-660-8393
咨询电话／010-63939796

中国法律图书有限公司／北京市丰台区莲花池西里 7 号(100073)
全国各地中法图分、子公司销售电话：
统一销售客服／400-660-8393/6393
第一法律书店／010-83938432/8433　西安分公司／029-85330678　重庆分公司／023-67453036
上海分公司／021-62071010/1636　深圳分公司／0755-83072995

书号：ISBN 978-7-5197-4740-4　**定价**：99.00 元
(如有缺页或倒装，中国法律图书有限公司负责退换)